CHEMISTRY

일반화학 1등 채널 '박인규 일반화학'

유튜브

★ 멤버십강의 ★

완강

일반화학 1등 채널 '박인규 일반화학'

편입 일반화학

핵심이론 +1500제

박인규 편저

도서출판 **오스틴북스**

목차

해설링크/ 자료

다음카페: 박인규 일반화학

유튜브: 박인규 일반화학

〈원소의 주기율표〉

	1	2	3	4	5	6	7	8	9	10	11	12	13	14	15	16	17	18	
1	$_{1}$H 1.0																	$_{2}$He 4.0	1
2	$_{3}$Li 6.9	$_{4}$Be 9.0											$_{5}$B 10.8	$_{6}$C 12.0	$_{7}$N 14.0	$_{8}$O 16.0	$_{9}$F 19.0	$_{10}$Ne 20.2	2
3	$_{11}$Na 23.0	$_{12}$Mg 24.3											$_{13}$Al 27.0	$_{14}$Si 28.1	$_{15}$P 31.0	$_{16}$S 32.1	$_{17}$Cl 35.5	$_{18}$Ar 39.9	3
4	$_{19}$K 39.1	$_{20}$Ca 40.1	$_{21}$Sc 45.0	$_{22}$Ti 47.9	$_{23}$V 50.9	$_{24}$Cr 52.0	$_{25}$Mn 54.9	$_{26}$Fe 55.8	$_{27}$Co 58.9	$_{28}$Ni 58.7	$_{29}$Cu 63.5	$_{30}$Zn 65.4	$_{31}$Ga 69.7	$_{32}$Ge 72.6	$_{33}$As 74.9	$_{34}$Se 79.0	$_{35}$Br 79.9	$_{36}$Kr 83.8	4
5	$_{37}$Rb 85.5	$_{38}$Sr 87.6	$_{39}$Y 88.9	$_{40}$Zr 91.2	$_{41}$Nb 92.9	$_{42}$Mo 95.9	$_{43}$Tc [98]	$_{44}$Ru 101.1	$_{45}$Rh 102.9	$_{46}$Pd 106.4	$_{47}$Ag 107.9	$_{48}$Cd 112.4	$_{49}$In 114.8	$_{50}$Sn 118.7	$_{51}$Sb 121.8	$_{52}$Te 127.6	$_{53}$I 126.9	$_{54}$Xe 131.3	5
6	$_{55}$Cs 132.9	$_{56}$Ba 137.3	$_{71}$Lu 175.0	$_{72}$Hf 178.5	$_{73}$Ta 180.9	$_{74}$W 183.9	$_{75}$Re 186.2	$_{76}$Os 190.2	$_{77}$Ir 192.2	$_{78}$Pt 195.1	$_{79}$Au 197.0	$_{80}$Hg 200.6	$_{81}$Tl 204.4	$_{82}$Pb 207.2	$_{83}$Bi 209.0	$_{84}$Po [209]	$_{85}$At [210]	$_{86}$Rn [222]	6
7	$_{87}$Fr [223]	$_{88}$Ra [226]	$_{103}$Lr [260]																7

란탄 계열	$_{57}$La 138.9	$_{58}$Ce 140.1	$_{59}$Pr 140.9	$_{60}$Nd 144.2	$_{61}$Pm [145]	$_{62}$Sm 150.4	$_{63}$Eu 152.0	$_{64}$Gd 157.3	$_{65}$Tb 158.9	$_{66}$Dy 162.5	$_{67}$Ho 164.9	$_{68}$Er 167.3	$_{69}$Tm 168.9	$_{70}$Yb 173.0
악티늄 계열	$_{89}$Ac [227]	$_{90}$Th 232.0	$_{91}$Pa [231]	$_{92}$U 238.0	$_{93}$Np [237]	$_{94}$Pu [244]	$_{95}$Am [243]	$_{96}$Cm [247]	$_{97}$Bk [247]	$_{98}$Cf [251]	$_{99}$Es [252]	$_{100}$Fm [257]	$_{101}$Md [258]	$_{102}$No [259]

C H E M I S T R Y

01

화학의 기초

01

화학의 기초

1.1 화학

1.2 과학적 방법

1.3 일반화학 공부 방법

1.4 측정 단위

1.5 유효 숫자와 계산

1.6 차원 분석과 단위 환산

1.7 온도

1.8 밀도

1.9 물질의 분류

1.1 화학

1. 물질은 원자로 이루어져 있다.

- 우주에는 100여 종류의 원자가 있다.
- 화학 반응에서 원자는 생기거나 없어지지 않고, 종류가 바뀌지도 않는다.
- 원자들이 다양하게 결합하고 끊어지면서 화학 반응이 일어난다.
- 원자(atom): 입자를 의미
- 원소(element): 원자의 종류를 의미

>>>
핵반응이 일어나면 원자의 종류가 바뀔 수 있다.

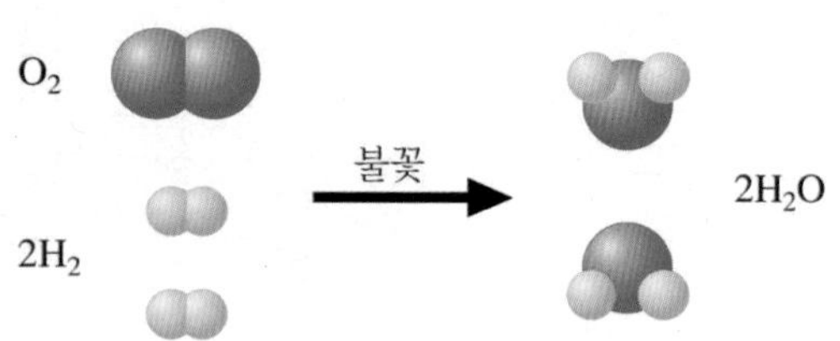

>>>
원자 → 개수
원소 → 종류
물분자 1개는 3개의 원자로 구성
물분자는 2가지 종류의 원소로 구성

2. 화학 : 물질의 구조와 변화에 대한 과학

- 원자는 일정한 규칙에 따라 결합하여 물질을 이룬다.
- 물질은 일정한 규칙에 따라 반응하며 변화한다.

예제 1.1.1

원자의 크기가 직경 1mm의 모래알 정도로 커진다면, 그 원자들로 이루어진 인간의 크기는 대략 어느 정도일까?

예제 1.1.2

인체를 구성하는 필수적인 원소의 종류는 27가지이다. 세포를 구성하는 분자들의 종류는 수백만 가지가 넘는다. 어떻게 이것이 가능한가?

예제 1.1.3

우주에 존재하는 100여 종류의 원소들은 애초에 어떻게 생성된 것인가?

1.2 과학적 방법

- 관찰(observation) : 정성적(qualitative) 관찰 - 숫자 없는 관찰
  정량적 관찰(quantitative) - 숫자와 단위가 있는 관찰

- 법칙(law) : 동일한 조건에서 항상 일정하게 일어나는 현상들의 관계를 함축된 말이나 수학적 표현으로 나타낸 것
  (예): 이상 기체 법칙 $PV = nRT$, 만유인력 법칙 $F = G\frac{m_1 m_2}{r^2}$

- 가설(hypothesis) : 관찰된 사실을 설명할 수 있는 하나의 임시적인 설명

- 이론(theory)(모형,model) : 자연이 왜 특정 방식으로 움직이는지를 설명하는 그럴듯한 설명
  - 이론(모형)은 수많은 실험에 의해 검증된 가설이다.
  - 이론(모형)은 지속적인 검증을 거치며, 시간이 지나면 수정, 보완 또는 폐기된다.
  (예): 기체 분자 운동론, 보어 모형, 양자역학 모형, 원자가 결합 모형, 분자 오비탈 모형

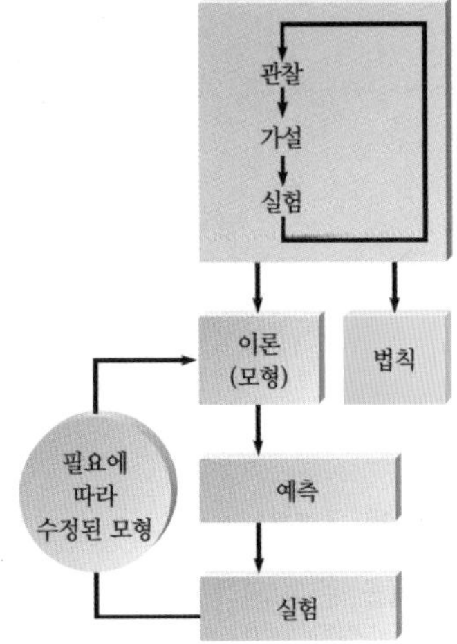

예제 1.2.1

다음 술어를 정의하고, 둘의 차이점을 설명하라.

a. 법칙과 이론

b. 가설과 이론

c. 정성적 관찰과 정량적 관찰

d. 이론과 모형

예제 1.2.2 (N1.1)

다음을 관찰, 과학 법칙, 이론으로 분류하라.

a. 철이 닫힌 용기에서 녹슬 때 용기와 내용물의 질량은 변하지 않는다.

b. 화학 반응에서 질량은 창조되지도 파괴되지도 않는다.

c. 모든 물질은 원자라고 불리는 작고 파괴할 수 없는 입자로 만들어져 있다.

예제 1.2.3

다음을 관찰, 과학 법칙과 이론으로 분류하라.

a. 일정한 온도에서 기체의 부피를 감소시키면 압력이 증가한다.

b. 일정한 온도에서 기체의 부피와 압력은 반비례한다.

c. 기체는 날아다니는 작은 입자들로 이루어져 있으며, 부피가 감소하면 기체 입자가 벽면에 더 자주 충돌하여 압력이 증가한다.

예제 1.2.4

다음 문장에서 잘못된 것은?
"실험의 결과가 이론과 일치하지 않을 때는 실험이 잘못되었기 때문이다."

1.3 일반화학 공부 방법

1. 고득점을 위한 정확한 일반화학 공부 방법

- 설계도 없이 고층 건물을 제대로 지을 수 없듯이 올바른 공부방법 없이는 일반화학 고득점 도달 매우 어려움
  - 건물 : 설계도 = 일반화학 : 공부 방법
  - 컴퓨터 : 운영체제 = 일반화학 : 공부 방법
- 일반화학은 정확한 방법으로 공부하면 어느누구나 쉽게 실력을 높일 수 있음

정확한 공부 방법	잘못된 공부 방법
이론과 문제를 함께 공부한다.	이론을 자세히 공부한 후에 문제 풀이를 공부한다.
이론을 이해하기 위해서 문제를 푼다.	이론을 알아야 문제를 풀 수 있다.
틀린 문제로부터 배울 수 있으므로 틀리는 것도 좋은 일이다.	틀릴까봐 문제 풀기가 두렵다.
쉬운 문제부터 차근차근 수준을 높여간다.	쉬운 문제는 빨리 넘어가고 최대한 빨리 어려운 문제를 푼다.
헷갈리는 내용이 생기면 그에 해당하는 쉬운 문제를 푼다.	헷갈리는 내용이 생기면 그 이론 내용을 자세히 읽는다.
쉬운 문제를 정확하게 반복해서 많이 푼다.	쉬운 문제보다는 어려운 문제를 많이 풀어야 실력이 향상된다.
어려운 문제는 쉬운 문제들의 조합으로 이뤄져있다.	어려운 문제를 풀기위해 쉬운 문제 연습은 도움이 되지 않는다.
처음보는 문제라도 기본기의 조합으로 풀 수 있다.	처음 보는 문제는 어떻게 접근해야 하는지 떠오르지 않는다.
맞은 문제라도 중요한 문제는 반복해서 많이 푼다.	맞은 문제는 더 이상 풀지 않아도 된다.
체계적이고 일관되게 푼다.	문제별로 다양한 방법/ 스킬로 외워서 푼다.
처음 보는 문제라도 구조를 파악하며 접근할 수 있다.	문제를 보자마자 무작정 뛰어든다.
반드시 손으로 써가며 푼다.	손으로 풀지 않고 눈으로 풀이 과정을 본다.
목차와 내용구조를 매우 중요하게 생각한다.	목차와 내용구조는 크게 신경쓰지 않는다.
어떤 내용, 문제라도 해당 목차 위치를 곧바로 알 수 있다.	어떤 문제가 어떤 단원 내용과 관련 있는지 잘 찾지 못한다.
개념의 직관적 의미를 먼저 이해한 후에 공식을 외운다.	개념의 직관적 의미 이해 없이 공식을 외운다.
기본기는 반감기가 매우 짧으므로 꾸준히 연습해야 한다.	기본기는 한번 만들면 별도의 노력 없이도 유지된다.
기출문제를 먼저 보고 공부 방향과 수준을 잡는다.	실력을 충분히 높인 후에 기출문제는 마지막에 본다.
기본서를 통해 폭넓은 상식, 배경지식을 쌓는다.	학원 교재로만 공부하고 기본서는 구입하지 않는다.
고득점은 기본문제를 얼마나 잘 푸느냐로 결정된다.	고득점은 지엽적인 내용을 얼마나 많이 아느냐로 결정된다.
시험 직전에는 기본기 문제 위주로 마무리한다.	시험 직전에는 틀린 문제 위주로 마무리한다.

2. 정확한 공부방법 정립과 과학적 방법

- 정확한 공부 방법을 정립하는 것은 매우 능동적인 과정임
- 수동적으로 수업만 들어서는 정확한 공부 방법을 정립하고 터득할 수 없음
  (예) 스스로 넘어지면서 타봐야 자전거 타는 법을 배울 수 있음

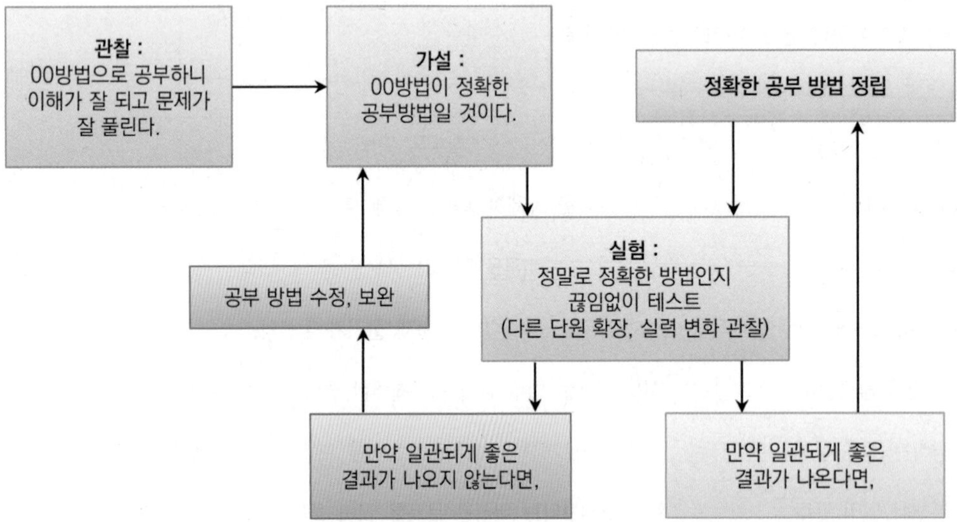

3. 체계적인 문제풀이 방법 (APS)

① Analyze(분석):

- 문제에서 주어진 조건과 단서를 파악하여 문제의 구조를 파악한다.
- 흩어진 단서들을 연결하여 의미 덩어리를 만들고 단순화 한다. (chunking, 청킹)

② Plan(경로 설정):

- 주어진 단서를 이용하여 어떻게 풀지 경로를 구상한다.
- 단순하고 효율적인 경로(알고리즘)를 선택한다.

③ Solve(풀기):

- 체계적이고 일관된 방법으로 푼다.

4. 편입 일반화학 문제는 어떻게 출제되는가?

- 소수의 출제진이 학교별로 자체 출제
- 기본서나 전공서를 참고하여 약간만 변형하여 출제
- 고도의 응용, 추론 문제는 출제 확률이 낮음 - 출제에 매우 많은 노력과 위험 부담이 따르기 때문
- 문제의 정확한 단서 등이 부족하고 엄밀성이 떨어지는 경우가 많음
- 엄밀성 떨어지는 요인
  ① 문제는 일부 학교만 공개, 정답은 거의 공개하지 않음
  ② 이의신청 절차가 매우 불투명함

5. 편입 일반화학 문제들의 일반적인 특징

- 기본서 연습문제 위주로 성의 없이 출제한 문제
- 학교별, 연도별로 출제 경향이 매우 크게 달라질 수 있다.
- 80% 정도는 기본적이고 쉬운 문제들
- 20% 정도는 변별력을 높이기 위한 문제들
  - 복잡하고 지저분한 계산 문제
  - 매우 지엽적인 지식형 문제
  - 기타 미트, 피트 변형 문제
- 시험 시간을 매우 부족하게 주는 경우가 흔함

6. 편입 일반화학 시험에서 고득점을 맞기 위해 필요한 요소들

- 튼튼한 기본기 - 쉬운 문제를 정확하게 많이 풀어야 기본기가 강해짐
- 기본문제는 거의 반사적으로 풀 수 있어야 함 - 매우 많은 연습 필요
- 목표하는 학교에 맞게 지엽적인 내용들도 충분히 정리, 연습 필요
- 기출문제가 중요하지만 너무 기출 문제에만 연연할 필요는 없음 (편입은 변칙적인 시험)
- 기출 경향성과 난이도는 해마다 크게 변할 수 있음 → 기본 실력이 중요
- 지엽적인 내용에 과도하게 집착하는 것은 위험
- 편입 문제가 변칙적이라 하더라도 기본 실력을 갖추면 여러 학교에 동시 합격하는 사례가 많음

1.4 측정 단위

1. 측정

- 측정(정량적 관찰)은 과학의 기본
- 측정치는 숫자와 단위로 이루어져 있다.
- 단위는 측정치의 물리적 의미를 나타낸다.

>>>
- 정량적(quantitative) 관찰: 숫자나 양을 포함한 관찰
- 정성적(qualitative) 관찰: 감각만을 이용한 관찰

2. 단위

- SI 단위 : 가장 널리 쓰이는 국제 단위

▶ 여러 가지 물리량의 단위, 기호

물리량	단위	기호
시간	s	t
질량	kg	m
길이	m	l, s, d
면적	m^2	A
부피	m^3, L, mL = cc	V
밀도	g/mL	d
속도	m/s	v
힘	$N=kg \cdot m/s^2$	F
에너지	$J=N \cdot m= kg \cdot m^2/s^2$	E
압력	Pas	P
온도	K, (℃)	T

3. 접두사

>>>
1옹스트롬(Å) = 10^{-10}m
원자 1개의 크기와 비슷

기호	이름	의미	기호	이름	의미
n	nano-	10^{-9}	p	pico-	10^{-12}
μ	micro-	10^{-6}	k	kilo-	10^3
m	milli-	10^{-3}	M	mega-	10^6
c	centi-	10^{-2}	G	giga-	10^9

예제 1.4.1

a. 소듐 원자의 지름은 0.000 000 000 372m이다. 몇 피코미터(pm)인가?

b. 인슐린 분자의 지름은 0.000 000 005m이다. 몇 나노미터(nm)인가?

예제 1.4.2

a. (힘 × 거리)가 의미하는 물리량은?

b. (압력 × 부피)가 의미하는 물리량은?

c. (질량 × 속도^2)가 의미하는 물리량은?

예제 1.4.3

다음 물질의 대략적인 크기를 말하시오.

a. 탄소 원자

b. 물 분자

c. DNA 사슬의 폭

d. 단백질

e. 대장균

f. 인간 세포

4. 부피 측정 기구

- 용액의 부피를 측정하는 일반적인 단위 : mL
- 1mL = 1cm^3
- 1000mL = 1L

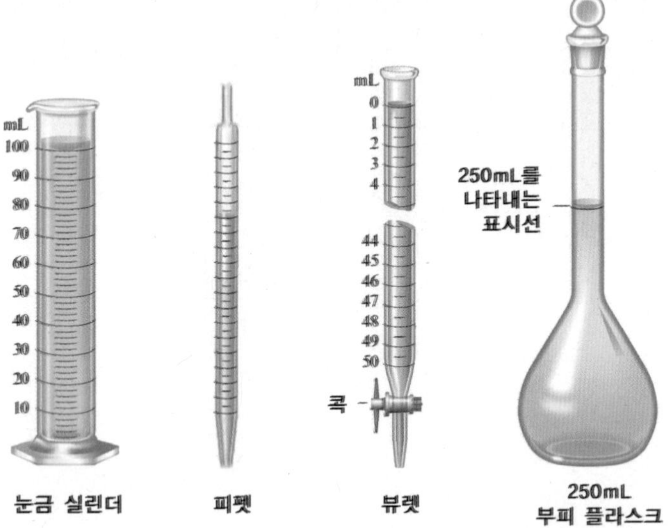

예제 1.4.4

20mL는 몇 μL인가?

예제 1.4.5

산 용액이 들어있는 비커에 염기 용액을 조금씩 떨어뜨려 적정하고자 한다. 염기 용액을 어떤 기구에 넣고 사용하는 것이 가장 적합한가?

a. 눈금 실린더

b. 피펫

c. 뷰렛

d. 부피 플라스크

1.5 유효 숫자와 계산

>>>
이 책의 내용/ 수업에서는 이해의 효율성을 위해 유효 숫자를 무시하는 경우도 있음

1. 측정의 불확정성

- 측정에는 오차가 따른다.
- 오차의 크기는 유효 숫자로 나타낸다.

2. 정밀도와 정확도

- 정밀도 : 측정값들이 얼마나 서로 비슷하게 모여 있는가?
- 정확도 : 측정값이 얼마나 참값에 가까운가?

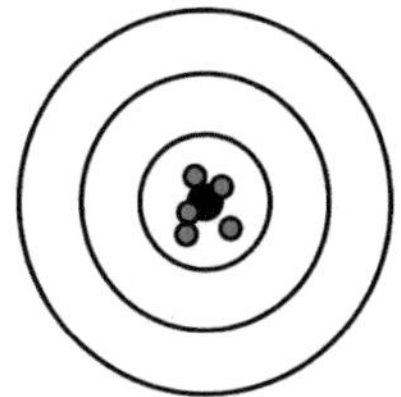

정밀하고
정확하다

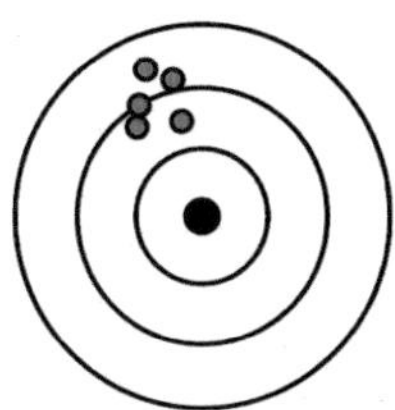

정밀하지만
정확하지 않다

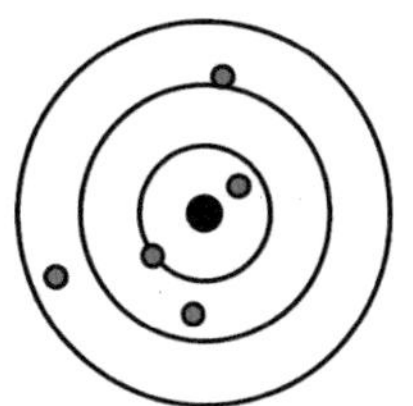

정밀하지도,
정확하지도 않다

- 우연 오차 : 원인을 알 수 없는 오차, 보정 불가능, 반복 측정하여 평균값을 선택하여 줄일 수 있음
- 계통 오차 : 원인을 아는 오차, 보정 가능

예제 1.5.1 (Z11)

다음 글에서 잘못된 것은?
'측정 결과가 정밀하지는 않으나 정확하다.'

예제 1.5.2 (Z32)

한 학생이 어떤 시료에 들어있는 칼슘의 양을 분석하여 다음과 같은 결과를 얻었다.

14.92%　　14.91%　　14.88%　　14.91%

이 시료에 들어있는 칼슘의 실제 양은 15.70%일 때, 다음 중 분석 결과에 대한 옳은 설명을 모두 골라라.

a. 정확하다.
b. 정밀하다.
c. 우연 오차는 작으나 계통 오차는 크다.
d. 계통 오차는 작으나 우연 오차는 크다.

3. 유효 숫자와 측정

- 측정치를 나타낼 때는 확실한 자릿수와 불확실한 첫 번째 자릿수(추정한 숫자)를 기록
- 유효 숫자 : 확실한 자릿수 + 불확실한 첫 번째 자릿수
- 마지막 자릿수(추정한 숫자)는 ±1로 간주

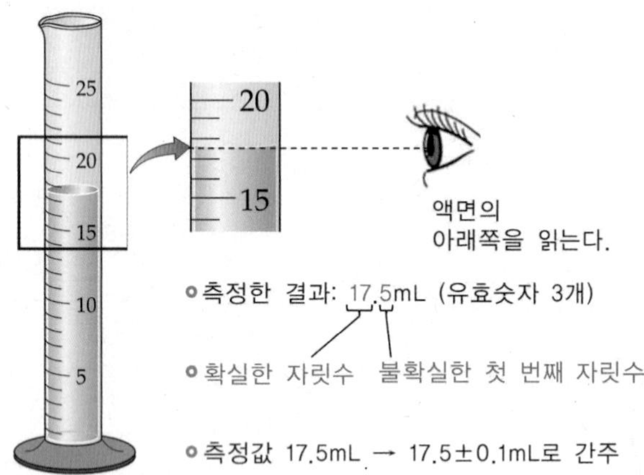

- 측정한 결과: 17.5mL (유효숫자 3개)
- 확실한 자릿수　불확실한 첫 번째 자릿수
- 측정값 17.5mL → 17.5±0.1mL로 간주

예제 1.5.3

측정에 사용하는 자에 따라 적절한 유효 숫자로 연필의 길이를 나타내시오.

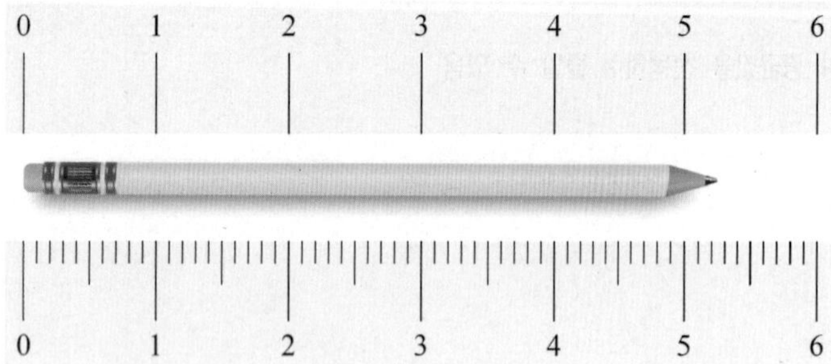

예제 1.5.4

측정값 25mL와 25.0mL의 차이는 무엇인가?

예제 1.5.5

아래의 피펫에 들어있는 액체의 부피를 나타내라. (최소 눈금 단위는 0.1mL)

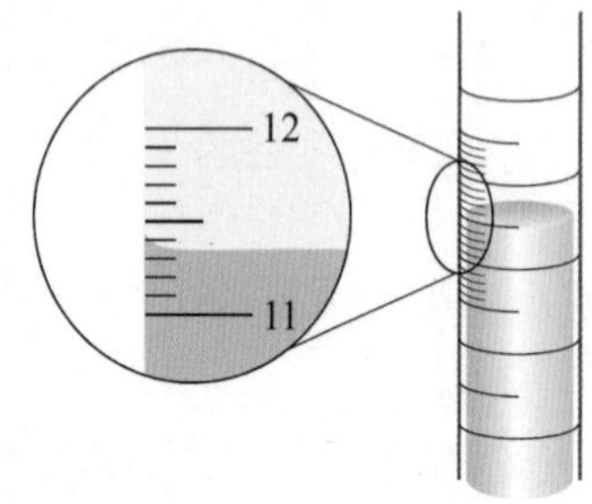

4. 유효 숫자 세는 규칙

- 0이 아닌 모든 숫자는 유효 숫자이다.
- 앞부분의 0은 유효 숫자가 아니다.
- 숫자 사이의 0은 유효 숫자이다.
- 끝에 있는 0이 소수점 다음에 있으면 유효 숫자이다.

예제 1.5.6

다음 측정치에서 유효 숫자의 개수는?

a. 0.0105g

b. 0.050080g

c. 8.050×10^{-3}초

예제 1.5.7 (Z34)

다음 각 수에서 유효 숫자는 몇 개인가?

a. 100

b. 1.0×10^2

c. 1.00×10^3

d. $100.$

예제 1.5.8 (Z34)

다음 각 수에서 유효 숫자는 몇 개인가?

a. 0.0048

b. 0.00480

c. 4.80×10^{-3}

d. 4.800×10^{-3}

5. 반올림 규칙

- 연속적 계산을 한 후, 마지막 계산 결과만 반올림한다.
- 반올림하려는 숫자가
  ① 5보다 작으면 버린다.
  ② 5보다 같거나 크면 그 앞자리 수에 1을 더한다.

>>> 반올림 규칙은 교재에 따라 다를 수 있다.

6. 지수 표기법(과학적 표기법)

- 0.0020 → 2.0×10^{-3}
- 0.00100 → 1.00×10^{-3}
- 0.0001253 → 1.253×10^{-4}

예제 1.5.9

a. 5.664525를 유효숫자 3개로 반올림하라.

b. 5.664525를 유효숫자 2개로 반올림하라.

예제 1.5.10 (Z35)

다음 각 수를 표시된 유효 숫자의 개수에 맞추어 반올림하고 과학적 표기법(scientific notation)으로 나타내라.

a. 0.00034159를 유효 숫자 세 개로

b. 103.351×10^2를 유효 숫자 네 개로

c. 17.9915를 유효 숫자 다섯 개로

d. 3.365×10^5를 유효 숫자 세 개로

7. 곱셈과 나눗셈 규칙

- 계산 결과의 숫자는 계산에 사용한 수 중 어떤 값보다도 더 많은 유효 숫자 개수를 가질 수 없다.
  ① 유효 숫자 개수가 A < B라면,
  ② 곱셈, 나눗셈 계산 결과의 유효 숫자 개수는 A의 유효 숫자 개수와 같다.

예제 1.5.11

다음 직사각형의 면적을 유효 숫자에 맞게 계산하시오.

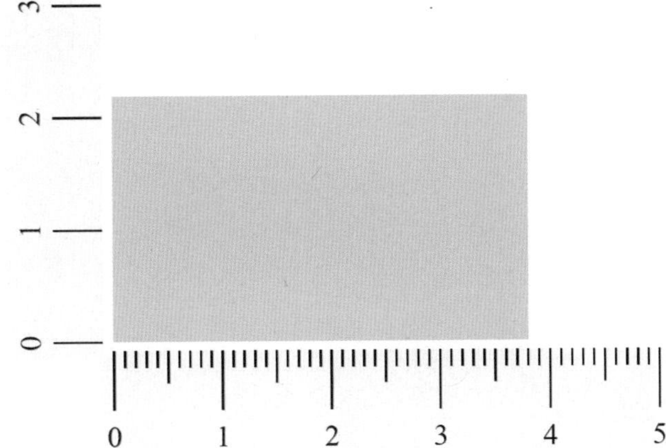

예제 1.5.12 (Z17)

다음은 계산기로 계산한 결과이다. 답을 유효 숫자에 맞게 나타내라.

a. 1.05 ÷ 6.135 = 0.171149...

b. 2.1 × 12.45 = 26.145

c. $\frac{2.560 \times 275.15}{8.8} = 0.0818753$

8. 덧셈과 뺄셈 규칙

- 계산 결과의 숫자는 계산에 사용한 어떤 값보다 소수점 오른쪽에 더 많은 유효 숫자를 가질 수 없다.
  ① 소수점 오른쪽의 유효 숫자 개수가 A < B라면,
  ② 덧셈, 뺄셈 계산 결과의 소수점 오른쪽의 유효 숫자 개수는 A의 소수점 오른쪽의 유효 숫자 개수와 같다.

예제 1.5.13 (Z38)

다음의 비커는 정밀도가 다르다. 두 비커의 용액을 하나의 용기에 담아 혼합하였을 때, 혼합 용액의 부피를 유효숫자를 고려하여 나타내시오,

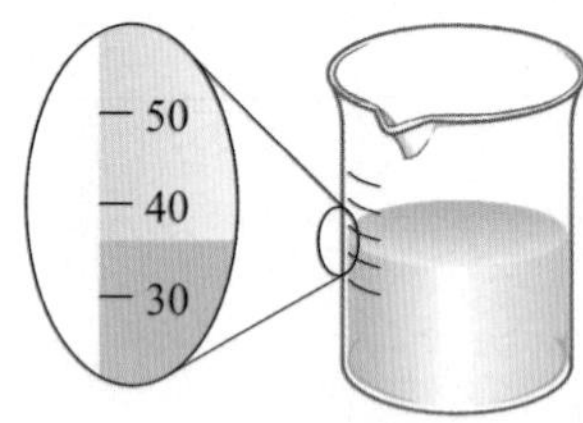

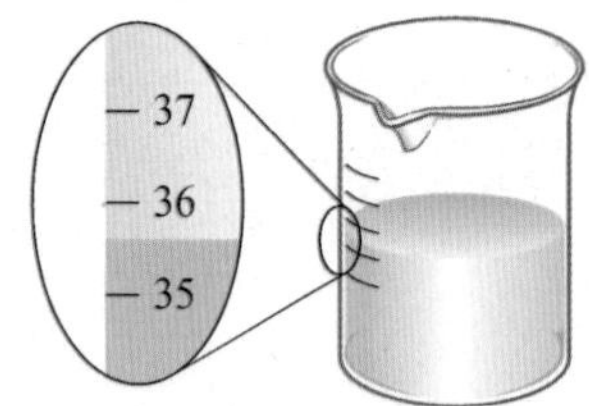

예제 1.5.14 (M1.62)

다음은 계산기로 연속적 계산을 한 결과이다. 답을 유효 숫자가 맞게 나타내라.

a. $86.3 + 1.42 - 0.09 = 87.63$

b. $5502.3 + 24 + 0.01 = 5526.31$

c. $\dfrac{3.41 - 0.23}{5.233} \times 0.205 = 0.1245748$

예제 1.5.15 (Z42)

다음을 계산하고, 그 답을 유효 숫자가 맞게 나타내라.

a. $6.022 \times 10^{23} \times 1.05 \times 10^{2}$

b. $\dfrac{6.6262 \times 10^{-34} \times 2.998 \times 10^{8}}{2.54 \times 10^{-9}}$

c. $\dfrac{9.875 \times 10^{2} - 9.795 \times 10^{2}}{9.875 \times 10^{2}} \times 100$ (100은 완전수)

1.6 차원 분석과 단위 환산

1. 환산인자 방법

- 한 단위를 다른 단위로 바꾸기 위해 등가 관계를 이용한다.
- 변환하고자 하는 양에 환산 인자를 곱하여 원하지 않는 단위를 상쇄시키고 원하는 단위를 얻는다.

예제 1.6.1

Lipitor라는 약은 2.5g 알약 한 알에 유효 성분(아토르바스타틴)이 4.0% 들어 있다. 알약 30개가 들어 있는 병 1개에 포함된 유효 성분의 질량은 모두 몇 그램인가?

예제 1.6.2

휘발유 1L의 가격이 1500원이다. 어떤 자동차의 연비가 15km/L일 때, 휘발유 20000원으로 갈 수 있는 거리는?

예제 1.6.3 (C1.69)

휴식을 취하고 있는 성인은 분당 240mL의 순수한 산소를 필요로 하며, 보통 분당 약 12회 호흡한다. 들숨은 부피로 20%가 산소이고, 날숨은 16%가 산소라고 하면, 이 사람이 매 호흡마다 쉬어야 할 공기의 양은 얼마인가? (단, 들숨과 날숨의 부피는 같다고 가정한다.)

1.7 온도

1. 섭씨 온도(℃)

- 1기압에서 물의 어는점(정상 어는점): 0℃
- 1기압에서 물의 끓는점(정상 끓는점): 100℃

2. 절대 온도(K, 켈빈)

- 절대 0도 : 이론적인 온도의 최저점, -273.15℃
- 절대 온도와 섭씨 온도는 눈금의 간격은 같고 영점이 다르다.

$$T(K) = T(℃) + 273$$
$$T(℃) = T(K) - 273$$

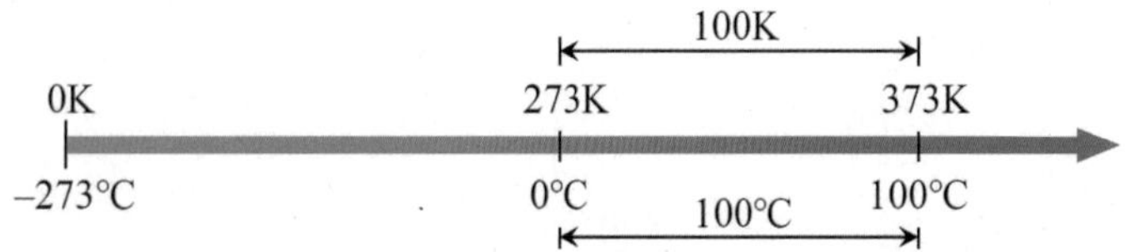

예제 1.7.1

다음 섭씨온도를 켈빈 온도로 환산하라.

a. 대부분의 화학적 양을 측정하는 온도, 25℃

b. 가장 낮은 온도, -273℃

c. 염화 소듐의 녹는점, 801℃

예제 1.7.2

다음 Kelvin 온도를 섭씨 온도로 환산하라.

a. 헬륨의 끓는점, 4K

b. 대부분의 화학적 양을 측정하는 온도, 298K

c. 텅스텐의 녹는점, 3680K

1.8 밀도

- 밀도 = $\frac{\text{질량}}{\text{부피}}$
- 비중 : 물의 밀도(1g/mL)에 대한 상대값

  (예) 물의 밀도 1g/mL → 물의 비중: 1

  (예) 금의 밀도 19.32g/mL → 금의 비중: 19.32

▶ 20℃, 1기압에서 몇 가지 물질의 밀도

Substance	Physical State	Density (g/cm^3)
Oxygen	Gas	0.00133
Hydrogen	Gas	0.000084
Ethanol	Liquid	0.789
Benzene	Liquid	0.880
Water	Liquid	0.9982
Magnesium	Solid	1.74
Salt (sodium chloride)	Solid	2.16
Aluminum	Solid	2.70
Iron	Solid	7.87
Copper	Solid	8.96
Silver	Solid	10.5
Lead	Solid	11.34
Mercury	Liquid	13.6
Gold	Solid	19.32

예제 1.8.1

금의 밀도는 19.32g/cm^{3}이다. 한 변의 길이가 10.00cm인 금 입방체의 무게는 얼마인가?

예제 1.8.2 (C1.90)

염소(Cl_2)는 수영장을 소독하는 데 사용된다. 이러한 용도로 허용된 염소의 농도는 1ppm 즉, 물 100만 그램당 염소 1g이다. 질량비로 6.0%의 염소 용액이 있고, 수영장의 물은 8.0×10^4L라고하면 몇 mL의 염소 용액을 수영장에 넣어야 하는가? (단, 염소 용액의 밀도=1.0g/mL)

1.9 물질의 분류

1. 물질의 상태와 상전이

- 고체 : 고정된 부피, 고정된 모양, 분자들의 상대적 위치가 고정됨
- 액체 : 고정된 부피, 자유로운 모양으로 흐름, 분자들의 상대적 위치가 변함
- 기체 : 고정된 부피나 모양이 없음, 날아다니는 입자가 용기를 가득 채움

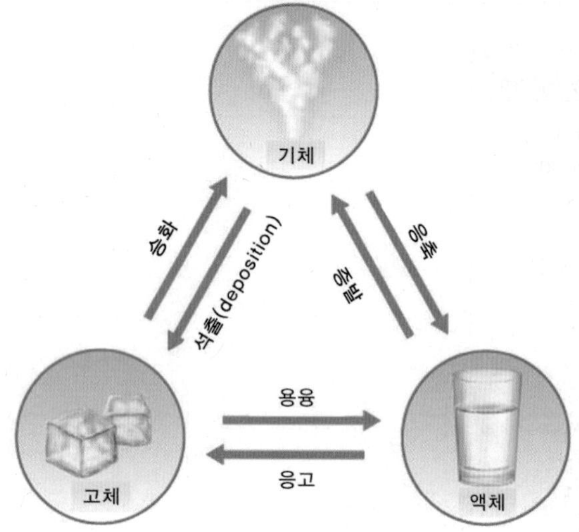

2. 물리적 변화와 화학적 변화

- 물리적 변화 : 물질의 본질적인 특징은 변하지 않고 상태만 바뀜, 원자들의 연결상태는 변하지 않음
- 화학적 변화 : 물질이 원래의 것과 전혀 다른 새로운 물질로 변함, 원자들이 연결상태가 변함

예제 1.9.1

다음을 화학적 변화와 물리적 변화로 구별하여라.

a. 나무를 톱으로 자른다.

b. 나무가 불에 탄다.

c. 물이 증발한다.

d. 물이 전기 분해되어 수소와 산소로 분해된다.

e. 식물에서 광합성이 일어난다.

3. 세기 성질과 크기 성질

- 세기 성질: 시료의 양과 관계 없는 값
- 크기 성질: 시료의 양에 따라 달라지는 값

예제 1.9.2

다음 성질을 세기 성질과 크기 성질로 구별하라.

a. 녹는점

b. 질량

c. 부피

d. 온도

4. 물질의 분류

- 순물질(pure substances) : 한 가지 종류의 순수한 물질
- 혼합물(mixture) : 순물질이 섞여 있는 것 (소금물, 설탕물…)
- 화합물(compound) : 두 종류 이상의 원자로 이루어진 물질 (물 H_2O)
- 원소(element) : 한 가지 종류의 원자로만 이루어진 물질 (산소기체 O_2)
- 동소체(allotrope) : 같은 원소로 구성되었으나 서로 다른 물질 (흑연 vs 다이아몬드)

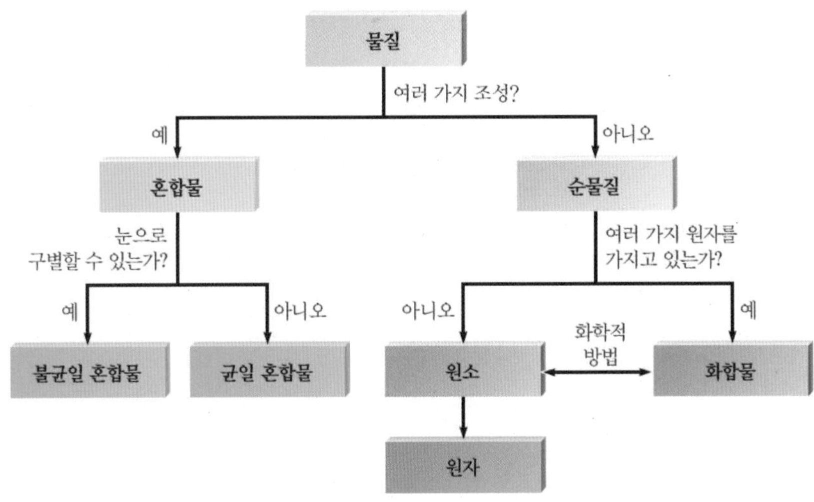

예제 1.9.3

다음을 혼합물, 순물질, 화합물, 원소로 분류하라.

a. 커피

b. 물

c. 철

d. 공기

e. 이산화탄소

예제 1.9.4 (Z88)

비커에 마그네슘 조각과 유황을 각각 한 티스푼씩 넣었다. 이것은 혼합물인가 순물질인가?
이 비커를 가열하여 두 물질이 반응하도록 하였더니 황화 마그네슘이 얻어졌다. 이것은 혼합물인가 순물질인가?

5. 혼합물의 분리 방법

- 증류 : 각 성분의 끓는점 차이를 이용하여 분리
- 여과 : 고체와 액체가 섞여 있는 혼합물을 분리
- 크로마토그래피 : 고정상과 이동상에 대한 친화도 차이를 이용하여 분리

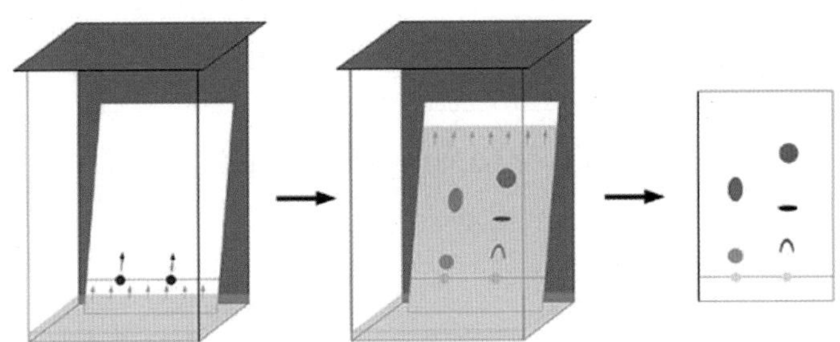

예제 1.9.5

다음 중 혼합물을 분리하는 방법을 모두 골라라.

a. 증류

b. 여과

c. 크로마토그래피

d. 전기분해

01 개념 확인 문제 (적중 2000제 선별문제)

01. CF104. 화학 반응

물질과 화학 반응에 대한 설명으로 옳지 <u>않은</u> 것은?

① 물질들은 여러 종류의 원자로 이루어져 있다.
② 원자 사이의 결합이 바뀌면 한 물질이 다른 물질로 변한다.
③ 화학 반응 전, 후에 원자는 창조되지도, 소멸되지도 않는다.
④ 한 종류의 원자는 다른 종류의 원자로 바뀌지 않는다.
⑤ 물질의 종류만큼 다양한 원자의 종류가 있다.

02. CF119. 측정과 오차

측정에 대한 설명으로 옳지 <u>않은</u> 것은?

① 측정에는 항상 불확정성이 따른다.
② 측정값과 참값이 가까울수록 정확도가 크다.
③ 같은 양을 여러 번 측정하였을 때 이들 측정값이 서로 비슷할 수록 정밀도가 크다.
④ 우연 오차는 보정할 수 있다.
⑤ 계통 오차는 보정할 수 있다.

03. CF126-3 유효숫자 계산

다음 계산의 답을 유효 숫자에 맞게 나타낸 것은?

$$52.331 + 26.01 - 0.9981$$

① 77.3429
② 77.343
③ 77.342
④ 77.34
⑤ 77.3

04. CF126-4 유효숫자 계산

다음 계산의 답을 유효 숫자에 맞게 나타낸 것은?

$$\frac{0.102 \times 0.0821 \times 273}{1.01}$$

① 2.2635
② 2.264
③ 2.26
④ 2.27
⑤ 2.3

05. CF130. 단위와 디멘션

다음 중 질량과 가속도의 곱이 가지는 물리량과 디멘션이 같은 것은?

① 길이
② 에너지
③ 힘
④ 질량
⑤ 압력

06. CF152. 물질의 분류

다음 설명 중 옳지 않은 것은?

① 혼합물은 물리적 방법에 의해 순물질로 분리할 수 있다.
② 화합물은 화학적 방법에 의해 원소로 분해할 수 있다.
③ 화합물은 두 가지 이상의 원소로 구성된 물질이다.
④ 원소는 한 가지 종류의 원자로 이루어진 물질이다.
⑤ 화합물은 순물질이 아니다.

07. CF154. 크기 성질과 세기 성질

다음 중 크기 성질이 아닌 것은?

① 질량
② 무게
③ 길이
④ 부피
⑤ 밀도

08. CF308. 상식

다음 중 길이가 가장 짧은 것을 고르시오

① 1.0×10^{-10} km
② 1.0×10^{-7} mm
③ 1.0×10^{3} pm
④ 10 Å
⑤ 100 nm

09. CF337. 상식

다음 중 세기 성질(intensive property)을 모두 고른 것은?

〈보 기〉

가. 밀도
나. 압력
다. 부피
라. 온도

① 가, 나, 라
② 나, 라
③ 가, 다, 라
④ 나, 다, 라
⑤ 다, 라

10. CF342. 상식

물질의 분리 방법 중 화학적 방법에 해당되는 것은?

① 크로마토그래피에 의한 천연물 분리
② 물의 전기분해
③ 석유의 분별 증류
④ 추출에 의한 혼합물 분리
⑤ 거름종이로 거름

번호	1	2	3	4	5
정답	⑤	④	④	③	③

번호	6	7	8	9	10
정답	⑤	⑤	②	①	②

MEMO

C H E M I S T R Y

02

원자, 분자, 이온

02

원자, 분자, 이온

2.1 기본적인 화학 법칙
2.2 돌턴의 원자론
2.3 원자 모형의 변화와 관련 실험
2.4 원자 구조에 대한 현대적 관점
2.5 분자와 이온
2.6 주기율표
2.7 이온의 종류와 이름
2.8 이온 화합물의 명명법
2.9 이성분 분자성 화합물의 명명법

2.1 기본적인 화학 법칙

1. 질량 보존의 법칙

- 화학 반응에서 질량은 창조되지도, 소멸하지도 않는다.

2. 일정 성분비의 법칙

- 주어진 화합물에서 원소들의 질량비는 항상 일정하다.

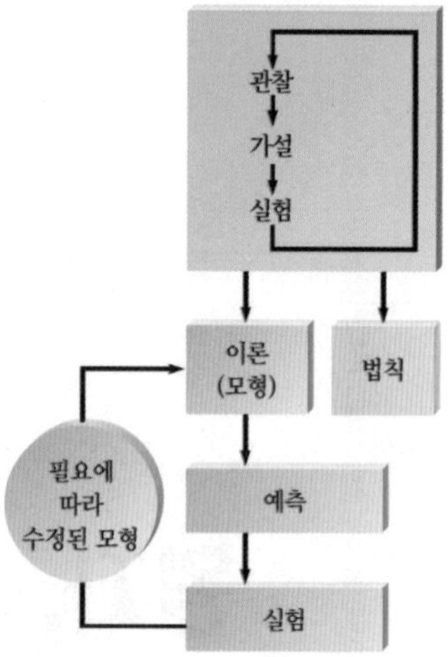

3. 배수 비례 법칙

- 두 종류의 원소가 화합하여 여러 종류의 화합물을 구성할 때, 한 원소의 일정 질량과 결합하는 다른 원소의 질량비는 항상 간단한 정수비로 나타난다.

관찰 → 가설 → 실험 → 이론(모형) / 법칙

이론(모형) → 예측 → 실험 → 필요에 따라 수정된 모형 → 이론(모형)

4. 부피 결합 법칙(Gay-Lussac의 법칙)

- 기체상 반응에서 어느 한 쌍의 기체들의 부피의 비는 간단한 정수비로 주어진다.

(예): 2부피의 수소 + 1부피의 산소 → 2부피의 수증기
3부피의 수소 + 1부피의 질소 → 2부피의 암모니아

5. 아보가드로의 법칙

- 일정한 온도와 압력에서 기체의 부피는 입자 수에 비례한다.
- 기체 '입자'가 이원자 분자로 존재할 수 있음을 제안

예제 2.1.1 (M2.74)

메테인에서 수소와 탄소는 질량비로 1:3으로 결합한다. 탄소와 수소만으로 구성된 어떤 화합물 X의 시료가 8g의 수소와 32g의 탄소를 포함한다.

a. 이 화합물은 메테인일 수 있는가?

b. 메테인과 화합물 X에는 배수비례 법칙이 성립하는가?

예제 2.1.2 (O14)

돌턴은 수소 기체를 단원자 H, 산소 기체를 단원자 O, 수증기를 OH로 가정하였다. 수증기 생성 반응에 대한 부피 결합 법칙이 설명되는가?

예제 2.1.3

아보가드로는 수소 기체를 H_2, 산소 기체를 O_2, 수증기를 H_2O로 가정하였다. 수증기 생성 반응에 대한 부피 결합 법칙이 설명되는가?

2.2 돌턴의 원자론

- 모든 원소는 원자로 이루어진다.
- 주어진 원소의 모든 원자는 동일하다.
- 원자 간 결합으로 화합물이 형성된다.
- 화학 반응에서 원자 자체는 변하지 않으며, 단지 그들의 결합 유형만 바뀐다.

예제 2.2.1 (M2.70)

돌턴의 원자론이 질량 보존의 법칙과 일정 성분비의 법칙을 어떻게 설명하는가?

예제 2.2.2 (M2.71)

돌턴의 원자론이 배수 비례의 법칙을 어떻게 설명하는가?

2.3 원자 모형의 변화와 관련 실험

1. 원자 모형의 변화

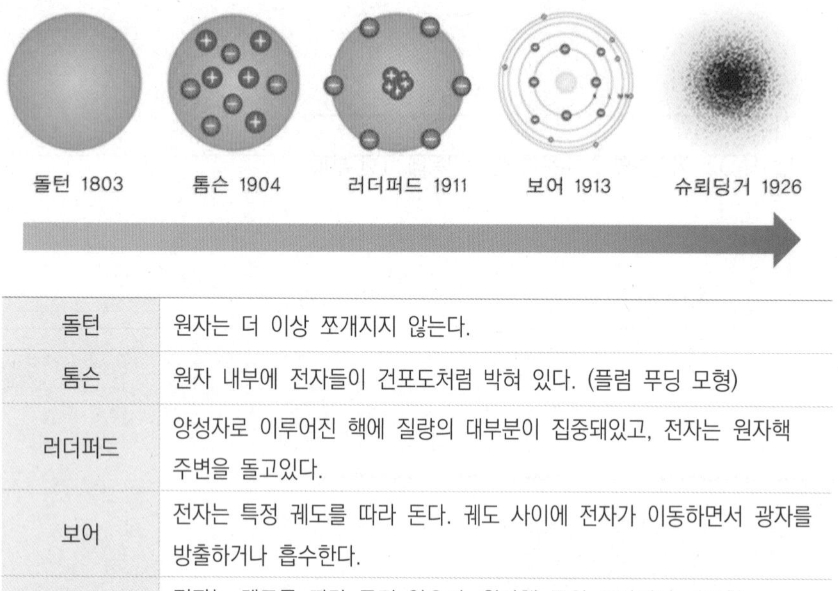

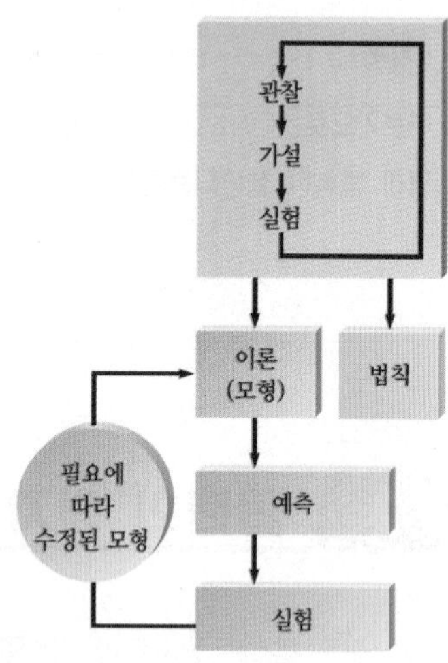

돌턴	원자는 더 이상 쪼개지지 않는다.
톰슨	원자 내부에 전자들이 건포도처럼 박혀 있다. (플럼 푸딩 모형)
러더퍼드	양성자로 이루어진 핵에 질량의 대부분이 집중돼있고, 전자는 원자핵 주변을 돌고있다.
보어	전자는 특정 궤도를 따라 돈다. 궤도 사이에 전자가 이동하면서 광자를 방출하거나 흡수한다.
슈뢰딩거	전자는 궤도를 따라 돌지 않으며, 원자핵 주위 공간에서 발견할 확률로만 표현된다.

2. 톰슨의 음극선관 실험: 전자의 발견

- 음극선: 진공 방전관에 높은 전압을 걸어 주면 (-)극에서 (+)극 쪽으로 나오는 빛을 내는 선
- 톰슨은 음극선 실험을 통해 음극선이 (-)전하를 띤 입자의 흐름임을 밝혀내었다.
- 톰슨의 원자 모형 : 전체적으로 (+)전하를 띠는 물질 속에 (-)전하를 띠는 전자가 띄엄띄엄 박혀 있는 새로운 원자 모형을 제안
- 자기장에서 음극선이 휘는 정도를 측정하여 (전자의 전하/질량) 비를 다음과 같이 결정함

$$\frac{e}{m} = -1.76 \times 10^{8}\mathrm{C/g}$$

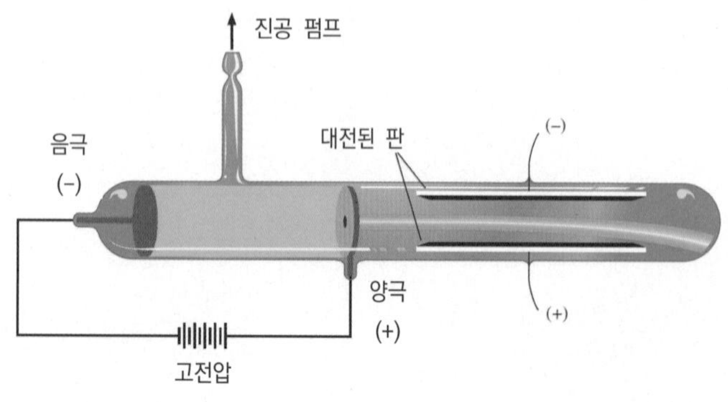

3. 러더퍼드의 α입자 산란 실험 : 원자핵의 발견

- 러더퍼드는 알파(α) 입자 산란 실험 : 원자의 대부분은 빈 공간이며, 원자의 중심에 밀도가 매우 크고 (+)전하를 띠는 부분(원자핵)이 존재한다는 것을 밝혀냄
- 러더퍼드의 원자 모형: 원자의 중심에 (+)전하를 띠는 원자핵이 위치하고, (-)전하를 띠는 전자가 원자핵 주위를 움직이고 있는 원자 모형을 제안

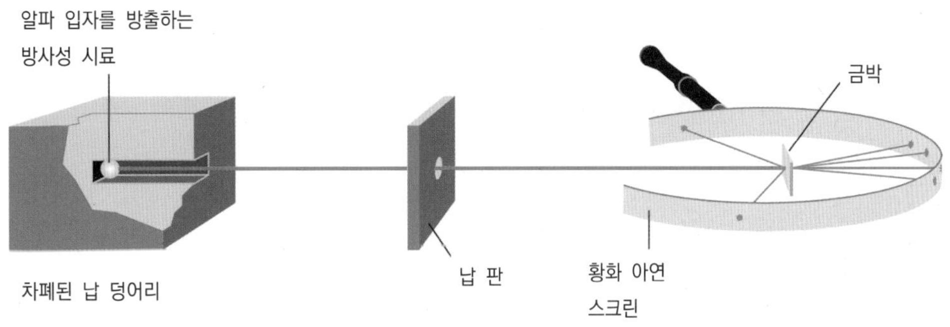

4. 밀리컨의 기름방울 실험: 전자의 전하량과 질량 측정

① 작은 기름방울을 분무한 후, 공기 중에서의 종단 속도를 측정하여 방울의 질량을 계산한다.
② 떨어지는 기름방울에 X선을 쪼여 음전하를 띠게 하면 두 개의 하전된 판 사이에 기름방울이 움직이지 않고 머무르게 된다.
③ 기름방울의 전하는 기름방울의 질량과 두 판 사이의 전압으로부터 계산할 수 있다.
④ 기름방울들의 전하는 항상 전자의 작은 정수배이므로 전자의 전하량을 계산할 수 있다.
⑤ 톰슨의 전하 대 질량비에 e를 대입하면 전자의 질량을 구할 수 있다.

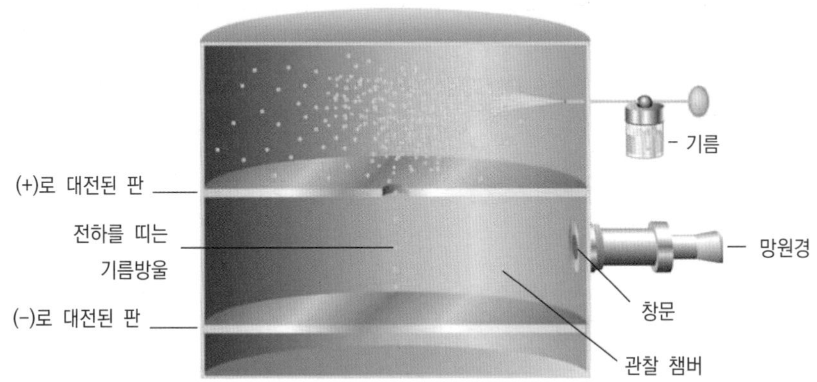

예제 2.3.1

다음은 가상적인 전하량 단위인 X로 측정한 기름방울들의 전하량이다. 전자의 전하량은 몇 X인가?

12X, 18X, 6X, 24X, 27X

예제 2.3.2

톰슨의 음극선관 실험에서 측정된 성질은 무엇인가?

a. 전자의 질량
b. 양성자의 질량
c. 전자의 전하
d. 전자의 전하 대 질량비

예제 2.3.3

밀리컨의 기름방울 낙하 실험에서 측정된 성질을 모두 고르시오.

a. 전자의 질량
b. 양성자의 질량
c. 전자의 전하
d. 전자의 전하 대 질량비

2.4 원자 구조에 대한 현대적 관점

>>>

전자의 전하량은 $1.60217646 \times 10^{-19}$C이다.

1. 원자의 구조

▶ 원자를 이루는 입자들

입자	위치	기호	상대 전하	상대 질량
양성자	원자핵	p^+	+1	1
중성자		n	0	1
전자	원자핵 바깥	e^-	-1	1 / 1840

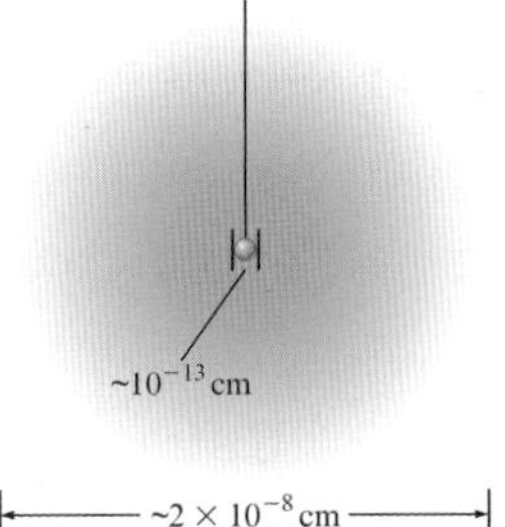

• 양성자 :
- 중성자와 함께 원자핵을 이루는 입자
- 원소에 따라 그 수가 다름
- 양성자의 수 = 원소의 원자 번호
- 화학 반응에서 양성자의 수는 바뀌지 않음

• 중성자 :
- 양성자와 함께 원자핵을 이루는 입자
- 양성자와 질량은 거의 같다.
- 전하를 띠지 않는다.
- 화학 반응에서 중성자의 수는 바뀌지 않음
- 같은 원소라고 해도 중성자의 수는 다를 수 있다.

>>>

원자핵은 화학 반응에 참여하지 않는다.

• 전자 :
- 원자핵 주위에서 움직이는 (-)전하를 띤 입자
- 전자가 존재하는 공간은 원자 부피의 대부분을 차지
- 질량은 양성자, 중성자에 비해 매우 작다.
- 양성자와 전자의 전하량 크기는 같지만 부호는 반대
- 중성 원자 : 양성자 수 = 전자 수
- 원자는 전자를 얻어 음이온을 형성하거나, 전자를 잃고 양이온을 형성할 수 있다.

예제 2.4.1 (Z50)

만일 수소 원자 모형을 정확한 척도로 제작한다면, 핵의 지름을 1mm로 할 때, 원자 전체의 지름은 얼마나 되겠는가?

2. 원자 표시법

- 원자 번호 : 원자핵 속에 들어있는 양성자의 수, 원자의 종류를 결정
- 질량수 : 양성자 수 + 중성자 수
- 원자의 양성자, 중성자, 전자 조성을 기호로 나타낼 수 있다.

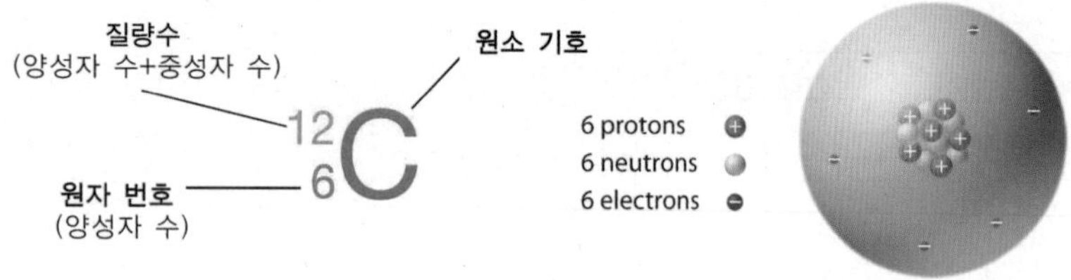

예제 2.4.2

다음 원소들에 대해 이름과 기호를 쓰시오

a. 원자 번호가 9이고 질량수가 19인 원자

b. 핵에 18개의 양성자를 가진 원소

c. 양성자가 7개, 중성자가 7개인 중성 원자

예제 2.4.3

다음 원자들의 핵에 존재하는 양성자수, 중성자수, 전자수를 나타내어라.

a. ${}^{24}_{12}\mathrm{Mg}$

b. ${}^{24}_{12}\mathrm{Mg}^{2+}$

c. ${}^{59}_{27}\mathrm{Co}^{2+}$

d. ${}^{59}_{27}\mathrm{Co}^{3+}$

3. 원자(atom)와 원소(element)

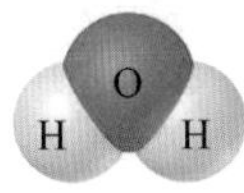

H_2O 한 분자는 3개의 '원자'로 이루어진다.

H_2O는 2가지 종류의 '원소'로 구성된다.

- 양성자 수가 같은 원자는 모두 같은 종류의 원소이다.
- 한 가지 종류의 원자로만 이루어진 물질(홑원소 물질)을 원소라고도 한다.

4. 동위 원소

- 동위 원소(isotope) : 양성자 수가 같지만, 중성자 수가 다르다.

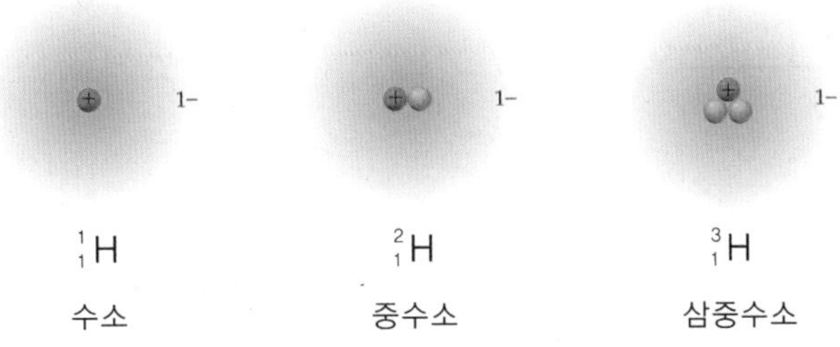

$^{1}_{1}H$ 수소　　$^{2}_{1}H$ 중수소　　$^{3}_{1}H$ 삼중수소

- 자연계에서 동위 원소의 존재 비율은 질량 분석계로 측정할 수 있다.

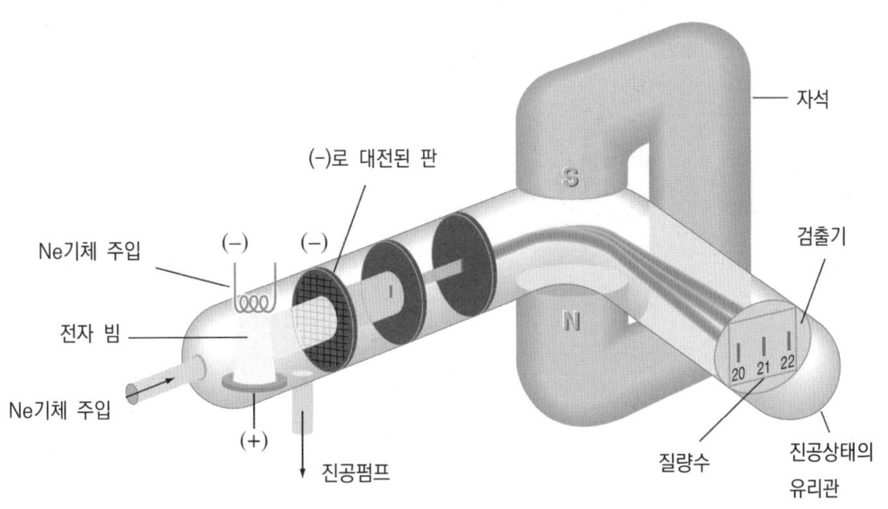

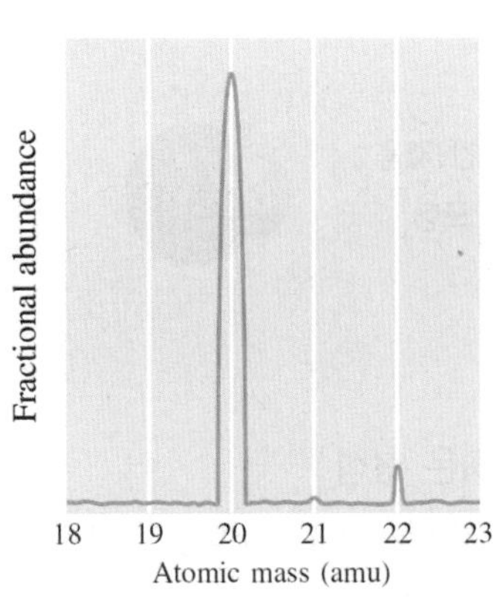

예제 2.4.4

다음 동위 원소의 기호를 쓰시오.

a. 탄소-12

b. 탄소-13

c. 금-197

2.5 분자와 이온

1. 화학 결합: 원자들끼리의 결합

- 공유 결합: 원자들이 전자를 공유함으로써 결합하여 집합체(분자)를 이룸
- 이온 결합: 양이온과 음이온의 정전기적 인력으로 결합

2. 구조식

- 구조식 : 분자를 이루는 원자들의 연결을 보여준다.
- 공-막대 모형이나 공간-채움 모형으로 분자의 구조를 나타내기도 한다.

	염화수소	물	암모니아	메테인
분자식	HCl	H_2O	NH_3	CH_4
구조식	H-Cl	H-O-H	H-N-H H	H H-C-H H
공-막대 모형				
공간-채움 모형				

3. 이온 형성

- 양이온 : 원자가 전자를 잃어서 형성
- 음이온 : 원자가 전자를 얻어서 형성
- 이온 화합물은 상온에서 대부분 고체임 (이온성 고체)

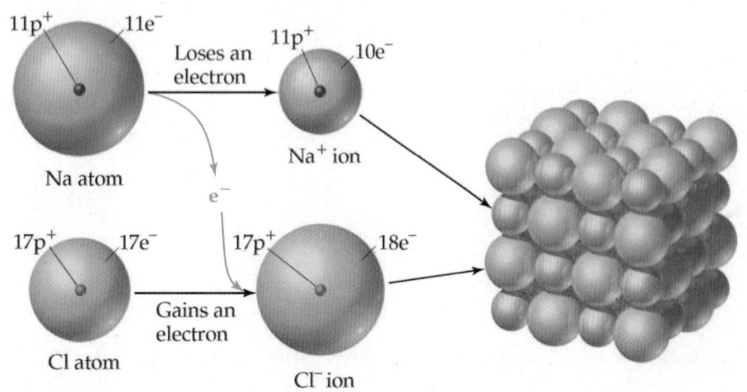

2.6 주기율표

	1A 1	2A 2	3B 3	4B 4	5B 5	6B 6	7B 7	8B 8	8B 9	8B 10	1B 11	2B 12	3A 13	4A 14	5A 15	6A 16	7A 17	8A 18
1	1 H																	2 He
2	3 Li	4 Be											5 B	6 C	7 N	8 O	9 F	10 Ne
3	11 Na	12 Mg											13 Al	14 Si	15 P	16 S	17 Cl	18 Ar
4	19 K	20 Ca	21 Sc	22 Ti	23 V	24 Cr	25 Mn	26 Fe	27 Co	28 Ni	29 Cu	30 Zn	31 Ga	32 Ge	33 As	34 Se	35 Br	36 Kr
5	37 Rb	38 Sr	39 Y	40 Zr	41 Nb	42 Mo	43 Tc	44 Ru	45 Rh	46 Pd	47 Ag	48 Cd	49 In	50 Sn	51 Sb	52 Te	53 I	54 Xe
6	55 Cs	56 Ba	71 Lu	72 Hf	73 Ta	74 W	75 Re	76 Os	77 Ir	78 Pt	79 Au	80 Hg	81 Tl	82 Pb	83 Bi	84 Po	85 At	86 Rn
7	87 Fr	88 Ra	103 Lr	104 Rf	105 Db	106 Sg	107 Bh	108 Hs	109 Mt	110	111	112	113	114	115	116		

57 La	58 Ce	59 Pr	60 Nd	61 Pm	62 Sm	63 Eu	64 Gd	65 Tb	66 Dy	67 Ho	68 Er	69 Tm	70 Yb
89 Ac	90 Th	91 Pa	92 U	93 Np	94 Pu	95 Am	96 Cm	97 Bk	98 Cf	99 Es	100 Fm	101 Md	102 No

Metals
Metalloids
Nonmetals

1. 주기율표

- 원소를 원자 번호 순서로 나열 → 화학적, 물리적 성질이 반복되는 주기적 패턴이 나타남

2. 족(family)

- 주기율표의 세로줄로 1~18족이 있다.
- 같은 **족** 원소는 화학적 성질이 비슷하다.

3. 주기(period)

- 주기율표의 가로줄
- 같은 주기 원소는 전자가 들어있는 전자껍질의 수가 같다.

4. 원소의 분류

- 금속은 전자를 잃고 양이온이 되려는 경향
- 비금속은 전자를 얻고 음이온이 되려는 경향
- 같은 **주기**의 원소는 주기율표에서 같은 가로축 상에 있다.
- 알칼리 원소(1족)는 전자 1개를 주고 양이온이 되려는 반응성이 매우 크다.
- 알칼리 토금속(2족)은 전자 2개를 주고 양이온이 되려는 경향성이 있다.
- 할로젠 원소(17족)는 전자 1개를 받고 음이온이 되려는 반응성이 매우 크다.
- 비활성 기체(18족)는 화학적 반응성이 거의 없다.

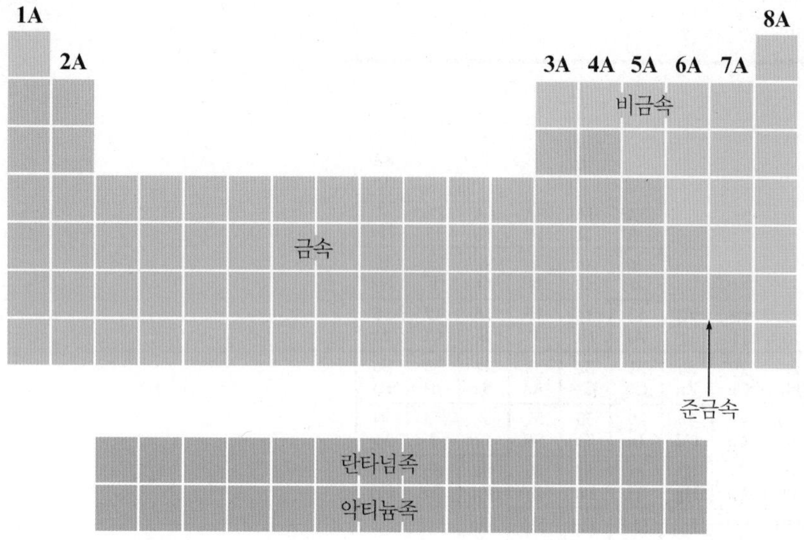

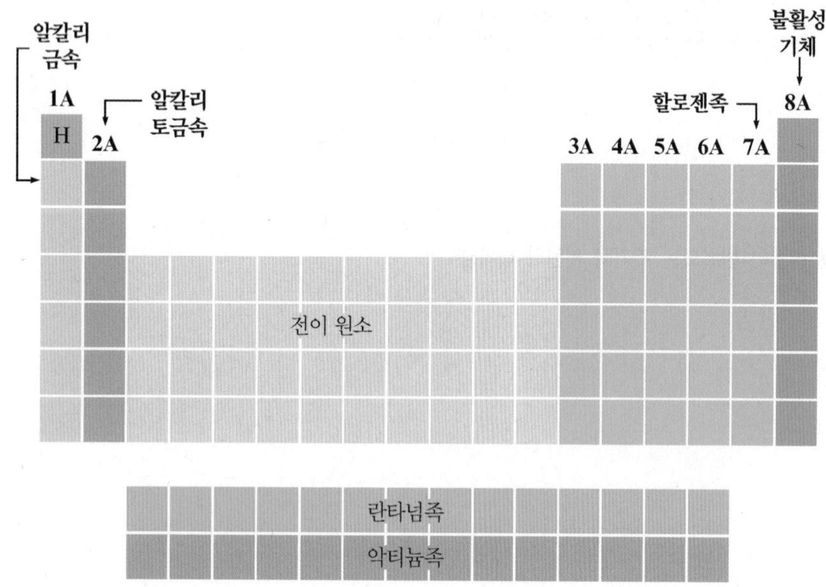

예제 2.6.1

다음 원소 세트를 영족 기체, 할로젠, 알칼리 금속, 알칼리 토금속, 전이 금속으로 나누어라.

a. Ti, Fe, Ag

b. Mg, Sr, Ba

c. Li, K, Rb

d. Ne, Kr, Xe

2.7 이온의 종류와 이름

1. 일반적인 이온들

1A	2A											3A	4A	5A	6A	7A	8A
Li^+														N^{3-}	O^{2-}	F^-	
Na^+	Mg^{2+}											Al^{3+}			S^{2-}	Cl^-	
K^+	Ca^{2+}				Cr^{2+} Cr^{3+}	Mn^{2+} Mn^{3+}	Fe^{2+} Fe^{3+}	Co^{2+} Co^{3+}		Cu^+ Cu^{2+}	Zn^{2+}	Ga^{3+}				Br^-	
Rb^+	Sr^{2+}									Ag^+	Cd^{2+}		Sn^{2+} Sn^{4+}			I^-	
Cs^+	Ba^{2+}										Hg_2^{2+} Hg^{2+}		Pb^{2+} Pb^{4+}				

>>> 주족 원소들의 안정한 이온은 가장 가까운 비활성 기체의 전자 배치와 같다.

2. 일반적인 단원자 이온 이름

양이온	이름 (~이온)	음이온	이름 (~이온)
H^+	수소	H^-	수소화
Li^+	리튬	F^-	플루오린화
Na^+	소듐(나트륨)	Cl^-	염화
K^+	포타슘(칼륨)	Br^-	브로민화
Cs^+	세슘	I^-	아이오딘화
Be^{2+}	베릴륨	O^{2-}	산화
Mg^{2+}	마그네슘	S^{2-}	황화
Ca^{2+}	칼슘	N^{3-}	질소화
Ba^{2+}	바륨	P^{3-}	인화
Al^{3+}	알루미늄		

예제 2.7.1

다음 원자들이 이온을 형성할 때, 가장 생성되기 쉬운 이온은 무엇인가?

a. P

b. Te

c. Br

d. Rb

예제 2.7.2 (Z73)

주기율표를 이용하여 다음 원자 번호의 원소에서 가장 생성되기 쉬운 간단한 이온의 식과 전하를 적어라.

a. 13

b. 34

c. 56

d. 7

3. 대표적인 다원자 이온과 이름

이온	이름 (~이온)	이온	이름 (~이온)
NH_4^+	암모늄	CO_3^{2-}	탄산
NO_2^-	아질산	HCO_3^-	중탄산
NO_3^-	질산	ClO^-	하이포염소산
SO_3^{2-}	아황산	ClO_2^-	아염소산
SO_4^{2-}	황산	ClO_3^-	염소산
HSO_4^-	황산수소	ClO_4^-	과염소산
OH^-	수산화	$C_2H_3O_2^-$	아세트산
CN^-	사이안화	MnO_4^-	과망가니즈산
PO_4^{3-}	인산	$Cr_2O_7^{2-}$	중크롬산
HPO_4^{2-}	인산수소	CrO_4^{2-}	크로뮴산
$H_2PO_4^-$	인산 이수소	O_2^{2-}	과산화
SCN^-	싸이오사이안화	$C_2O_4^{2-}$	옥살산
		$S_2O_3^{2-}$	싸이오황산

예제 2.7.3

다음 화합물의 화학식에서 생략된 부분을 채우시오.

a. $Na_?SO_4$

b. $Ba_?(PO_4)_?$

c. $Na_?CO_3$

d. $K_?CrO_4$

예제 2.7.4

다음 화합물의 화학식을 쓰시오

a. 포타슘 이온과 과망가니즈산 이온의 이온 화합물

b. 암모늄 이온과 탄산 이온의 이온 화합물

c. 황화 이온과 소듐 이온의 이온 화합물

d. 과염소산 이온과 암모늄 이온의 이온 화합물

2.8 이온 화합물의 명명법

1. 화합물의 금속 이온이 한 가지 양이온만 생성하는 경우

- 영어 이름 : 양이온 이름 먼저 부르고 다음에 음이온 이름을 부른다.
  (예) NaCl : sodium chloride
  (예) NaBr : sodium bromide

- 한글 이름 : 음이온 먼저 부르고 다음에 양이온 이름을 부른다.

화학식	이름	화학식	이름
NaCl	염화 나트륨	$LiNO_3$	질산 리튬
NaBr	브로민화 나트륨	$NaHCO_3$	중탄산 나트륨
$CaBr_2$	브로민화 칼슘	LiF	플루오린화 리튬
$AlCl_3$	염화 알루미늄	$BaCl_2$	염화 바륨

2. 화합물의 금속 이온이 두 가지 이상의 양이온을 생성하는 경우

- 양이온을 명명할 때 괄호 안에 전하수를 나타내는 로마숫자를 써서 구별한다.

양이온	체계명 (~이온)	양이온	체계명 (~이온)
Fe^{3+}	철(Ⅲ)	Sn^{2+}	주석(Ⅱ)
Fe^{2+}	철(Ⅱ)	Pb^{4+}	납(Ⅳ)
Cu^{2+}	구리(Ⅱ)	Pb^{2+}	납(Ⅱ)
Cu^{+}	구리(Ⅰ)	Hg_2^{2+}	수은(Ⅰ)
Co^{3+}	코발트(Ⅲ)	Ag^{+}	은
Co^{2+}	코발트(Ⅱ)	Zn^{2+}	아연
Sn^{4+}	주석(Ⅳ)	Cd^{2+}	카드뮴

>>>

접두사	의미
mono	1
di	2
tri	3
tetra	4
penta	5
hexa	6

화학식	이름	화학식	이름
$CrCl_3$	염화 크로뮴(Ⅲ)	SnO_2	산화 주석(Ⅳ)
$CrCl_2$	염화 크로뮴(Ⅱ)	Fe_2S_3	황화 철(Ⅲ)
PbS	황화 납(Ⅱ)		
Fe_2O_3	산화 철(Ⅲ)		

예제 2.8.1 (Z77)

다음 화합물의 이름을 써라.

a. CsF

b. Li_3N

c. Ag_2S

d. MnO_2

e. TiO_2

f. Sr_3P_2

예제 2.8.2 (Z78)

다음 화학식을 갖는 화합물의 이름을 적어라.

a. 염화 아연

b. 플루오린화 주석(Ⅳ)

c. 질소화 칼슘

d. 황화 알루미늄

e. 셀레늄화 수은(Ⅰ)

f. 아이오딘화 은

예제 2.8.3 (Z79)

다음 화합물을 명명하라.

a. $BaSO_3$

b. $NaNO_2$

c. $KMnO_4$

d. $K_2Cr_2O_7$

예제 2.8.4 (Z80)

다음 화합물의 화학식을 적어라.

a. 수산화 크로뮴(Ⅲ)

b. 사이안화 마그네슘

c. 탄산 납(Ⅳ)

d. 아세트산 암모늄

2.9 이성분 분자성 화합물의 명명법

- 화학식에서 각 원소별로 존재하는 수를 이름에 표시한다.
- 원소 이름이 우리말일 때 : 일, 이, 삼, 등과 같은 우리말 접두사 사용
- 원소 이름이 우리말이 아닐 때 : mono, di, tri 등의 영어 접두사 사용

화학식	이름	화학식	이름
CO	일산화 탄소	N_2O_4	사산화 이질소
CO_2	이산화 탄소	N_2O_3	삼산화 이질소
PCl_3	삼염화 인	P_4O_7	칠산화 사인
SF_4	테트라플루오린화 황	BrF_3	트라이플루오린화 브로민

예제 2.9.1 (Z82)

다음 화합물의 화학식을 적어라.

a. 삼산화 이붕소

b. 일산화 이질소

c. 펜타플루오린화 비소

d. 육염화 황

예제 2.9.2 (Z92)

다음 화합물은 잘못 명명되었다. 각 화합물의 잘못된 이름을 올바르게 명명하라.

a. $FeCl_3$, 염화 철

b. NO_2, 산화 질소(Ⅳ)

c. CaO, 일산화 칼슘(Ⅱ)

d. $FePO_4$, 인화 철(Ⅱ)

e. P_2S_5, 황화 인

02 개념 확인 문제 (적중 2000제 선별문제)

01. AM113. 원자의 종류

주어진 원자가 어떤 원소인지를 결정하는 요인은?

① 양성자 수에 의해서만 결정된다.
② 양성자 수와 전자 수 모두에 의해 결정된다.
③ 중성자 수에 의해서만 결정된다.
④ 양성자 수와 중성자 수의 합에 의해서 결정된다.
⑤ 전자 수에 의해서만 결정된다.

02. AM115. 원자의 기호 표기

다음 원소 기호 중 옳지 않게 표기된 것은?

① ${}^{12}_{6}C$
② ${}^{23}_{11}Na$
③ ${}^{35}_{17}Cl$
④ ${}^{16}_{7}O$
⑤ ${}^{15}_{7}N$

03. AM121. 주기율표

다음 중 금속인 원소는?

① C
② N
③ O
④ Na
⑤ Cl

04. AM126. 주기율표

산소와 같은 족(family)이면서 4주기인 원소는?

① S
② Se
③ N
④ C
⑤ Ne

05. AM127. 주기율표

다음 원자가 가장 안정한 이온을 형성할 때, 전자 2개를 얻는 것은?

① F
② O
③ Na
④ Mg
⑤ Al

06. AM128. 주기율표

다음 원자 번호의 원자가 가장 안정한 이온을 형성할 때, 전자 2개를 잃는 것은?

① Li
② O
③ Ca
④ Br
⑤ K

07. AM129-1 주기율표

그림은 주기율표를 나타낸 것이다. 다음 중 주족 원소가 아닌 것은? (단, A~E는 임의의 원소 기호이다.)

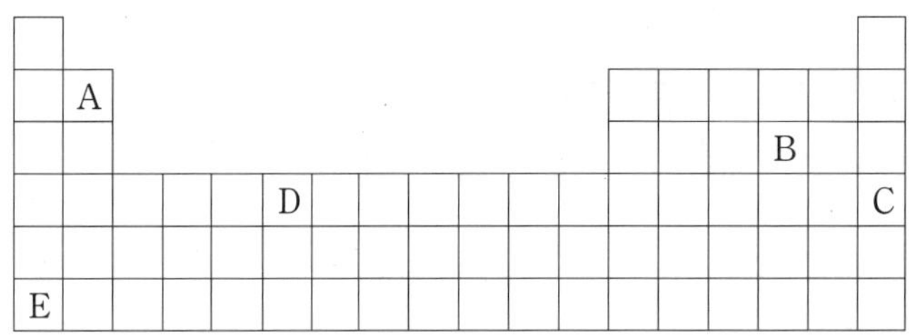

① A
② B
③ C
④ D
⑤ E

08. AM129-2 주기율표

그림은 주기율표를 나타낸 것이다. 다음 중 4주기 전이 금속은? (단, A~E는 임의의 원소 기호이다.)

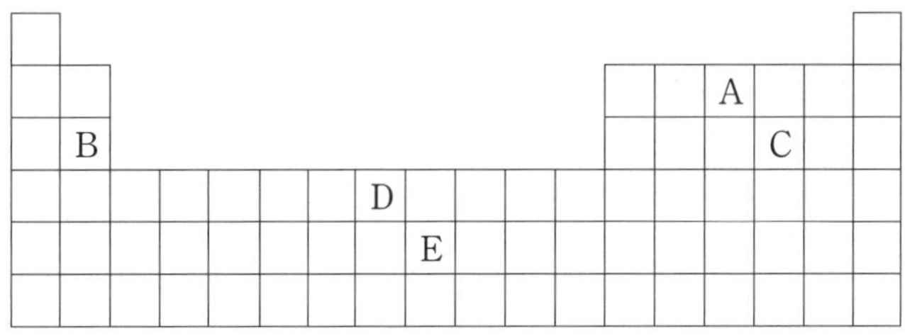

① A
② B
③ C
④ D
⑤ E

09. AM132 이온 화합물의 명명법

다음 화합물의 화학식과 이름이 옳게 짝지어지지 않은 것은?

① $CoBr_2$－브로민화 코발트(Ⅱ)
② $CaCl_2$－염화 칼슘(Ⅱ)
③ Al_2O_3－산화 알루미늄
④ $CrCl_3$－염화 크로뮴(Ⅲ)
⑤ KBr－브로민화 포타슘

10. AM133 다원자 이온

다음의 다원자 이온에 대한 이름이 옳지 않은 것은?

① NH_4^+ － 암모니아 이온
② NO_3^- － 질산 이온
③ SO_4^{2-} － 황산 이온
④ OH^- － 수산화 이온
⑤ CO_3^{2-} － 탄산 이온

11. AM312-1. 동위원소

브롬(Br)의 평균 원자량은 79.904이며, 두 가지 동위원소를 지닌다. 한 가지 Br 동위원소의 원자질량이 78.9440 amu이고 존재 비는 50.57 %이다. 나머지 동위원소인 Br의 원자질량은 얼마인가?

① 80.88 amu
② 81.63 amu
③ 82.57 amu
④ 82.69 amu
⑤ 89.32 amu

12. AM316-1. 명명법

다음 화합물의 명명이 올바른 것은?

① $CaCl_2$: calcium dichloride
② $MgCl_2$: magnesium(Ⅱ) chloride
③ N_2O : nitrogen dioxide
④ CO : carbon monoxide
⑤ NO : nitrogen oxide

13. AM322-1. 원자 실험

Millikan의 기름방울 실험에서는 다음 중 어느 것이 측정되는가?

① 비율 e/m 의 값
② K 궤도함수 속의 전자 수
③ 전자의 전하값
④ Planck 상수값
⑤ 아보가드로 수

14. AMB46-1 동위원소 (변리사 기출)

그림은 원자번호가 35인 브로민(Br) 원자의 질량 스펙트럼이다.

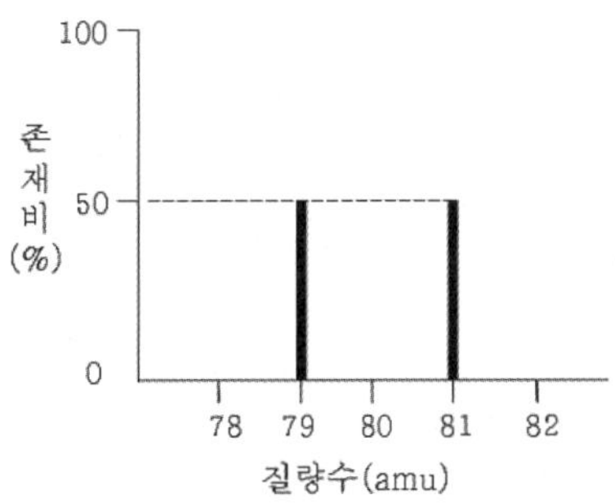

브로민 분자(Br_2)에 대한 설명으로 옳은 것만을 〈보기〉에서 있는 대로 고른 것은?

〈보 기〉

ㄱ. Br_2의 평균 분자량은 160g/mol이다.
ㄴ. 분자량이 다른 두 종류의 Br_2가 존재한다.
ㄷ. 분자량이 가장 큰 Br_2와 분자량이 가장 작은 Br_2의 중성자수 차이는 2이다.

① ㄱ ② ㄴ ③ ㄷ
④ ㄱ, ㄴ ⑤ ㄱ, ㄷ

번호	1	2	3	4	5
정답	①	④	④	②	②

번호	6	7	8	9	10
정답	③	④	④	②	①

번호	11	12	13	14	
정답	①	④	③	①	

C H E M I S T R Y

03

화학양론

03

화학양론

3.1. 몰

3.2. 원자량

3.3. 몰질량 (화학식량)

3.4. 화합물의 조성 백분율

3.5. 화합물의 화학식 결정

3.6. 화학 반응식

3.7. 화학 양론 계산

3.1 몰 (mole, mol)

- 몰(mol): 매우 작은 입자(원자, 분자, 이온 등)의 양을 나타내는 묶음 단위
- 1몰의 정의 : ^{12}C 12g에 포함된 탄소 원자 수
- 1몰의 의미 : 입자 6.02×10^{23} 단위 (아보가드로 수, N_A)

>>> 1mol은 지구에 있는 모든 모래알의 숫자와 비슷하다.

입자	몰수	의미
Fe	1mol	Fe 원자 6.02×10^{23}개
Fe	2mol	Fe 원자 $2\times6.02\times10^{23}$개
H_2O	1mol	H_2O 분자 6.02×10^{23}개
H_2O	5mol	H_2O 분자 $5\times6.02\times10^{23}$개

예제 3.1.1

5.0×10^{21} 개의 탄소 원자를 포함하는 다이아몬드가 있다. 이 다이아몬드에는 몇 mol의 탄소 원자가 있는가?

3.2 원자량

1. 원자량

- 원자의 상대적인 질량을 나타내는 척도
- ^{12}C 원자의 질량을 12로 정하고, 이것을 기준으로 다른 원자의 질량을 상대적으로 나타낸 값

X의 원자량이 a라면, X 원자 1mol의 질량은 ag → ag/mol

원소	원자량	원자 1몰의 질량	환산 인자
C	12	12g	12g/mol
H	1	1g	1g/mol
O	16	16g	16g/mol
N	14	14g	14g/mol

›››
C의 원자량은 12
C의 원자량은 12g/mol
C의 원자량은 12amu
C의 원자량은 12u
→ 모두 같은 의미

예제 3.2.1

Al의 평균 원자량은 26.98이다. 10.0g의 Al 시료에 들어있는 Al 원자수는?

예제 3.2.2 (Z48)

철의 평균 원자량은 55.85이다. 500.0g에는 몇 개의 Fe 원자가 있는가, 또 몇 몰의 Fe가 있는가?

예제 3.2.3

실리콘(Si)의 평균 원자량은 28.09g/mol이다. 실리콘 5.68mg에 들어있는 Si 원자는 몇 개인가?

2. 평균 원자량

- 자연에서 발견되는 원소는 여러 동위 원소의 혼합물이다. (예) $^{12}C : ^{13}C = 99 : 1$
- 평균 원자량 : 자연계에 존재하는 동위 원소의 존재 비율을 고려하여 평균값으로 나타낸 원자량

원소	원자 번호	동위 원소	원자량	존재비율 (%)	평균 원자량
C	6	^{12}C	12	99	$(12\times\frac{99}{100})+(13\times\frac{1}{100})=12.01$
		^{13}C	13	1	

예제 3.2.4

천연 구리 시료를 기화시켜 질량분석계에 넣고 분석하였더니 ^{63}Cu와 ^{65}Cu의 존재 비율이 각각 70%와 30%로 측정되었다. Cu의 평균 원자량은?

예제 3.2.5

탄소의 평균 원자량은 12.01amu이다.

a. 질량이 12.01amu인 탄소 원자가 실제로 존재하는가?

b. 질량수가 12인 탄소와 13인 탄소만 존재한다고 가정할 때, 각각의 존재 비율은 얼마인가?

- 자연계에서 동위 원소의 존재 비율은 질량 분석계로 측정할 수 있다.

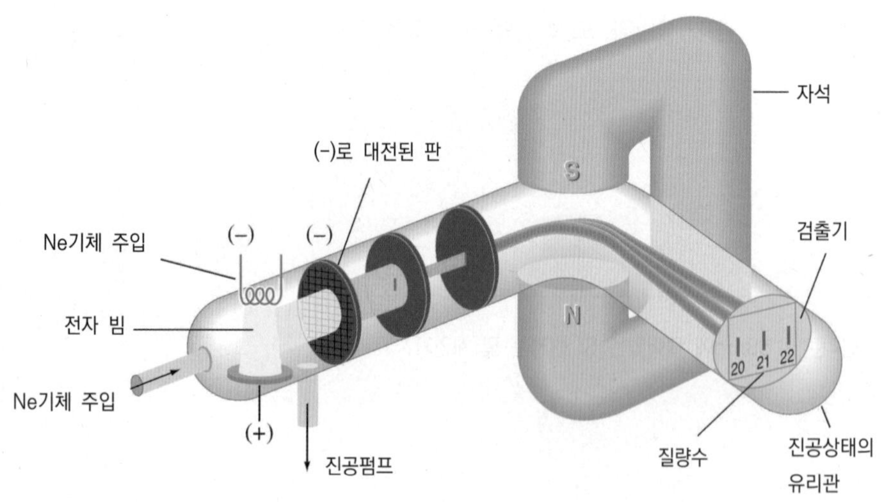

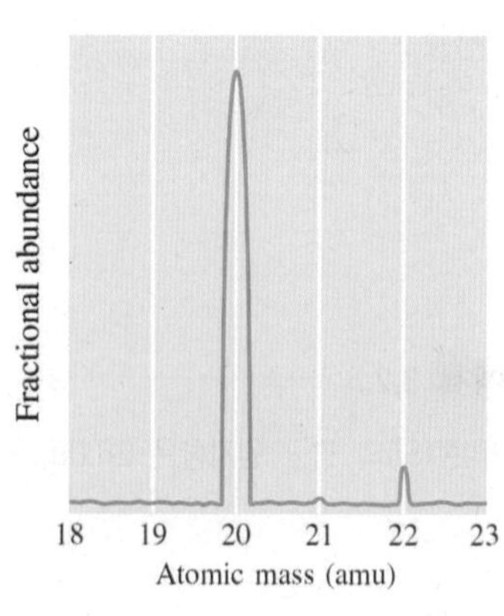

3.3 몰질량 (화학식량)

- 몰질량 : 어떤 물질 1몰 단위의 질량
- 화학식량 : 물질의 화학식을 이루고 있는 각 원소의 원자량을 모두 합한 값
- 분자량 : 분자를 구성하는 모든 원자들의 원자량을 모두 합한 값
- 몰질량, 화학식량, 분자량은 거의 같은 의미

물질 Y의 몰질량이 a라면, Y 1mol의 질량은 ag

화합물	분자량	분자 1몰의 질량	환산 인자
H_2O	18	18g	18g/mol
CO_2	44	44g	44g/mol
$C_6H_{12}O_6$	180	180g	180g/mol

예제 3.3.1 (Z67)

다음 시료 각각은 몇 mol을 나타내는가?

a. Fe_2O_3 150.0g

b. 10.0mg NO_2

c. BF_3 1.5×10^{16}분자

예제 3.3.2 (Z68)

다음 각 시료에는 몇 mol이 존재하는가?

a. 카페인($C_8H_{10}N_4O_2$) 20.0mg

b. 에탄올(C_2H_5OH) 2.72×10^{21} 분자

c. 드라이아이스(CO_2) 1.50g

예제 3.3.3 (Z69)

다음 화합물 $5.00g$에 들어 있는 질소 원자의 수를 구하라.

a. 글라이신($C_2H_5O_2N$)

b. 질화 마그네슘(magnesium nitride)

c. 질산 칼슘

d. 사산화 이질소

예제 3.3.4 (Z72)

가장 많이 사용되는 진통제인 아세틸살리실산(아스피린)의 분자식은 $C_9H_8O_4$이다.

a. 아스피린의 몰질량을 계산하라.

b. 아스피린 한 알에는 보통 $500.mg$의 $C_9H_8O_4$(아세틸살리실산)가 들어 있다. $500.mg$의 아스피린 한 알에 들어 있는 아세틸살리실산의 분자수와 몰수를 계산하라.

3.4 화합물의 조성 백분율

1. 실험식과 화학식

- 실험식: 화합물을 이루는 원소들의 원자 개수를 가장 간단한 정수비로 나타낸 것
- 화학식 = (실험식)$_n$ (n = 정수)

예제 3.4.1

다음 화합물의 실험식을 써라.

a. C_6H_6

b. N_2O_4

c. CO_2

d. $C_6H_{12}O_6$

예제 3.4.2

다음 몰질량과 실험식으로부터 분자식을 구하라.

a. CH (26)

b. CH (78)

c. CHO (180)

d. HCO_2 (90)

2. 질량 백분율

- 화합물에서 각 원소가 차지하는 질량의 백분율
- 질량 백분율로 실험식을 구할 수 있다.

$$질량\ 백분율 = \frac{물질\ 1mol\ 중\ 원소\ 질량}{물질\ 1몰의\ 질량} \times 100$$

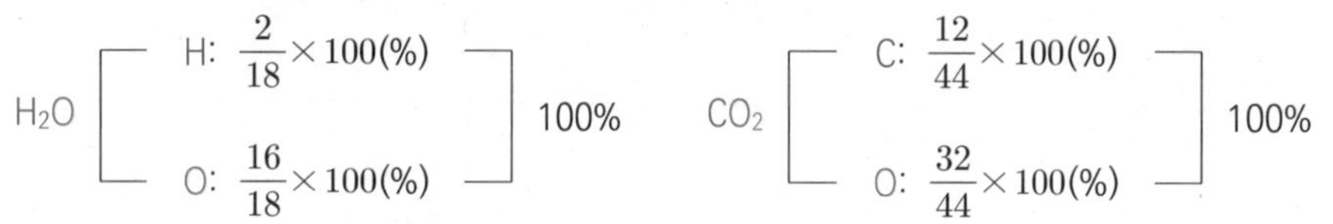

>>> 화합물에서 원소별 질량 백분율의 총합은 100%이다.

$C_6H_{12}O_6$ (포도당)

- C: $\frac{6 \times 12}{180} \times 100(\%)$
- H: $\frac{1 \times 12}{180} \times 100(\%)$
- O: $\frac{6 \times 16}{180} \times 100(\%)$

→ 100%

예제 3.4.3

메테인(CH_4)에서 탄소의 질량 백분율은?

예제 3.4.4

질소와 산소로만 이루어진 많은 중요한 물질들이 있다. 다음 물질을 질소의 질량 백분율이 증가하는 순으로 배열하라.

a. NO, 내연 기관에서 N_2와 O_2의 반응으로 만들어 진다.

b. NO_2, 광화학 스모그의 갈색의 주요 원인이 되는 갈색 기체이다.

c. N_2O_4, 우주 왕복선의 연료로 사용되는 무색의 액체이다.

d. N_2O, 치과에서 가끔 마취제로 사용되며, 일명 웃음 가스로 알려진 무색의 기체이다.

3. 질량 백분율로부터 실험식 구하기

• 질량 백분율로 실험식을 구할 수 있다.

• C, H로만 구성된 어떤 화합물의 경우 :

원소	질량 백분율	100g당 원소별 몰수	정수 비	실험식
C	75%	$75g \times \frac{1mol}{12g}$	1	CH_4
H	25%	$25g \times \frac{1mol}{1g}$	4	

• C, H, O로만 구성된 어떤 화합물의 경우 :

원소	질량 백분율	100g당 원소별 몰수	정수 비	실험식
C	40%	$40g \times \frac{1mol}{12g} = \frac{10}{3}mol$	1	CH_2O
H	$\frac{20}{3}\%$	$\frac{20}{3}g \times \frac{1mol}{1g} = \frac{20}{3}mol$	2	
O	$\frac{160}{3}\%$	$\frac{160}{3}g \times \frac{1mol}{16g} = \frac{10}{3}mol$	1	

예제 3.4.5

탄소와 수소만으로 이루어진 어떤 화합물에서 C와 H의 질량 백분율은 각각 80%와 20%였다.
이 화합물의 실험식은?

예제 3.4.6 (Z88)

요소 시료는 N 1.121g, H 0.161g, C 0.480g, O 0.640g을 포함하고 있다. 요소의 실험식을 구하라.

예제 3.4.7 (Z91)

어떤 화합물이 47.08%의 탄소, 6.59%의 수소, 그리고 46.33%의 염소로 구성되어 있다.
이 화합물의 몰질량은 153g/mol이다. 이 화합물의 실험식과 분자식을 구하라.

3.5 화합물의 화학식 결정

1. 연소 분석

- 어떤 화합물을 산소(O_2)와 반응시켜 CO_2, H_2O 등의 물질을 만들어 각각의 무게를 측정
- 어떤 화합물에서 각 원소의 질량 백분율을 구할 수 있다.

>>> C와 H를 포함하는 물질이 완전 연소 되면, 모든 C는 CO_2를 생성하고, 모든 H는 H_2O를 생성한다.

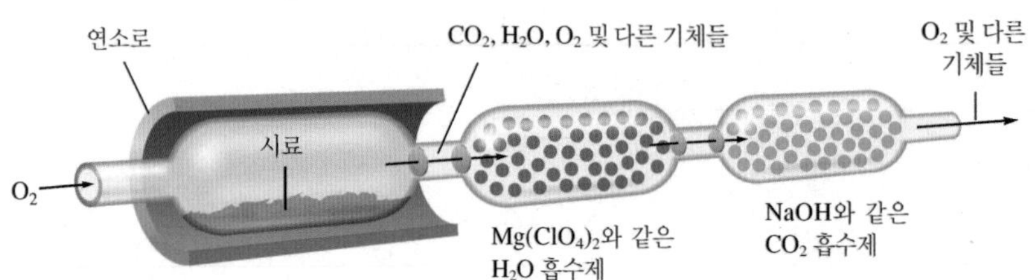

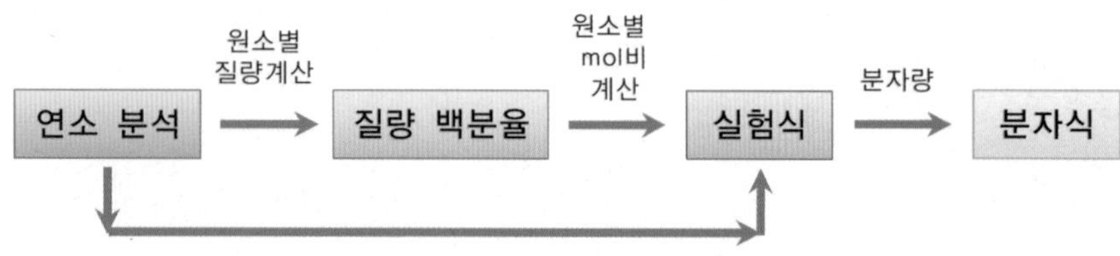

- C, H, O로만 구성된 화합물 X(분자량: 62) 시료 31g를 완전 연소 시켰을 때, CO_2 44g과 H_2O 27g이 생성된 경우 :

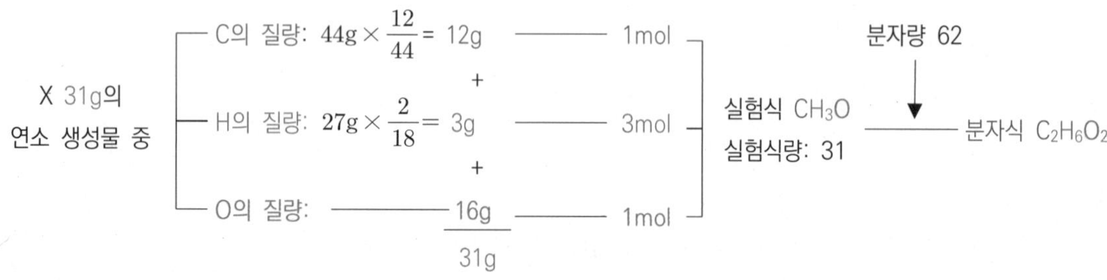

예제 3.5.1

C와 H로만 이루어진 어떤 화합물을 완전히 연소시켰더니 CO_2 44g과 H_2O 9g이 생성되었다.
이 화합물의 실험식은?

예제 3.5.2 (Z96)

탄소, 수소, 산소로만 되어 있는 화합물이 있다. 화합물 10.68mg을 연소시켰더니
CO_2 16.01mg과 H_2O 4.37mg이 생겼다. 화합물이 몰질량은 176.1g/mol이었다.
이 화합물의 실험식과 분자식을 적어라.

3.6 화학 반응식

1. 화학 반응식

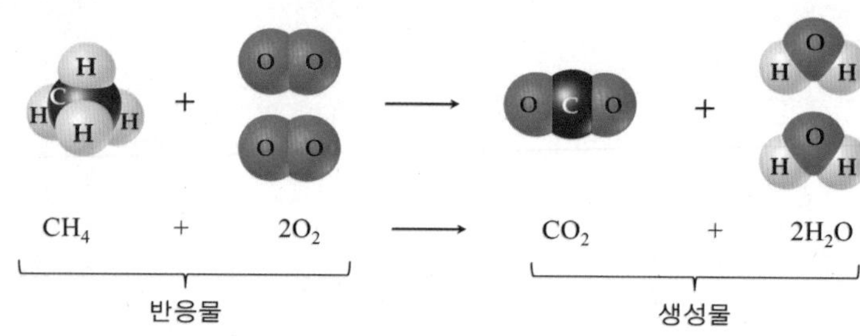

>>> 반응 전, 후에 원자의 종류와 개수는 변하지 않는다.

2. 화학 반응식의 의미

- 반응물과 생성물의 종류, 상대적 개수 관계, 물리적 상태를 나타낸다.
- 계수 비로부터 반응물과 생성물의 양적 관계를 알 수 있다.

반응물				생성물		
$CH_4(g)$	+	$2O_2(g)$	→	$CO_2(g)$	+	$2H_2O(g)$
1분자	+	2분자	→	1분자	+	2분자
1mol	+	2mol	→	1mol	+	2mol
$x$mol	+	$2x$mol	→	$x$mol	+	$2x$mol

>>>
(g): 기체 상태
(l): 액체 상태
(s): 고체 상태
(aq): 물에 녹은 상태

3. 화학 반응식의 균형 맞추기 (메테인의 연소 반응)

1단계 : 반응물과 생성물을 파악한다.

메테인 + 산소 → 이산화탄소 + 물

2단계 : 반응물과 생성물의 화학식을 각각 화살표(→) 왼쪽과 오른쪽에 쓴다.

$CH_4 + O_2 \rightarrow CO_2 + H_2O$

3단계 : 반응물과 생성물에 있는 원자의 종류와 수가 같도록 계수를 맞춘다.
(계수는 가장 간단한 정수비, 계수 1은 생략)

$CH_4 + 2O_2 \rightarrow CO_2 + 2H_2O$

4단계 : 물질의 상태를 표시할 경우 ( )안에 기호를 써서 나타낸다.

$CH_4(g) + 2O_2(g) \rightarrow CO_2(g) + 2H_2O(l)$

예제 3.6.1

25℃, 1기압에서 진행되는 다음 반응의 균형을 맞추어라.

a. 에탄올(C_2H_5OH)이 산소(O_2)에 의해 완전히 연소되었다.

b. 프로페인(C_3H_8)이 산소(O_2)에 의해 완전히 연소되었다.

c. 질소 기체와 수소 기체가 반응하여 암모니아 기체가 생성되었다.

예제 3.6.2 (Z102)

다음 각 반응의 균형을 맞추어라.

a. $KO_2(s) + H_2O(l) \rightarrow KOH(aq) + O_2(g) + H_2O_2(aq)$

b. $Fe_2O_3(s) + HNO_3(aq) \rightarrow Fe(NO_3)_3(aq) + H_2O(l)$

c. $NH_3(g) + O_2(g) \rightarrow NO(g) + H_2O(g)$

d. $CaO(s) + C(s) \rightarrow CaC_2(s) + CO_2(g)$

3.7 화학 양론 계산

1. 화학 반응에서 질량-질량 관계

- 반응물과 생성물의 질량을 계산하는 방법

1. 반응물의 질량을 몰수로 바꾼다.
2. 균형 반응식의 계수비를 이용하여 반응물과 당량인 생성물의 몰수를 구한다.
3. 생성물의 몰수를 생성물의 질량으로 바꾼다.

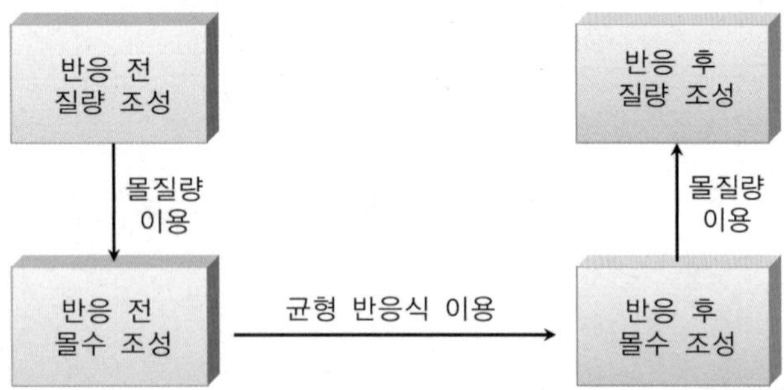

예제 3.7.1 (Z8)

화학 물질 A는 화학 물질 B와 반응한다. $10.0g$의 A와 $10.0g$의 B가 반응한다고 할 때, 생성되는 생성물의 양을 결정하기 위하여 어떤 정보가 필요한가 설명하라.

예제 3.7.2

프로페인 22g을 완전히 연소시키는데 필요한 산소의 질량은?

예제 3.7.3

수산화리튬은 이산화탄소를 흡수하여 탄산리튬과 물을 생성한다. 수산화리튬 1kg이 흡수할 수 있는 이산화탄소의 질량은?

예제 3.7.4

에탄올 12g이 완전히 연소되었을 때 생성되는 이산화탄소의 질량은?

2. 한계 반응물

- 한계 반응물(한계 시약): 반응에서 가장 먼저 소모되는 물질
- 한계 반응물의 양이 생성물의 양을 결정한다.
- 이론적 수득량: 주어진 한계 반응물로부터 얻을 수 있는 생성물의 최대량

>>>
한계 반응물:
(몰수/계수)가 가장 작은 반응물

예제 3.7.5

질소 5mol과 수소 12mol이 반응하여 암모니아를 생성한다. 한계 반응물은?

>>>
화학양론적 혼합물:
모든 반응물이 남지도, 부족하지도 않게 딱 맞게 혼합된 상태
모든 반응물에 대해 (몰수/계수)가 동일함

예제 3.7.6 (Z8-133)

다음 반응을 생각해 보자.

$$2H_2(g) + O_2(g) \rightarrow 2H_2O(g)$$

다음의 각 반응 혼합물에서 한계 시약을 정하라.

a. H_2 50 분자와 O_2 25 분자

b. H_2 100 분자와 O_2 40 분자

c. H_2 100 분자와 O_2 100 분자

d. H_2 0.50mol과 O_2 0.75mol

e. H_2 5.00g과 O_2 56.00g

예제 3.7.7

질소 140g과 수소 50g을 반응시켜 얻을 수 있는 암모니아의 이론적 수득량은 몇 g인가?

예제 3.7.8 (Z154)

메테인(CH_4)은 습지에서 나오는 가스의 주성분이다. 황과 메테인이 반응하면 이황화 탄소와 황화 수소가 생성된다.

a. 메테인과 황의 균형 맞추어진 반응식을 써라.

b. 메테인 $120.g$이 황 $120.g$과 반응할 때 이황화 탄소의 이론적 수득량을 써라.

3. 퍼센트 수득률

- 실제 수득량 $\leq$ 이론적 수득량

$$퍼센트\ 수득률 = \frac{실제\ 수득량}{이론적\ 수득량} \times 100(\%)$$

예제 3.7.9

일산화탄소(CO)와 수소(H_2)를 반응시켜 메탄올(CH_3OH)을 생성한다. CO 10g과 H_2 10g을 반응시켜 메탄올 8g을 얻었다면, 퍼센트 수득률은?

예제 3.7.10 (Z134)

다음의 균형 맞지 않은 반응식을 생각해 보자.

$$P_4(s) + F_2(g) \rightarrow PF_3(g)$$

수득 백분율이 78.1%라면, 120.g의 PF_3를 만들기 위하여 필요한 F_2의 양은 얼마인가?

03 개념 확인 문제 (적중 2000제 선별문제)

01. ST115. 몰

탄소의 원자량은 12이다. 탄소 시료 20g에 포함된 탄소 원자의 수는?

① $\frac{20}{12} \times 6.02 \times 10^{23}$개
② 12개
③ 20개
④ $\frac{12}{20} \times 6.02 \times 10^{23}$개
⑤ 6.02×10^{23}개

02. ST142. 실험식과 조성 백분율

탄소와 수소만으로 이루어진 화합물에서 탄소의 질량 백분율이 80%이고, 분자량은 30이다. 이 물질의 분자식은?

① CH
② CH_2
③ CH_3
④ C_2H_6
⑤ C_2H_5

03. ST158. 한계 반응물과 양론 계산

다음은 에탄올(C_2H_5OH)의 연소 반응에 대한 균형 반응식이다.

$$C_2H_5OH + 3O_2 \rightarrow 2CO_2 + 3H_2O(l)$$

에탄올 46g과 산소 200g이 반응하였을 때, 생성되는 CO_2의 최대 질량은? (단, C, H, O의 원자량은 각각 12, 1, 16이다.)

① 22g
② 44g
③ 88g
④ 18g
⑤ 27g

04. ST159. 한계 반응물과 양론 계산

일산화 질소(NO)는 산소 기체와 반응하여 진한 갈색 기체인 이산화 질소(NO_2)를 생성한다.

$$2NO(g) + O_2(g) \rightarrow 2NO_2(g)$$

NO 0.20mol과 O_2 12g을 혼합하여 반응시켰을 때, 생성되는 NO_2의 이론적 수득량은 몇 g인가? (단, N과 O의 원자량은 각각 14, 16이다.)

① 9.2g
② 4.8g
③ 1.2g
④ 2.4g
⑤ 3.6g

05. ST221. 몰질량을 이용한 입자 수 계산

탄산 칼슘($CaCO_3$) 5.0g에 포함된 산소의 질량은?
(단, Ca, C, O의 원자량은 각각 40, 12, 16이다.)

① 1.6g
② 0.8g
③ 2.4g
④ 3.6g
⑤ 4.2g

06. ST239. 한계 반응물

NH_3는 O_2와 반응하여 NO와 H_2O를 생성한다. 초기에 NH_3와 O_2가 각각 10몰씩 들어있는 용기가 있다. 반응이 완결된 후 반응 용기에 존재하는 모든 분자 수의 총합은?

① 21mol
② 22mol
③ 23mol
④ 24mol
⑤ 25mol

07. ST242. 퍼센트 수득률

메탄올(CH_3OH)은 일산화탄소(CO)와 수소(H_2)를 반응시켜 만든다. CO 10g과 H_2 10g을 반응시켜 메탄올 8g을 얻었다면 이 반응에서 퍼센트 수득률은?

① 40%
② 50%
③ 60%
④ 70%
⑤ 80%

08. ST303. 화학법칙

Hg_2Cl_2 와 $HgCl_2$ 로 설명할 수 있는 화학 법칙은?

① 배수비례의 법칙
② 질량보존의 법칙
③ 일정 성분비의 법칙
④ 기체 반응의 법칙
⑤ 아보가드로의 법칙

09. ST337. 균형 반응식과 양론

공업적으로 아세트산(CH_3COOH)은 메탄올과 일산화탄소를 직접 반응시켜 만든다.

$$CH_3OH(l) + CO(g) \rightarrow CH_3CO_2H(l)$$

만약 수율이 88 %라면, 5.0 g의 아세트산을 얻기 위하여 과량의 일산화탄소와 반응시킬 메탄올은 몇 g이 필요한가?

① 1.7 g
② 2.0 g
③ 2.5 g
④ 3.0 g
⑤ 4.2 g

번호	1	2	3	4	5
정답	①	④	③	①	③

번호	6	7	8	9	
정답	②	④	①	④	

MEMO

C H E M I S T R Y

04

화학반응의 종류와 용액의 화학양론

04

화학반응의 종류와 용액의 화학양론

4.1. 수용액의 성질

4.2. 용액의 조성

4.3. 수용액 반응의 종류와 반응식 형태

4.4. 침전 형성 반응

4.5. 산 염기 반응

4.6. 산화-환원 반응

4.7. 산화-환원 반응 균형 맞추기/ 적정

4.1 수용액의 성질

1. 용매와 용질

- 용액(solution) : 용매와 용질의 균일 혼합물
- 용매(solvent) : 녹이는 물질
- 용질(solute) : 녹는 물질

2. 수용액 형성

- 물은 극성 용매 → 극성 물질을 잘 녹인다.
- 이온 화합물이 물에 녹을 때, 해리된 각 이온은 물분자에 의해 둘러싸인다. (수화된다.)

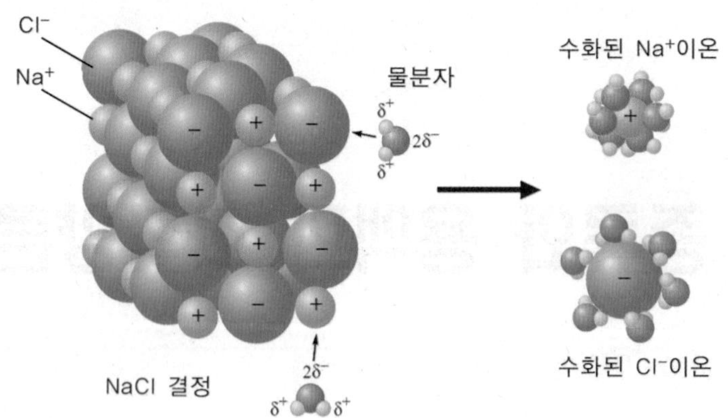

3. 강전해질

- 물에 녹아 완전히 이온으로 해리, 전기 전도도 큼
  - 강산 : HCl, HBr, HI, H_2SO_4, HNO_3, $HClO_4$
  - 강염기 : NaOH, KOH, $Ca(OH)_2$, $Ba(OH)_2$
  - 물에 잘 녹는 이온 화합물 : Na^+, K^+, Li^+, NH_4^+, NO_3^- 이온을 포함하는 이온 화합물

4. 약전해질

- 물에 녹아 일부만 이온으로 해리, 전기 전도도 작음 (약산, 약염기 등)

5. 비전해질

- 물에 녹아 이온으로 해리하지 않는 물질, 전기 전도도 없음 (포도당, 설탕, 요소 등)

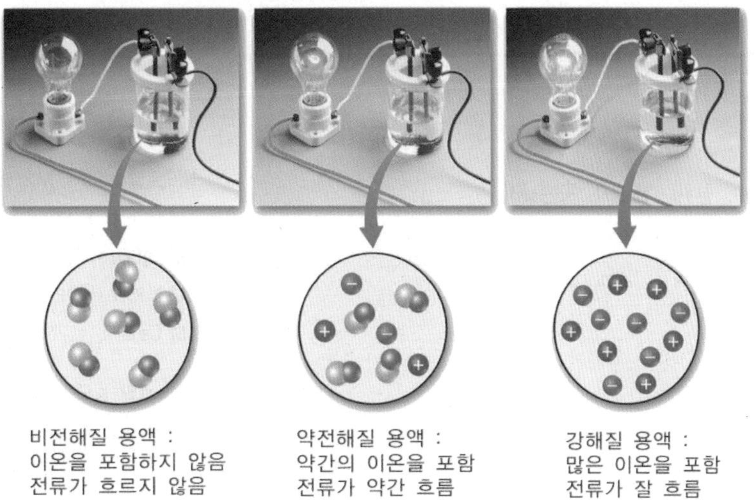

예제 4.1.1

다음 중 강전해질을 모두 골라라

a. 질산소듐
b. 과염소산소듐
c. 요소
d. 아세트산

예제 4.1.2

다음의 센 전해질이 물에 녹을 때, 어떻게 해리되는지를 보여라.

a. $MgCl_2$

b. $Al(NO_3)_3$

c. $(NH_4)_2SO_4$

d. $NaOH$

e. $KMnO_4$

f. $HClO_4$

g. $NH_4C_2H_3O_2$(아세트산 암모늄)

4.2 용액의 조성

1. 몰농도(M)

- 몰농도 : 용액 1L에 녹아있는 용질의 양(mol), 단위는 mol/L 또는 M

$$\text{몰농도(M)} = \frac{\text{용질의 양(mol)}}{\text{용액의 부피(L)}}$$

>>>
N(노르말 농도) = M×당량수
1M HCl = 1N HCl
1M H_2SO_4 = 2N H_2SO_4
1M NaOH = 1N NaOH
1M $Ca(OH)_2$ = 2N $Ca(OH)_2$

※ 노르말 농도는 널리 쓰이지는 않음

예제 4.2.1

다음 질문에 답하시오,

a. 수산화소듐(NaOH, MW:40) 11.5g을 물에 녹여 1.50L의 용액을 만들었을 때, 몰농도는?

b. 1.56g의 HCl(MW: 36.46) 기체를 물에 녹여 20mL의 용액을 만들었을 때, 몰농도는?

c. 0.5M 질산코발트(Ⅱ)에 들어있는 질산 이온의 몰농도는?

d. 1mg의 NaCl(몰질량: 58.44)을 포함하는 0.14M NaCl 용액의 부피는 얼마인가?

e. 0.2M $K_2Cr_2O_7$(중크로뮴산포타슘, 몰질량: 294) 1L를 만들기 위해 필요한 고체 $K_2Cr_2O_7$의 질량은?

2. 묽힘(희석)

- 용액에 증류수를 가하여 희석하면 용액의 부피는 증가하지만, 용질의 양(mol)은 변하지 않는다.

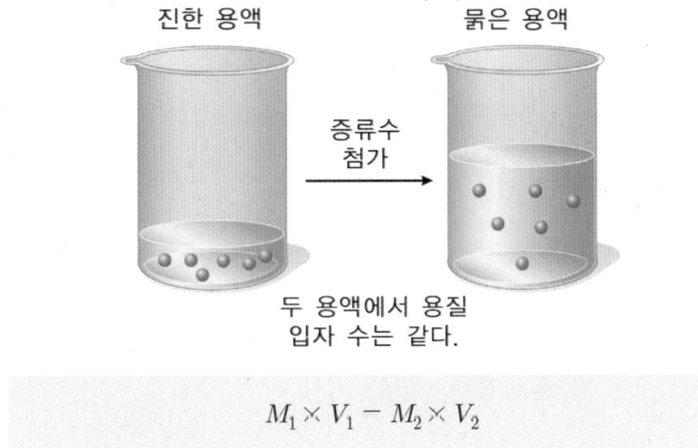

$$M_1 \times V_1 - M_2 \times V_2$$

>>> 진한 황산을 묽힐 때는 반드시 물에 황산을 첨가해야 한다.

예제 4.2.2

0.10M의 황산용액 1.5L를 만드는 데 필요한 16M 황산의 부피는?

예제 4.2.3 (Z44)

$0.100M$ HNO_3 50.00mL와 $0.200M$ HNO_3 100.00mL를 섞어 용액을 만들었다.

질산 용액의 최종 몰농도를 계산하라.

예제 4.2.4 (Z45)

$3.0M$ 탄산 소듐 용액 70.0mL에 $1.0M$ 중탄산 소듐 30.0mL를 넣었을 때의 소듐 이온 농도를 계산하여라.

4.3 수용액 반응의 종류와 반응식 형태

1. 대표적인 수용액 반응의 종류

- 산-염기 반응: 물질끼리 H^+이온을 주고받는 반응
- 산화-환원 반응: 물질끼리 전자를 주고 받는 반응
- 침전 형성 반응: 녹아있는 이온끼리 결합하여 불용성 침전을 형성하는 반응

2. 수용액 반응식의 세 가지 표현 방법

- 분자 반응식 (molecular equation, formula equation: 이온 화합물의 화학식 형태로 표시)
  $AgNO_3(aq) + NaCl(aq) \rightarrow AgCl(s) + NaNO_3(aq)$
- 전체 이온 반응식 (구경꾼 이온까지 모두 표시)
  $Ag^+(aq) + NO_3^-(aq) + Na^+(aq) + Cl^-(aq) \rightarrow AgCl(s) + Na^+(aq) + NO_3^-(aq)$
- 알짜 이온 반응식 (구경꾼 이온은 제외)
  $Ag^+(aq) + Cl^-(aq) \rightarrow AgCl(s)$

예제 4.3.1 (Z71)

다음 산-염기 반응에 대하여 화학식 반응식, 완전 이온 반응식, 알짜 이온 반응식을 써라.

a. $HClO_4(aq) + Mg(OH)_2(s) \rightarrow$

b. $HCN(aq) + NaOH(aq) \rightarrow$

c. $HCl(aq) + NaOH(aq) \rightarrow$

4.4 침전 형성 반응

1. 침전 반응

- 어떤 양이온과 음이온은 수용액 상에서 만나 불용성 침전을 형성한다.

  (예) : $Ag^+(aq) + Cl^-(aq) \rightarrow AgCl(s)$

2. 용해도 규칙

- Na^+, K^+, Li^+, NH_4^+, NO_3^-를 포함하는 이온 화합물은 대부분 강전해질이다.
- 그 밖의 용해도 규칙에는 예외가 많음 → 대표적인 침전의 종류는 외워야 함

3. 침전의 종류

▶ 대표적인 침전의 예

> AgCl, AgBr, AgI(노란색), Ag_2CrO_4(붉은색),
> $BaSO_4$, $BaCO_3$, $CaCO_3$, $CaSO_4$, CaF_2
> Hg_2Cl_2, $Mg(OH)_2$, $Al(OH)_3$, $Pb(OH)_2$
> MgO, Al_2O_3, PbO, NiS, PbS, Ag_2S, CuS, MnS

예제 4.4.1 (Z50)

용해도 규칙을 사용하여, 다음 물질 중 어느 것이 물에 용해되는지를 예측하라.

a. 염화 아연

b. 질산 납(II)

c. 황산 납(II)

d. 아이오딘화 소듐

e. 탄산 암모늄

예제 4.4.2 (Z54)

다음의 용액들을 혼합했을 때, 어떤 침전물(만일 생성된다면)이 생길 것인가?

a. $FeSO_4(aq) + KCl(aq)$

b. $Al(NO_3)_3(aq) + Ba(OH)_2(aq)$

c. $CaCl_2(aq) + Na_2SO_4(aq)$

d. $K_2S(aq) + Ni(NO_3)_2(aq)$

예제 4.4.3 (Z55)

다음의 용액들을 혼합했을 때, 어떤 침전물(만일 생성된다면)이 생길 것인가?

a. $Hg_2(NO_3)_2(aq) + CuSO_4(aq)$

b. $Ni(NO_3)_2(aq) + CaCl_2(aq)$

c. $K_2CO_3(aq) + MgI_2(aq)$

d. $Na_2CrO_4(aq) + AlBr_3(aq)$

4. 침전 반응의 화학양론

- 침전 적정을 이용하여 미지 용액의 농도를 구할 수 있다.

예제 4.4.4

0.10M $AgNO_3$ 용액 1.5L에 들어있는 모든 Ag^+ 이온을 AgCl 형태로 침전시키는 데 필요한 고체 NaCl의 질량은? (단, NaCl의 몰질량은 58)

예제 4.4.5

0.050M 질산납(II) 1.25L와 0.025M 황산소듐 2.0L를 혼합하였을 때 생성되는 황산납(II)의 질량은? (단, 황산납(II)의 몰질량은 303)

4.5 산 염기 반응

1. 산, 염기의 정의(브뢴스테드-로우리 정의)

- 산(acid)은 H^+를 주는 물질이다.
- 염기(base)는 H^+를 받는 물질이다.
- 산-염기 반응 : 물질들 사이에 H^+를 주고 받는 반응

▶ 대표적인 산과 염기

	화학식	반응식
강산	HCl	$HCl(aq) \rightarrow H^+(aq) + Cl^-(aq)$
	HBr	$HBr(aq) \rightarrow H^+(aq) + Br^-(aq)$
	HI	$HI(aq) \rightarrow H^+(aq) + I^-(aq)$
	HNO_3	$HNO_3(aq) \rightarrow H^+(aq) + NO_3^-(aq)$
	H_2SO_4	$H_2SO_4(aq) \rightarrow H^+(aq) + HSO_4^-(aq)$
	$HClO_4$	$HClO_4(aq) \rightarrow H^+(aq) + ClO_4^-(aq)$
약산	CH_3COOH	$CH_3COOH(aq) \rightleftharpoons H^+(aq) + CH_3COO^-(aq)$
	HF	$HF(aq) \rightleftharpoons H^+(aq) + F^-(aq)$
	HCN	$HCN(aq) \rightleftharpoons H^+(aq) + CN^-(aq)$
강염기	NaOH	$NaOH(aq) \rightarrow Na^+(aq) + OH^-(aq)$
	KOH	$KOH(aq) \rightarrow K^+(aq) + OH^-(aq)$
	$Ca(OH)_2$	$Ca(OH)_2(aq) \rightarrow Ca^{2+}(aq) + 2OH^-(aq)$
	$Ba(OH)_2$	$Ba(OH)_2(aq) \rightarrow Ba^{2+}(aq) + 2OH^-(aq)$
약염기	NH_3	$NH_3(aq) + H_2O(l) \rightleftharpoons NH_4^+(aq) + OH^-(aq)$

2. 대표적인 산-염기 중화 반응식

- 강산과 강염기는 완전히 반응한다.
  $HCl(aq) + NaOH(aq) \rightarrow H_2O(l) + NaCl(aq)$
- 약산과 강염기는 완전히 반응한다.
  $CH_3COOH(aq) + NaOH(aq) \rightarrow CH_3COO^-(aq) + Na^+(aq) + H_2O(l)$
- 강산과 약염기는 완전히 반응한다.
  $HCl(aq) + NH_3(aq) \rightarrow NH_4^+(aq) + Cl^-(aq)$

3. 산염기 적정

- 산 염기 적정을 이용하여 미지 용액의 농도를 측정할 수 있다.
- 적정(titration) : 시료 용액에 표준 용액을 가하는 과정
  - 시료 용액 : 농도를 모르는 용액 (미지 농도 용액)
  - 표준 용액 : 농도를 아는 용액
  - 빠르게 완결되는 반응일 때만 적정에 이용 가능
- 당량점 : 시료의 반응물과 표준용액의 반응물이 양론적으로 완전히 반응하는 순간
- 종말점 : 적정 과정에서 지시약이 변색하는 순간

  대부분의 실험에서 종말점은 당량점과 매우 가까움

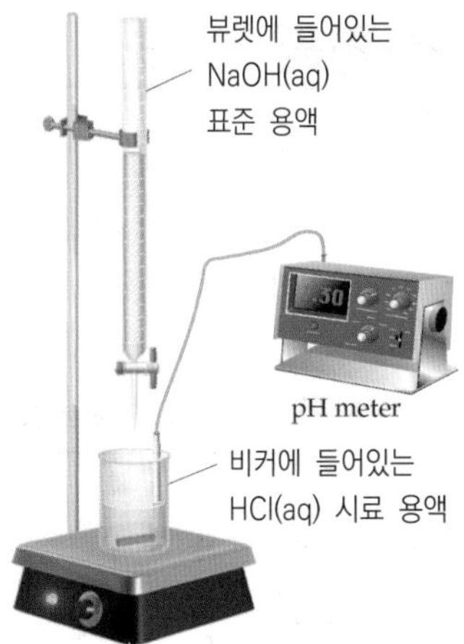

예제 4.5.1

0.350M의 NaOH 용액 25.0mL를 중화하는 데 필요한 0.100M HCl 용액의 부피는?

예제 4.5.2

어떤 폐기물 시료에는 벤조산이 들어있다. 폐기물 시료 0.35g를 물에 넣고 격렬하게 흔들어 벤조산을 녹였다. 수용액을 중화하는 데 0.15M의 NaOH 10.0mL가 소모되었다. 초기 시료 중 벤조산의 질량 백분율은? (단, 벤조산의 분자량은 122이다.)

예제 4.5.3 (Z117)

미지의 산(실험식 = $C_3H_4O_3$) 2.20g을 1.0L의 물에 녹인 용액을 적정하는 데 0.500M NaOH 25.0mL가 필요하였다. 미지의 산이 한 개의 산성 수소를 가졌다고 가정하고, 이 산의 분자식을 써라.

4.6 산화-환원 반응

1. 산화-환원 반응

- 산화 환원 반응 : 물질 사이에 전자를 주고 받는 반응

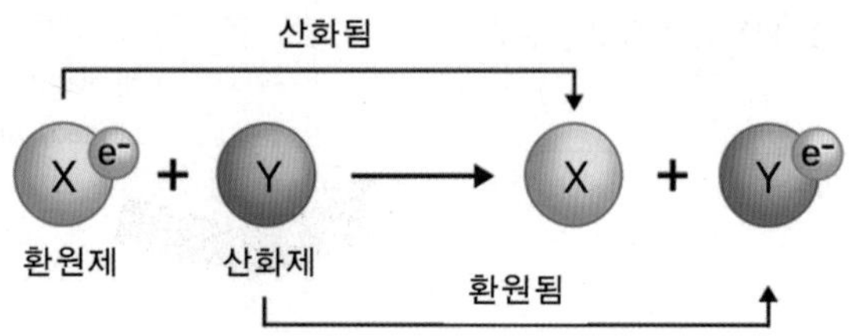

▶ 산화-환원 용어

X $\xrightarrow[\text{전자 이동}]{e^-}$ Y	
X는 전자를 잃는다.	Y는 전자를 얻는다.
X는 산화된다.	Y는 환원된다.
X는 환원제이다.	Y는 산화제이다.
X는 산화수가 증가한다.	Y는 산화수가 감소한다.

2. 산화수

- 산화수 규칙을 이용하면 주어진 화합물에서 각 원자의 산화수를 알 수 있다.
- 산화수가 (-)인 원자 : 화합물을 형성할 때 전자를 얻은 것으로 간주
- 산화수가 (+)인 원자 : 화합물을 형성할 때 전자를 잃은 것으로 간주

H_2O H의 산화수: +1 (H는 전자 1개를 잃은 셈)
O의 산화수: −2 (O는 전자 2개를 얻은 셈)

예제 4.6.1

다음의 각 반응에서 산화제와 환원제는?

a. $Zn + Cu^{2+} \rightarrow Zn^{2+} + Cu$

b. $Cu + 2Ag^{+} \rightarrow Cu^{2+} + 2Ag$

▶ 산화수 규칙

일반 규칙	원소 형태의 물질에서 각 원자의 산화수는 0이다.
	단원자 이온에서 산화수는 이온의 전하와 같다.
	중성분자에서 각 원자의 산화수의 합은 0이다.
	다원자 이온에서 각 원자의 산화수의 합은 이온의 전하와 같다.
플루오린(F)	모든 화합물에서 산화수는 −1
알칼리 금속	모든 화합물에서 산화수는 +1
알칼리 토금속	모든 화합물에서 산화수는 +2
수소(H)	비금속과의 화합물에서 산화수는 +1
	금속, 붕소(B)와의 결합에서 산화수는 1
산소(O)	모든 화합물에서 산화수는 −2 (단, F와의 결합, 과산화물, 초과산화물은 예외)
할로젠 원소	금속, 비금속(산소는 제외), 족의 아래에 있는 다른 할로젠과의 결합에서 산화수는 −1

》》
C, S, N 등의 산화수는 다른 원소의 산화수로부터 유추해야 한다.

예제 4.6.2 (Z85)

다음 화합물에 있는 각 원자의 산화 상태를 나타내라.

a. $KMnO_4$

b. NiO_2

c. O_2

d. Fe_3O_4

e. $XeOF_4$

f. SF_4

g. CO

h. $C_6H_{12}O_6$

예제 4.6.3 (Z87)

다음 화합물에 있는 질소의 산화 상태를 나타내라.

a. Li_3N

b. NH_3

c. N_2H_4

d. NO

e. N_2O

f. NO_2

g. NO_2^-

h. NO_3^-

i. N_2

▶ 과산화물과 초과산화물

	산소의 산화수	예
산화물	−2	H_2O, CO_2, SO_2, NO_2
과산화물	−1	H_2O_2, Na_2O_2, K_2O_2, CaO_2, BaO_2
초과산화물	−1/2	KO_2, NaO_2

▶ 대표적인 산화제와 환원제

	예
산화제	MnO_4^-, $Cr_2O_7^{2-}$, IO_3^-, Cl_2, I_2, I_3^- ⋯
환원제	각종 금속(Zn, Mg, Sn⋯), $S_2O_3^{2-}$, $C_2O_4^{2-}$, H_2 ⋯

예제 4.6.4 (Z88)

다음 화합물에 있는 각 원자의 산화 상태를 나타내라.

a. $CuCl_2$

b. H_2O_2

c. $MgCO_3$

d. $PbSO_3$

e. BaO_2

예제 4.6.5 (Z89)

다음 반응 중 산화-환원 반응을 지적하라. 산화-환원 반응 중에 산화제와 환원제는 무엇인가?

a. $Cu(s) + 2Ag^+(aq) \rightarrow 2Ag(s) + Cu^{2+}(aq)$

b. $HCl(g) + NH_3(g) \rightarrow NH_4Cl(s)$

c. $SiCl_4(l) + 2H_2O(l) \rightarrow 4HCl(aq) + SiO_2(s)$

d. $SiCl_4(l) + 2Mg(s) \rightarrow 2MgCl_2(s) + Si(s)$

e. $Al(OH)_4^-(aq) \rightarrow AlO_2^-(aq) + 2H_2O(l)$

예제 4.6.6 (Z90)

다음 반응 중 산화-환원 반응을 지적하라. 산화-환원 반응 중에 산화제와 환원제는 무엇인가?

a. $CH_4(g) + H_2O(g) \rightarrow CO(g) + 3H_2(g)$

b. $2AgNO_3(aq) + Cu(s) \rightarrow Cu(NO_3)_2(aq) + 2Ag(s)$

c. $Zn(s) + 2HCl(aq) \rightarrow ZnCl_2(aq) + H_2(g)$

d. $2H^+(aq) + 2CrO_4^{2-}(aq) \rightarrow Cr_2O_7^{2-}(aq) + H_2O(l)$

4.7 산화-환원 반응 균형 맞추기/ 적정

1. 산화-환원 반응 균형 맞추기 (산화수 법)

- 산화수 법으로 균형 맞추기 단계

1. 모든 원자의 산화수를 정한다.
2. 산화수가 변하는 원소를 파악한다.
3. 산화제가 얻는 전자 수와 환원제가 주는 전자 수를 파악한다.
4. 산화제가 얻은 전자 수와 환원제가 잃은 전자 수가 같도록 반응물의 계수를 맞춘다.
5. 나머지 원소의 균형을 맞춘다.
6. 원자 및 전하 균형을 확인한다.

불균형 반응식 : $Al(s) + Cl_2(g) \rightarrow Al^{3+}(aq) + Cl^-(aq)$

단계 1. 모든 원자의 산화수를 정한다.

$$\underset{0}{Al(s)} + \underset{0}{Cl_2(g)} \rightarrow \underset{+3}{Al^{3+}(aq)} + \underset{-1}{Cl^-(aq)}$$

단계 2. 산화수가 변하는 원소를 파악한다.

단계 3. 반응물 당 주고 받는 전자 수를 파악한다.

$$\underset{\text{전자 3개 줌}}{Al(s)} + \underset{\text{전자 2개 받음}}{Cl_2(g)} \rightarrow Al^{3+}(aq) + Cl^-(aq)$$

단계 4. 반응물끼리 주고 받은 전자 수가 같도록 반응물의 계수를 맞춘다.

$$2Al(s) + 3Cl_2(g) \rightarrow Al^{3+}(aq) + Cl^-(aq)$$

단계 5. 나머지 원소의 균형을 맞춘다.

$$2Al(s) + 3Cl_2(g) \rightarrow 2Al^{3+}(aq) + 6Cl^-(aq)$$

단계 6. 원자 및 전하 균형을 확인한다.

예제 4.7.1 (Z8-87)

산화상태 방법을 이용하여 다음의 산화-환원 반응의 균형을 맞춰라.

a. $C_2H_6(g) + O_2(g) \rightarrow CO_2(g) + H_2O(g)$

b. $Mg(s) + HCl(aq) \rightarrow Mg^{2+}(aq) + Cl^-(aq) + H_2(g)$

c. $Co^{3+}(aq) + Ni(s) \rightarrow Co^{2+}(aq) + Ni^{2+}(aq)$

2. 산화-환원 반응 균형 맞추기 (반쪽 반응법)

- 반쪽 반응법으로 균형 맞추기 단계 (산성 용액일 때는 1~4까지만 진행)

1. 반응식을 산화 반쪽 반응과 환원 반쪽 반응으로 나눈다.
2. 각각의 반쪽 반응의 균형을 맞춘다.
   a. H와 O 이외의 원소의 균형을 맞춘다.
   b. H_2O를 가하여 O의 균형을 맞춘다.
   c. H^+를 가하여 H의 균형을 맞춘다.
   e. e^-를 가하여 전하의 균형을 맞춘다.
3. 각각의 반쪽 반응에 정수를 곱하여 산화 반쪽 반응에서 잃은 전자 수와 환원 반쪽 반응에서 얻은 전자 수를 같게한다.
4. 원자 및 전하 균형을 확인한다.
5. 염기성 용액에서 진행되는 반응의 경우 OH^-를 각 반쪽 반응에 가하여 H^+를 소거시킨다.

불균형 반응식 : $MnO_4^- + C_2O_4^{2-} \rightarrow Mn^{2+} + CO_2$ (산성 용액)

단계 1. 반응식을 산화 반쪽 반응과 환원 반쪽 반응으로 나눈다.

$$MnO_4^- \rightarrow Mn^{2+}$$
$$C_2O_4^{2-} \rightarrow CO_2$$

단계 2. 각각의 반쪽 반응의 균형을 맞춘다.

① H와 O 이외의 원소의 균형을 맞춘다.

$$MnO_4^- \rightarrow Mn^{2+}$$
$$C_2O_4^{2-} \rightarrow 2CO_2$$

② H_2O를 가하여 O의 균형을 맞춘다.

$$MnO_4^- \rightarrow Mn^{2+} + 4H_2O$$
$$C_2O_4^{2-} \rightarrow 2CO_2$$

③ H^+를 가하여 H의 균형을 맞춘다.

$$8H^+ + MnO_4^- \rightarrow Mn^{2+} + 4H_2O$$
$$C_2O_4^{2-} \rightarrow 2CO_2$$

④ e^-를 가하여 전하의 균형을 맞춘다.

$$8H^+ + MnO_4^- + 5e^- \rightarrow Mn^{2+} + 4H_2O$$
$$C_2O_4^{2-} \rightarrow 2CO_2 + 2e^-$$

단계 3. 각각의 반쪽 반응에 정수를 곱하여 산화 반쪽 반응에서 잃은 전자 수와 환원 반쪽 반응에서 얻은 전자 수를 같게한다.

$$(8H^+ + MnO_4^- + 5e^- \rightarrow Mn^{2+} + 4H_2O)\times 2$$
$$(C_2O_4^{2-} \rightarrow 2CO_2 + 2e^-)\times 5$$
$$\overline{2MnO_4^- + 16H^+ + 5C_2O_4^{2-} \rightarrow 2Mn^{2+} + 10CO_2 + 8H_2O}$$

단계 4. 원자 및 전하 균형을 확인한다.

불균형 반응식 : $MnO_4^- + I^- \rightarrow MnO_2 + I_2$ (염기성)

단계 1. 반응식을 산화 반쪽 반응과 환원 반쪽 반응으로 나눈다.

$$MnO_4^- \rightarrow MnO_2$$
$$I^- \rightarrow I_2$$

단계 2. 각각의 반쪽 반응의 균형을 맞춘다.

① H와 O 이외의 원소의 균형을 맞춘다.

$$MnO_4^- \rightarrow MnO_2$$
$$2I^- \rightarrow I_2$$

② H_2O를 가하여 O의 균형을 맞춘다.

$$MnO_4^- \rightarrow MnO_2 + 2H_2O$$
$$2I^- \rightarrow I_2$$

③ H^+를 가하여 H의 균형을 맞춘다.

$$4H^+ + MnO_4^- \rightarrow MnO_2 + 2H_2O$$
$$2I^- \rightarrow I_2$$

④ e^-를 가하여 전하의 균형을 맞춘다.

$$3e^- + 4H^+ + MnO_4^- \rightarrow MnO_2 + 2H_2O$$
$$2I^- \rightarrow I_2 + 2e^-$$

단계 3. 각각의 반쪽 반응에 정수를 곱하여 산화 반쪽 반응에서 잃은 전자 수와 환원 반쪽 반응에서 얻은 전자 수를 같게한다.

$$(3e^- + 4H^+ + MnO_4^- \rightarrow MnO_2 + 2H_2O) \times 2$$
$$(2I^- \rightarrow I_2 + 2e^-) \times 3$$
$$2MnO_4^- + 6I^- + 8H^+ \rightarrow 2MnO_2 + 3I_2 + 4H_2O$$

단계 4. 원자 및 전하 균형을 확인한다.

단계 5. 염기성 용액에서 진행되는 산화-환원 반응의 경우 OH^-를 각 반쪽 반응에 가하여 H^+를 소거시킨다.

$$2MnO_4^- + 6I^- + \underbrace{8H^+ + 8OH^-}_{\cancel{8H_2O} \rightarrow 4H_2O} \rightarrow 2MnO_2 + 3I_2 + \cancel{4H_2O} + 8OH^-$$

최종 균형 반응식: $2MnO_4^- + 6I^- + 4H_2O \rightarrow 2MnO_2 + 3I_2 + 8OH^-$

예제 4.7.2 (Z91)

산성 용액에서 일어나는 다음 산화-환원 반응의 균형을 맞추어라.

a. $Br^-(aq) + MnO_4^-(aq) \rightarrow Br_2(l) + Mn^{2+}(aq)$

b. $Cr_2O_7^{2-}(aq) + Cl^-(aq) \rightarrow Cr^{3+}(aq) + Cl_2(g)$

c. $I^-(aq) + ClO^-(aq) \rightarrow I_3^-(aq) + Cl^-(aq)$

예제 4.7.3 (Z93)

염기성 용액에서 일어나는 다음 산화-환원 반응의 균형을 맞추어라.

a. $Al(s) + MnO_4^-(aq) \rightarrow MnO_2(s) + Al(OH)_4^-(aq)$

b. $Cl_2(g) \rightarrow Cl^-(aq) + OCl^-(aq)$

c. $CN^-(aq) + MnO_4^-(aq) \rightarrow CNO^-(aq) + MnO_2(s)$

3. 산화 환원 적정

- 환원제가 준 전자의 수 = 산화제가 받은 전자의 수
- 산화-환원 적정으로 미지 용액의 농도를 알 수 있다.

예제 4.7.4 (Z97)

과망가니즈산 염 용액은 옥살산($H_2C_2O_4$)으로 적정하여 표준화한다. 옥살산 0.1058g과 완전히 반응하는 데 과망가니즈산 염 용액이 28.97mL 소모되었다. 이 반응의 균형 반응식은 다음과 같다.

$$6H^+(aq) + 5H_2C_2O_4(aq) + 2MnO_4^-(aq) \rightarrow 10CO_2(g) + 2Mn^{2+}(aq) + 8H_2O(l)$$

과망가니즈산 염 용액의 몰농도는 얼마인가?

예제 4.7.5 (Z100)

혈중 알코올(C_2H_5OH) 농도는 혈청 시료를 중크로뮴산 포타슘 산성 용액으로 적정하여 정할 수 있는데, $Cr^{3+}(aq)$와 이산화 탄소가 생긴다. 중크로뮴산 이온($Cr_2O_7^{2-}$)은 용액에서 오렌지 색, Cr^{3+}는 녹색이므로 그 반응을 관찰할 수 있다. 산화-환원 반응식은 다음과 같다.

$$16H^+(aq) + 2Cr_2O_7^{2-}(aq) + C_2H_5OH(aq) \rightarrow 4Cr^{3+}(aq) + 2CO_2(g) + 11H_2O(l)$$

30.0g 혈청을 적정하는데 31.05mL의 0.0600M 중크롬산 포타슘 용액이 필요했다면, 혈중 알코올의 질량 %는 얼마인가?

01 개념 확인 문제 (적중 2000제 선별문제)

01. LR202. 강산의 종류

다음 중 강산이 아닌 것은?

① HCl
② $HClO_4$
③ H_2SO_4
④ HNO_3
⑤ HF

02. LR206. 다원자 이온

다음 강전해질 1몰을 충분한 물에 녹였을 때 해리되는 입자 수가 가장 큰 것은?

① 과염소산 포타슘
② 인산 소듐
③ 질산 철(II)
④ 염소산 소듐
⑤ 탄산 소듐

03. LR209. 몰농도 계산

12.0g의 NaOH(s)를 물에 녹여 600mL의 용액을 만들었다. 이 용액에서 NaOH의 몰농도는? (단, NaOH의 몰질량은 40g/mol이다.)

① 0.10M
② 0.20M
③ 0.30M
④ 0.40M
⑤ 0.50M

04. LR215. 용액의 혼합

0.10M NaCl 수용액 200mL와 0.10M $CaCl_2$ 수용액 300mL를 혼합한 용액에서 Cl^-의 농도는?

① 0.10M
② 0.12M
③ 0.15M
④ 0.16M
⑤ 0.20M

05. LR218. 침전 형성 반응

다음 두 용액을 혼합했을 때 침전이 형성되지 않는 것은?

① $KNO_3(aq)$ + $BaCl_2(aq)$
② $Na_2SO_4(aq)$ + $Pb(NO_3)_2(aq)$
③ $KOH(aq)$ + $Fe(NO_3)_3(aq)$
④ $AgNO_3(aq)$ + $NaCl(aq)$
⑤ $CaCl_2(aq)$ + $NaF(aq)$

06. LR226. 산염기 적정

다음은 황산(H_2SO_4)과 수산화 소듐(NaOH)의 중화 반응식이다.

$$H_2SO_4(aq) + 2NaOH(aq) \rightarrow Na_2SO_4(aq) + 2H_2O(l)$$

0.10M H_2SO_4 용액 50mL를 완전히 중화시키는데 필요한 0.2M NaOH 표준 용액의 부피는?

① 20mL
② 25mL
③ 50mL
④ 100mL
⑤ 150mL

07. LR227. 산염기 적정

1.0g의 일양성자산 HX를 완전히 중화시키는데 0.10M $NaOH(aq)$ 50mL가 소모되었다. HX의 몰질량(g/mol)은?

① 25
② 50
③ 100
④ 200
⑤ 150

08. LR243-1. 반쪽 반응법 (산성 용액)

다음은 산성 수용액에서 일어나는 반응의 불균형 반응식이다.

$$MnO_4^- + Fe^{2+} + H^+ \rightarrow Mn^{2+} + Fe^{3+} + H_2O$$

균형을 맞추었을 때, H_2O의 계수는?

① 2
② 4
③ 6
④ 8
⑤ 16

09. LR251. 산화-환원 적정

다음은 산성 용액에서 중크롬산 포타슘(K_2CrO_7)과 철(II) 이온의 산화-환원 균형 반응식이다.

$$14H^+(aq) + Cr_2O_7^{2-}(aq) + 6Fe^{2+}(aq) \rightarrow 2Cr^{3+}(aq) + 6Fe^{3+}(aq) + 7H_2O(l)$$

농도를 모르는 Fe^{2+} 용액 480mL를 완전히 적정하는데 0.10M 중크롬산 포타슘 표준 용액 20mL가 소모되었다. 초기 Fe^{2+} 용액의 농도는?

① 0.025M
② 0.50M
③ 0.10M
④ 0.25M
⑤ 0.030M

10. LR254. 산염기 역적정

다음은 옥살산($H_2C_2O_4$)과 수산화 소듐(NaOH)의 균형 반응식이다.

$$H_2C_2O_4(aq) + 2NaOH(aq) \rightarrow Na_2C_2O_4(aq) + 2H_2O(l)$$

xM $H_2C_2O_4(aq)$ 100mL에 0.20M NaOH(aq) 50.0mL를 가하여 반응시켰을 때, 용액에는 과량의 OH^- 이온이 남았다. 과량의 OH^- 이온을 중화시키는 데 0.10M HCl 20mL가 소모되었을 때, x는?

① 0.010
② 0.020
③ 0.030
④ 0.040
⑤ 0.050

번호	1	2	3	4	5
정답	⑤	②	⑤	④	①

번호	6	7	8	9	
정답	③	④	②	①	④

C H E M I S T R Y

05

기체

05

기체

5.1 기체와 그 성질
5.2 이상 기체 법칙
5.3 기체의 화학양론
5.4 기체 분자 운동론
5.5 실제기체

5.1 기체와 그 성질

1. 이상 기체

- 기체 분자는 자유롭게 날아다니며 용기를 가득 채운다.
- 기체는 쉽게 압축되며 어떤 다른 기체와도 완전히 혼합된다.
- 이상 기체 : 분자간 인력, 분자의 크기가 없는 가상적인 입자

>>>
1atm = 101325 Pa
1Pa는 매우 작은 단위로서 일반적으로 잘 쓰이지 않음

2. 압력

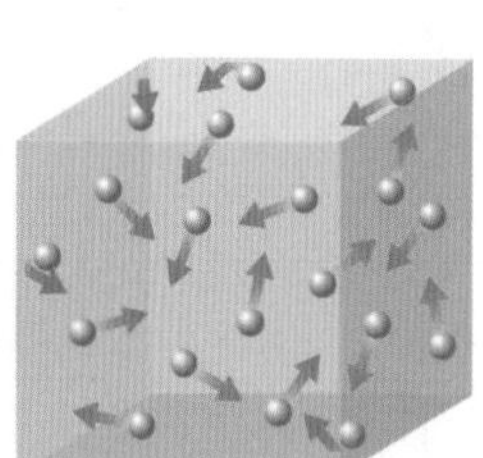

- 압력: 단위 면적에 가해지는 힘 ($압력 = \frac{힘}{면적}$)
- 기체 분자가 벽과 충돌하여 압력이 발생한다.
- 압력의 SI단위: 1Pa(pascal) $= \frac{1N}{1m^2}$
- 압력의 일반적인 단위 : 기압(atm), mmHg, torr

1기압 = 1atm = 760mmHg = 760torr

>>>
1atm = 1.013bar로서
1atm과 1bar는 거의 같은 압력이다.

- 기체의 압력은 수은 기둥의 높이차로 측정할 수 있다.

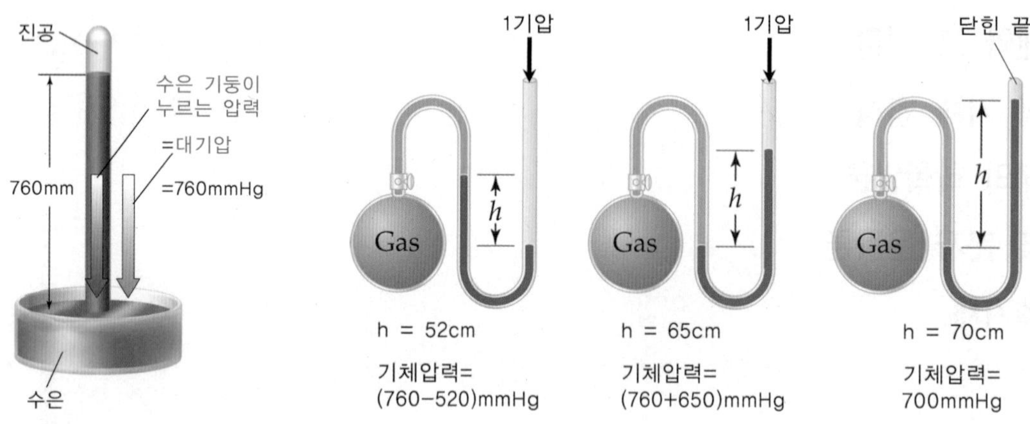

- 기체의 STP 조건(standard temperature and pressure) : 0℃, 1기압
- STP 조건에서 이상기체 1몰의 부피: 22.4L

예제 5.1.1

어떤 기체의 압력이 49torr로 측정되었다. 이 압력은 몇 atm인가?

예제 5.1.2 (Z41)

프레온-12(CF_2Cl_2)는 냉방 장치의 냉매로 사용된다. 냉방 장치에 초기에 4.8atm 압력으로 충전되었다. 이 압력을 mmHg 단위로 환산하라.

3. 온도

- 온도가 높을수록 기체 분자의 평균 속도는 빨라진다.
- 절대온도 0K는 -273℃이며 이론적으로 가장 낮은 온도이다.
- 절대온도와 섭씨온도는 눈금의 간격은 같고 영점이 다르다.

$$T(K) = T(℃) + 273$$
$$T(℃) = T(K) - 273$$

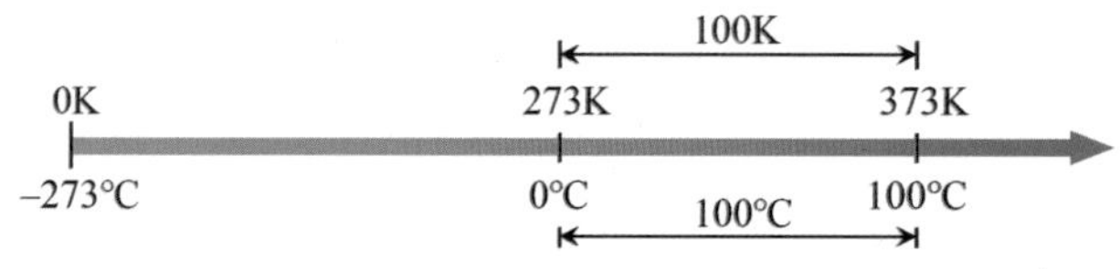

예제 5.1.3

물의 정상 끓는점은 100℃이다. 이 온도는 몇 K인가?

예제 5.1.4

염화소듐(NaCl)의 녹는점은 1074K이다. 이 온도는 몇 ℃인가?

5.2 이상 기체 법칙

1. 보일의 법칙

- 보일의 법칙 : 이상기체의 부피는 압력에 반비례한다. (n, T 일정 조건)

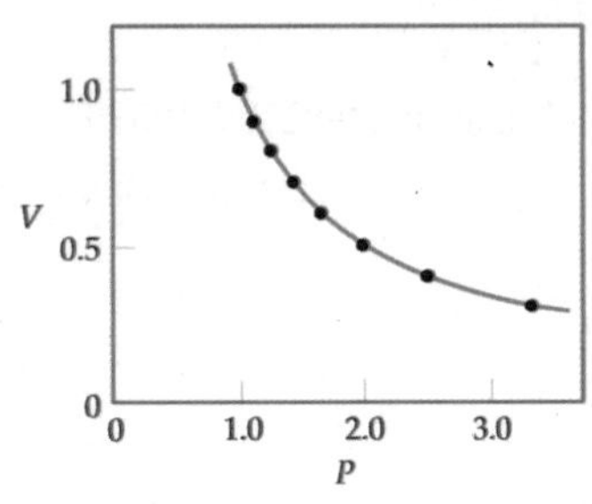

$$V \propto \frac{1}{P} \quad (T, n \text{ 고정}), \quad P_1V_1 = P_2V_2$$

예제 5.2.1

부피가 1.5L이고 압력이 0.2기압인 기체 시료가 있다. 일정한 온도에서 압력이 0.6기압으로 변한다면 이 기체의 부피는 얼마인가?

예제 5.2.2

11.2L의 기체 시료 속에 0.50mol의 N_2가 포함되어 있음을 알았다. 같은 온도와 압력하에서 20.L시료 속에는 몇 mol의 기체가 있을까?

2. 샤를의 법칙

- 샤를의 법칙 : 일정한 압력에서 이상기체의 부피는 절대 온도에 비례한다. (n, P 일정 조건)

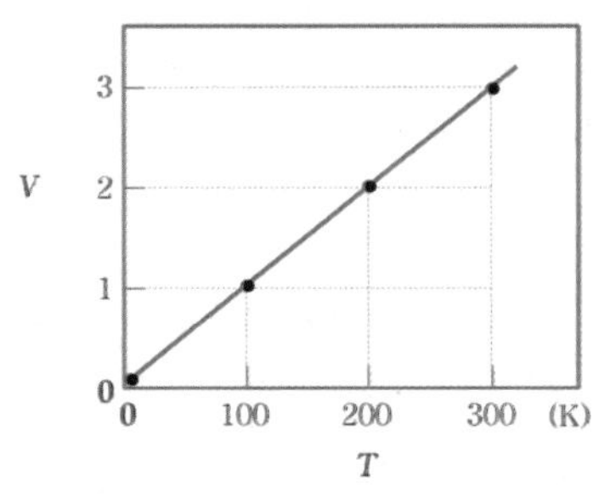

$$V \propto T \quad (P, n \text{ 고정}), \qquad \frac{V_1}{T_1} = \frac{V_2}{T_2}$$

예제 5.2.3

20℃에서 어떤 기체의 부피가 12L이다. 일정한 압력을 유지하며 온도를 30℃로 높였을 때, 이 기체의 부피는 얼마인가?

예제 5.2.4

풍선이 $20.0℃$에서 $7.00 \times 10^2 \mathrm{mL}$의 부피로 채워져 있다. 이때 $1.00 \times 10^2 \mathrm{K}$의 온도로 냉각된다면 풍선의 부피는 얼마인가?

3. 아보가드로의 법칙

• 아보가드로의 법칙 : 이상기체의 부피는 기체의 몰수에 정비례하고, 기체의 종류와 무관하다. (P, T 일정조건)

$$V \propto n \quad (P,\ T \text{ 고정}), \qquad \frac{V_1}{n_1} = \frac{V_2}{n_2}$$

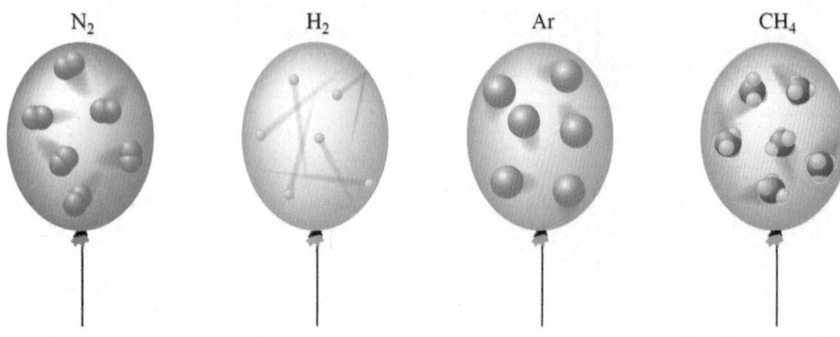

예제 5.2.5

1atm, 25℃에서 산소(O_2) 기체 1mol의 부피는 24.4L이다. 같은 온도와 압력에서 질소(N_2) 기체 0.5mol의 부피는?

예제 5.2.6 (Z207)

1atm 압력과 25℃에서 0.5mol의 산소(O_2) 기체의 부피는 12.2L이다. 같은 온도와 압력에서 이 O_2가 모두 오존(O_3)으로 변한다면, 오존의 부피는 얼마인가?

4. 이상기체 방정식

- 이상기체 방정식 : 같은 의미를 갖는 두 가지 형태의 식으로 표현할 수 있다.

① $PV = nRT$

② $\frac{P_1V_1}{n_1T_1} = \frac{P_2V_2}{n_2T_2} = R$

>>> R은 두 가지 단위로 표현 :
0.082L·atm/mol·K
또는
8.314J/mol·K

- 이상기체의 네 가지 변수(P, V, n, T) 중 세 가지를 알면 나머지 하나의 값을 알 수 있다.
- 이상기체의 밀도

$$d = \frac{PM}{RT}$$

예제 5.2.7

다음 질문에 답하시오.

a. 0℃, 1.5atm에서 수소(H_2) 기체 시료의 부피는 8.56L이다. 이 기체 시료에 들어있는 H_2 분자의 몰수는?

b. 200L의 탱크에 헬륨 기체가 들어있다. 24℃에서 압력이 2.7atm일 때, 헬륨 기체의 질량은?

예제 5.2.8

1.5atm, 27℃에서 어떤 이원자 기체의 밀도가 1.95g/L이다. 이 기체는 무엇인가?

예제 5.2.9

다음 질문에 답하시오.

a. 온도 22℃에서 5.0L 플라스크에 0.60g의 O_2가 있다면, 플라스크 안의 압력(atm)은?

b. −15℃, 345torr에서 헬륨 기체 시료의 부피가 3.48L였다. 온도와 압력을 각각 36℃와 468torr로 증가시켰을 때, 기체 시료의 부피(L)는?

예제 5.2.10 (Z67)

온도 30.℃와 압력 710.torr에서 부피가 5.9×10^2mL인 이상 기체가 실린더에 들어 있다. 기체를 25mL 부피로 압축하면 온도가 820.℃까지 올라간다. 이 때 기체의 압력은 얼마인가?

5. 기체 혼합물과 부분압

- 기체는 어떤 다른 기체와도 완전히 혼합된다.
- 부분압은 기체 혼합물에서 각 기체 성분이 나타내는 압력이다.
- 기체 혼합물에서 각 기체의 부분압은 기체의 종류와 무관하고 몰수에 비례한다.
- 기체 혼합물에서 전체 압력은 각 기체의 부분압의 합과 같다. (돌턴의 부분압 법칙)

$$P_{전체} = P_1 + P_2 + P_3 + \cdots$$
$$P_A = P_{전체} \times X_A$$

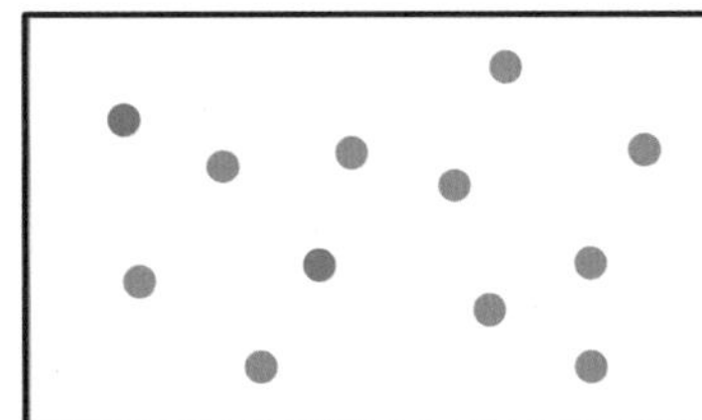

A: ●
B: ●

$$P_A = P_{전체} \times \frac{2}{12}$$

$$P_B = P_{전체} \times \frac{10}{12}$$

예제 5.2.11

공기 중의 질소의 몰분율은 0.7808이다. 대기압이 760torr일 때, 공기 중 질소의 부분압은?

예제 5.2.12

대기압이 743torr일 때 산소의 부분압은 156torr였다. 공기 중 O_2의 몰분율은?

예제 5.2.13

산소(O_2)와 헬륨(He)이 같은 질량으로 혼합된 혼합기체의 전체 압력은 1.2atm이다.
혼합기체에서 O_2의 부분압력은?

예제 5.2.14 (M10.82)

어떤 기체 혼합물에서 CO_2와 O_2의 질량비가 각각 20%와 80%이다. 혼합 기체의 전체 압력이 0.9atm일 때, O_2의 부분압력은?

예제 5.2.15

다음과 같은 장치가 있다. 일정한 온도에서 콕을 열고 충분한 시간이 지났다.

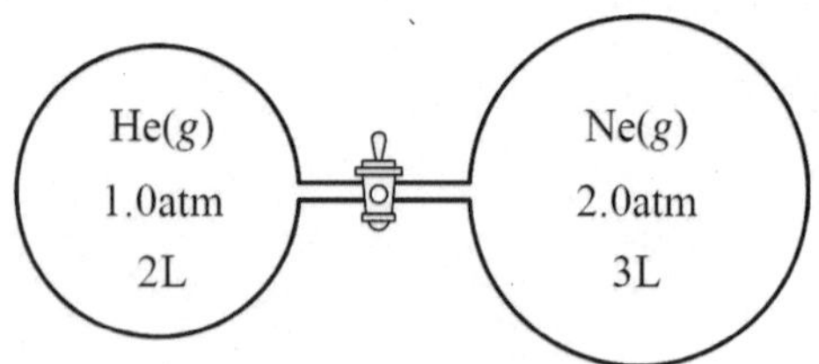

a. He의 부분압은 얼마인가?

b. Ne의 부분압은 얼마인가?

c. 혼합기체 전체의 압력은 얼마인가?

d. 혼합기체에서 He의 몰분율은 얼마인가?

6. 기체의 수상 치환

- 수상 치환법: 기체 생성물을 물로 치환하여 포집하는 방법
- 수상 치환법을 이용할 때는 언제나 수증기와의 기체 혼합물이 생성된다.

▶ 수상 치환법으로 기체 생성물을 모으는 장치

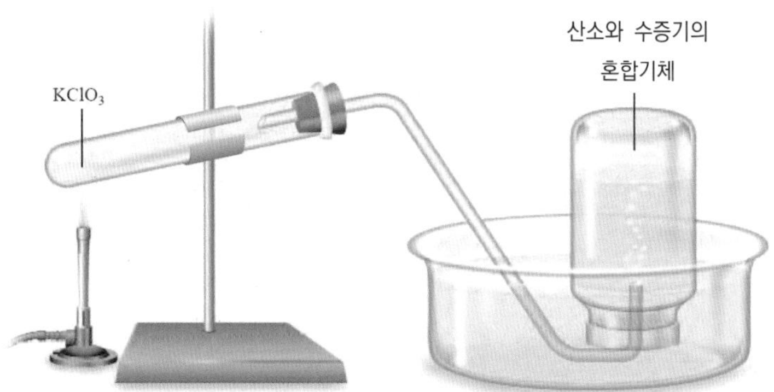

예제 5.2.16 (Z224)

고체 염소산 포타슘($KClO_3$: 122.6g/mol)을 시험관에 넣고 가열하였더니 염화포타슘과 산소기체가 생성되었다. 전체 압력이 754torr이고 온도 22℃에서 생성된 산소를 수상 치환하였다. 병 내부와 외부의 수면 높이가 같아졌을 때, 포집된 기체의 부피는 0.650L이고., 22℃에서 물의 증기압은 21torr이다.

a. 포집된 기체에서 O_2의 부분압은?

b. 분해된 $KClO_3$의 질량은?

5.3 기체의 화학양론

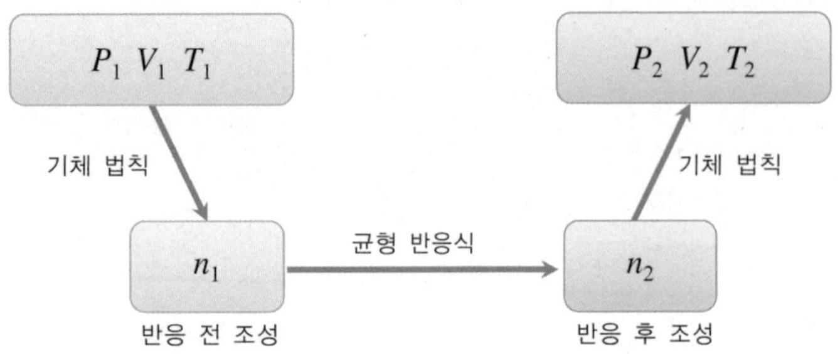

- 기체 양론 문제를 푸는 체계적인 방법

1. 반응물 기체의 P, V, T, 질량 등을 몰수로 바꾼다.
2. 균형 반응식의 계수비를 이용하여 반응물과 당량인 생성물의 몰수를 구한다.
3. 생성물 기체의 몰수를 P, V, T, 질량 등으로 바꾼다.

예제 5.3.1 (M10.79)

25℃에서 압력 4.5atm과 부피 15.0L인 용기에 프로페인 기체가 들어있다. 이 프로페인을 완전히 연소시켰을 때 발생하는 CO_2의 질량은?

예제 5.3.2 (M395)

석회석($CaCO_3$)은 염산과 반응하여 염화칼슘, 이산화탄소 및 물을 생성한다. 석회석 33.7g이 완전히 반응하여 생성된 CO_2의 부피는 STP에서 몇 L인가?

예제 5.3.3 (Z81)

사이안화 수소($HCN(g)$)는 상업적으로 높은 온도에서 메테인($CH_4(g)$), 암모니아($NH_3(g)$), 산소($O_2(g)$)를 반응시켜 제조한다. 다른 생성물은 수증기이다.

a. 화학 반응식을 써라.

b. 각각 20.0L $CH_4(g)$, $NH_3(g)$, $O_2(g)$로부터 생산되는 $HCN(g)$의 부피는 얼마인가? 모든 기체의 부피는 같은 온도와 압력에서 측정한다.

예제 5.3.4 (Z8-65)

강한 충격으로 강철 공이 스프링을 눌러 전기적으로 뇌관이 점화되면 에어백은 부풀게 된다. 이것은 다음 반응과 같이 아자이드화소듐(NaN_3 : 65g/mol)이 폭발적으로 분해되기 때문이다.

$$2NaN_3(s) \rightarrow 2Na(s) + 3N_2(g)$$

STP에서 에어백이 70.0L까지 팽창하려면 $NaN_3(s)$가 몇 그램 필요한가?

5.4 기체 분자 운동론

1. 기체 분자 운동론 (kinetic molecular theory, KMT)

- 기체는 자유롭게 날아다니며 용기를 가득 채운다.
- 기체 분자가 벽과 충돌하여 압력이 발생한다.(완전 탄성 충돌)
- 온도가 높을수록 기체 분자의 평균 속도는 증가한다.

>>> 기체 분자 운동론:
이상기체의 성질을 설명하기 위한 모형, 기체를 자유롭게 날아다니는 입자로 가정한 후 물리법칙에 적용하면 이상 기체 법칙을 유도할 수 있음

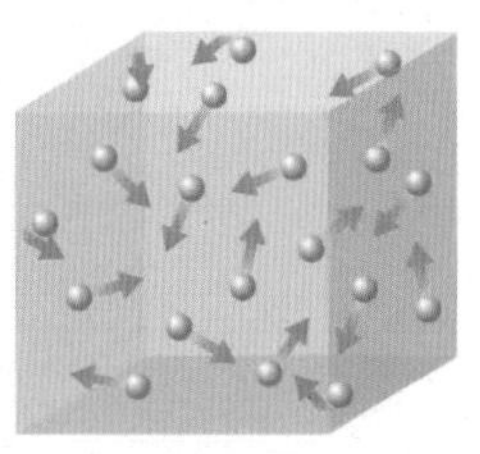
낮은 온도

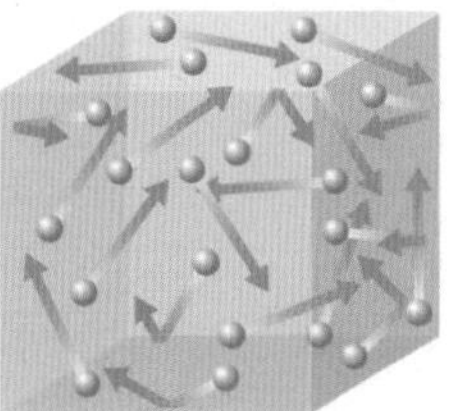
높은 온도

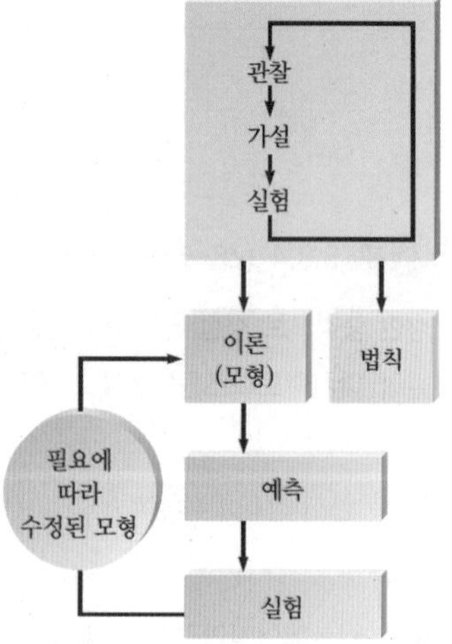

- 절대 온도 K는 기체의 평균 운동 에너지의 척도이다.
- 이상기체 n몰의 병진 운동 에너지의 총합은 $\frac{3}{2}nRT$이다.

$$E_K = \frac{3}{2}nRT$$

예제 5.4.1 (Z109)

273K와 546K에서 $CH_4(g)$과 $N_2(g)$ 분자들의 평균 운동 에너지를 각각 계산하라.

2. 제곱 평균근 속도

- 기체 분자의 속도는 넓은 분포를 가진다.(볼쯔만 분포)

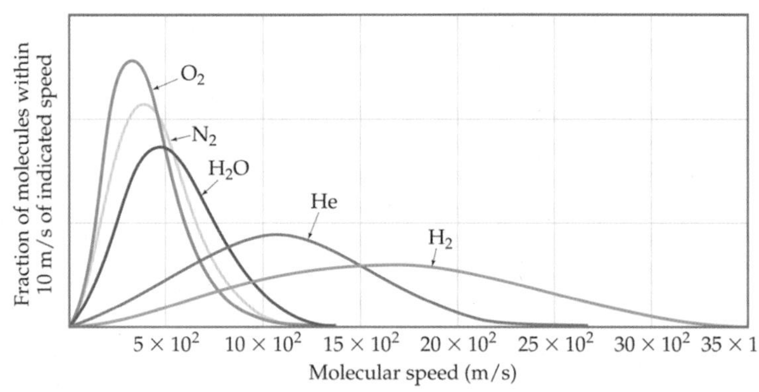

- 온도가 높아질수록 기체 분자의 평균 속도는 증가한다.

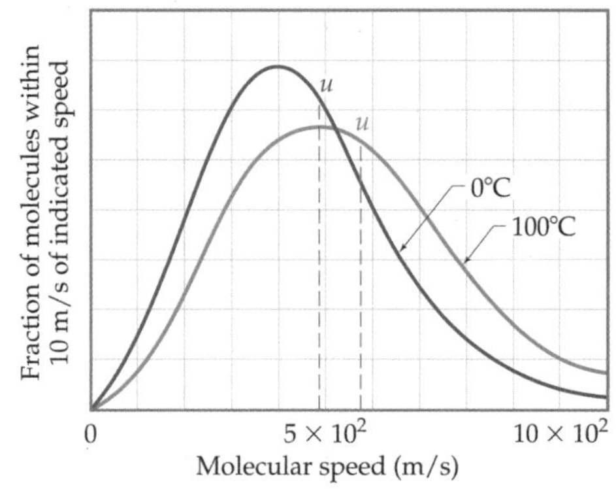

- 가장 일반적인 평균 속도는 제곱 평균근 속도(root mean square speed, v_{rms})이다.

$$\frac{1}{2}M(v_{rms})^2 = \frac{3}{2}RT$$

- 기체의 평균 속도는 절대온도의 제곱근에 비례하고 분자량의 제곱근에 반비례한다.

$$v_{rms} = \sqrt{\frac{3RT}{M}}$$

- 단위 면적의 벽과 기체 분자의 충돌 빈도는 기체의 농도와 평균 속도의 곱에 비례한다.

$$\text{단위 면적의 벽에 충돌하는 빈도} \propto \frac{n}{V} \times v_{rms}$$

예제 5.4.2

300K에서 $\frac{H_2\text{기체의 평균 속도}}{O_2\text{기체의 평균 속도}}$는?

예제 5.4.3 (M10.98)

150K에서의 H_2와 375℃에서의 He 중 평균 속력이 더 큰 것은?

예제 5.4.4 (Z231)

25℃의 헬륨 기체 시료에서 원자의 제곱 평균근 속도는?

예제 5.4.5 (Z116)

같은 온도와 압력에서 두 기체 A와 B가 각각 1.0L 용기에 들어 있다. 기체 A의 질량은 0.34g이고 기체 B의 질량은 0.48g이다. 두 기체 사이의 다음 양들을 비교하라.

a. 기체 분자들의 평균 운동 에너지

b. 기체 분자의 제곱 평균근 속도

c. 용기 벽과의 충돌 빈도

d. 기체 분자가 용기 벽에 충돌하는 힘

3. 확산과 분출

- 확산(diffusion) : 분자가 높은 농도에서 낮은 농도로 자발적으로 이동하는 과정
  - 확산 속도: 거리/시간
- 분출(effusion) : 기체가 미세한 구멍을 통해 (진공 중으로)빠져 나가는 과정
  - 분출 속도: 입자 수/시간

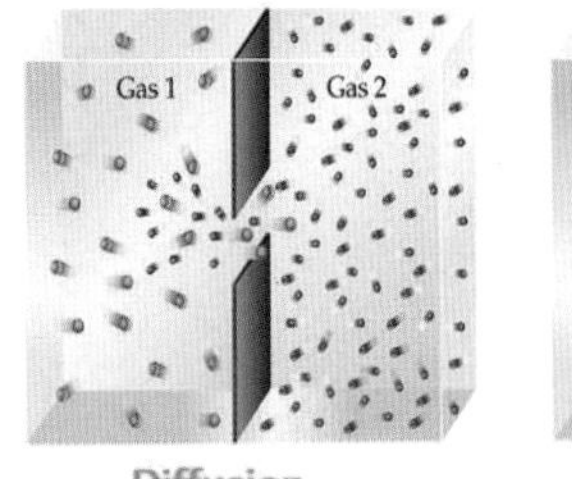

- 그레이엄의 법칙 : 동일한 온도와 압력에서 기체의 분출속도와 확산속도는 분자량의 제곱근에 반비례한다.

$$\frac{v_A}{v_B}=\sqrt{\frac{M_B}{M_A}}$$

예제 5.4.6

미지의 기체가 수소 기체보다 3배 더 느리게 다공성 막을 통해 확산한다면, 이 기체의 분자량은?

예제 5.4.7 (Z120)

어떤 기체의 분출 속도를 측정하였더니 24.0mL/min이었다. 똑같은 조건에서 순수한 메테인(CH_4) 기체의 분출 속도는 47.8mL/min이다. 미지 기체의 몰질량은 얼마인가?

예제 5.4.8 (Z122)

헬륨 1.0L를 구멍을 통해 분출시키는 데 4.5분이 걸린다. 같은 조건에서 Cl_2 기체 1.0L를 분출시키는 데 얼마나 걸리겠는가?

예제 5.4.9

헬륨을 채운 풍선과 공기를 채운 풍선 중 더 빠르게 부피가 줄어드는 것은?

5.5 실제기체

1. 이상기체와 실제기체

- 실제기체는 이상기체와 달리 분자 사이의 인력과 분자 자체의 크기를 가진다.
- 실제기체는 높은 온도, 낮은 압력일수록 이상기체에 가깝게 거동한다.

이상기체	실제기체
분자간의 인력 없음	분자간의 인력 있음
분자 자체의 크기 없음	분자 자체의 크기 있음
높은 T, 낮은 P에서 실제 기체는 이상 기체와 가깝게 거동	

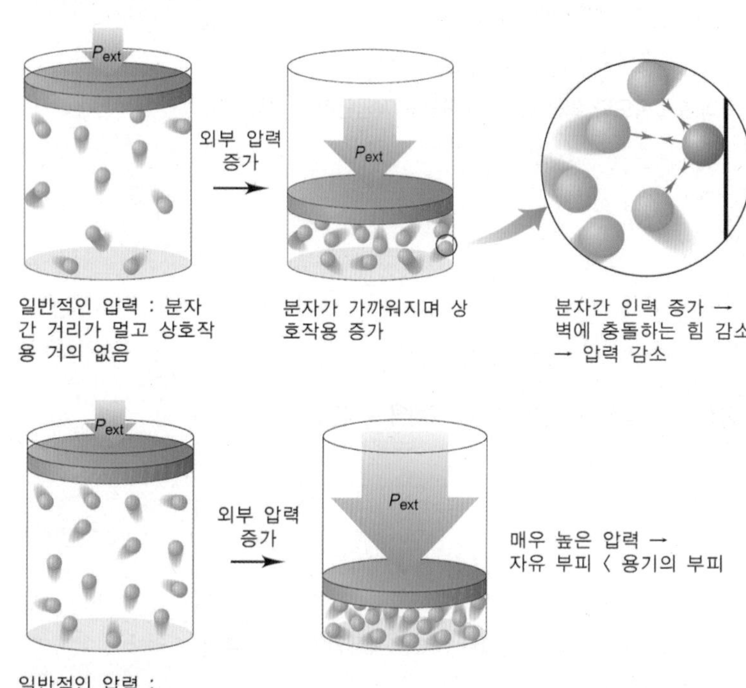

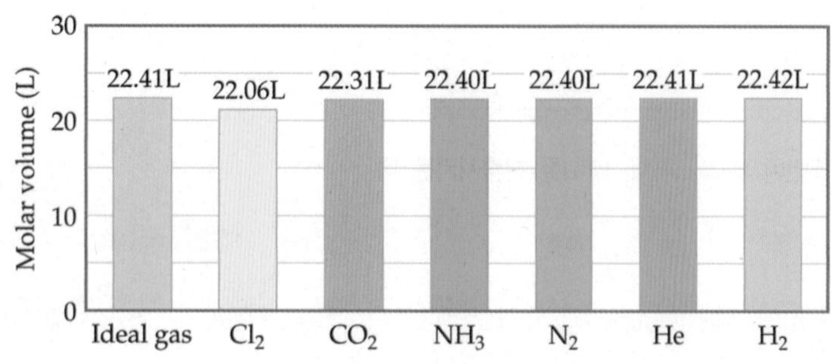

>>>
동일한 온도와 압력 조건에서도 기체의 종류에 따라 부피가 조금씩 다르다.
→ 실제기체는 이상기체와 약간 다르게 거동함

예제 5.5.1

다음 중 어떤 조건에서 실제 기체는 이상 기체에 가장 가까운 거동을 하는가?

a. 고온, 저압
b. 고온, 고압
c. 저온, 고압

2. 반데르발스 식

- 반데르발스 식 : 실제기체에 맞게 이상기체 식을 보정한 식

$$(P+a(\frac{n}{V})^2)\times(V-nb)=nRT$$

- P : 실제로 관찰되는 기체의 압력
- $(P+a(\frac{n}{V})^2)$: 기체 간 인력을 보정한 압력
- V : 용기의 부피
- $(V-nb)$: 기체 분자가 운동할 수 있는 유효 부피

>>>
반데르발스 상수 a와 b는 기체의 종류에 따라 다르다.
a↑ : 분자 간 인력이 큰 기체
b↑ : 입자의 크기가 큰 기체

▶ 여러 가지 기체의 반데르발스 상수

Substance	a (L^2-atm/mol^2)	b (L/mol)
He	0.0341	0.02370
Ne	0.211	0.0171
Ar	1.34	0.0322
Kr	2.32	0.0398
Xe	4.19	0.0510
H_2	0.244	0.0266
N_2	1.39	0.0391
O_2	1.36	0.0318
Cl_2	6.49	0.0562
H_2O	5.46	0.0305
CH_4	2.25	0.0428
CO_2	3.59	0.0427
CCl_4	20.4	0.1383

예제 5.5.2 (Z37)

H_2, CO_2, N_2, CH_4 기체 중 어느 기체의 van der Waals 상수 a값이 가장 클지 예측하라.

예제 5.5.3 (Z38)

H_2, N_2, CH_4, C_2H_6, C_3H_8 기체 중 어느 기체의 van der Waals 상수 b값이 가장 큰가를 예측하라.

3. 압축 인자 (Z)

- 압축인자 Z는 특정 온도와 압력에서 실제기체와 이상기체의 편차를 나타내는 척도이다.
- 압축인자 $Z=\frac{PV}{nRT}$로 정의된다. (이상기체의 경우 항상 $Z=1$)

$$Z=\frac{PV}{nRT}$$

- 압축인자가 1에 가까울수록 실제기체는 이상기체에 가깝게 거동한다.
- 압축인자 Z는 $\frac{\text{실제기체의 부피}}{\text{이상기체의 부피}}$의 의미를 가진다. ($T, P, n$ 동일 조건에서)

$Z<1$	$V_{실제기체}$ < $V_{이상기체}$	분자간 인력 > 분자간 척력
$Z=1$	$V_{실제기체}$ = $V_{이상기체}$	분자간 인력 = 분자간 척력
$Z>1$	$V_{실제기체}$ > $V_{이상기체}$	분자간 인력 < 분자간 척력

>>> Z 가 1보다 작다면,
→ 분자간 인력이 척력보다 우세
→ 실제기체의 부피는 이상기체 부피보다 더 쪼그라든다.
→ $V_{실제기체}$ < $V_{이상기체}$

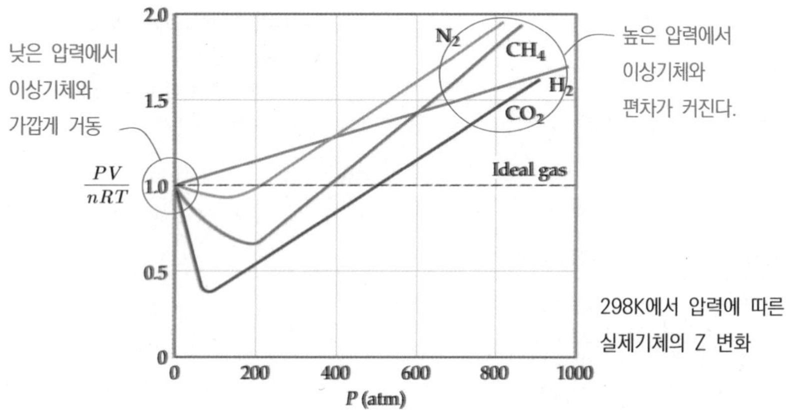

298K에서 압력에 따른 실제기체의 Z 변화

>>> 반데르발스 상수 a가 클수록
→ 분자간 인력이 크고
→ 낮은 P에서 곡선의 기울기가 더 큰 음수

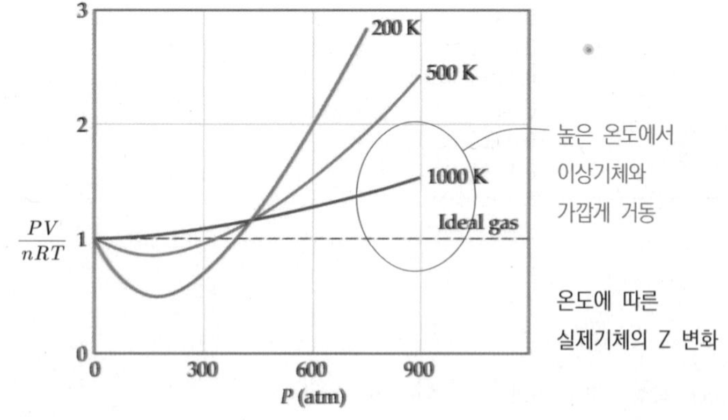

온도에 따른 실제기체의 Z 변화

예제 5.5.4

다음 그림은 두 온도 T_1과 T_2에서 비이상기체에 대하여 압축인자 Z(PV/nRT)를 P에 대하여 도시한 것이다. 어떤 곡선이 더 높은 온도인가?

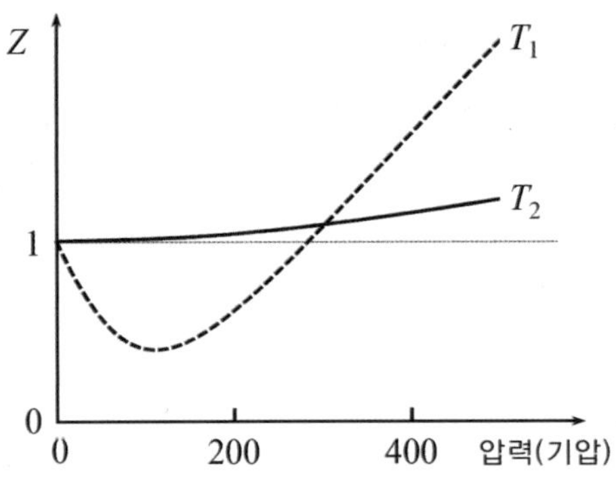

예제 5.5.5 (M109)

300K에서 0.600L의 용기에 N_2 15.000mol이 들어있다. 질소기체에서 $a=$ 1.35(L^2atm/mol^2), $b=$ 0.0387L/mol이다.

a. 이상 기체 법칙으로 계산한 압력과 반데르발스 식을 이용하여 계산한 압력을 각각 구하시오.

b. 이 온도와 압력에서 질소 기체의 압축 인자(Z)는?

c. 300K에서 질소기체에 대해 압력에 따른 압축인자 그래프를 그리고, 문제의 질소 기체 시료에 해당하는 위치를 대략적으로 나타내시오.

05 개념 확인 문제 (적중 2000제 선별문제)

01. GS207. 샤를의 법칙

−73℃, 1기압에서 어떤 기체의 부피가 4.0L이다. 27℃, 760torr에서 이 기체의 부피는?

① 3.0L
② 4.0L
③ 5.0L
④ 6.0L
⑤ 8.0L

02. GS210. 아보가드로의 법칙

1atm, 300K에서 Ar(g) 0.6몰의 부피는 15L이다. 같은 온도와 압력에서 He(g) 4g의 부피는? (단, He의 원자량은 4이다.)

① 25L
② 30L
③ 35L
④ 40L
⑤ 50L

03. GS212. 이상 기체 방정식

32℃에서, 내부 압력이 2.0기압이고 부피가 50.0L인 타이어에 들어있는 기체의 몰수는? (단, 32℃에서 RT=25L·atm/mol이다.)

① 1.0mol
② 2.0mol
③ 3.0mol
④ 4.0mol
⑤ 5.0mol

04. GS219. 부분압

온도와 부피가 일정한 용기에 CH_4(g)과 He(g)을 같은 질량으로 넣은 혼합 기체가 2.0기압을 나타낸다. 혼합 기체에서 He의 부분압은? (단, C, H, He의 원자량은 각각 12, 1, 4이다.)

① 0.4기압
② 1.6기압
③ 1.0기압
④ 1.5기압
⑤ 2.0기압

05. GS230. 기체의 양론 (일정 압력)

다음은 A(g)와 B(g)의 균형 반응식이다.

$$2A(g) + B(g) \rightarrow 2C(g)$$

일정한 온도에서 전체 압력이 1기압으로 유지되는 용기에 A와 B가 각각 0.6기압, 0.4기압의 부분압으로 혼합되어 10L를 차지하고 있다. 반응이 완결된 후 C의 부분압(기압)은?

① 0.6
② $\frac{6}{7}$
③ $\frac{1}{7}$
④ 0.7
⑤ 1

06. GS233. 기체의 양론 (일정 부피)

$A_2(g)$와 $B_2(g)$는 완전히 반응하여 $AB_2(g)$를 생성한다. 콕을 열어 반응이 완결된 후, 혼합 기체에서 $AB_2(g)$의 부분압은? (단, 온도는 일정하다.)

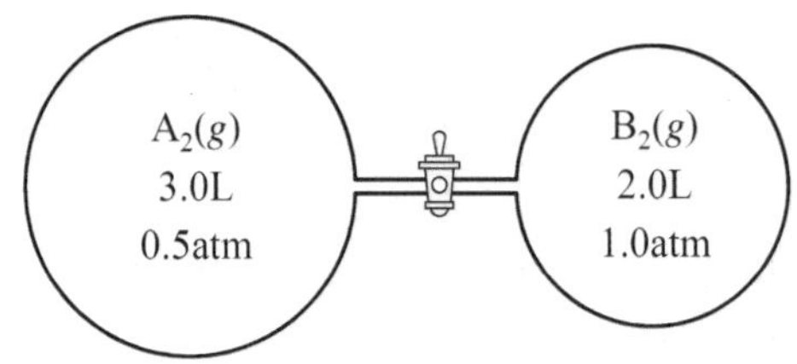

① 0.1기압
② 0.2기압
③ 0.3기압
④ 0.4기압
⑤ 0.5기압

07. GS154. 제곱평균근 속도

그림은 300K에서 A(g)와 B(g)의 속력 분포를 나타낸 것이다. $\frac{\text{B의 분자량}}{\text{A의 분자량}}$은?

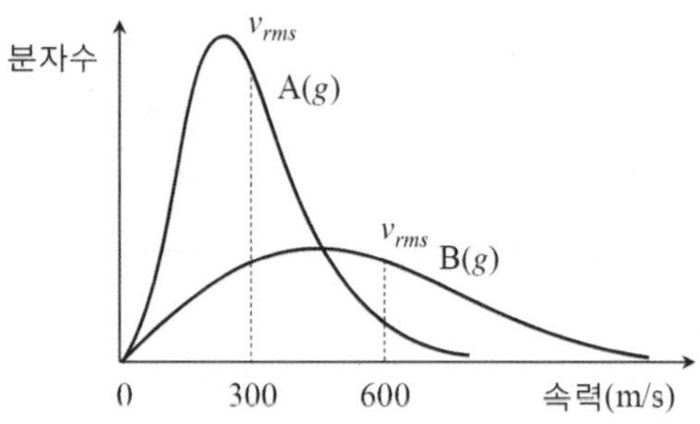

① 1 ② 2 ③ 4
④ $\frac{1}{2}$ ⑤ $\frac{1}{4}$

08. GS245-2. 반데르발스 식

그림은 서로 다른 두 온도 200K와 400K에서 압력에 따른 $A(g)$의 압축 인자 $Z\ (\frac{PV}{nRT})$를 나타낸 것이다.

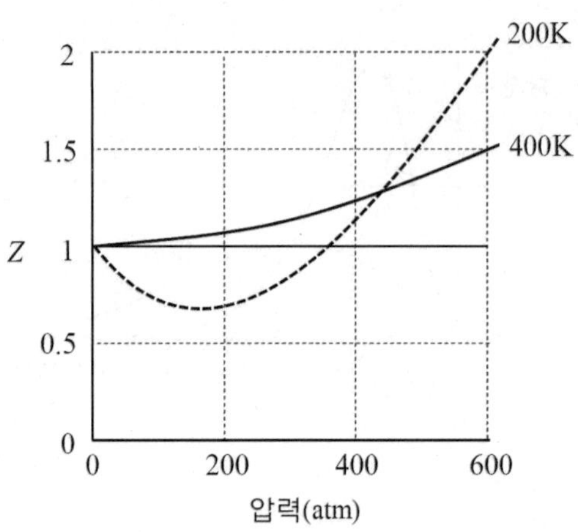

$\frac{400K,\ 600기압에서\ A(g)\ 1mol의\ 부피}{200K,\ 600기압에서\ A(g)\ 1mol의\ 부피}$는?

① 1 ② 2 ③ $\frac{3}{2}$ ④ $\frac{1}{2}$ ⑤ $\frac{4}{3}$

09. GS346. 기체분자 운동론

미지의 기체가 같은 온도, 압력에서 산소 분자 분출속도의 0.5 배로 분출한다면 이 기체 분자의 분자량은 얼마인가?

① 128 g/mol
② 138 g/mol
③ 148 g/mol
④ 158 g/mol
⑤ 64 g/mol

10. GS353. 기체의 양론

과량의 산소가 존재할 때, 에탄올(C_2H_5OH)은 연소하여 $CO_2(g)$와 $H_2O(g)$를 생성한다. 200 K, 1 atm에서 0.25 mol의 에탄올이 완전히 연소할 때 생성되는 $CO_2(g)$의 부피는?

① 4.1 L
② 8.2 L
③ 10.0 L
④ 16.4 L
⑤ 10.5 L

번호	1	2	3	4	5
정답	④	①	④	②	②

번호	6	7	8	9	
정답	④	⑤	③	①	②

MEMO

C H E M I S T R Y

06

열화학

06

열화학

6.1 에너지

6.2 엔탈피

6.3 반응 엔탈피($\triangle H^0$)의 측정

6.4 헤스의 법칙

6.5 결합 에너지

6.6 표준 생성 엔탈피

6.1 에너지

1. 에너지

- 에너지는 일을 하거나 열을 발생시킬 수 있는 능력이다.
- 에너지는 전달되거나 형태만 변할 뿐 생기거나 없어지지 않는다. (에너지 보존 법칙)
- 에너지의 SI 단위는 J(주울)이다.

>>>
1J = 1N×1m

2. 에너지의 종류

- 운동에너지(kinetic energy)는 물체의 운동에 의한 에너지이다.
- 위치에너지(퍼텐셜 에너지, potential energy)는 물체의 위치에 의한 에너지이다.
- 화학적 에너지는 화학 결합에 저장된 퍼텐셜 에너지의 한 종류이다.
- 열(heat, q)은 열은 온도 차에 의한 에너지의 자발적 흐름이다.
- 일(work, w)은 열이 아닌 모든 그 밖의 에너지 전달 방식이다. (팽창 일, 비팽창 일)
- 내부 에너지(E 또는 U) : 계가 가지는 모든 형태의 에너지 총합

>>>
팽창 일(PV 일):
압력 하에서 부피 변화에 의한 일,

비팽창 일:
압력, 부피 변화와 무관한 일
(예): 전기적인 일

예제 6.1.1

충전된 핸드폰을 사용하여 방전되었다. 이 과정에서 에너지의 변환 및 전달과정을 설명하라.

>>>
일반적인 화학반응이 진행될 때, 대부분의 에너지는 열의 형태로 주위와 교환되며, 상대적으로 적은 에너지만 팽창 일의 형태로 주위와 교환된다.

예제 6.1.2

로켓이 점화되어 발사되었다. 이 과정에서 에너지의 변환 및 전달과정을 설명하라.

3. 계와 주위

- 우주 = 계(system) + 주위(surroundings)
  - 계 : 우리가 관심을 두는 대상
  - 주위 : 주위를 둘러싼 나머지 모든 부분

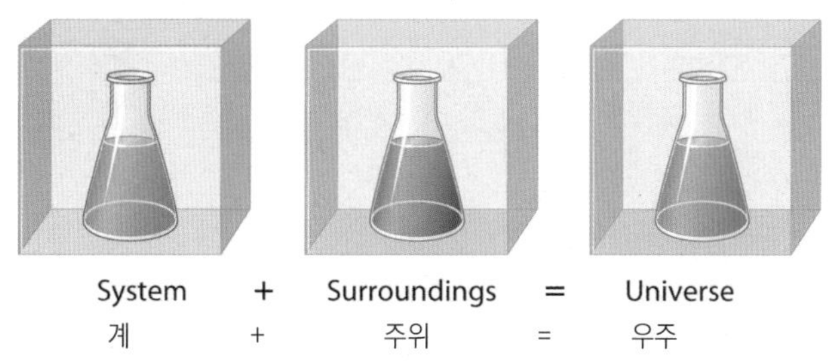

- 계의 종류

	열린계	닫힌계	고립계
	수증기, 열	열	
물질 교환	○	×	×
에너지 교환	○	○	×

예제 6.1.3

다음 각 예를 열린 계, 닫힌 계, 고립 계 중 하나로 분류하시오.

a. 뚜껑이 닫힌 보온병에 들어있는 우유

b. 공부를 하고 있는 학생

c. 테니스 공 안의 공기

4. 상태함수와 경로함수

- 상태함수(state function): 현재 상태에 의해서만 결정되는 계의 특성
- 경로함수(path function): 현재 상태에 어떻게 도달했는지에 따라 달라지는 계의 특성

예제 6.1.4 (M373)

다음 중 상태 함수를 모두 골라라.

a. 교실 내부 온도

b. 컵에 담긴 물의 부피

c. 출발점에서 산 정상까지의 높이 차

d. 출발점에서 산 정상까지의 이동 거리

e. 은행 계좌 잔액

f. 건전지가 방전될 때 소모된 에너지

g. 건전지가 방전될 때 발생하는 열

5. 열역학 제1 법칙

- 우주의 에너지 총량은 일정하다. (에너지 보존 법칙=열역학 제1법칙)
- 에너지는 전달되거나 형태만 변할 뿐 생기거나 없어지지 않는다.
- 계의 내부 에너지의 절대적 수치는 알 수 없고, 그 변화량($\triangle E$ 또는 $\triangle U$)만 알 수 있다.

$$\triangle E = E_{나중} - E_{처음}$$

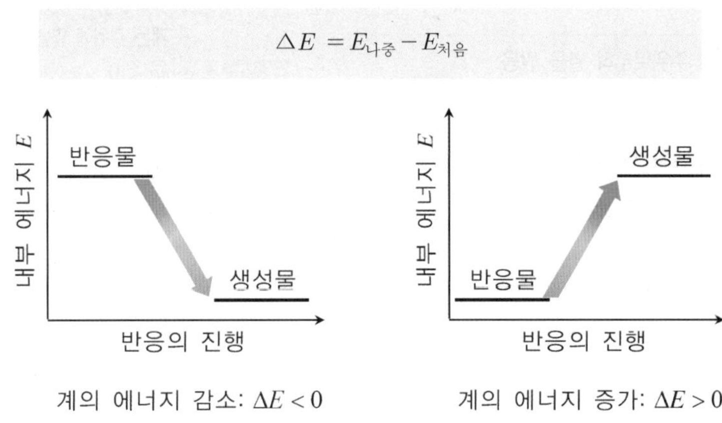

계의 에너지 감소: $\Delta E < 0$　　계의 에너지 증가: $\Delta E > 0$

예제 6.1.5

다음 과정은 발열인가, 흡열인가?

a. 얼음이 녹아 물이 되었다.

b. 물이 증발하여 수증기가 되었다.

c. 메테인이 연소되어 이산화탄소와 물을 생성했다.

d. 진한 황산을 물에 넣으면 용액이 매우 뜨거워진다.

e. 고체 KBr을 물에 녹이면 용액이 차가워진다.

6. 일과 열

- 반응계의 내부 에너지 변화($\triangle E$)는 열(q) 또는 일(w)의 형태로 주위와 교환된다.
- 반응계의 내부 에너지 변화($\triangle E$)는 열(q)과 일(w)로서 전달된 에너지의 총합과 같다.

$$\triangle E = q + w$$

열(q)	+	계가 주위로부터 열을 받음
	-	계가 주위로 열을 잃음
일(w)	+	계가 주위로부터 일을 받음
	-	계가 주위에 일을 함

>>>
부피 팽창:
→ 계는 주위에 일을 함
→ $w < 0$

부피 감소:
→ 계는 주위로부터 일을 받음
→ $w > 0$

예제 6.1.6

a. 뜨거운 커피가 식었다. 커피는 열을 잃었는가, 얻었는가?

b. 아이스 커피가 녹았다. 커피는 열을 잃었는가, 얻었는가?

c. 드라이아이스 조각을 풍선에 넣고 입구를 닫았다. 시간이 지남에 따라 드라이아이스는 이산화탄소로 승화되어 풍선의 부피가 팽창했다. 이 과정에서 기체는 주위에 일을 했는가, 받았는가?

d. 대기압 1기압에서 실린더 내부 기체가 반응하여 부피가 20L에서 10L로 감소했다. 이 과정에서 기체는 주위에 일을 했는가, 받았는가?

예제 6.1.7 (Z34)

다음 각 경우의 ΔE를 계산하라.

a. $q = -47\text{kJ}$, $\text{w} = +88\text{kJ}$

b. $q = +82\text{kJ}$, $\text{w} = -47\text{kJ}$

c. $q = +47\text{kJ}$, $\text{w} = 0$

예제 6.1.8

15.6kJ의 열이 계로 유입되고, 1.4kJ의 일이 가해진 계의 $\triangle E$는?

예제 6.1.9 (Z35)

계에 다음 두 단계의 변화가 일어난다.

1단계: 계가 72J의 열을 흡수하는 과정에서 35J의 일을 계에 행하였다.
2단계: 계가 35J의 열을 흡수하는 과정에서 계는 주위에 72J의 일을 해 주었다.

전 과정에서의 ΔE를 계산하라

7. 일의 양 계산

- 일정한 압력에서 $w = -P\triangle V$와 같다.
- $\triangle E$는 계에서 일어나는 변화의 경로와 무관하다. (내부 에너지는 상태 함수)
- 일과 열은 경로 함수로서 반응 경로에 따라 달라질 수 있다.

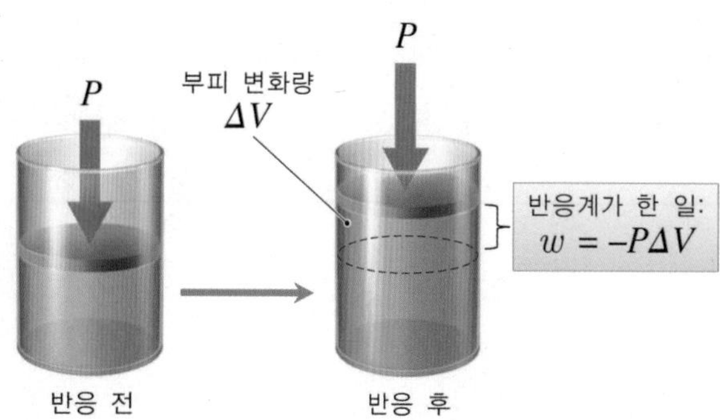

>>> 1atm×1L = 101.3J
많은 경우, 1atm×1L 는 100J로 간주할 수 있다.

예제 6.1.10

외부 압력이 1atm으로 일정하고, 기체의 부피가 40L에서 60L로 팽창하였을 때, 일의 양은?

예제 6.1.11 (Z38)

다음 변화 과정에서의 내부 에너지 변화량을 계산하라.

a. 외부의 압력이 1.90atm으로 일정할 때, 피스톤이 8.30L에서 2.80L로 압축되었으며, 동시에 350.J의 열이 흡수되었다.

b. 외부의 압력이 1.00atm으로 일정할 때, 피스톤이 11.2L에서 29.1L로 팽창되었으며, 이 과정에서 1037J의 열이 흡수되었다.

6.2 엔탈피

1. 엔탈피

- 엔탈피(H) : 어떤 물질(또는 반응계)가 특정 온도와 압력에서 가지는 에너지
- 계의 엔탈피의 절대적 수치는 알 수 없고, 그 변화량($\triangle H$)만 알 수 있다.
- 엔탈피는 경로에 무관한 상태 함수이다.
- 계의 엔탈피 변화량은 일정한 압력에서 들어오거나 나가는 열의 크기와 같다.

$$\triangle H = q_p$$

- 계의 엔탈피가 감소하는 과정은 발열 과정이다. $\triangle H < 0$
- 계의 엔탈피가 증가하는 과정은 흡열 과정이다. $\triangle H > 0$

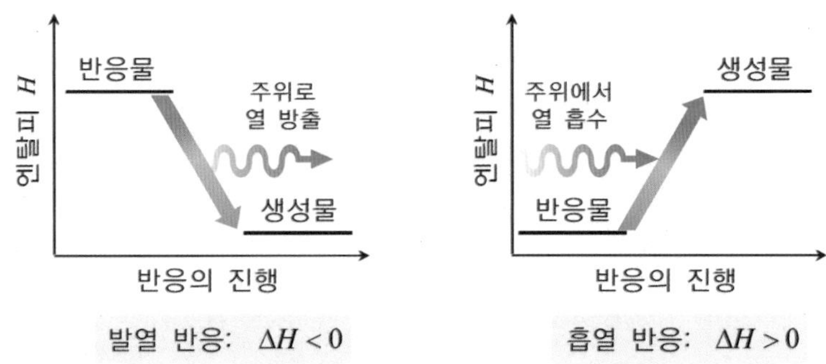

예제 6.2.1

다음 중 엔탈피가 가장 큰 것은?

a. 25℃의 액체 물
b. 100℃의 액체 물
c. 100℃의 기체 물

예제 6.2.2

일정한 압력에서 다음 과정이 진행될 때, 반응계의 엔탈피가 낮아지는 과정을 모두 골라라.

a. 얼음이 녹아 물이 되었다.
b. 물이 증발하여 수증기가 되었다.
c. 메테인이 연소되어 이산화탄소와 물을 생성했다.
d. 진한 황산을 물에 넣으면 용액이 매우 뜨거워진다.
e. 고체 KBr을 물에 녹이면 용액이 차가워진다.

2. 반응 엔탈피($\triangle H^0$)

- 반응 엔탈피($\triangle H^0$) = (생성물의 엔탈피 총합 - 반응물의 엔탈피 총합)
- C(s) + O_2(g) → CO_2(g) 에 대한 $\triangle H^0 =$ -393kJ

  → 일정한 압력에서 C(s) 1mol과 O_2(g) 1mol이 반응하여 CO_2(g) 1mol을 생성할 때, 계는 주위에 393kJ의 열을 방출한다.

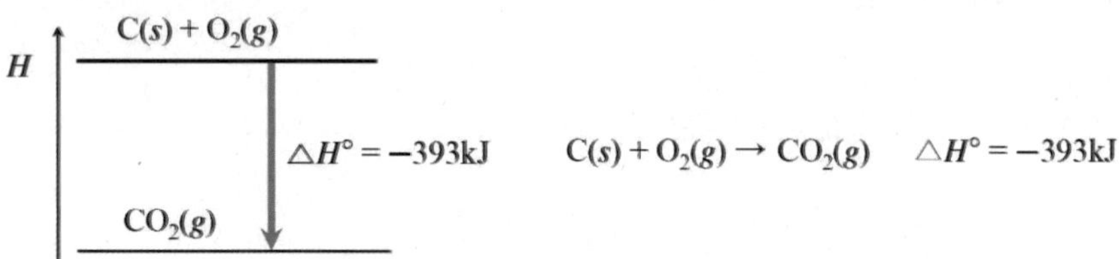

- 반응 엔탈피의 값은 반응물과 생성물의 상태에 의존한다. (고체, 액체, 기체 명시)

예제 6.2.3

다음은 메테인의 연소 반응에 대한 열화학 반응식이다.

$CH_4(g) + 2O_2(g) \rightarrow CO_2(g) + 2H_2O(l) \quad \Delta H = -891kJ$

일정한 압력에서 메테인 10g이 연소될 때 방출되는 열은?

예제 6.2.4 (Z49)

상업용 열 주머니(heat pack)의 반응은 다음과 같다.

$$4Fe(s) + 3O_2(g) \rightarrow 2Fe_2O_3(s) \quad \Delta H = -1652kJ$$

a. 4.00mol의 철이 과량의 산소와 반응할 때 나오는 열의 양은 얼마인가?

b. 1.00mol의 Fe_2O_3가 생성될 때 나오는 열의 양은 얼마인가?

c. 1.00g의 철이 과량의 산소와 반응할 때 나오는 열의 양은 얼마인가?

d. 10.0g의 철과 2.00g의 산소와의 반응에서 나오는 열의 양은 얼마인가?

3. 엔탈피와 내부 에너지

- 계의 내부 에너지 변화량은 일정한 부피 조건에서 들어오거나 나가는 열의 크기와 같다.

$$\Delta E = q_V$$

>>> 일반적인 반응에 대하여 ΔH와 ΔE의 크기는 거의 비슷하다.

- 다음의 관계가 성립한다.

$$\Delta E = \Delta H - P\Delta V \text{ (일정 압력)}$$
$$\Delta E = \Delta H - \Delta nRT \text{ (일정 온도)}$$

>>> 기체 몰수 감소 반응 (일정 T)
→ $\Delta H < \Delta E$

기체 몰수 증가 반응 (일정 T)
→ $\Delta H > \Delta E$

예제 6.2.5

동일한 폭탄이 일정 압력 조건과 일정 부피 조건에서 각각 폭발했다. 더 많은 열을 방출하는 것은?

예제 6.2.6

물 10g이 일정 압력 조건과 일정 부피 조건에서 각각 증발했다. 더 많은 열을 흡수하는 것은?

예제 6.2.7 (Z54)

다음 반응이 일정한 압력에서 진행될 때, $\Delta H > \Delta E$ 인 것을 모두 고르시오.

a. $2HF(g) \rightarrow H_2(g) + F_2(g)$

b. $N_2(g) + 3H_2(g) \rightarrow 2NH_3(g)$

c. $4NH_3(g) + 5O_2(g) \rightarrow 4NO(g) + 6H_2O(g)$

예제 6.2.8 (Z136)

다음은 298K에서 프로페인($C_3H_8(g)$)의 연소 반응에 대한 열화학 반응식이다.

$$C_3H_8(g) + 5O_2(g) \rightarrow 3CO_2(g) + 4H_2O(l) \quad \Delta H = -2221kJ$$

298K에서 프로페인의 연소 에너지($\triangle E$)는?

예제 6.2.9 (Z136)

298K에서 $H_2O(l)$의 표준 생성 엔탈피는 −285.8kJ/mol이다. 298K, 1.00atm에서 다음 반응의 내부 에너지 변화를 계산하라.

$$H_2O(l) \rightarrow H_2(g) + \frac{1}{2}O_2(g) \qquad \Delta E^\circ = ?$$

6.3 반응 엔탈피(ΔH^0)의 측정 (열량계)

1. 비열과 열용량

- 비열(c)은 어떤 물질 1g의 온도를 1℃ 높이는데 필요한 열량이다.(단위:J/g·℃)
- 비열이 큰 물질일수록 온도를 변화시키기 어렵다.

>>> 비열 : 물질에 따라 다르다.
열용량: 물체에 따라 다르다.

$$q = c \times 질량 \times \Delta T$$

▶ 몇 가지 물질의 비열

Substance	Specific Heat (J/g-K)	Substance	Specific Heat (J/g-K)
$N_2(g)$	1.04	$H_2O(l)$	4.18
$Al(s)$	0.90	$CH_4(g)$	2.20
$Fe(s)$	0.45	$CO_2(g)$	0.84
$Hg(l)$	0.14	$CaCO_3(s)$	0.82

- 열용량(C)은 어떤 물체의 온도를 1℃ 높이는데 필요한 열량이다.(단위:J/℃)
- 열용량이 큰 물체일수록 온도를 변화시키기 어렵다.

$$q = C \times \Delta T$$

	비열	열용량
기호	c	C
적용 대상	물질	물체
단위	J/g℃	J/℃
의미	$q = c \times 질량 \times \Delta T$	$q = C \times \Delta T$

예제 6.3.1

Al(s)의 비열은 0.90J/g℃이다. Al 시료 20g의 온도를 5℃ 높이는 데 필요한 에너지는?

예제 6.3.2

어떤 열량계의 열용량은 200J/K이다. 이 열량계의 온도를 3℃ 높이는 데 필요한 에너지는?

2. 일정 압력 열량계

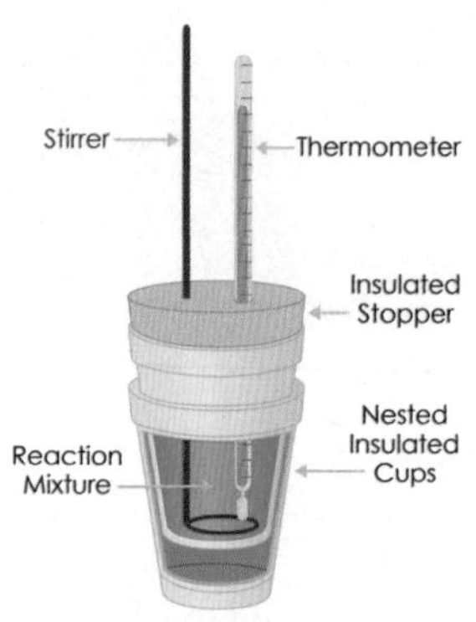

일정 압력 열량계

>>> 일정 압력 열량계는 주로 수용액 반응열($\triangle H$) 측정
>
> 일정 부피 열량계는 주로 연소열($\triangle E$)측정

- 일정 압력 열량계는 일정 압력 조건에서 반응열($q_p = \triangle H$)을 측정한다.
- 반응에서 발생하는 열 = 열량계 속 용액이 흡수한 열량
  (단, 주위로의 열 손실과 열량계의 열용량 무시 조건)

예제 6.3.3

1M HCl(aq) 50mL와 1M NaOH(aq) 50mL를 혼합시켰더니 용액의 온도가 7℃ 상승하였다.
이 자료로부터 계산한 중화열($\triangle H$)은? (단, 혼합 용액의 무게는 100g, 비열은 4.2J/g℃로 가정한다.)

3. 일정 부피 열량계

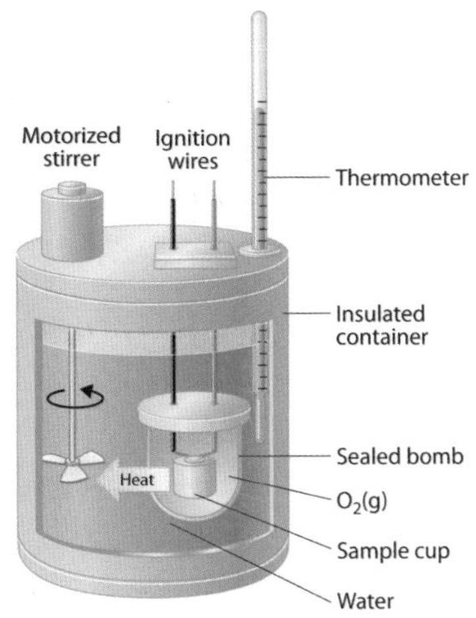

일정 부피 열량계

- 일정 부피 열량계(통 열량계)는 일정 부피 조건에서 반응열($q_V = \triangle E$)을 측정한다.
- 일정 부피 열량계는 반응이 일어나는 밀폐된 금속 통과 그 주위를 둘러싸는 물로 구성된다.
- 반응에서 발생하는 열 = (통 열량계와 통 열량계 속 물)이 흡수하는 열량

예제 6.3.4 (Z272)

일정부피 열량계 내부에서 메테인 1.5g을 과량의 산소와 반응시켰을 때 온도가 7.3℃ 상승하였다.
메테인의 연소 에너지($\triangle E$)는?
(단, 메테인의 몰질량은 16이며, 물이 채워진 열량계의 열용량은 11.3kJ/℃이다.)

6.4 헤스의 법칙

1. Hess의 법칙

- 어떤 반응에 대한 전체 $\triangle H$는 그 반응의 각 단계에 대한 $\triangle H$의 합과 같다.
  (엔탈피는 상태함수)

2. Hess의 법칙을 이용하여 $\triangle H^0$ 계산

- 반응식이 더해지면 각 반응 엔탈피도 더해진다.
- 반응이 역으로 진행되면 $\triangle H$의 부호가 반대로 된다.
- 반응식의 계수가 n배가 되면 $\triangle H$의 크기도 n배이다. (엔탈피는 크기성질)

H

$C(s) + O_2(g)$

$\triangle H^\circ = -393\text{kJ}$

$CO_2(g)$

$C(s) + O_2(g) \rightarrow CO_2(g) \quad \triangle H_f^\circ = -393\text{kJ}$

$CO_2(g) \rightarrow C(s) + O_2(g) \quad \triangle H^\circ = 393\text{kJ}$

$2C(s) + 2O_2(g) \rightarrow 2CO_2(g) \quad \triangle H^\circ = -786\text{kJ}$

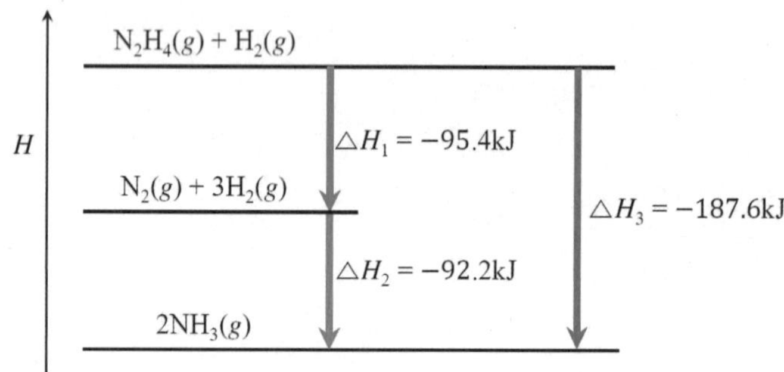

단계 1:	$N_2H_4(g) + H_2(g) \rightarrow N_2(g) + 3H_2(g)$	$\triangle H_1 = -95.4\text{kJ}$
단계 2:	$N_2(g) + 3H_2(g) \rightarrow 2NH_3(g)$	$\triangle H_2 = -92.2\text{kJ}$
전체 반응:	$N_2H_4(g) + H_2(g) \rightarrow 2NH_3(g)$	$\triangle H_3 = -187.6\text{kJ}$

예제 6.4.1

두 반응의 자료가 주어졌다.

$$C(s,\text{흑연}) + O_2(g) \rightarrow CO_2(g) \qquad \Delta H = -394\,kJ$$
$$C(s,\text{다이아몬드}) + O_2(g) \rightarrow CO_2(g) \qquad \Delta H = -396\,kJ$$

이로부터 다음 반응의 ΔH를 계산하시오.

$$C(s,\text{흑연}) \rightarrow C(s,\text{다이아몬드})$$

예제 6.4.2 (Z77)

다음 자료를 이용하여

$$2NH_3(g) \rightarrow N_2(g) + 3H_2(g) \qquad \Delta H = 92kJ$$
$$2H_2(g) + O_2(g) \rightarrow 2H_2O(g) \qquad \Delta H = -484kJ$$

아래 반응의 ΔH를 계산하라.

$$2N_2(g) + 6H_2O(g) \rightarrow 3O_2(g) + 4NH_3(g)$$

예제 6.4.3 (Z8-71)

다음 자료를 이용하여

$$2O_3(g) \rightarrow 3O_2(g) \qquad \Delta H = -427kJ$$
$$O_2(g) \rightarrow 2O(g) \qquad \Delta H = +495kJ$$
$$NO(g) + O_3(g) \rightarrow NO_2(g) + O_2(g) \qquad \Delta H = -199kJ$$

아래 반응의 ΔH를 계산하라.

$$NO(g) + O(g) \rightarrow NO_2(g)$$

6.5 결합 에너지

1. 결합 에너지

- 결합 엔탈피: 기체 상태에서 특정 공유 결합 1mol개를 끊는데 필요한 에너지 (항상 양수)

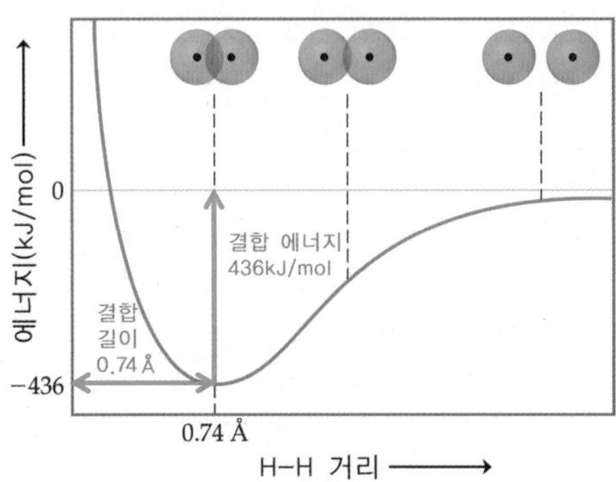

$H_2(g) \rightarrow H(g) + H(g)$ H_2의 결합 엔탈피 = 436kJ/mol

- 결합 엔탈피가 클수록 강한 결합이다.
- 결합 엔탈피는 결합 에너지와 같은 값으로 간주한다.

▶ 평균 결합 엔탈피 (kJ/mol)

Single Bonds

C—H	413	N—H	391	O—H	463	F—F	155
C—C	348	N—N	163	O—O	146		
C—N	293	N—O	201	O—F	190	Cl—F	253
C—O	358	N—F	272	O—Cl	203	Cl—Cl	242
C—F	485	N—Cl	200	O—I	234		
C—Cl	328	N—Br	243			Br—F	237
C—Br	276			S—H	339	Br—Cl	218
C—I	240	H—H	436	S—F	327	Br—Br	193
C—S	259	H—F	567	S—Cl	253		
		H—Cl	431	S—Br	218	I—Cl	208
Si—H	323	H—Br	366	S—S	266	I—Br	175
Si—Si	226	H—I	299			I—I	151
Si—C	301						
Si—O	368						
Si—Cl	464						

Multiple Bonds

C=C	614	N=N	418	O_2	495
C≡C	839	N≡N	941		
C=N	615	N=O	607	S=O	523
C≡N	891			S=S	418
C=O	799				
C≡O	1072				

2. 결합 에너지를 이용하여 $\triangle H^0$ 계산

- 결합 에너지를 이용하여 반응 엔탈피를 간접적으로 구할 수 있다.
- 결합 에너지의 총합이 증가하면 발열 반응이다.
- 결합 에너지의 총합이 감소하면 흡열 반응이다.

>>>
결합 에너지의 총합이 증가:
→ 더 안정한 상태가 된다.
→ 에너지 준위가 낮아진다.
→ 발열 반응

반응 엔탈피 =
(반응물의 모든 결합 엔탈피의 합) - (생성물의 모든 결합 엔탈피의 합)

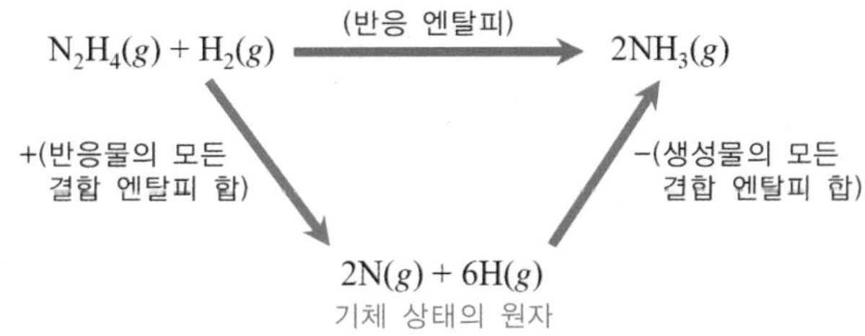

예제 6.5.1 (Z8-69)

결합 엔탈피 자료를 이용하여 다음 반응의 $\triangle H$를 구하시오.

결합	H-H	O=O	O-H
결합 엔탈피(kJ/mol)	432	495	467

$2H_2(g) + O_2(g) \rightarrow 2H_2O(g)$

예제 6.5.2 (Z8-69)

결합 엔탈피 자료를 이용하여 다음 반응의 $\triangle H$를 구하시오.

결합	H-H	N≡N	N-H
결합 엔탈피(kJ/mol)	432	941	391

$N_2(g) + 3H_2(g) \rightarrow 2NH_3(g)$

6.6 표준 생성 엔탈피

1. 표준 생성 엔탈피

- 표준생성 엔탈피 $\triangle H_f^0$는 표준상태에 있는 각각의 물질에 적용되는 값이다.
- 어떤 물질의 표준 생성엔탈피는 표준상태에 있는 가장 안정한 원소로부터 그 물질 1몰을 생성하는 반응에 대한 반응 엔탈피와 같다.
- 표준 상태에 있는 가장 안정한 원소의 표준생성엔탈피는 0이다.

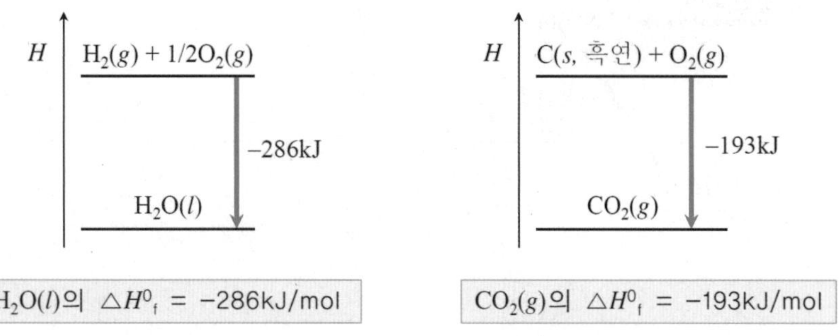

$H_2O(l)$의 $\triangle H^0_f$ = −286kJ/mol

$CO_2(g)$의 $\triangle H^0_f$ = −193kJ/mol

▶ 25℃에서 여러 물질의 표준 생성 엔탈피

Substance	ΔH_f°(kJ/mol)	Substance	ΔH_f°(kJ/mol)
$Ag(s)$	0	$H_2O_2(l)$	−187.6
$AgCl(s)$	−127.0	$Hg(l)$	0
$Al(s)$	0	$I_2(s)$	0
$Al_2O_3(s)$	−1669.8	$HI(g)$	25.9
$Br_2(l)$	0	$Mg(s)$	0
$HBr(g)$	−36.2	$MgO(s)$	−601.8
C(graphite)	0	$MgCO_3(s)$	−1112.9
C(diamond)	1.90	$N_2(g)$	0
$CO(g)$	−110.5	$NH_3(g)$	−46.3
$CO_2(g)$	−393.5	$NO(g)$	90.4
$Ca(s)$	0	$NO_2(g)$	33.85
$CaO(s)$	−635.6	$N_2O(g)$	81.56
$CaCO_3(s)$	−1206.9	$N_2O_4(g)$	9.66
$Cl_2(g)$	0	$O(g)$	249.4
$HCl(g)$	−92.3	$O_2(g)$	0
$Cu(s)$	0	$O_3(g)$	142.2
$CuO(s)$	−155.2	S(rhombic)	0
$F_2(g)$	0	S(monoclinic)	0.30
$HF(g)$	−271.6	$SO_2(g)$	−296.1
$H(g)$	218.2	$SO_3(g)$	−395.2
$H_2(g)$	0	$H_2S(g)$	−20.15
$H_2O(g)$	−241.8	$Zn(s)$	0
$H_2O(l)$	−285.8	$ZnO(s)$	−348.0

>>> 표준상태에서 가장 안정한 원소의 $\triangle H_f^0$는 0이다.

▶ 25℃, 표준상태에서 가장 안정한 원소

물질	가장 안정한 원소	물질	가장 안정한 원소
탄소	C(s, 흑연)	브로민	$Br_2(l)$
수소	$H_2(g)$	아이오딘	$I_2(s)$
산소	$O_2(g)$	황	S(s, 사방황)
질소	$N_2(g)$	철	Fe(s)
플루오린	$F_2(g)$	소듐	Na(s)
염소	$Cl_2(g)$	포타슘	K(s)

2. 표준 생성 엔탈피를 이용하여 $\triangle H^0$ 계산

- 표준생성 엔탈피를 이용하여 반응 엔탈피를 구할 수 있다.

반응 엔탈피 = (생성물의 모든 $\triangle H_f^0$의 합) - (반응물의 모든 $\triangle H_f^0$의 합)

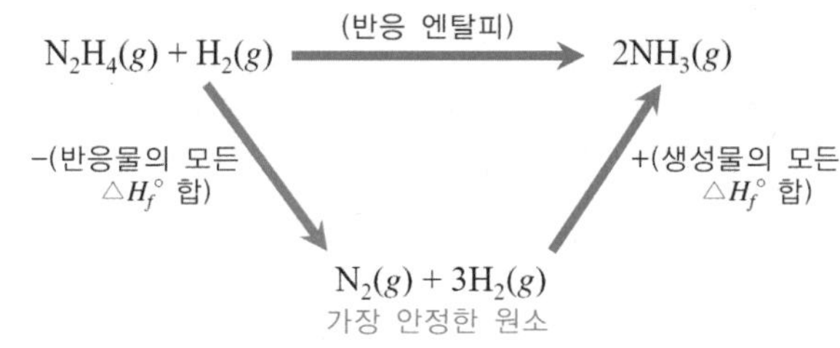

>>>
$\triangle H_f^0$의 총합이 감소:
→ 더 안정한 상태가 된다.
→ 에너지 준위가 낮아진다.
→ 발열 반응

예제 6.6.1 (Z83)

다음의 각 물질에 대하여 ΔH 값이 각 화합물의 ΔH_f° 와 같도록 생성 반응식을 써라.

a. H_2O

b. CO_2

c. NH_3

d. NaCl

e. $CaCO_3$

예제 6.6.2

표준 생성 엔탈피 자료를 이용하여 다음 반응의 $\triangle H$를 구하시오.

화합물	$CH_4(g)$	$CO_2(g)$	$H_2O(l)$
표준생성 엔탈피(kJ/mol)	−75	−394	−286

$$CH_4(g) + 2O_2(g) \rightarrow CO_2(g) + 2H_2O(l)$$

예제 6.6.3

표준 생성 엔탈피 자료를 이용하여 다음 반응의 $\triangle H$를 구하시오.

화합물	$H_2O(g)$	$NH_3(g)$
표준생성 엔탈피(kJ/mol)	−242	−46

$2N_2(g) + 6H_2O(g) \rightarrow 3O_2(g) + 4NH_3(g)$

예제 6.6.4

표준 생성 엔탈피 자료를 이용하여 다음 반응의 $\triangle H$를 구하시오.

a. $C(s) + H_2O(g) \rightarrow H_2(g) + CO(g)$

b. $CO(g) + 2H_2(g) \rightarrow CH_3OH(l)$

c. $NH_3(g) + HCl(g) \rightarrow NH_4Cl(s)$

06 개념 확인 문제 (적중 2000제 선별문제)

01. HA213. 내부 에너지, 일, 열

계는 주위로부터 15kJ의 열을 받았고, 이 과정에서 계는 주위에 5kJ의 일을 했다. 계의 내부 에너지 변화량($\triangle E$)은?

① 10kJ
② −10kJ
③ 15kJ
④ −15kJ
⑤ 0

02. HA215. 내부 에너지, 일, 열

외부 압력이 1.0atm으로 일정할 때, 기체의 부피가 40L에서 60L로 팽창하였다. 이 과정에서 $P\triangle V$와 w의 값이 모두 옳은 것은? (단, 1L·atm=100J이다.)

	$P\triangle V$	w
①	2kJ	2kJ
②	−2kJ	−2kJ
③	2kJ	−2kJ
④	20kJ	−20kJ
⑤	20kJ	20kJ

03. HA224. $\triangle E$와 $\triangle H$

일정한 온도, 1기압에서 3몰의 산소(O_2)가 2몰의 오존(O_3)으로 변할 때, 계는 주위로부터 286kJ의 열을 흡수하고 부피는 25L 감소하였다. $3O_2(g) \rightarrow 2O_3(g)$에 대한 $\triangle E$와 $\triangle H$가 모두 옳은 것은? (단, 1L·atm=100J이다.)

	$\triangle E$	$\triangle H$
①	288.5kJ	286kJ
②	288.5kJ	−286kJ
③	283.5kJ	−286kJ
④	286kJ	286kJ
⑤	288.5kJ	288.5kJ

04. HA153. 헤스의 법칙

다음은 질소(N_2)와 산소(O_2)가 반응하여 이산화 질소(NO_2)가 생성되는 반응에 대한 엔탈피 도표이다. x는?

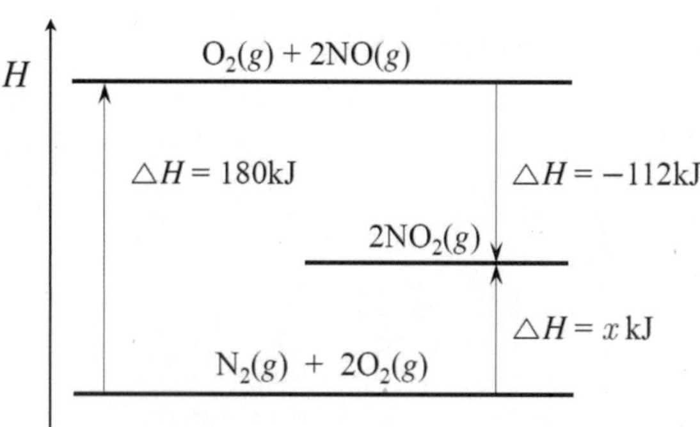

① +68
② −68
③ +180
④ −180
⑤ +112

05. HA237. 헤스의 법칙

다음은 각 반응의 엔탈피 자료이다.

$2O_3(g) \rightarrow 3O_2(g)$ $\Delta H = a$kJ

$O_2(g) \rightarrow 2O(g)$ $\Delta H = b$kJ

$NO(g) + O_3(g) \rightarrow NO_2(g) + O_2(g)$ $\Delta H = c$kJ

$NO(g) + O(g) \rightarrow NO_2(g)$의 ΔH는?

① $\frac{2c-a-b}{2}$kJ

② $\frac{2c+a-b}{2}$kJ

③ $(2c-a-b)$kJ

④ $(a+b-2c)$kJ

⑤ $\frac{a+b-2c}{2}$kJ

06. HA238. 결합 엔탈피

다음은 결합 엔탈피 자료이다.

결합	결합 엔탈피(kJ/mol)
H−H	432
Cl−Cl	218
H−Cl	427

다음 반응의 ΔH는?

$$H_2(g) + Cl_2(g) \rightarrow 2HCl(g)$$

① 223kJ/mol
② 204kJ/mol
③ −204kJ/mol
④ −102kJ/mol
⑤ −223kJ/mol

07. HA244. 표준 생성 엔탈피

다음은 25℃에서 히드라진(N_2H_2)과 암모니아(NH_3)에 대한 열화학 반응식이다. 이로부터 구한 25℃에서 $NH_3(g)$의 표준 생성 엔탈피는?

$N_2(g) + 2H_2(g) \rightarrow N_2H_4(g)$ $\Delta H =$ 95kJ

$N_2H_4(g) + H_2(g) \rightarrow 2NH_3(g)$ $\Delta H =$ −185kJ

① 280kJ/mol
② −90kJ/mol
③ −45kJ/mol
④ 140kJ/mol
⑤ −140kJ/mol

08. HA311-1. 표준생성엔탈피

C_6H_6의 연소에 대한 열화학 반응식은 다음과 같다.

$$C_6H_6(l) + \frac{15}{2}O_2(g) \rightarrow 6CO_2(g) + 3H_2O(l) \quad \Delta H = -3267 \text{ kJ}$$

$CO_2(g)$와 $H_2O(l)$의 생성엔탈피가 각각 −393.5kJ/mol, −285.8 kJ/mol일 때 벤젠의 생성엔탈피를 구하여라.

① 28.3kJ/mol
② −18.2kJ/mol
③ 48.6kJ/mol
④ 74.2kJ/mol
⑤ −72.6kJ/mol

09. HA450 반응엔탈피

다음 반응에서 4.03g의 수소가 과량의 산소와 반응할 때 발생하는 열의 양은 얼마인가?

$$2H_2(g)+O_2(g) \rightarrow 2H_2O(l) \quad \Delta H=-572kJ$$

① 286kJ
② 572kJ
③ 429kJ
④ 1144kJ
⑤ 52kJ

10. HAB56. 열화학

다음은 25℃에서 산소에 대한 자료이다.

○ $O_2(g)$의 결합 엔탈피 : 498kJ/mol
○ $O_2(g)+O(g) \rightarrow O_3(g) \quad \Delta H^0=-106kJ$

이 자료로부터 구한 25℃에서의 $O_3(g)$의 표준 생성 엔탈피(ΔH_f^0, kJ/mol)는?

① 90
② 102
③ 143
④ 286
⑤ 392

번호	1	2	3	4	5
정답	①	③	①	①	①

번호	6	7	8	9	
정답	③	③	③	②	③

MEMO

C H E M I S T R Y

07

원자의 전자 구조

07

원자의 전자 구조

7.1 빛의 이중성

1. 빛의 파동성

- 빛은 파동성을 가진다. (전자기파, electromagnetic wave)

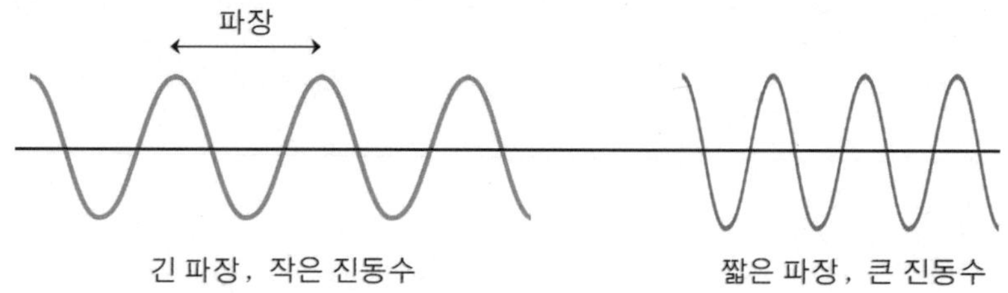

- 빛의 파장(λ)은 마루와 마루 사이의 거리이다. (단위: m)
- 빛의 진동수(ν)는 1초당 진동하는 횟수이다. (단위: s^{-1}= Hz)
- 빛의 파장(λ)과 진동수(ν)의 곱은 광속(c)이며 진공 중에서 모든 빛의 속도는 같다. (광속=3.0×10^{8}m/s)
- 파장이 짧을수록 진동수가 크다.

$$\lambda\nu = c$$

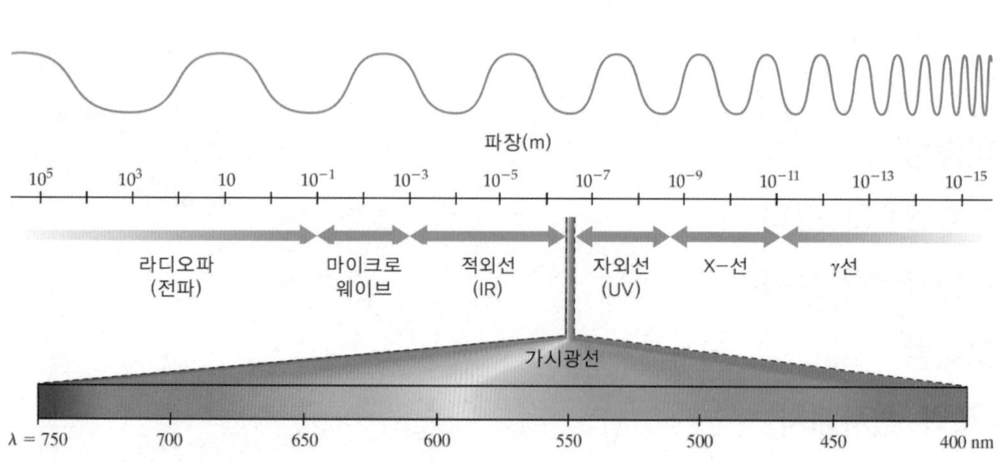

예제 7.1.1

다음 중 파장이 가장 짧은 빛은 무엇인가?

a. 전파

b. 적외선

c. 가시광선

d. 자외선

e. X-선

예제 7.1.2

진동수가 100MHz인 전파의 파장은 몇 m인가?

2. 빛의 입자성

- 빛은 입자성을 가지며, 한 개씩 셀 수 있다. (광자, photon)
- 광자의 에너지는 진동수에 비례한다.

$$E = h\nu \quad (h \text{ 플랑크 상수}=6.62\times10^{-34}\text{J·s})$$

- 광자의 에너지는 파장이 짧을수록 크다.

예제 7.1.3

다음 중 광자의 에너지가 가장 큰 것은 무엇인가?

a. 전파

b. 적외선

c. 가시광선

d. 자외선

e. X-선

예제 7.1.4 (Z311)

파장이 450nm인 가시광선 광자 1개의 에너지는 몇 J인가?

예제 7.1.5 (Z48)

자외선(UV)의 한 개 광자는 인간 DNA의 돌연변이를 유발하기에 충분한 에너지를 포함하고 있다. 25nm의 파장을 갖는 UV 광자 1개와 1mol의 에너지는 각각 얼마인가?

3. 광전 효과

- 광전 효과: 금속 표면에 빛을 쪼이면 전자가 방출되는 현상 (빛이 입자라는 증거)
- 문턱 진동수보다 낮은 진동수를 갖는 빛은 전자를 생성시키지 못한다.
- 문턱 진동수보다 큰 진동수를 갖는 빛은 금속 표면에서 전자를 방출시킨다.

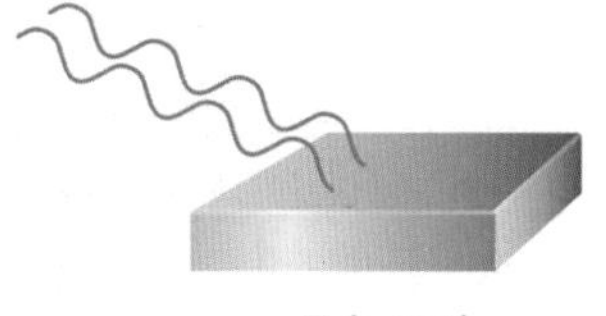

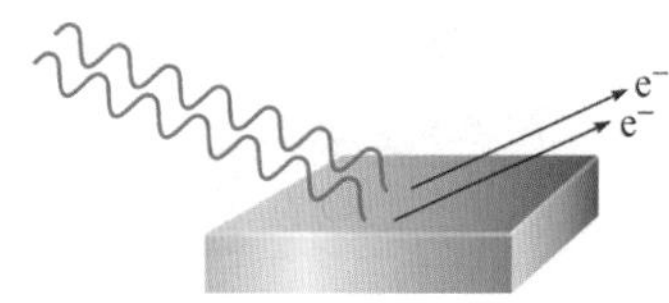

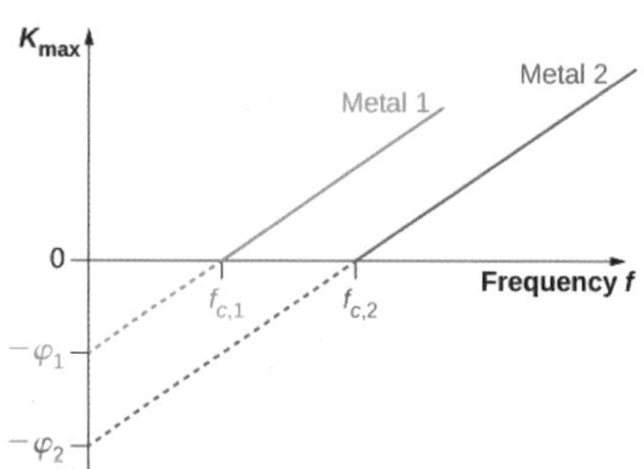

$$KE_{전자} = \frac{1}{2}mv^2 = h\nu - h\nu_0$$

전자의 운동 에너지 / 입사광의 에너지 / 금속 표면으로부터 전자를 제거하는 데 필요한 에너지 (일함수(Φ))

예제 7.1.6 (M175)

리튬 금속의 일함수는 $\Phi = 283$kJ/mol이다. 리튬 금속으로부터 전자를 방출시키기 위해 필요한 빛의 최소 진동수는?

예제 7.1.7 (O4.4.160)

파장이 $400\,\text{nm}$인 빛을 세슘 표면에 쪼일 때 방출되는 전자들의 최대 운동 에너지는 $1.54\times10^{-19}\,\text{J}$이었다.

a. 세슘의 일함수는 얼마인가?

b. 세슘 금속으로부터 전자를 방출할 수 있는 가장 긴 파장은 얼마인가?

7.2 보어의 수소원자 모형

1. 선 스펙트럼

- 수소의 선 스펙트럼을 분석하여 수소 원자에서 전자의 불연속적인 에너지 준위를 알 수 있다.

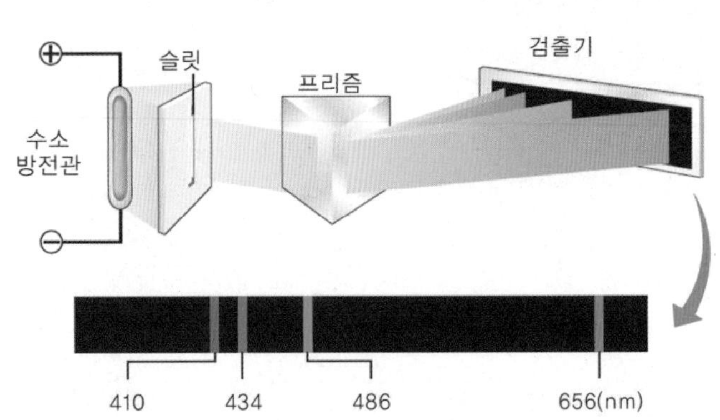

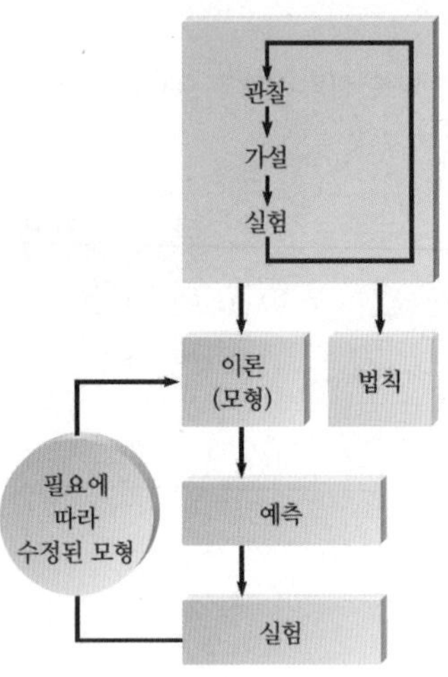

2. 보어 모형

- 수소 원자에서 전자는 허용된 원형 궤도만을 따라 원자핵 주위를 돈다고 가정했다.
- 수소 원자에서 전자 궤도의 에너지 준위는 양자화 되어있다. (특정 에너지 상태만 허용)
- 궤도 사이에서 전자 하나가 이동할 때, 궤도 간 에너지 차에 해당하는 광자 한 개가 방출, 또는 흡수된다.

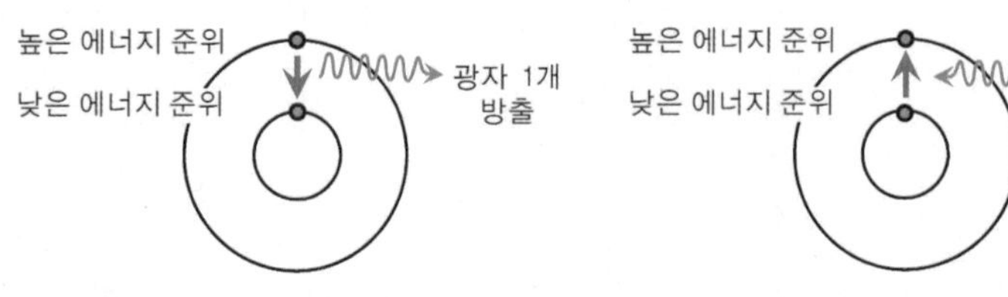

>>> 전자 한 개의 양자 도약
→ 광자 한 개의 방출, 또는 흡수

- H 원자에서 전자의 에너지 준위는 다음과 같다. (n: 주양자 수)

$$E_n = -R_H\left(\frac{1}{n^2}\right) \quad (R_H = 1312\text{kJ/mol})$$

- H 원자에서 전자 전이에 의해 방출, 흡수되는 광자의 에너지는 다음과 같다.

$$\triangle E(n_{\text{처음}} \rightarrow n_{\text{나중}}) = -R_H\left(\frac{1}{n_{\text{나중}}^2} - \frac{1}{n_{\text{처음}}^2}\right)$$

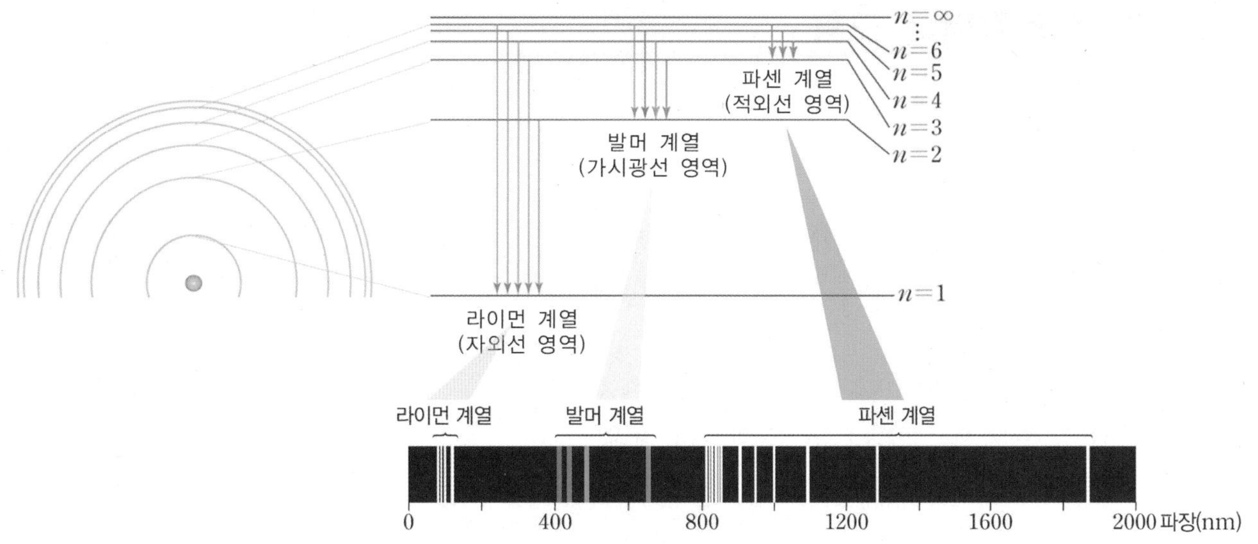

- 라이먼 계열: $n \geq 2 \rightarrow n=1$ 전이에서 방출되는 모든 선 스펙트럼들 (자외선 영역)
- 발머 계열: $n \geq 3 \rightarrow n=2$ 전이에서 방출되는 모든 선 스펙트럼들 (대부분 가시광선 영역)
- 파셴 계열: $n \geq 4 \rightarrow n=3$ 전이에서 방출되는 모든 선 스펙트럼들 (적외선 영역)
- 보어의 수소 원자 모델은 오류를 가지고 있는 과도기적 모델이다. (실제 전자는 원형 궤도를 돌지 않는다.)

예제 7.2.1

수소 원자의 다음 전자 전이 중 가장 짧은 파장의 빛을 방출하는 것은?

a. $n=6 \rightarrow n=2$

b. $n=4 \rightarrow n=2$

c. $n=3 \rightarrow n=1$

d. $n=2 \rightarrow n=1$

예제 7.2.2

다음의 빛을 방출하는 전자 전이는 각각 무엇인가?

a. 라이먼 계열 중 진동수가 작은 빛

b. 발머 계열 중 파장이 가장 짧은 빛

c. 파셴 계열 중 파장이 가장 긴 빛

7.3 원자의 양자역학 모형

1. 물질의 이중성과 불확정성 원리

- 물질은 입자성과 파동성을 동시에 가진다. (물질파, 드 브로이 파, matter wave)

$$\lambda = \frac{h}{p}$$

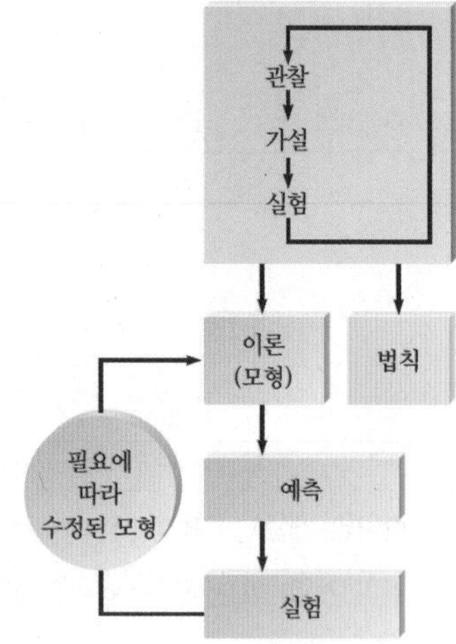

- 물질파에서 진폭의 제곱은 그 구간에서 전자를 발견할 확률에 비례한다. (확률파)
- 전자의 위치와 운동량을 동시에 어느 한계 이상으로 정확히 측정할 수 없다.
  (하이젠버그의 불확정성의 원리)

$$\Delta x \cdot \Delta p \geq \frac{h}{4\pi}$$

예제 7.3.1 (Z59)

다음 중 de Broglie 파장이 더 긴 것은 무엇인가?

a. 광속의 $10.\%$속도로 움직이고 있는 전자

b. $35\mathrm{m/s}$의 속도로 날아가는 테니스공($55\mathrm{g}$)

예제 7.3.2 (Z315)

1.0×10^{7} m/s의 속도로 움직이고 있는 전자 (질량=9.11×10^{-31}kg)의 드브로이 파장은?

2. 파동 함수

- 원자 내에서 전자는 파동적 성질을 나타내며 여러 곳에 동시에 존재할 수 있다.
- 원자 내에서 전자의 정확한 위치는 알 수 없으며, 위치에 따른 확률로만 묘사할 수 있다.
- 양자역학에서는 파동함수(Ψ)로 전자의 파동적 상태들을 묘사한다.
- 파동함수의 진폭(Ψ)은 위치에 대한 함수로서 양수, 음수 또는 0의 값을 가질 수 있다.
- 파동함수의 진폭의 제곱($|\Psi|^2$)은 그 구간에서 전자를 발견할 확률(전자 밀도)에 비례한다.
- 파동함수의 부호가 바뀌면서 0이 되는 지점을 마디(node) 또는 마디면(nodal plane)이라 한다.
- 마디면에서는 전자가 발견될 확률이 0이며, 마디면을 기준으로 파동함수의 위상이 바뀐다.
- 일반적으로 마디의 수가 많을수록 그 파동함수의 에너지가 높다.

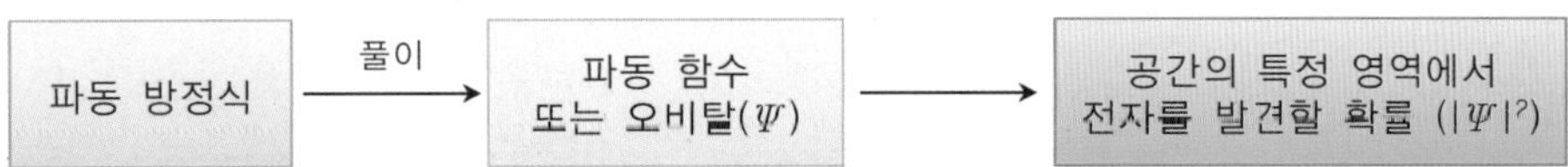

▶ 일차원 상자 내 입자에 대한 (a)퍼텐셜 에너지, (b)파동 함수, (c)확률 (첫 3개의 준위만 표시)

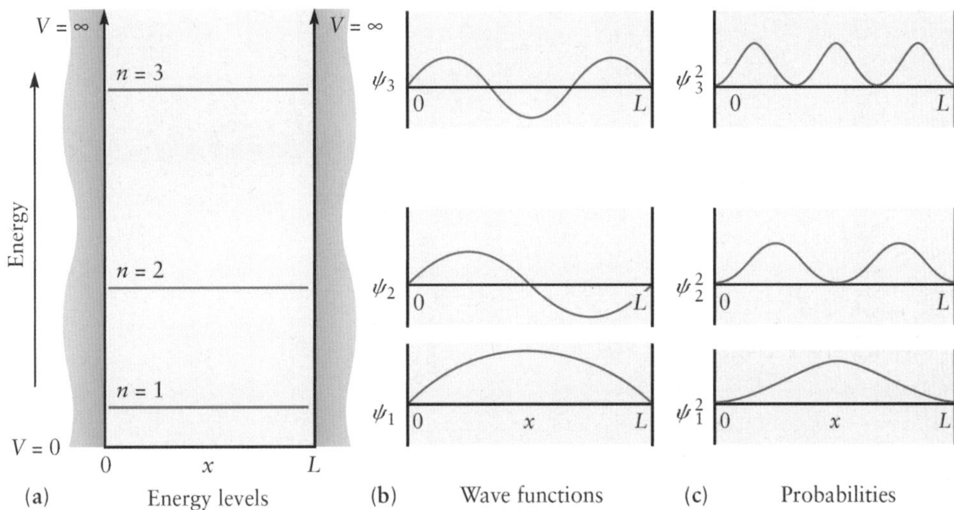

›››
일차원 상자 속 입자의 에너지:

$$E_n = \frac{n^2h^2}{8mL^2} \quad (n = 1, 2, 3, \cdots)$$

예제 7.3.3

미시적인 일차원 상자에 전자 한 개가 들어있다. 다음 질문에 답하시오.

a. 전자는 입자로 행동하는가, 파동으로 행동하는가?

b. 전자는 몇 가지의 파동 함수 상태들을 가질 수 있는가?

c. 전자가 가질 수 있는 파동 함수들의 에너지는 연속적인가 또는 불연속적인가?

d. 바닥 상태와 첫 번째 들뜬 상태에 대하여 위치에 따른 파동함수의 진폭(Ψ)을 나타내라.

e. 바닥 상태와 첫 번째 들뜬 상태에 대하여 위치에 따른 전자의 확률 분포를 나타내라.

f. 파동함수의 마디 수가 많을수록 그 에너지는 어떻게 변하는가?

g. 첫 번째 들뜬 상태에서 바닥 상태로 전자의 파동함수 상태가 변할 때, 어떤 일이 일어나는가?

예제 7.3.4

수소 원자에 속한 전자에 대한 다음 질문에 답하시오.

a. 전자는 입자로 행동하는가, 파동으로 행동하는가?

b. 전자는 몇 가지의 파동 함수 상태들을 가질 수 있는가?

c. 전자가 가질 수 있는 파동 함수들의 에너지는 연속적인가 또는 불연속적인가?

d. 바닥 상태와 첫 번째 들뜬 상태에 대하여 위치에 따른 파동함수의 진폭(Ψ)을 나타내라.

e. 바닥 상태와 첫 번째 들뜬 상태에 대하여 위치에 따른 전자의 확률 분포를 나타내라.

f. 파동함수의 마디 수가 많을수록 그 에너지는 어떻게 변하는가?

g. 첫 번째 들뜬 상태에서 바닥 상태로 전자의 파동함수 상태가 변할 때, 어떤 일이 일어나는가?

7.4 원자 오비탈

1. 원자 오비탈

- 원자 내에서 전자의 파동함수는 양자화 되어있다.(특정 파동함수들만 허용된다.)
- 원자 내에서 양자화된 전자의 파동함수를 각각의 오비탈(궤도 함수)이라 한다.
- 원자 오비탈은 각각의 표현 기호를 가진다. ($1s$, $2s$, $2p$ ⋯)
- 전자의 파동함수가 $1s$상태일 때, '$1s$ 오비탈에 전자가 들어있다'고 표현한다.
- 원자 오비탈은 각각의 에너지, 모양, 배향을 가진다.
- 원자 오비탈에서 전자는 일정한 궤도를 가지지 않고, 위치에 따른 존재 확률로만 표현된다.
- 원자 오비탈은 방사상 마디와 각마디를 가질 수 있다.

▶ 보어 모형과 양자역학 모형의 비교

	보어 모형	양자역학 모형
차이점	전자는 입자	전자는 파동
	2차원 원형 궤도	3차원 궤도함수(오비탈)
	고전 역학으로 전자의 속도, 궤도의 반지름, 에너지 계산	양자 역학으로 궤도함수의 확률 분포, 모양, 에너지 계산
	n=1인 궤도를 돈다.	1s 오비탈 상태에 있다.
	n=2인 궤도를 돈다.	2s 오비탈에 들어있다.
	한 개의 양자수(n)로 궤도 지정	세 개의 양자수(n, l, m_l)로 오비탈 지정
공통점	전자의 에너지는 양자화 되어있다.	
	전자 1개의 양자 도약 → 광자 1개의 방출 또는 흡수	
	$E_n = -k(\frac{1}{n^2})$	

예제 7.4.1

수소 원자에 속한 전자에 대한 다음 질문에 답하시오.

a. 전자는 입자로 행동하는가, 파동으로 행동하는가?

b. 전자가 $1s$ 오비탈에 들어있다. 이것은 무엇을 의미하는가?

c. 전자가 $2p$ 오비탈에 들어있다. 이것은 무엇을 의미하는가?

d. 전자가 $2p$ 오비탈에서 $1s$ 오비탈로 이동했다. 어떤 일이 일어나는가?

예제 7.4.2 (Z81)

원자 궤도함수의 특정한 점에서 ψ^2 값이 갖는 물리적 의미는 무엇인가?

예제 7.4.3 (Z82)

궤도함수의 크기는 전자를 발견할 확률이 90% 이상인 영역이라고 정의된다.
왜 임의의 확률 값을 정해야만 하는가?

2. 원자 오비탈의 모양

- 1s 오비탈

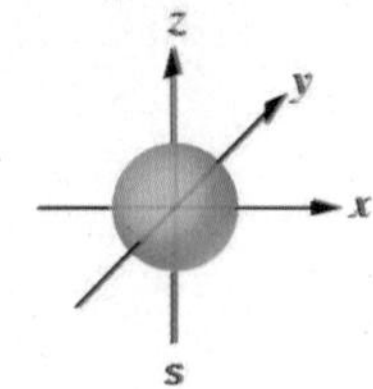

- 2s 오비탈

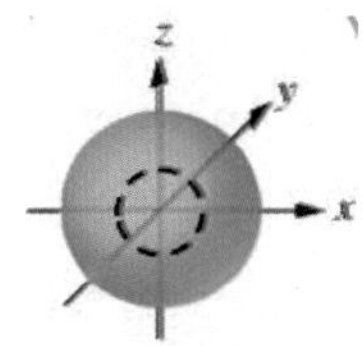

- 3개의 2p 오비탈들

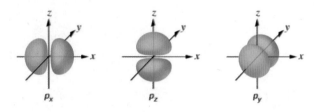

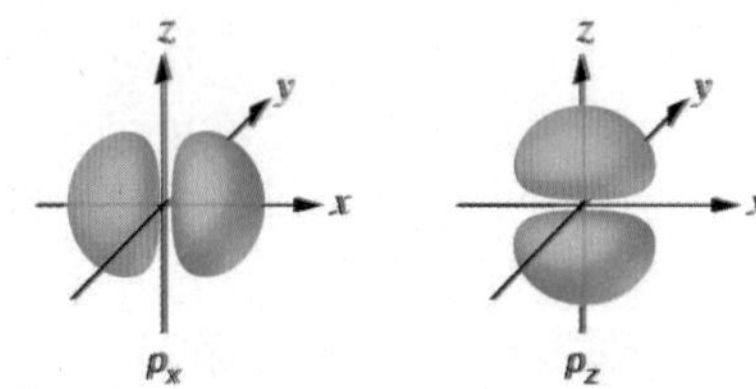

- 5개의 3d 오비탈들

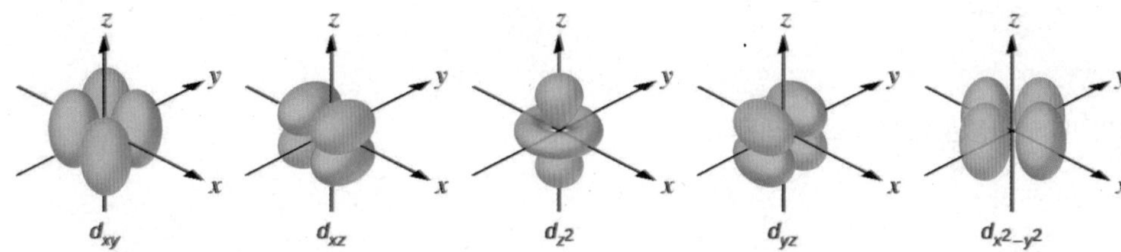

3. 원자 오비탈의 마디 (각마디, 방사상 마디)

- 오비탈의 마디면(nodal plane)은 전자가 발견되지 않는 구역이다.
- 마디면을 경계로 오비탈의 위상이 바뀐다.
- 방사상 마디(radial node)는 원자핵으로부터 특정 거리에서 형성되는 구형 마디면이다.
- 각마디(angular node)는 원자핵으로부터 특정 각도에서 형성되는 평면형 마디면이다.
- 일반적으로 마디면의 수가 많을수록 오비탈의 에너지가 높아진다.

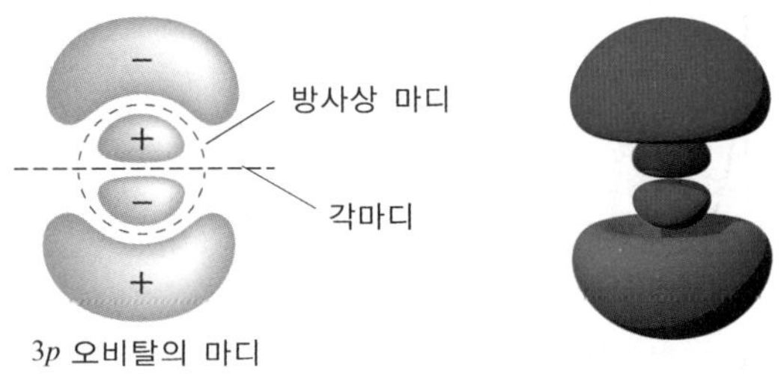

$3p$ 오비탈의 마디

예제 7.4.4

다음 오비탈에서 각마디와 방사상 마디의 수는 각각 얼마인가?

a. $1s$

b. $2s$

c. $2p$

d. $3d$

4. 전자 확률 분포를 나타내는 그래프 종류

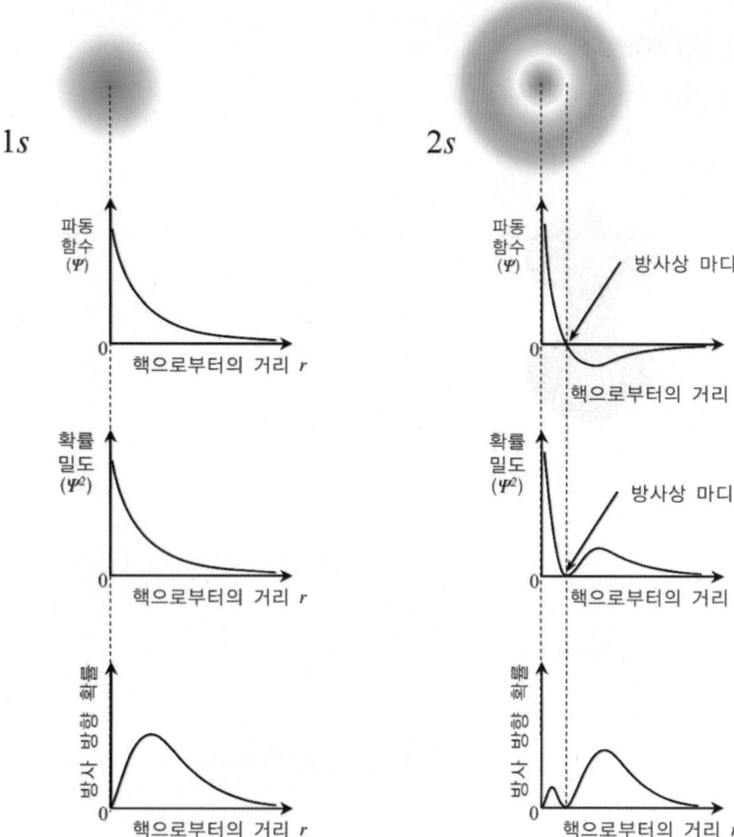

예제 7.4.5

$3s$ 오비탈에 대하여 다음의 각 값을 핵으로부터의 거리에 대한 그래프로 나타내시오.

a. 파동함수의 진폭

b. 확률 밀도

c. 방사 방향 확률

5. 양자수 (quantum number)

- 하나의 원자 오비탈은 세 개의 양자수로 표현된다.

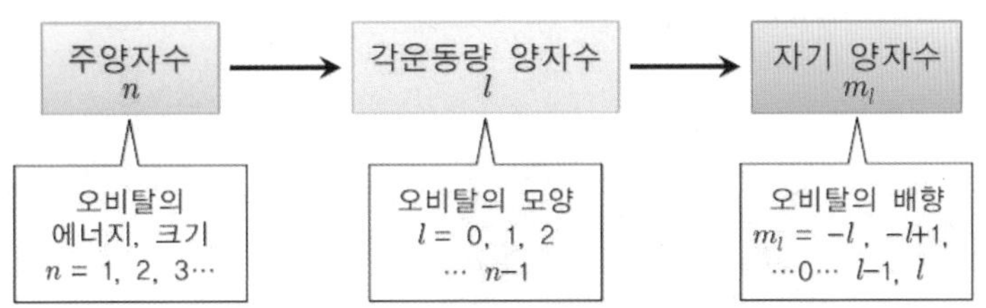

>>>
주소 → 집
양자수 → 오비탈

- 각운동량 양자수(l)값 0, 1, 2, 3은 각각 s, p, d, f 궤도 함수에 해당한다.

▶ 각 양자수가 담당하는 오비탈의 특징과 허용 범위

양지수	담당 성질	허용 범위
주양자수 n	에너지, 크기	양의 정수 $(1, 2, 3\ \cdots \infty)$
각운동량 양자수 l	모양	0부터 $n-1$까지의 정수
자기 양자수 m_l	배향	$-l, \cdots 0 \cdots +l$ (정수)

예제 7.4.6 (Z33)

다음 각 내용은 어떤 양자수와 관련이 있는가?

a. 오비탈의 공간 배향성

b. 오비탈의 에너지

c. 오비탈의 크기

d. 전자에 의해서 생성되는 자기 운동량

e. 오비탈의 모양

예제 7.4.7 (Z79)

다음 양자수 세트 중 허용되지 않는 것은?

a. $n=3,\ l=2,\ m_l=2$

b. $n=4,\ l=3,\ m_l=4$

c. $n=0,\ l=0,\ m_l=0$

d. $n=2,\ l=-1,\ m_l=1$

▶ 각운동량 양자수(l)와 오비탈의 모양

	각운동량 양자수 l			
	0	1	2	3
문자 기호	s	p	d	f
기본 모양				

▶ 몇 가지 오비탈과 그 양자수 조합

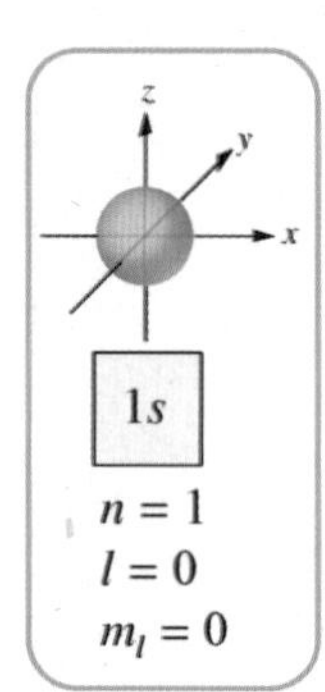

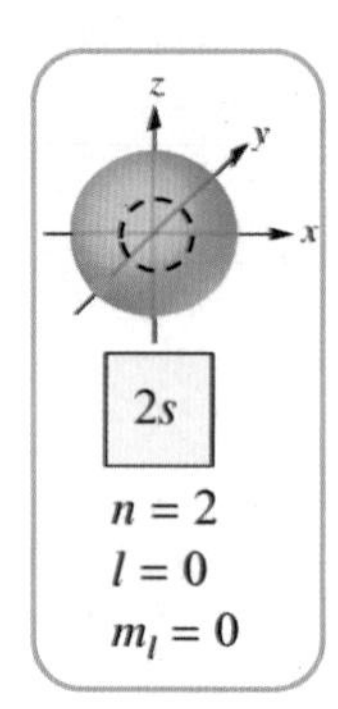

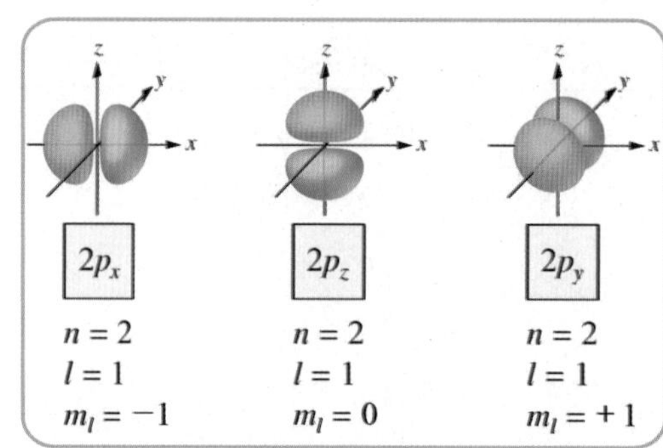

>>> 오비탈의 배향과 그에 따른 m_l의 대응은 임의적이다.

예제 7.4.8

다음의 양자수 조합은 각각 어떤 오비탈을 의미하는가?

a. $n=2$, $l=1$, $m_l=-1$

b. $n=3$, $l=2$, $m_l=-2$

c. $n=4$, $l=3$, $m_l=0$

▶ 오비탈과 양자수

n	l	m_l	오비탈	부껍질	전자 껍질
1	0	0	1s	1s	첫 번째 껍질
2	0	0	2s	2s부껍질	두 번째 껍질
	1	−1	$2p_x$	2p부껍질	
		0	$2p_y$		
		1	$2p_z$		
3	0	0	3s	3s부껍질	세 번째 껍질
	1	−1	$3p_x$	3p부껍질	
		0	$3p_y$		
		1	$3p_z$		
	2	−2	$3d_{x^2-y^2}$	3d부껍질	
		−1	$3d_{z^2}$		
		0	$3d_{xy}$		
		1	$3d_{yz}$		
		2	$3d_{xz}$		

예제 7.4.9 (Z359)

한 원자에서 다음 양자수를 가질 수 있는 오비탈의 최대 수는?

a. $n=4$

b. $n=3,\ l=2$

c. $n=2,\ l=2$

예제 7.4.10

하나의 $3d$ 부껍질에는 몇 개의 오비탈들이 들어있는가?

6. 마디면과 양자수

- 오비탈의 양자수로부터 마디면의 종류와 수 및 오비탈의 모양을 알 수 있다.

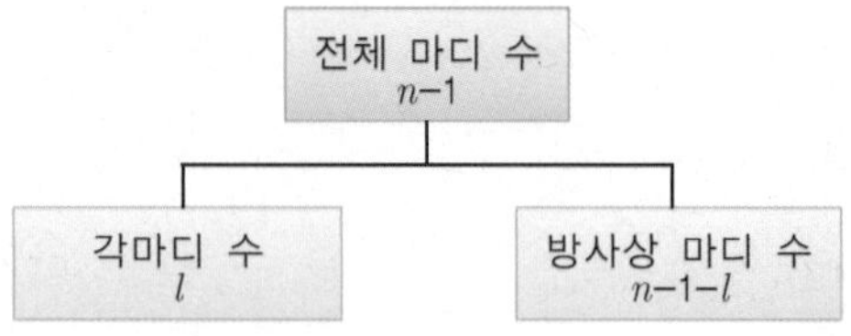

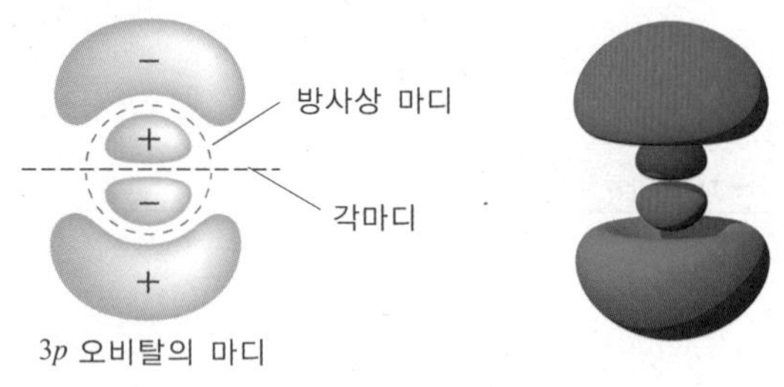

3p 오비탈의 마디

예제 7.4.11

방사상 마디 수가 2이고 각마디 수가 1인 오비탈은 무엇인가? 그 오비탈의 모양을 예측하시오.

예제 7.4.12

다음 각 오비탈의 각마디 수와 방사상 마디 수를 나타내고 대략적인 모양을 그리시오.

a. $3p$ 오비탈

b. $3d$ 오비탈

c. $4f$ 오비탈

7. 원자 오비탈의 에너지 준위

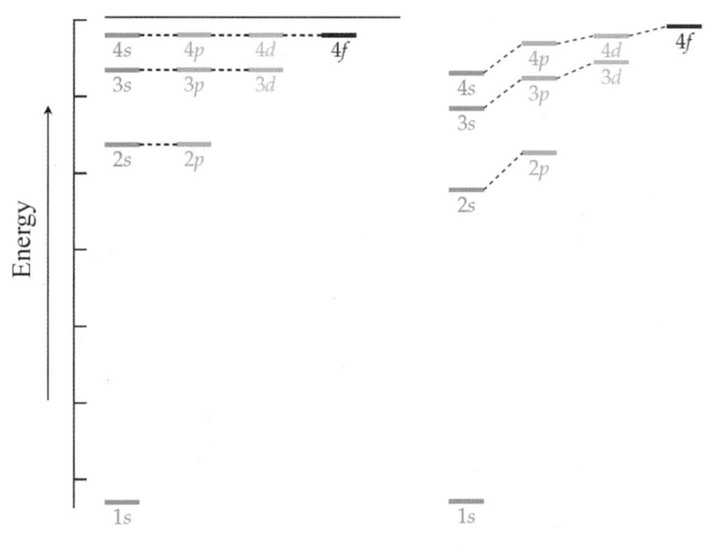

수소 원자의 오비탈 에너지 :
n에만 의존

다자전 원자의 오비탈 에너지 :
n, l 모두에 의존

>>>
다전자 원자:
l이 커질수록
→ 원자핵 근처로 침투하는 능력이 작아진다.
→ 원자핵으로부터 받는 인력이 약해진다.
→오비탈의 에너지 준위가 높아진다..

- 수소 원자나 1전자 이온(He^+, Li^{2+}…)에서 오비탈의 에너지는 n값에만 의존한다.
- 다전자 원자에서는 n이 같더라도 l이 클수록 오비탈의 에너지가 높다. $(s < p < d < f)$
- 한 원자에서 모양, 배향이 다르지만 에너지가 같은 오비탈들을 서로'축퇴'되어있다고 한다.(degenerated)

예제 7.4.13

다음의 짝지은 두 오비탈의 에너지 준위를 비교하시오.

a. H의 $1s$, H의 $2s$

b. H의 $2s$, H의 $2p$

c. C의 $2s$, C의 $2p$

d. H의 $1s$, He의 $1s$

7.5 주기율표와 전자배치

1. 스핀 양자수와 파울리 배타 원리

- 스핀 양자수(m_s)는 전자의 자전 방향을 묘사하는 양자수이다.
- 전자의 스핀 양자수는 $+\frac{1}{2}$과 $-\frac{1}{2}$ 중 한 값만 가질 수 있다.
- 파울리의 배타 원리 : 동일한 원자 오비탈에는 최대 2개의 전자가 들어갈 수 있고 서로 반대의 스핀 양자수를 가진다. → 주어진 한 오비탈에는 최대 2개의 전자만 들어갈 수 있다.

예제 7.5.1 (Z88)

한 원자에서 다음 양자수를 가질 수 있는 전자의 최대 수는 얼마인가?

a. $n=0, l=0, m_l=0$

b. $n=2, l=1, m_l=-1, m_s=-\frac{1}{2}$

c. $n=3, m_s=+\frac{1}{2}$

d. $n=2, l=2$

e. $n=1, l=0, m_l=0$

2. 전자 배치 규칙

▶ 바닥 상태에서 전자 배치 원리

축조 원리	에너지가 낮은 오비탈부터 차례로 전자가 채워진다.
파울리의 배타 원리	한 오비탈에는 반대스핀으로 최대 두 개의 전자가 들어갈 수 있다. (위배할 수 없음)
훈트의 규칙	평행한 스핀으로 홀전자 수가 최대가 되도록 전자가 배치된다.

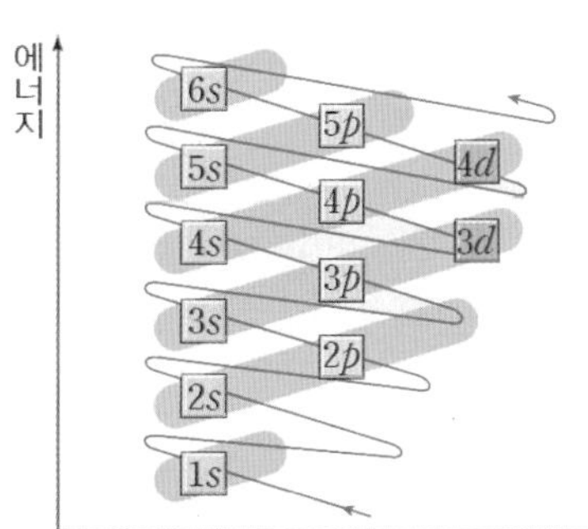

- 전자가 채워지는 순서는 $1s \rightarrow 2s \rightarrow 2p \rightarrow 3s \rightarrow 3p \rightarrow \underline{4s \rightarrow 3d} \rightarrow 4p \cdots$이다.
- 전자를 잃는 순서는 $\cdots$ $\underline{4s \rightarrow 3d}$ $\cdots$이다.
- 들뜬 상태에서 축조 원리와 훈트의 법식은 위배할 수 있나.
- 홀전자가 있는 물질은 상자기성(paramagnetic)으로 자석에 끌리고, 짝지은 전자만 있는 물질은 반자기성(diamagnetic)으로 자석에 약하게 밀린다.

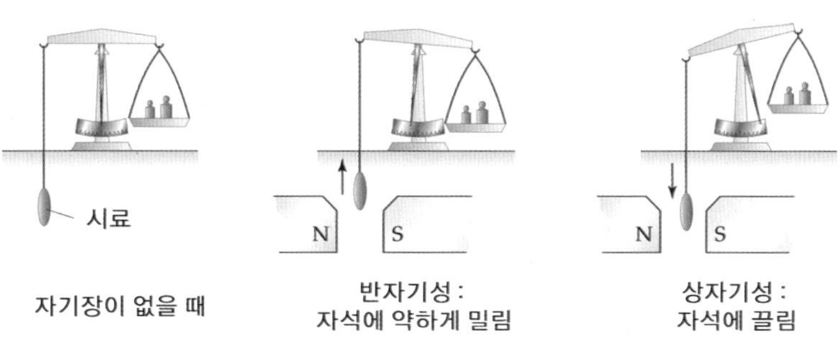

자기장이 없을 때　　반자기성 : 자석에 약하게 밀림　　상자기성 : 자석에 끌림

예제 7.5.2

다음 각 원소에 대하여 바닥 상태 전자 배치의 원자 궤도함수 도표를 그려라.

a. Na

b. P

c. Mn

▶ 원자의 바닥 상태 전자 배치

원자 번호	원소	전자 배치	축약된 전자 배치
1	H	$1s^1$	$1s^1$
2	He	$1s^2$	[He]
3	Li	$1s^22s^1$	$[He]2s^1$
4	Be	$1s^22s^2$	$[He]2s^2$
5	B	$1s^22s^22p^1$	$[He]2s^22p^1$
6	C	$1s^22s^22p^2$	$[He]2s^22p^2$
7	N	$1s^22s^22p^3$	$[He]2s^22p^3$
8	O	$1s^22s^22p^4$	$[He]2s^22p^4$
9	F	$1s^22s^22p^5$	$[He]2s^22p^5$
0	Ne	$1s^22s^22p^6$	$[He]2s^22p^6$
11	Na	$1s^22s^22p^63s^1$	$[Ne]3s^1$
12	Mg	$1s^22s^22p^63s^2$	$[Ne]3s^2$
13	Al	$1s^22s^22p^63s^23p^1$	$[Ne]3s^23p^1$
14	Si	$1s^22s^22p^63s^23p^2$	$[Ne]3s^23p^2$
15	P	$1s^22s^22p^63s^23p^3$	$[Ne]3s^23p^3$
16	S	$1s^22s^22p^63s^23p^4$	$[Ne]3s^23p^4$
17	Cl	$1s^22s^22p^63s^23p^5$	$[Ne]3s^23p^5$
18	Ar	$1s^22s^22p^63s^23p^6$	$[Ne]3s^23p^6$
19	K	$1s^22s^22p^63s^23p^64s^1$	$[Ar]4s^1$
20	Ca	$1s^22s^22p^63s^23p^64s^2$	$[Ar]4s^2$
21	Sc	$1s^22s^22p^63s^23p^64s^23d^1$	$[Ar]4s^23d^1$
22	Ti	$1s^22s^22p^63s^23p^64s^23d^2$	$[Ar]4s^23d^2$
23	V	$1s^22s^22p^63s^23p^64s^23d^3$	$[Ar]4s^23d^3$
24	Cr	$1s^22s^22p^63s^23p^64s^13d^5$	$[Ar]4s^13d^5$
25	Mn	$1s^22s^22p^63s^23p^64s^23d^5$	$[Ar]4s^23d^5$
26	Fe	$1s^22s^22p^63s^23p^64s^23d^6$	$[Ar]4s^23d^6$
27	Co	$1s^22s^22p^63s^23p^64s^23d^7$	$[Ar]4s^23d^7$
28	Ni	$1s^22s^22p^63s^23p^64s^23d^8$	$[Ar]4s^23d^8$
29	Cu	$1s^22s^22p^63s^23p^64s^13d^{10}$	$[Ar]4s^13d^{10}$
30	Zn	$1s^22s^22p^63s^23p^64s^23d^{10}$	$[Ar]4s^23d^{10}$

>>>
$_{24}Cr$과 $_{29}Cu$의 전자 배치는 예외적이다.

3. 주기율표

- 주기율표에서 각 원소의 위치로부터 전자 배치를 알 수 있다.

	1A 1	2A 2	3B 3	4B 4	5B 5	6B 6	7B 7	8B 8	8B 9	8B 10	1B 11	2B 12	3A 13	4A 14	5A 15	6A 16	7A 17	8A 18
1	1 H																	2 He
2	3 Li	4 Be											5 B	6 C	7 N	8 O	9 F	10 Ne
3	11 Na	12 Mg											13 Al	14 Si	15 P	16 S	17 Cl	18 Ar
4	19 K	20 Ca	21 Sc	22 Ti	23 V	24 Cr	25 Mn	26 Fe	27 Co	28 Ni	29 Cu	30 Zn	31 Ga	32 Ge	33 As	34 Se	35 Br	36 Kr
5	37 Rb	38 Sr	39 Y	40 Zr	41 Nb	42 Mo	43 Tc	44 Ru	45 Rh	46 Pd	47 Ag	48 Cd	49 In	50 Sn	51 Sb	52 Te	53 I	54 Xe
6	55 Cs	56 Ba	71 Lu	72 Hf	73 Ta	74 W	75 Re	76 Os	77 Ir	78 Pt	79 Au	80 Hg	81 Tl	82 Pb	83 Bi	84 Po	85 At	86 Rn
7	87 Fr	88 Ra	103 Lr	104 Rf	105 Db	106 Sg	107 Bh	108 Hs	109 Mt	110	111	112	113	114	115	116		

57 La	58 Ce	59 Pr	60 Nd	61 Pm	62 Sm	63 Eu	64 Gd	65 Tb	66 Dy	67 Ho	68 Er	69 Tm	70 Yb
89 Ac	90 Th	91 Pa	92 U	93 Np	94 Pu	95 Am	96 Cm	97 Bk	98 Cf	99 Es	100 Fm	101 Md	102 No

Metals
Metalloids
Nonmetals

- 같은 주기(period)의 원소는 전자 껍질의 수가 같다.
- 같은 족(family) 원소는 같은 원자가 전자 개수를 가지며, 화학적, 물리적 성질이 비슷하다.
- 금속은 전자를 잃고 양이온이 되려는 경향이 있다.
- 비금속은 전자를 얻고 음이온이 되려는 경향이 있다.
- 준금속(Si, Ge, As…)은 금속과 비금속의 중간 성격을 가진다.
- 주족원소(전형원소)는 마지막 전자가 s나 p오비탈에 채워지는 원소이다.
- 전이원소는 마지막 전자가 d나 f오비탈에 채워지는 원소이다.

▶ 전자의 종류

원자가 전자	화합물 형성에 참여하는 전자 주족원소에서 원자가전자는 최외각전자이다. 전이원소에서 $(n-1)d$ 전자도 원자가 전자이다.
핵심부 전자	원자가 전자가 아닌 모든 전자 (일반적으로 그 원자 바로 앞의 0족 기체의 전자배치와 같다.)
최외각 전자	가장 큰 n값을 가지는 전자

예제 7.5.3

다음 원소의 바닥 상태에서 전자가 마지막으로 채워지는 오비탈은 무엇인가?

a. N

b. Na

c. Ni

예제 7.5.4

다음 원소의 바닥 상태에서 몇 개의 $3p$ 전자를 가지는가?

a. 인(P)

b. 황(S)

c. 염소(Cl)

예제 7.5.5

다음 원소는 무엇인가?

a. 바닥 상태 전자 배치가 [Ne]$3s^2\,3p^4$인 원소

b. 바닥 상태 전자 배치에서 $6p$ 오비탈에 세 개의 홀 전자들을 가지는 원소

예제 7.5.6

다음 원소의 원자가 수와 핵심부 전자 수는 각각 몇 개인가?

a. Ca

b. 34번 원소

c. Ar

예제 7.5.7

바닥 상태에서 다음 원자에 존재하는 홀전자 수는 몇 개인가?

a. O

b. Si

c. K

d. As

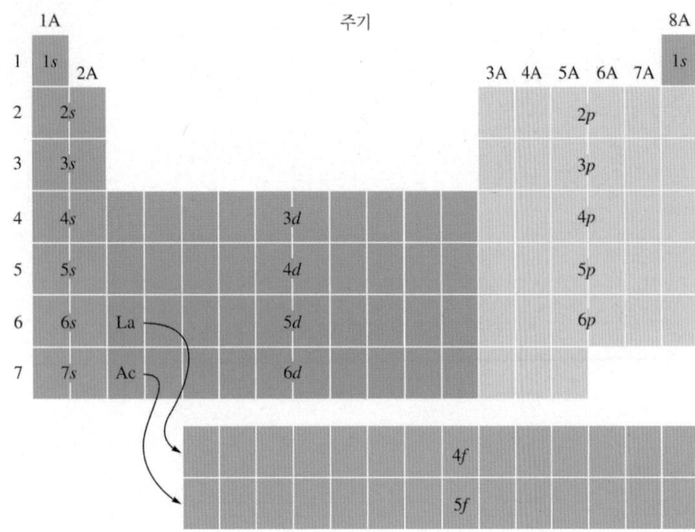
1A
주기
8A
1
1s
2A
3A 4A 5A 6A 7A
1s
2
2s
2p
3
3s
3p
4
4s
3d
4p
5
5s
4d
5p
6
6s
La
5d
6p
7
7s
Ac
6d
4f
5f

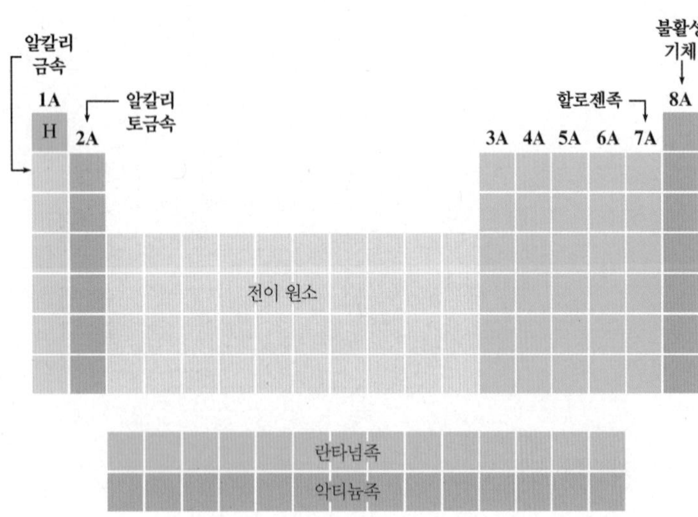
알칼리 금속
불활성 기체
1A
알칼리 토금속
할로젠족
8A
H
2A
3A 4A 5A 6A 7A
전이 원소
란타넘족
악티늄족

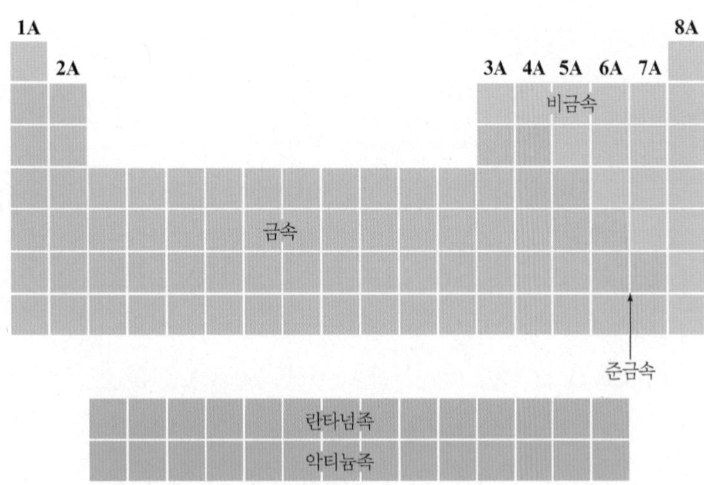
1A
8A
2A
3A 4A 5A 6A 7A
비금속
금속
준금속
란타넘족
악티늄족

07 개념 확인 문제 (적중 2000제 선별문제)

01. AO204. 원자가 전자

다음 중 원자가 전자의 수가 가장 큰 원소는?

① Li
② Mg
③ Al
④ Si
⑤ Br

02. AO205. 전자 껍질

다음 중 전자 껍질의 수가 가장 큰 원소는?

① H
② O
③ S
④ Se
⑤ Te

03. AO216. 보어의 수소 원자 모형

수소 원자의 이온화 에너지는 k이다. 라이먼 계열 중 가장 파장이 긴 광자의 에너지는?

① $\frac{3}{4}k$
② $\frac{1}{4}k$
③ $\frac{1}{2}k$
④ $\frac{1}{9}k$
⑤ $\frac{8}{9}k$

04. AO217. 보어의 수소 원자 모형

바닥 상태에 있는 수소의 이온화 에너지는 1311kJ/mol이다. 두 번째 들뜬 상태에 있는 수소의 이온화 에너지는?

① $\frac{1311}{2}\text{kJ/mol}$
② $\frac{1311}{3}\text{kJ/mol}$
③ $\frac{1311}{4}\text{kJ/mol}$
④ $\frac{1311}{9}\text{kJ/mol}$
⑤ $-\frac{1311}{3}\text{kJ/mol}$

05. AO226. 궤도함수

다음은 $1s$ 궤도 함수의 모양과 세 가지 관련 그래프를 나타낸 것이다. $1s$ 궤도 함수에 대한 설명으로 옳지 않은 것은?

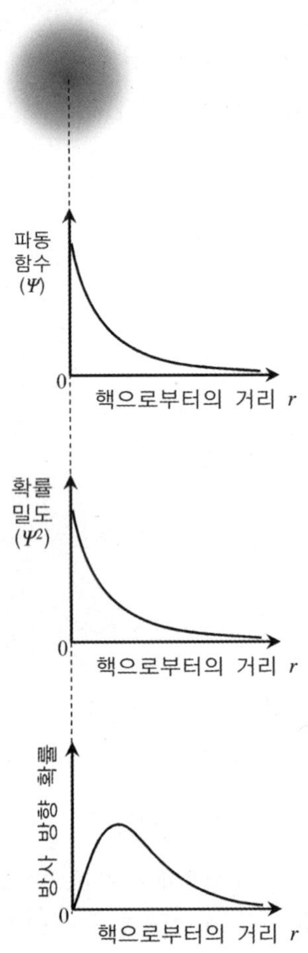

① 핵으로부터 멀리 떨어진 지점일수록 전자가 발견될 확률이 줄어든다.
② 전자는 원형 궤도를 따라 원자핵 주위를 회전한다.
③ 궤도 함수는 뚜렷한 경계를 가지지 않는다.
④ 전자가 발견될 확률은 방향과 무관하다.
⑤ 마디면을 가지지 않는다.

06. AO227. 궤도함수

다음은 $2s$ 궤도 함수의 모양과 세 가지 관련 그래프를 나타낸 것이다. $2s$ 궤도 함수에 대한 설명으로 옳지 않은 것은?

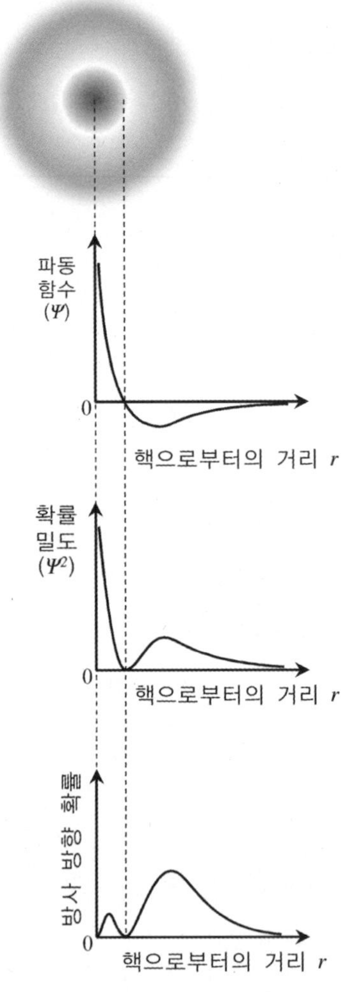

① 구형 마디면(방사상 마디, radial node)를 가진다.
② 모든 위치에서 파동함수의 위상은 동일하다.
③ 마디면을 경계로 파동 함수의 위상이 달라진다.
④ 마디면에서 확률 진폭은 0이다.
⑤ 마디면에서 전자가 발견될 확률은 0이다.

07. AO226. 궤도함수

다음은 수소 원자의 궤도함수 (가)~(다)의 모양을 나타낸 것이다. (가)~(다)는 각각 $2s$, $2p$, $3d$ 궤도함수이다. 이에 대한 설명으로 옳지 <u>않은</u> 것은? (단, 수소의 이온화 에너지는 k이다.)

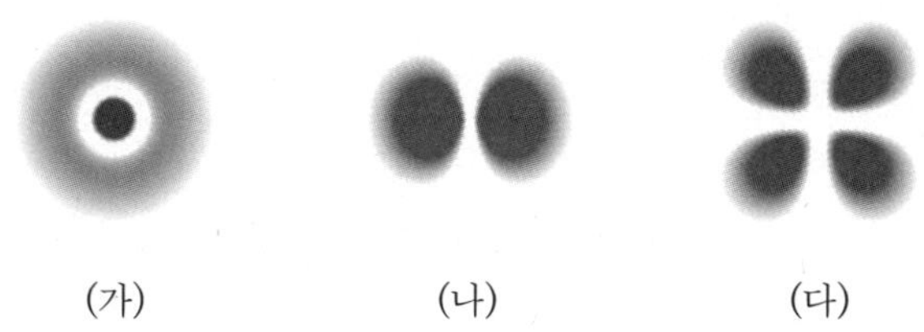

(가) (나) (다)

① 오비탈의 에너지 준위는 (가)와 (나)에서 같다.
② (가)와 (나)는 축퇴되어 있다.
③ (나)에 들어있는 전자의 에너지 준위는 $-\frac{k}{4}$이다.
④ (다)는 2개의 마디면을 가진다.
⑤ (다)에서 (나)로 전자가 이동할 때 자외선이 방출된다.

08. AO233. 양자수

다음 중 어떤 원자에 들어있는 전자의 양자수 조합으로 가능하지 <u>않은</u> 것은?

	n	l	m_l	m_s
①	1	0	0	$+\frac{1}{2}$
②	2	0	0	$+\frac{1}{2}$
③	2	1	0	$-\frac{1}{2}$
④	2	1	−1	$+\frac{1}{2}$
⑤	3	2	3	$-\frac{1}{2}$

09. AO242. 마디면

다음 그림과 같은 확률 분포를 가지는 궤도함수는?

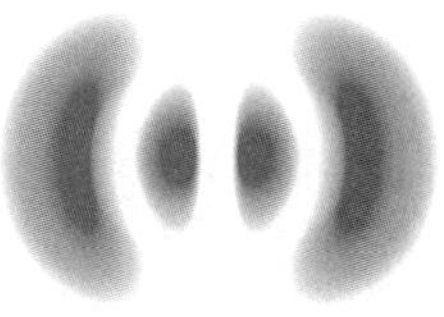

① $2p$
② $3p$
③ $4d$
④ $2s$
⑤ $4f$

10. AO169-2. 전자 배치와 주기율표

그림은 주기율표를 나타낸 것이다. A~E 중 바닥 상태에서 홀전자 수가 가장 큰 원소는? (단, A~E는 임의의 원소 기호이다.)

														A			
														B	C		
					D	E											

① A
② B
③ C
④ D
⑤ E

번호	1	2	3	4	5
정답	⑤	⑤	①	④	②

번호	6	7	8	9	
정답	②	⑤	⑤	②	④

C H E M I S T R Y

08

원소의 주기적 성질

08

원소의 주기적 성질

8.1 유효 핵전하(effective nuclear charge)

1. 유효 핵전하

• 유효 핵전하 : 특정 전자가 실제로 느끼는 핵전하

$$Z_{eff} = Z - S$$

(Z: 핵전하, S : 가리움 상수)

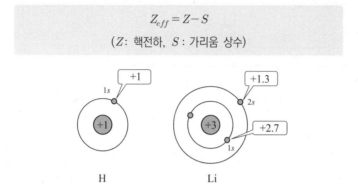

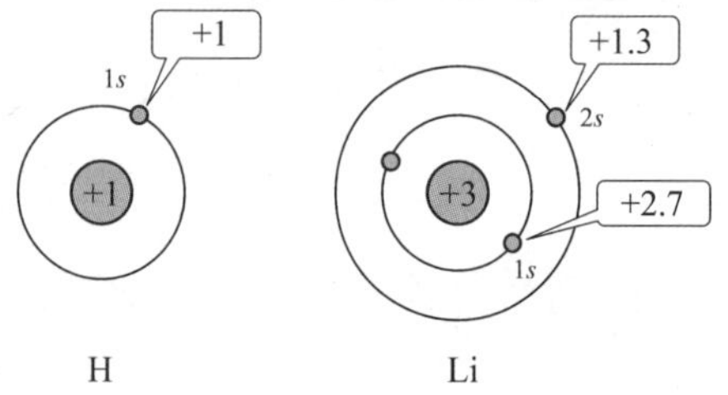

• H 원자의 경우 : 전자의 유효 핵전하는 항상 +1 (전자 1개가 핵전하를 독차지)

• 다전자 원자의 경우 : 유효 핵전하 < 실제 핵전하 (전자들 끼리의 가리움 효과 때문)

• 내부 껍질의 전자는 같은 껍질의 전자보다 더 효과적으로 핵전하를 가린다.

2. 유효 핵전하의 주기성

• 원자가 전자의 유효 핵전하

① 주기율표에서 오른쪽으로 갈수록 증가: 핵전하 증가량 > 가리움 상수 증가량

② 주기율표에서 아래로 갈수록 약간 증가: 핵전하 증가량 ≒ 가리움 상수 증가량

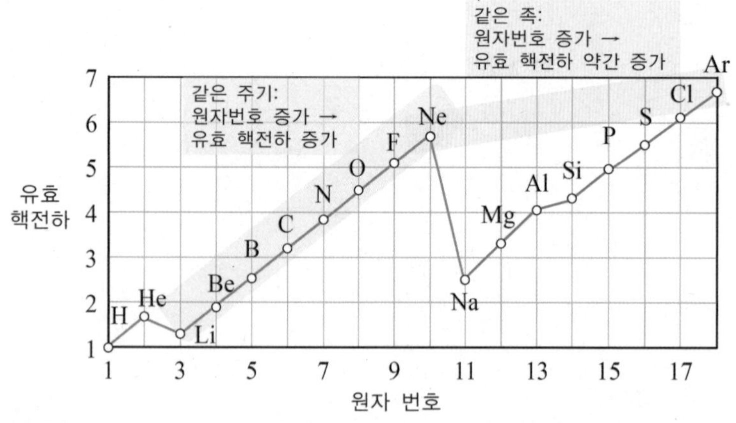

예제 8.1.1

C, O, S 중 원자가 전자의 유효 핵전하가 가장 큰 것은?

• 다전자 원자에서 각 오비탈의 유효 핵전하

① n이 커질수록 유효 핵전하 감소 (핵으로부터 멀어진다.→핵전하를 가리는 전자 수 증가)

② n이 같더라도 l이 작을수록 유효 핵전하 증가 (l이 작을수록 핵 가까이에 잘 침투)

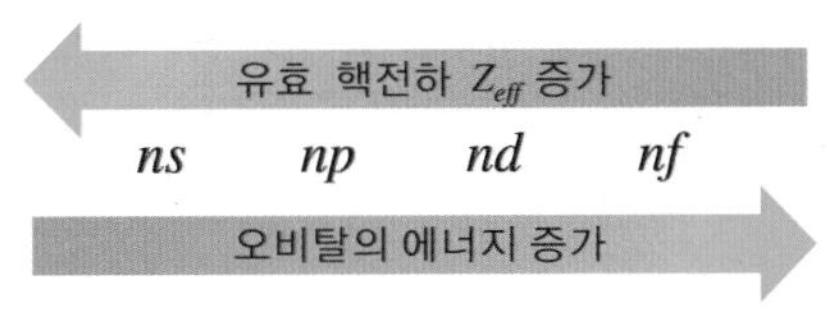

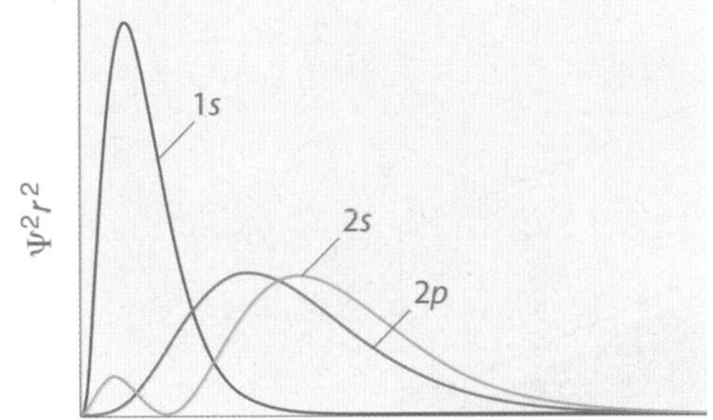

오비탈의 종류에 따른 침투효과

예제 8.1.2

다음 원자들을 원자가 전자의 유효 핵전하가 증가하는 순서대로 나열하라.

a. N, O, F

b. O, S, Se

c. O, F, Cl

예제 8.1.3

다음의 짝지어진 전자 중 유효 핵전하가 더 큰 것은 무엇인가?

a. C의 $2s$ 전자, C의 $2p$ 전자

b. C의 $2p$ 전자, O의 $2p$ 전자

c. O의 $2p$ 전자, S의 $2p$ 전자

d. O의 $2p$ 전자, S의 $3p$ 전자

8.2 원자와 이온의 반지름

1. 원자 반지름의 주기성

- 원자의 반지름은 일반적으로 주기율표에서 오른쪽으로 갈수록 작아지고, 아래로 갈수록 커진다. (전이 금속은 예외 → 란타넘족 수축)

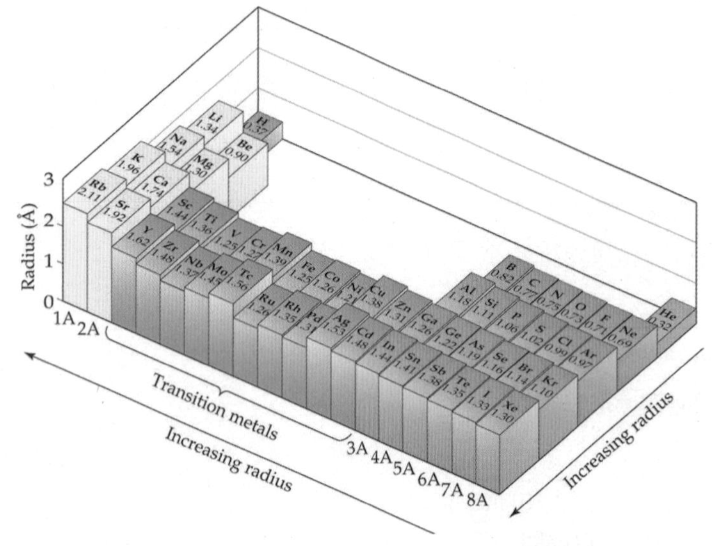

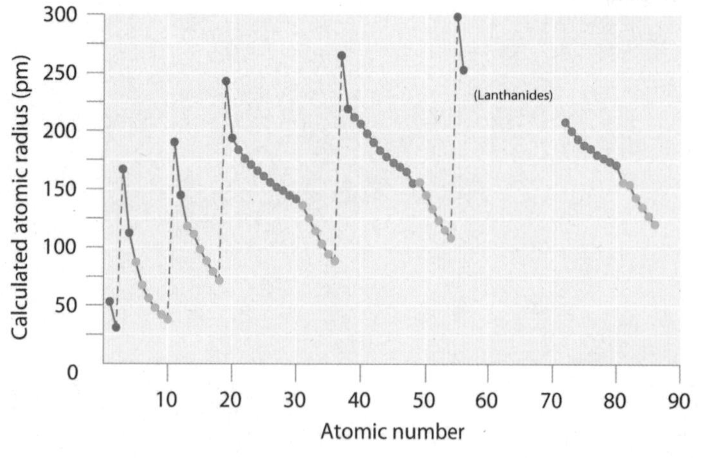

원자 반지름(Å)

1A	2A	3A	4A	5A	6A	7A	8A
H 0.37							He 0.31
Li 1.52	Be 1.12	B 0.85	C 0.77	N 0.75	O 0.73	F 0.72	Ne 0.71
Na 1.86	Mg 1.60	Al 1.43	Si 1.18	P 1.10	S 1.03	Cl 1.00	Ar 0.98
K 2.27	Ca 1.97	Ga 1.35	Ge 1.22	As 1.20	Se 1.19	Br 1.14	Kr 1.12
Rb 2.48	Sr 2.15	In 1.67	Sn 1.40	Sb 1.40	Te 1.42	I 1.33	Xe 1.31
Cs 2.65	Ba 2.22	Tl 1.70	Pb 1.46	Bi 1.50	Po 1.68	At 1.40	Rn 1.41

예제 8.2.1 (Z361)

다음 원자들을 크기가 증가하는 순서로 나열하라.

a. F, O, S

b. F, Na, Mg

c. O, S, P

2. 이온 반지름의 주기성

- 같은 원자의 음이온은 중성원자보다 크고, 양이온은 중성원자보다 작다.

$$X^{+} < X < X^{-}$$

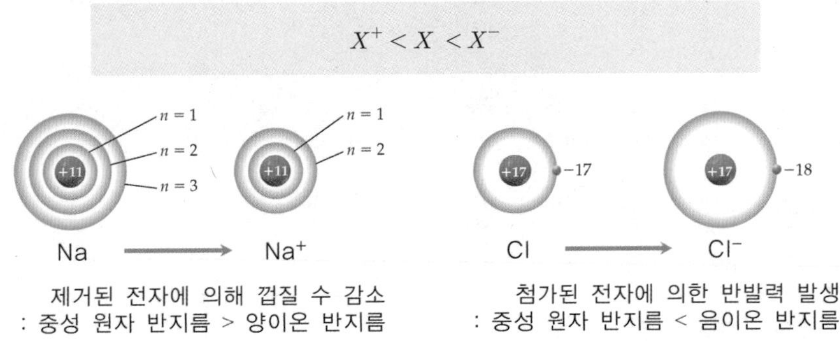

- 등전자 계열인 이온들은 서로 같은 전자 배치를 가진다.
- 등전자 계열에서 음전하가 큰 이온일수록 반지름이 크다.

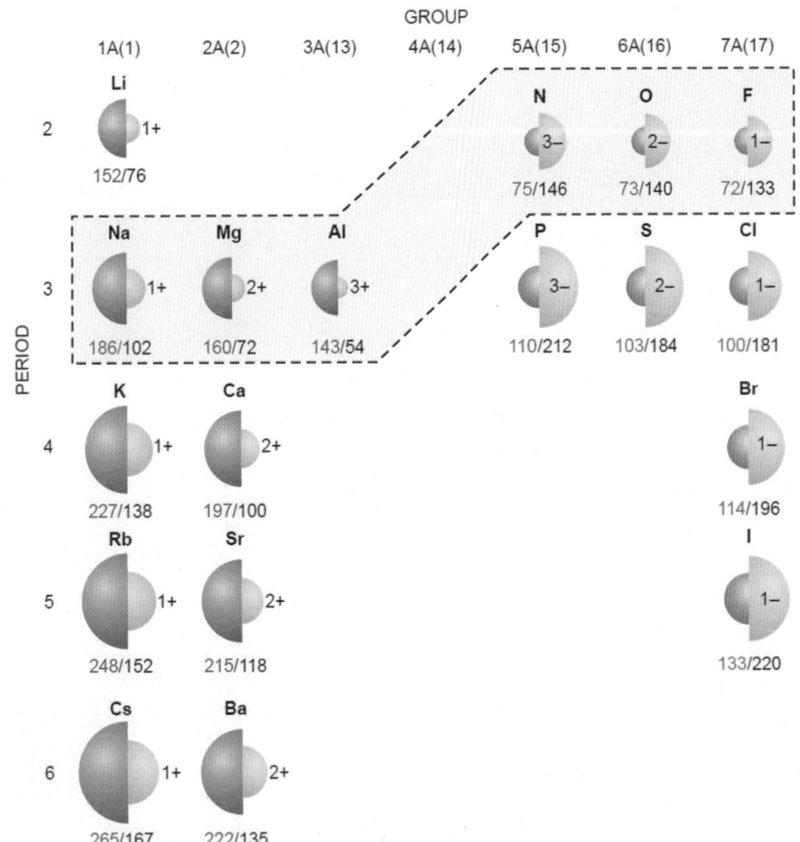

예제 8.2.2 (Z57)

다음 각 화학종에 대해 원자 또는 이온의 크기가 작아지는 순으로 나열하라.

a. Cu, Cu^{+}, Cu^{2+}

b. Ni^{2+}, Pd^{2+}, Pt^{2+}

c. O, O^{-}, O^{2-}

예제 8.2.3

다음 이온의 반지름이 커지는 순서대로 나열하라.

O^{2-}, F^{-}, Na^{+}, Mg^{2+}

예제 8.2.4

다음 이온의 반지름이 커지는 순서대로 나열하라.

Cl^{-}, K^{+}, Ca^{2+}, S^{2-}

8.3 이온화 에너지(ionization energy, IE)

1. 이온화 에너지

- 이온화 에너지 : 기체 상태의 원자나 이온으로부터 전자 하나를 완전히 떼어내는데 필요한 최소 에너지 (항상 양수)

$$X(g) \rightarrow X^+(g) + e^-,\ \Delta E = I_1$$

- 순차적 이온화 에너지 : 기체 상태의 다전자 원자에서 전자를 1개씩 차례로 떼어내는 데 필요한 단계적 에너지

일차 이온화 에너지 : $X(g) \rightarrow X^+(g) + e^-$, $\Delta E = I_1$

이차 이온화 에너지 : $X^+(g) \rightarrow X^{2+}(g) + e^-$, $\Delta E = I_2$

삼차 이온화 에너지 : $X^{2+}(g) \rightarrow X^{3+}(g) + e^-$, $\Delta E = I_3$

2. 일차 이온화 에너지의 주기성

- 이온화 에너지는 주기율표에서 오른쪽으로 갈수록 증가하고, 아래로 갈수록 감소한다.
- 예외는 일부 2A, 3A와 5A, 6A족에서 나타난다.

Be > B, N > O

Mg > Al, P > S

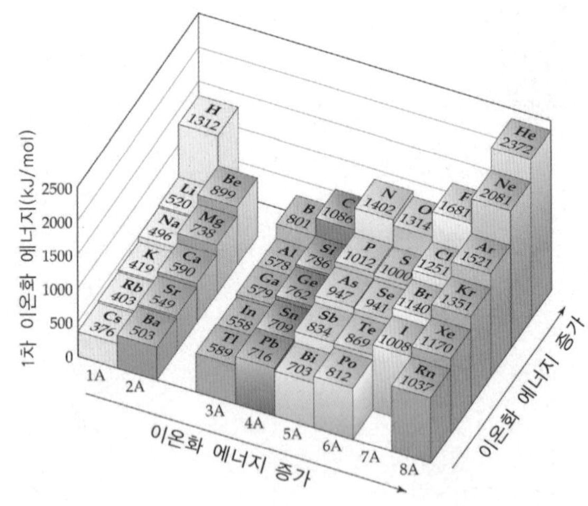

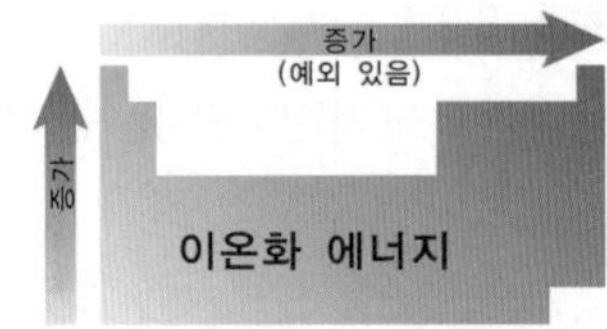

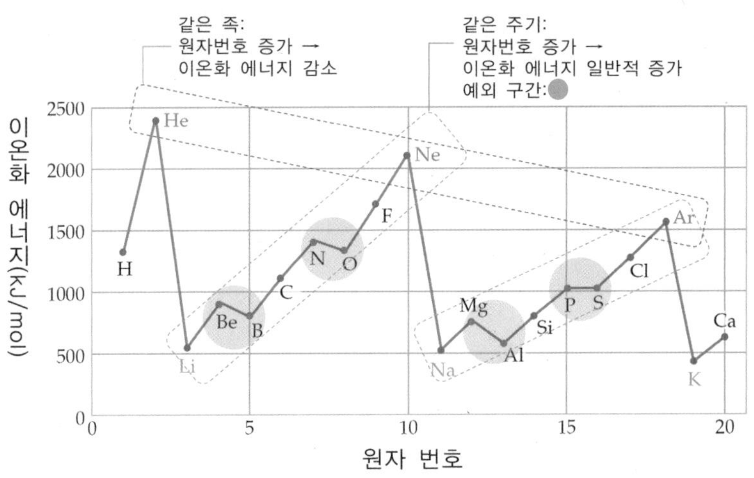

예제 8.3.1

다음 원자들을 1차 이온화 에너지가 증가하는 순서대로 나열하라.

a. O, F, Na

b. N, O, F

c. Na, Mg, Al

예제 8.3.2 (Z116)

다음의 각 세트에서 어떤 원자나 이온이 가장 작은 이온화 에너지를 갖는가?

a. Ca, Sr, Br

b. K, Mn, Ga

c. N, O, F

d. S^{2-}, S, S^{2+}

e. Cs, Ge, Ar

3. 순차적 이온화 에너지의 경향성

- 순차적 이온화 에너지는 단계적으로 증가한다.

$$I_1 < I_2 < I_3 \cdots$$

- 핵심부 전자를 제거하는 단계에서 이온화 에너지는 급격히 증가한다.

1족: $I_1 \ll I_2 < I_3 < I_4$ → 원자가 전자 수 1
2족: $I_1 < I_2 \ll I_3 < I_4$ → 원자가 전자 수 2
13족: $I_1 < I_2 < I_3 \ll I_4$ → 원자가 전자 수 3

	순차적 이온화 에너지(kJ/mol)						
원소	1차	2차	3차	4차	5차	6차	7차
H	1312						
He	2372	5250					
Li	520	7298	11,815				
Be	899	1757	14,848	21,006			
B	801	2427	3660	25,025	32,826		
C	1086	2353	4620	6222	37,829	47,276	
N	1402	2857	4578	7475	9445	53,265	64,358
O	1314	3388	5300	7469	10,989	13,326	71,333
F	1681	3374	6020	8407	11,022	15,164	17,867
Ne	2081	3952	6122	9370	12,177	15,238	19,998

예제 8.3.3 (Z159)

미지의 원소에 대한 이온화 에너지는 다음과 같다.

$I_1 = 896\text{kJ/mol}$
$I_2 = 1752\text{kJ/mol}$
$I_3 = 14,807\text{kJ/mol}$
$I_4 = 17,948\text{kJ/mol}$

이 미지의 원소는 주기율표에서 어떤 족에 속하겠는가?

예제 8.3.4

Na, Mg, Al 중 $\frac{I_3}{I_2}$이 가장 큰 원소는?

8.4 전자 친화도(electron affinity, EA)

1. 전자 친화도

- 전자 친화도는 기체 상태의 원자에 전자 하나를 더하는 반응에 대한 에너지 변화이다.

$$X(g)\ +\ e^- \rightarrow\ X^-(g)\,,\qquad \Delta E = \mathrm{EA}_1$$

(예) $\mathrm{Cl}(g)$ + e^- → $\mathrm{Cl}^-(g)$ $\Delta E = -349\mathrm{kJ/mol}$

- 전자 친화도는 부호가 반대인 두 정의가 혼용되기도 한다.
- 전자 친화도가 더 큰 음수일수록 원자 X는 전자를 잘 받아들인다.

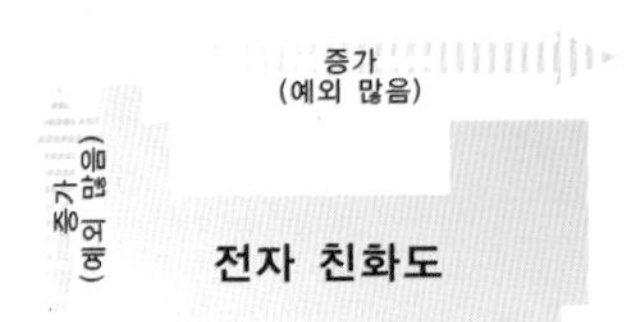

2. 전자 친화도의 주기성

- 전자 친화도는 주기적 경향성이 작다.
- 일반적으로 주기율표에서 오른쪽, 위로 갈수록 전자 친화도가 증가한다. (예외도 많다.)
- 0족 기체는 양의(흡열) 전자 친화도를 가진다.

▶ 전자 친화도의 주기적 경향

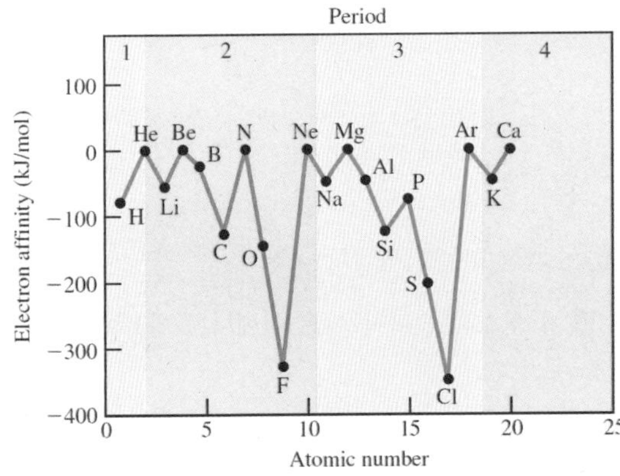

H −73							He >0
Li −60	Be >0	B −27	C −122	N >0	O −141	F −328	Ne >0
Na −53	Mg >0	Al −43	Si −134	P −72	S −200	Cl −349	Ar >0
K −48	Ca −2	Ga −30	Ge −119	As −78	Se −195	Br −325	Kr >0
Rb −47	Sr −5	In −30	Sn −107	Sb −103	Te −190	I −295	Xe >0

예제 8.4.1 (Z127)

다음 원소의 발열 전자 친화도가 증가하는 순서대로 나열하라.

a. S, Se

b. F, Cl, Br, I

c. N, O, F

01 개념 확인 문제 (적중 2000제 선별문제)

01. AO246. 주기적 성질

다음 중 주족 원소에 대한 주기적 성질의 일반적인 경향에 대한 설명으로 옳지 않은 것은?

① 원자가 전자의 유효 핵전하는 주기율표에서 오른쪽으로 갈수록 증가한다.
② 원자가 전자의 유효 핵전하는 주기율표에서 아래쪽으로 갈수록 증가한다.
③ 원자의 반지름은 주기율표에서 오른쪽으로 갈수록 증가한다.
④ 원자의 반지름은 주기율표에서 아래로 갈수록 증가한다.
⑤ 일차 이온화 에너지는 주기율표에서 아래로 갈수록 감소한다.

02. AO247. 유효 핵전하

다음 중 원자가 전자의 유효 핵전하가 가장 큰 원소는?

① Li
② N
③ O
④ F
⑤ Cl

03. AO251. 원자 반지름

다음 중 원자 반지름의 크기 비교가 옳은 것은?

① Al > Mg > K
② Li > Na > K
③ Li > Be > B
④ Ca > K > Mg
⑤ Cl > S > F

04. AO255. 순차적 이온화 에너지

표는 어떤 3주기 원소의 순차적 이온화 에너지 자료이다. 이 원소는?

1차 이온화 에너지	738kJ/mol
2차 이온화 에너지	1450kJ/mol
3차 이온화 에너지	7730kJ/mol
4차 이온화 에너지	10500kJ/mol

① Na
② Mg
③ Al
④ Si
⑤ P

05. AO3P38. 주기적 성질

다음의 각 항에 제시된 내용에 대하여 그 크기의 비교가 맞는 것은?

① 원자 반지름 : Li < Be < B
② 1차 이온화에너지 : O < N < F
③ 전자친화도 : O < S < Se
④ 원자가전자 수 : Be < Mg < Ca
⑤ 전기 음성도 : Na < Al < Mg

06. AO3P48. 주기적 성질

다음 이온들의 크기 순서대로 올바르게 표기한 것을 선택하시오.

① K^+ < Cl^- < S^{2-} <P^{3-}
② K^+ < P^{3-} < S^{2-} < Cl^-
③ P^{3-} < S^{2-} < Cl^- < K^+
④ Cl^- < S^{2-} < P^{3-} < K^+
⑤ Cl^- < S^{2-} < K^+ < P^{3-}

번호	1	2	3	4	5	6
정답	③	⑤	③	②	②	①

C H E M I S T R Y

09

화학결합

09

화학결합

9.1 화학 결합의 종류

9.2 이온 결합

9.3 공유 결합

9.4 루이스 구조와 분자 모양

9.1 화학 결합의 종류

- 이온 결합은 양이온과 음이온이 정전기적 인력으로 결합하는 방식이다.
- 공유 결합은 주로 비금속 원자들끼리 전자쌍을 공유하는 결합 방식이다.
- 금속 결합은 금속 원자들끼리 자유전자를 매개로 결합하는 방식이다.
- 안정한 화합물에서 원자들은 주기율표에서 가장 가까운 비활성 기체의 전자 배치를 가진다.

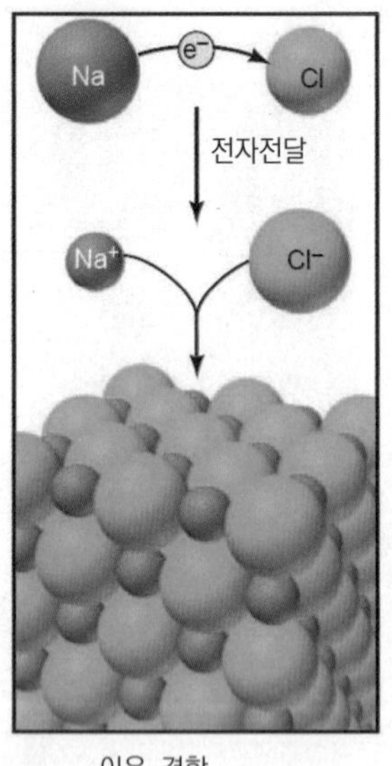

이온 결합

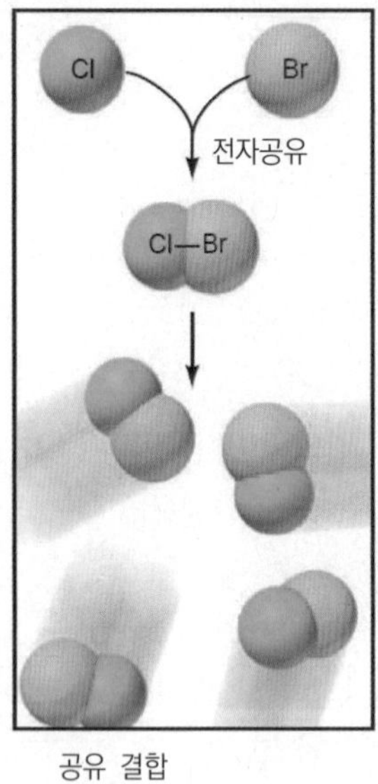

공유 결합

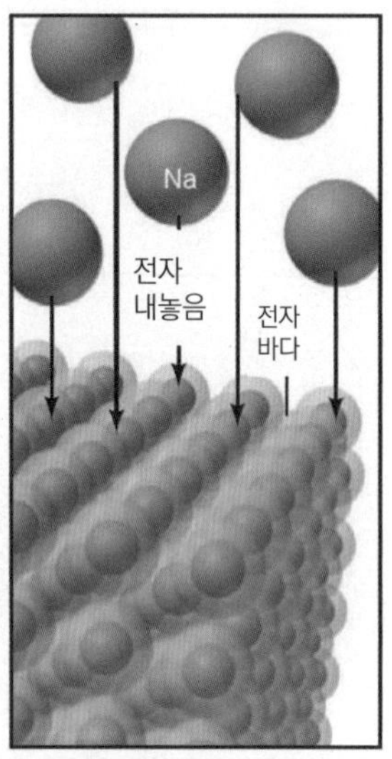

금속 결합

예제 9.1.1 (Z21)

다음은 식물의 비료로 사용되는 화합물이다. 이온 결합과 공유 결합을 모두 가지는 화합물은?

a. $(NH_4)_2SO_4$

b. $Ca_3(PO_4)_2$

c. K_2O

d. P_2O_5

e. KCl

9.2 이온 결합 (ionic bond)

1. 이온 결합

- 이온결합은 양이온과 음이온이 정전기적 인력으로 결합하여 형성된다.
- 주족 원소의 이온 화합물에서 단원자 이온은 가장 가까운 비활성 기체의 전자 배치를 가진다.
- 이온 화합물은 전기적으로 중성이다.
- 이온 화합물은 대체로 녹는점이 높은 고체 결정 구조를 형성한다.
- 이온 화합물은 용융 상태에서 전기전도성을 가진다.

▶ NaCl의 형성 과정

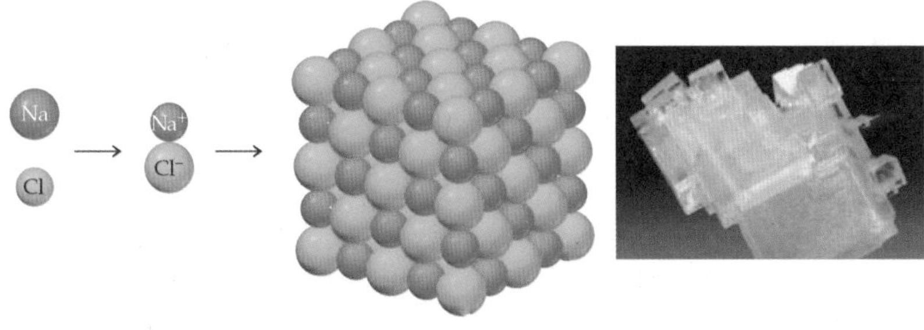

예제 9.2.1 (Z48)

다음의 원소 쌍들로부터 생성되는 이온 결합성 화합물의 실험식을 예측하라. 또 각 화합물의 이름을 말하라.

a. Al과 Cl

b. Na와 O

c. Sr과 F

d. Ca와 Se

예제 9.2.2 (Z52)

다음 화합물의 각 이온은 어느 영족 기체와 같은 전자 배치를 가지고 있는가?

a. 황화세슘

b. 플루오린화 스트론튬

c. 질화 칼슘

d. 브로민화 알루미늄

2. 격자 에너지

- 격자 에너지는 고체 이온 화합물 1몰을 기체상태의 이온으로 완전히 분리하는 데 필요한 에너지이다.

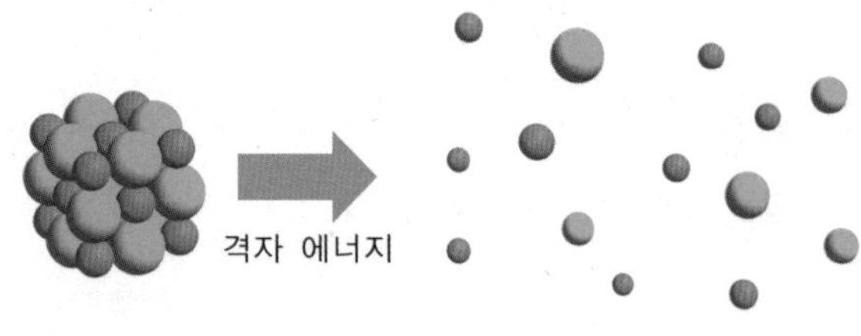

$$MX(s) \rightarrow M^+(g) + X^-(g) \qquad \Delta E = \text{격자 에너지}$$

- 격자 에너지는 반대 부호의 두 정의가 혼용되기도 한다.
- 격자 에너지는 이온 결합 세기의 척도이다.
- 일반적으로 격자 에너지가 클수록 녹는점이 높다. (예외도 있음)
- 격자 에너지는 이온 전하의 곱에 비례하고, 이온 사이의 거리에 반비례한다.
- 격자 에너지 비교할 때 이온 전하의 곱이 이온 사이의 거리보다 더 중요한 요인

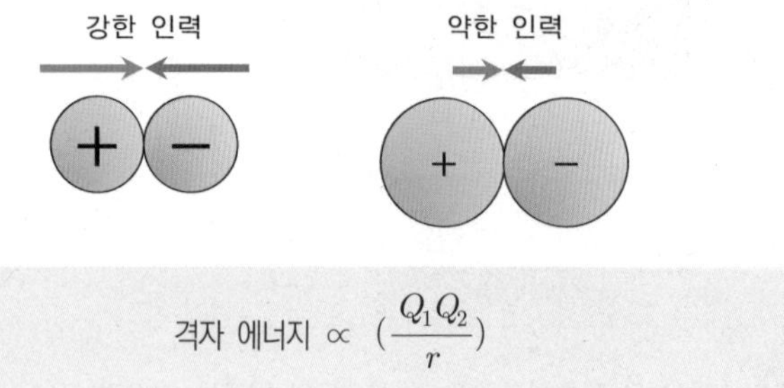

$$\text{격자 에너지} \propto \left(\frac{Q_1 Q_2}{r}\right)$$

▶ 이온 화합물의 격자 에너지

Compound	Lattice Energy (kJ/mol)	Compound	Lattice Energy (kJ/mol)
LiF	1030	$MgCl_2$	2326
LiCl	834	$SrCl_2$	2127
LiI	730		
NaF	910	MgO	3795
NaCl	788	CaO	3414
NaBr	732	SrO	3217
NaI	682		
KF	808	ScN	7547
KCl	701		
KBr	671		
CsCl	657		
CsI	600		

예제 9.2.3

다음 한 쌍의 이온 화합물 중에서 어느 화합물이 가장 큰 격자 에너지를 갖는가?

a. NaCl, KCl

b. LiF, LiCl

c. $Mg(OH)_2$, MgO

d. $Fe(OH)_2$, $Fe(OH)_3$

e. NaCl, Na_2O

f. MgO, BaS

3. 격자 에너지의 계산 (Born-Habor cycle)

- 여러 가지 열역학적 에너지를 이용하여 격자 에너지를 간접적으로 구할 수 있다. (Born-Habor cycle)

▶ NaCl의 Born-Habor cycle

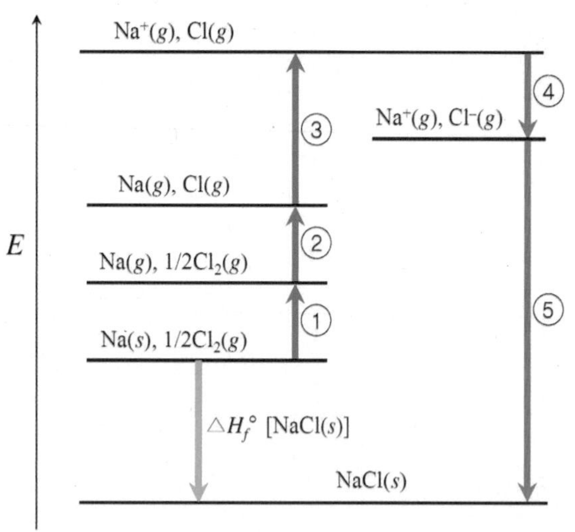

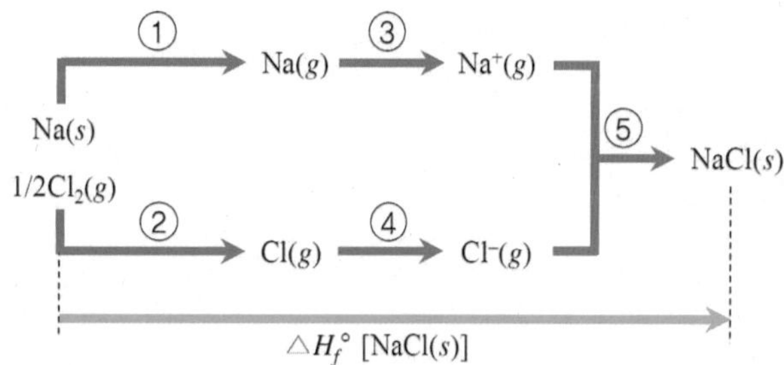

▶ NaCl의 격자 에너지를 구하는 과정

반응	반응식	의미	크기(kJ/mol)
①	$Na(s) \rightarrow Na(g)$	Na의 승화 엔탈피	107.3
②	$\frac{1}{2}Cl_2(g) \rightarrow Cl(g)$	$\frac{1}{2}$(Cl_2의 결합 에너지)	122
③	$Na(g) \rightarrow Na^+(g) + e^-$	Na의 1차 이온화 에너지	495.8
④	$Cl(g) + e^- \rightarrow Cl^-(g)$	Cl의 전자 친화도	-348.6
⑤	$Na^+(g) + Cl^-(g) \rightarrow NaCl(s)$	-(NaCl의 격자 에너지)	-787
전체 반응	$Na(s) + \frac{1}{2}Cl_2(g) \rightarrow NaCl(s)$	NaCl(s)의 표준 생성 엔탈피	-411

예제 9.2.4 (Z61)

다음 자료를 사용하여 염화 포타슘의 $\Delta H_f{}^\circ$ 를 구하라.

$$K(s) + \frac{1}{2}Cl_2(g) \rightarrow KCl(s)$$

격자 에너지	690.kJ/mol
K의 이온화 에너지	419kJ/mol
Cl의 전자 친화도	−349kJ/mol
Cl_2의 결합 에너지	239kJ/mol
K의 승화 엔탈피	64kJ/mol

예제 9.2.5 (Z62)

다음 자료를 사용하여 플루오린화 마그네슘의 $\Delta H_f{}^\circ$ 를 구하라.

$$Mg(s) + F_2(g) \rightarrow MgF_2(s)$$

격자 에너지	2913kJ/mol
Mg의 일차 이온화 에너지	735kJ/mol
Mg의 이차 이온화 에너지	1445kJ/mol
F 의 전자 친화도	−328kJ/mol
F_2의 결합 에너지	154kJ/mol
Mg의 승화 엔탈피	150.kJ/mol

9.3 공유 결합

1. 공유 결합

- 공유 결합은 두 원자가 전자쌍을 공유하여 형성된다.
- 대부분의 공유 결합 물질에서 각 원자는 팔전자 규칙(옥텟 규칙)을 만족한다.
- 수소와 헬륨은 2전자 규칙을 따른다.
- 원자끼리 공유한 전자쌍은 결합 전자쌍이고, 결합에 참여하지 않은 전자쌍은 비결합 전자쌍이다.

- 결합 차수는 원자끼리 공유한 결합 전자쌍의 개수이다. (1차, 2차, 1.5차 …)
- 다른 조건이 동일할 때 결합 차수가 클수록 결합 길이는 짧고 결합 에너지는 크다.

결합의 종류	결합 차수	결합 길이(pm)	결합 에너지(kJ/mol)
C—O	1	143	358
C=O	2	123	745
C≡O	3	113	1070
C—C	1	154	347
C=C	2	134	614
C≡C	3	121	839
N—N	1	146	160
N=N	2	122	418
N≡N	3	110	945

2. 전기 음성도

- 전기 음성도는 화학 결합에서 전자를 자신의 방향으로 끌어오는 능력의 척도이다.

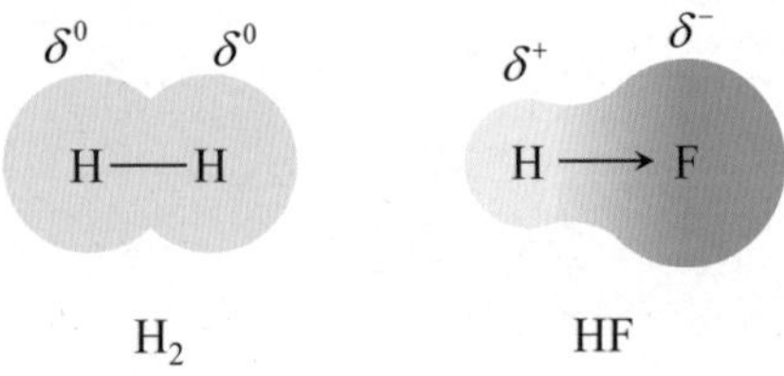

- 전기음성도는 주기율표에서 오른쪽, 위로 갈수록 증가한다.
- 플루오린(F)은 전기 음성도가 가장 큰 원소이다.
- 전하가 비대칭적으로 분포되면 분자나 이온은 극성을 가진다.

1 **H** 2.20																	
3 **Li** 0.98	4 **Be** 1.57					전기 음성도 수치						5 **B** 2.04	6 **C** 2.55	7 **N** 3.04	8 **O** 3.44	9 **F** 3.98	
11 **Na** 0.93	12 **Mg** 1.31											13 **Al** 1.61	14 **Si** 1.90	15 **P** 2.19	16 **S** 2.58	17 **Cl** 3.16	
19 **K** 0.82	20 **Ca** 1.00	21 **Sc** 1.36	22 **Ti** 1.54	23 **V** 1.63	24 **Cr** 1.66	25 **Mn** 1.55	26 **Fe** 1.83	27 **Co** 1.88	28 **Ni** 1.91	29 **Cu** 1.90	30 **Zn** 1.65	31 **Ga** 1.81	32 **Ge** 2.01	33 **As** 2.18	34 **Se** 2.55	35 **Br** 2.96	
37 **Rb** 0.82	38 **Sr** 0.95	39 **Y** 1.22	40 **Zr** 1.33	41 **Nb** 1.6	42 **Mo** 2.16	43 **Tc** 1.9	44 **Ru** 2.2	45 **Rh** 2.28	46 **Pd** 2.20	47 **Ag** 1.93	48 **Cd** 1.69	49 **In** 1.78	50 **Sn** 1.96	51 **Sb** 2.05	52 **Te** 2.1	53 **I** 2.66	
55 **Cs** 0.79	56 **Ba** 0.89	57 **La** 1.1	72 **Hf** 1.3	73 **Ta** 1.5	74 **W** 2.36	75 **Re** 1.9	76 **Os** 2.2	77 **Ir** 2.20	78 **Pt** 2.28	79 **Au** 2.54	80 **Hg** 2.00	81 **Ti** 1.62	82 **Pb** 2.33	83 **Bi** 2.02	84 **Po** 2.0	85 **At** 2.2	
87 **Fr** 0.7	88 **Ra** 0.9																

예제 9.3.1 (Z31)

다음 원소 그룹의 각각에 대하여 전기 음성도의 증가 순서를 예상하라.

a. C, N, O

b. S, Se, Cl

c. Na, K, Rb

d. F, Cl, Br

e. S, O, F

3. 결합의 극성

- 대부분의 화학 결합은 완전한 공유성 (0% 이온성)과 완전한 이온성 (100% 이온성)의 사이에 위치한다.

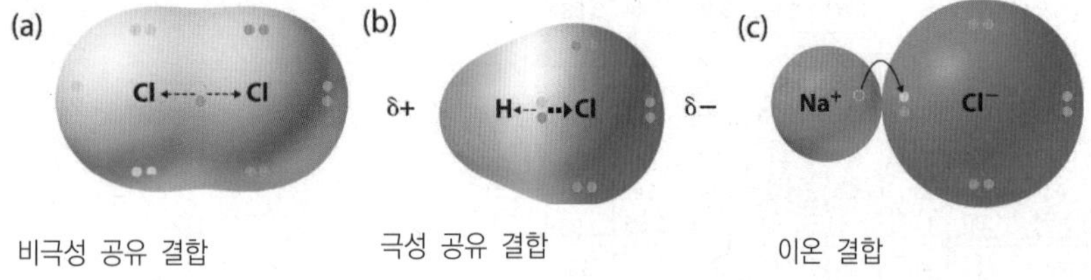

비극성 공유 결합 극성 공유 결합 이온 결합

- 일반적으로 두 원자의 전기 음성도 차가 1.7 이하면 공유결합으로 간주한다.
- 결합 극성의 척도는 쌍극자 모멘트(=이중극자 모멘트)이다.
- 쌍극자 모멘트를 나타내는 기호는 (μ)이고 단위는 Debye(D)이다.
- 전하 분리가 클수록 쌍극자 모멘트가 크다.

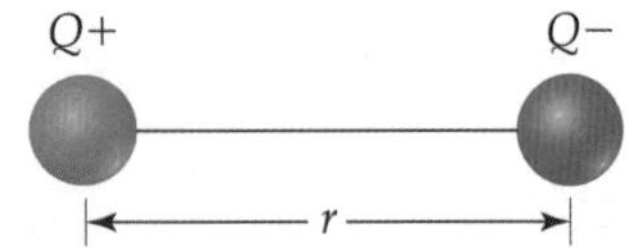

$$\mu = Qr$$

Compound	Bond Length (Å)	Electronegativity Difference	Dipole Moment (D)
HF	0.92	1.9	1.82
HCl	1.27	0.9	1.08
HBr	1.41	0.7	0.82
HI	1.61	0.4	0.44

>>> 전기 음성도 차가 클수록 결합의 이온성이 커진다.

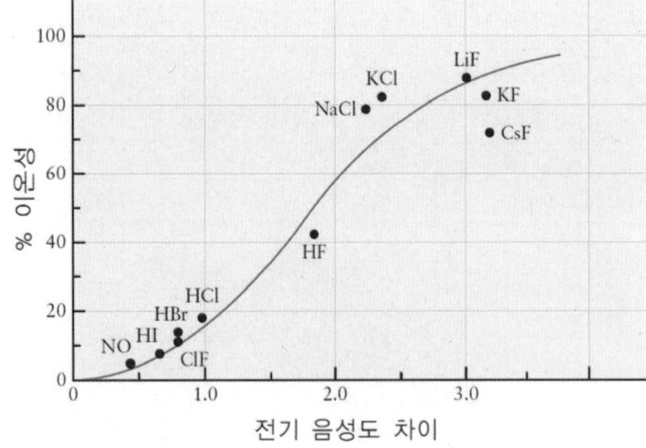

예제 9.3.2 (Z37)

결합의 극성을 잘못 나타낸 것은? 잘못된 것을 수정하라.

a. $^{\delta+}H-F^{\delta-}$

b. $^{\delta+}Cl-I^{\delta-}$

c. $^{\delta+}Si-S^{\delta-}$

d. $^{\delta+}Br-Br^{\delta-}$

e. $^{\delta+}O-P^{\delta-}$

예제 9.3.3 (Z39)

다음의 원소 쌍들 사이에 형성될 것으로 예상되는 결합의 유형(이온결합, 공유결합, 또는 극성 공유결합)을 말하라.

a. Rb와 Cl

b. S와 S

c. C와 F

d. Ba와 S

e. N과 P

f. B와 H

9.4 루이스 구조와 분자 모양

1. 루이스 구조

- 루이스 구조는 원자들 사이에 옥텟 규칙(팔전자 규칙)을 최대한 만족시키며 원자가 전자(valence electron)를 배치하는 방식이다.

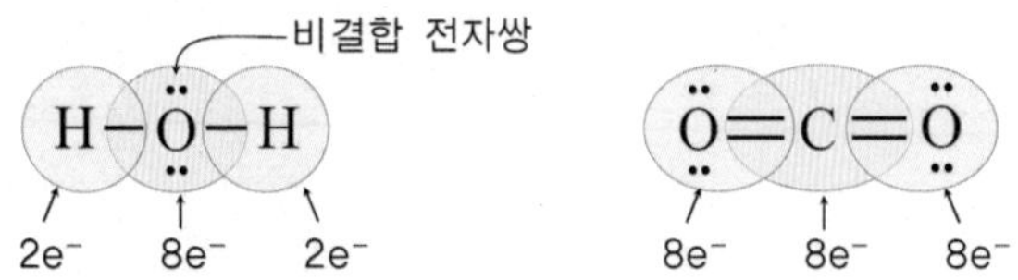

▶ 루이스 구조 그리기 단계

1. 모든 원자의 원자가 전자 수를 더한다.
2. 중심 원자와 주위 원자를 연결한다.
   (AB_n에서 중심원자는 대부분 A, ABC에서 중심원자는 대부분 B, 전기음성도가 크고 반지름이 작은 원자가 주변원자일 가능성이 높음)
3. 주위 원자의 팔전자계를 먼저 만족시킨다.(수소는 2전자계)
4. 남은 전자는 모두 중심원자에 준다. (팔전자계를 넘더라도)
5. 중심원자의 팔전자계가 만족되지 않으면 다중결합으로 중심원자의 팔전자계를 만족시킨다.
6. 각 원자의 형식전하를 나타낸다.

- 형식 전하 (formal charge) 두 원자가 결합 전자쌍의 전자를 한 개씩 공평하게 나누었다고 가정했을 때 각 원자의 알짜 전하이다.
- 모든 원자의 형식 전하의 합은 그 분자나 이온의 전체 전하와 같다.

예제 9.4.1

다음 분자들에 대해 루이스 구조를 그려라.

a. F_2

b. O_2

c. CH_4

d. NH_3

예제 9.4.2

다음 화학종에 대해 루이스 구조를 그려라.

a. CO_2

b. HCN

c. NO_3^-

d. NO_2^+

2. 옥텟 규칙의 예외

- 3주기 이상의 원소들은 화합물을 형성하면서 8개보다 많은 원자가 전자(확장된 원자가 껍질)를 가질 수 있다.(PCl_5, SF_6, XeF_4 …)

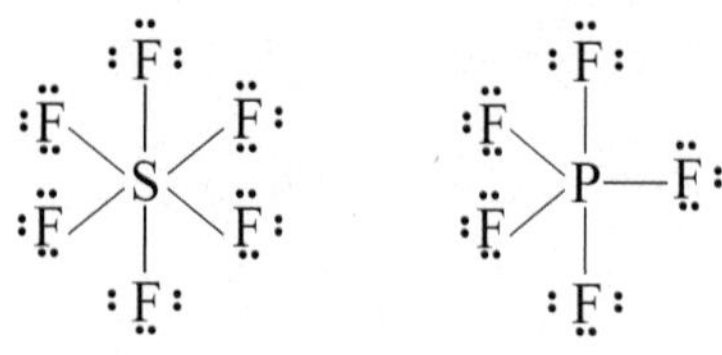

- 8개 보다 작은 원자가 전자를 가지는 중심 원자 (BF_3, BH_3, BCl_3, BeF_2, BeH_2, $BeCl_2$ …)

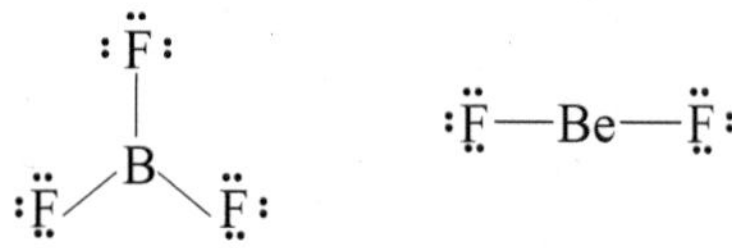

- 홀수 개의 전자를 가지는 분자 (라디칼) (NO, NO_2, …)

:Ö—Ṅ=Ö

예제 9.4.3

다음 화학종에 대해 루이스 구조를 그려라.

a. PCl_5

b. SF_4

c. SF_4^{2-}

d. ClF_3

예제 9.4.4

다음 화학종에 대해 루이스 구조를 그려라.

a. ICl_4^-

b. $BeCl_2$

c. XeO_3

d. BF_3

3. 공명 구조 (resonance structure)

- 어떤 물질이 두 개 이상의 타당한 루이스 구조를 가질 때 각각의 루이스 구조를 그 물질의 공명 구조(resonance structures)라 한다.
- 각각의 공명구조는 실제로는 존재하지 않는 가상적 구조이다.
- 실제 분자는 각 공명 구조의 평균값(공명 혼성체)이고, 공명 화살표 (↔)를 이용해서 나타낸다.
- 실제 분자는 각각의 공명구조보다 에너지가 낮다.

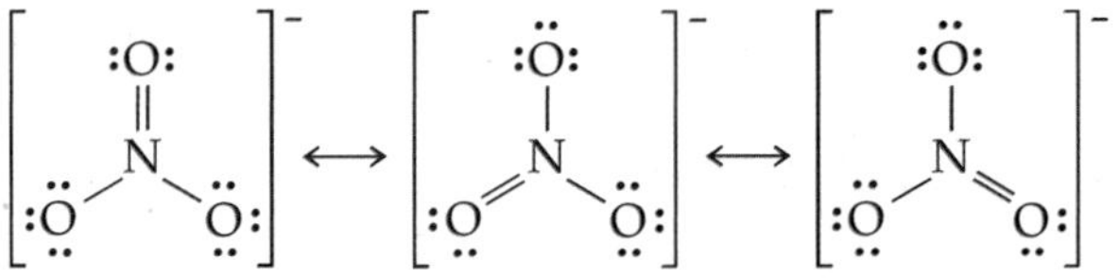

〈질산 이온의 세 가지 공명 구조들〉

- 더 타당한 공명 구조의 조건

① 형식전하가 0에 가까울수록

② 음의 형식 전하가 전기 음성도가 큰 원자에 주어질수록

예제 9.4.5 (Z93)

다음 물질에 대하여 적용 가능한 모든 공명 구조를 그리고. 형식전하 관점에서 가장 타당한 공명구조를 찾아라.

a. NO_2^-

b. OCN^- (중심원자는 C)

c. SCN^- (중심원자는 C)

d. N_3^-

e. N_2O

예제 9.4.6 (Z101)

탄소-산소 결합 길이가 가장 긴 것에서 가장 짧은 순으로 다음 화학종을 나열하라.
또 탄소-산소 결합이 가장 약한 것부터 가장 강한 것까지 순서대로 나열하라.

CO, CO_2, CO_3^{2-}, CH_3OH

4. 형식전하와 산화수

- 형식전하(formal charge)는 두 원자가 결합 전자쌍의 전자를 한 개씩 공평하게 나누었다고 가정했을 때, 각 원자의 가상 전하이다.
- 산화수(oxidation number)는 전기음성도가 큰 원자가 결합 전자쌍을 모두 가져갔다고 가정했을 때, 각 원자의 가상 전하이다.

C와 O가 결합 전자쌍을 동등하게 나눠 가진다.

전기 음성도가 더 큰 O에게 결합 전자쌍을 모두 준다.

O: 0, C: 0, O: 0

〈형식전하〉

O: −2, C: +4, O: −2

〈산화수〉

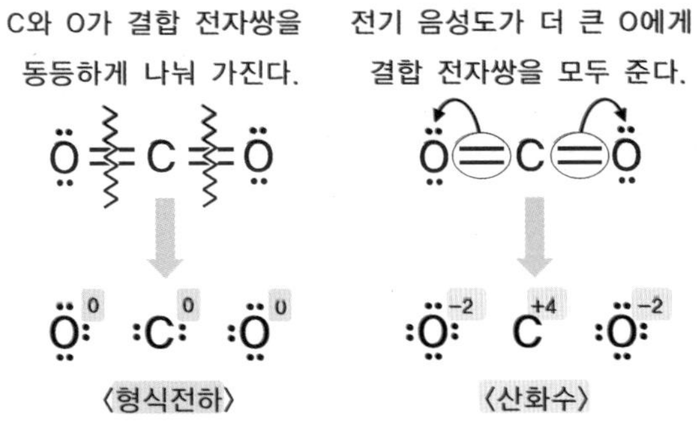

예제 9.4.7

다음 이온에 대하여 팔전자계를 만족하는 가장 타당한 루이스 구조를 그리고, 각 원자의 형식전하와 산화수를 나타내시오,

a. $S_2O_3^{2-}$ $\left[\text{S—S(O)(O)—O} \right]^{2-}$

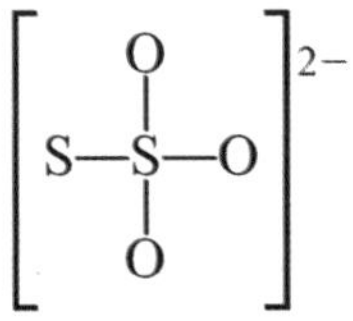

b. $S_2O_8^{2-}$ $\left[\text{O—S(O)(O)—O—O—S(O)(O)—O} \right]^{2-}$

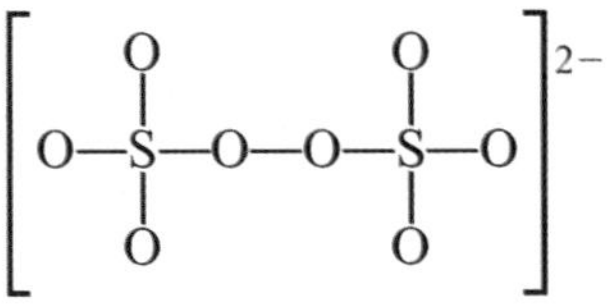

5. VSEPR 모형(Valence-Shell Electron Pair Repulsion model)

- VSEPR모형을 이용하면 루이스 구조로부터 분자의 3차원적 구조를 유추할 수 있다.
- 원자들의 공간적 위치로부터 분자 구조의 이름을 결정한다.

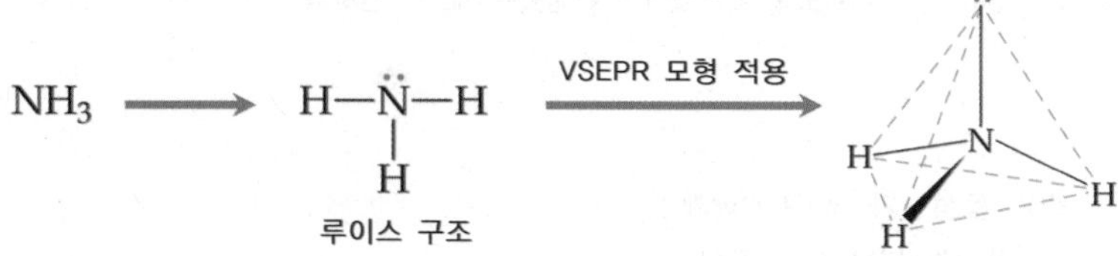

- 단일결합, 다중결합, 비결합 전자쌍은 각각 1개의 전자구역(electron domain)을 이룬다.
- 전자구역은 서로의 반발력이 최소가 되도록 배치된다.
- 비공유 전자쌍과 다중결합은 단일결합보다 반발력이 더 큰 전자구역이다.

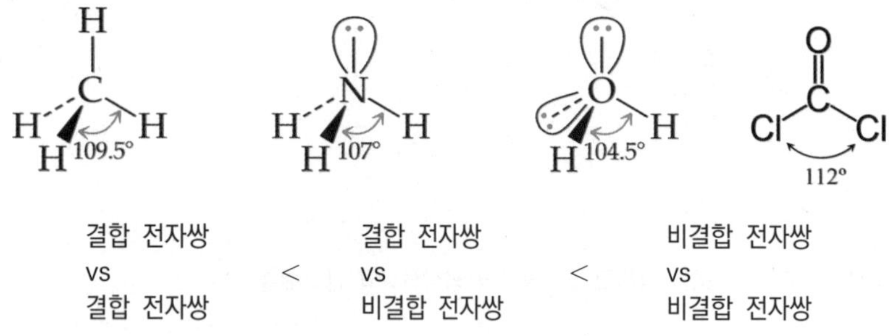

결합 전자쌍 vs 결합 전자쌍 < 결합 전자쌍 vs 비결합 전자쌍 < 비결합 전자쌍 vs 비결합 전자쌍

예제 9.4.8

H_2O와 H_3O^+ 중 결합각이 작은 것은 어느 것인가?

예제 9.4.9

ClO_4^-와 ClO_3^- 중 결합각이 작은 것은 어느 것인가?

▶ VSEPR모형의 적용 예

전자구역 수	비공유 전자쌍의 수	분자모양	(예)
2	-	선형 	CO_2
3	0	삼각 평면 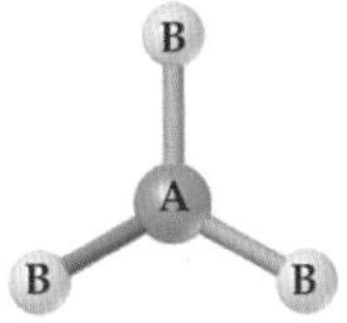	BF_3
	1	굽은 모양 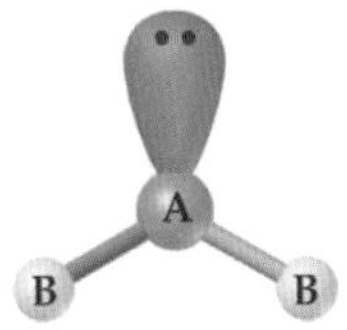	O_3
4	0	정사면체 	CH_4
	1	삼각 피라미드 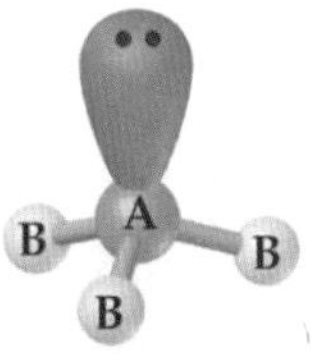	NH_3
	2	굽은모양 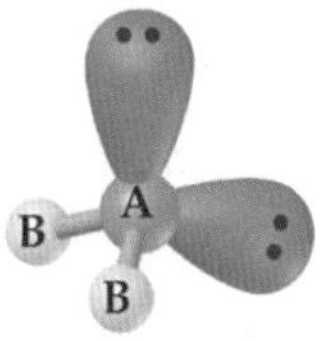	H_2O

5	0	삼각이중 피라미드 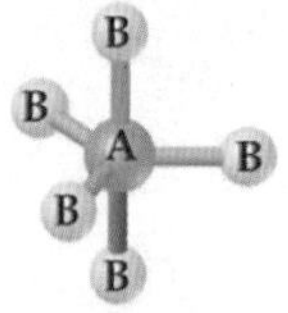	PCl_5
	1	시소 모양 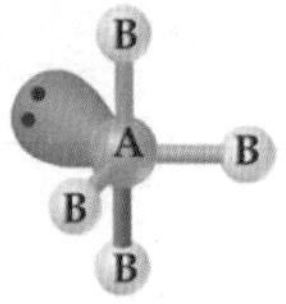	SF_4
	2	T모양 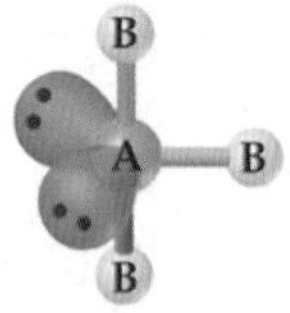	ClF_3
	3	선형 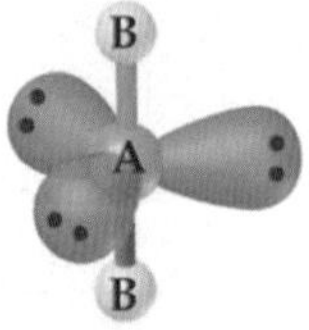	XeF_2
6	0	정팔면체 	SF_6
	1	사각 피라미드 	BrF_5
	2	평면사각 	XeF_4

예제 9.4.10

다음 분자들의 Lewis 구조를 그리고 입체 구조 및 결합각을 예측하라.

a. OF_2

b. BF_3

c. TeF_4

d. AsF_5

e. KrF_2

f. KrF_4

g. IF_5

예제 9.4.11

다음 분자나 이온의 Lewis 구조를 그리고 입체 구조 및 결합각을 예측하라.

a. SO_2

b. SO_3

c. SO_3^{2-}

d. SO_4^{2-}

예제 9.4.12

다음 분자나 이온의 Lewis 구조를 그리고 입체 구조 및 결합각을 예측하라.

a. ClO_2^-

b. ClO_3^-

c. ClO_4^-

예제 9.4.13

다음 중 극성 분자를 모두 골라라.

a. SO_2

b. BeH_2

c. SO_3

d. IF_3

e. XeO_4

f. SeF_4

예제 9.4.14

다음 화학종의 결합각이 커지는 순서대로 나열하라.

a. NO_2^+

b. NO_2^-

c. NO_2

d. NO_3^-

09 개념 확인 문제 (적중 2000제 선별문제)

01. CB206. 격자 에너지

다음 중 이온 화합물의 격자 에너지 절대값을 비교한 것으로 옳지 않은 것은?

① $NaCl > KCl$
② $NaCl > NaF$
③ $MgO > MgCl_2$
④ $NaF > KCl$
⑤ $Al_2O_3 > CaO$

02. CB214. 가장 안정한 공명구조

다음은 SCN^-의 세 가지 공명 구조 (가)~(다)의 구조를 나타낸 것이다. 이에 대한 설명으로 옳지 않은 것은? (단, (가)~(다)에서 모든 원자는 옥텟 규칙을 만족한다.)

$[S=C=N]^-$ (가)　　$[S-C\equiv N]^-$ (나)　　$[S\equiv C-N]^-$ (다)

① (가)에서 S의 형식전하는 0이다.
② (가)에서 N의 산화수는 −3이다.
③ (나)에서 S의 형식전하는 −1이다.
④ (다)에서 N의 형식전하는 −2이다.
⑤ SCN^-의 가장 타당한 공명구조는 (다)이다.

03. CB216. 결합 길이 비교

다음 중 C와 O의 결합 길이가 가장 긴 화학종은?

① CO
② CO_2
③ CO_3^{2-}
④ $COCl_2$
⑤ $CH_3CO_2^-$

04. CB221. 쌍극자 모멘트

다음 다섯 분자 중 쌍극자 모멘트를 가지는 분자의 개수는?

OCl_2,	KrF_2,	TeF_4,	IF_3,	XeO_3

① 1
② 2
③ 3
④ 4
⑤ 5

05. CB349-1. 분자모양

다음 중 분자의 기하학적 구조가 잘못 연결된 것은?

① 평면사각 : SF_4
② 평면삼각 : SO_3
③ 삼각뿔 : NF_3
④ 평면사각 : XeF_4
⑤ 굽은 형 : SO_2

06. CB350. 분자모양

ICl_4^-의 기하구조는?

① 정사면체
② 평면사각형
③ 사각피라미드
④ 정팔면체
⑤ 삼각쌍뿔형

07. CB355. 분자모양

XeF_4 분자 구조 중 맞는 것은?

① 사각뿔구조(square pyramidal)
② 평면사각형(square planar)
③ 정사면체(tetrahedral)
④ 정팔면체(octahedral)
⑤ T shaped

08. CB395. 결합각

다음 중에서 O−S−O 결합각이 가장 큰 것은?

① SO_2
② SO_3
③ SO_3^{2-}
④ SO_4^{2-}
⑤ H_2SO_4

번호	1	2	3	4	5
정답	②	⑤	③	④	①

번호	6	7	8		
정답	②	②	②		

C H E M I S T R Y

10

혼성 오비탈, 분자 오비탈

10

혼성 오비탈, 분자 오비탈

10.1 원자가 결합 이론 (valence bond theory)

1. 원자가 결합 모형

- 공유결합은 오비탈이 중첩되어 형성된다.

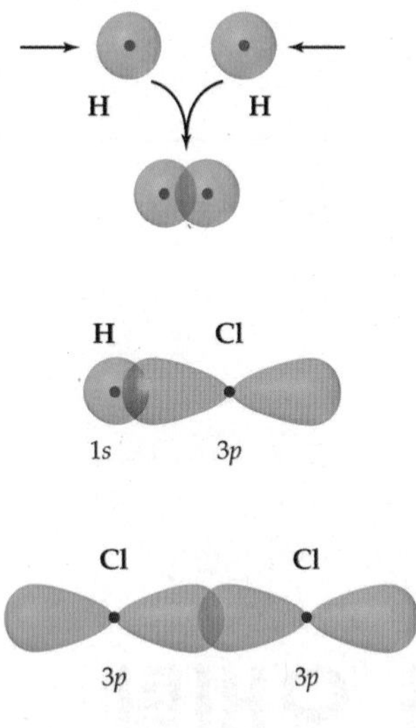

- 공유 결합 방식: σ결합과 π결합
  ① 시그마(σ)결합 : 두 오비탈이 마주 보며(end-to-end) 겹쳐서 형성

  ② 파이(π)결합 : 두 오비탈이 옆으로 겹쳐서 형성

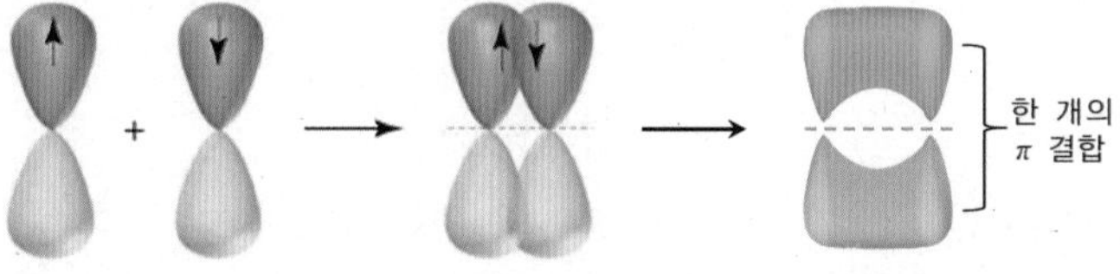

▶ σ결합과 π결합

시그마(σ)결합	파이(π)결합
• end-to-end	• side-to-side
• 결합 축을 중심으로 회전 가능	• 결합 축을 중심으로 회전 불가능
• 효율적 오비탈 겹침 → 강한 결합	• 비효율적 오비탈 겹침 → 약한 결합

2. 혼성 오비탈과 루이스 구조

- 중심 원자의 혼성 오비탈은 루이스 구조에서 중심 원자의 전자구역 개수에 의해 결정된다.

>>>
전자 구역(electron domain),
입체 수(steric number, SN)
모두 같은 의미

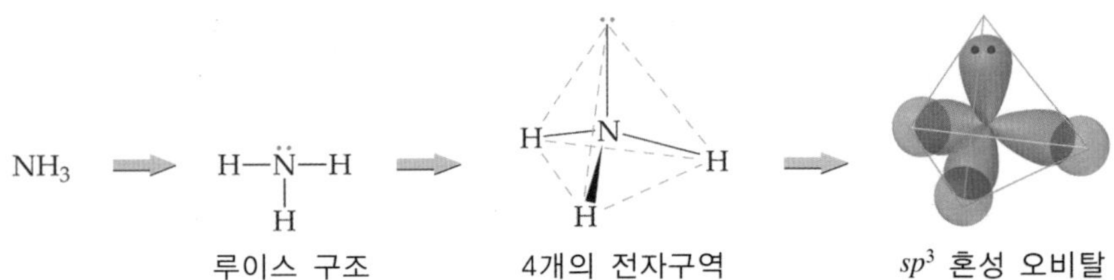

중심 원자의 전자 구역의 수	중심 원자의 혼성 오비탈
2	sp
3	sp^2
4	sp^3
5	sp^3d
6	sp^3d^2

예제 10.1.1

다음 화학종에서 중심 원자의 혼성 오비탈은 무엇인가?

a. CO_2

b. H_2O

c. PCl_5

d. I_3^-

e. XeF_4

예제 10.1.2

다음의 기하구조를 가지는 분자에서 중심 원자의 혼성 오비탈은 무엇인가?

a. 사면체

b. 시소

c. 삼각뿔

d. 사각 피라미드

e. 평면 삼각

f. 팔면체

예제 10.1.3

다음 분자들의 Lewis 구조를 그리고 입체 구조 및 결합각을 예측하라. 중심 원자의 혼성 궤도함수를 적고, 분자의 극성을 예측하라.

a. BF_3

b. BeH_2

c. TeF_4

d. AsF_5

e. SO_3

f. SO_3^{2-}

g. SO_4^{2-}

3. 혼성 오비탈

- 두 원자의 궤도 함수가 겹쳐서 공유 결합이 형성된다.(원자가 결합 이론 관점)
- 결합을 형성하는 과정에서 원자 오비탈끼리 혼합(혼성화)되어 혼성 오비탈을 생성한다.

원자 오비탈 —혼성화→ 혼성 오비탈 —오비탈 겹침→ 결합에 참여

- 오비탈의 수와 전자의 수는 혼성화 전·후에 변하지 않는다.
- 혼성 오비탈은 혼성되기 전의 각 원자 오비탈의 평균적 성격을 띤다.

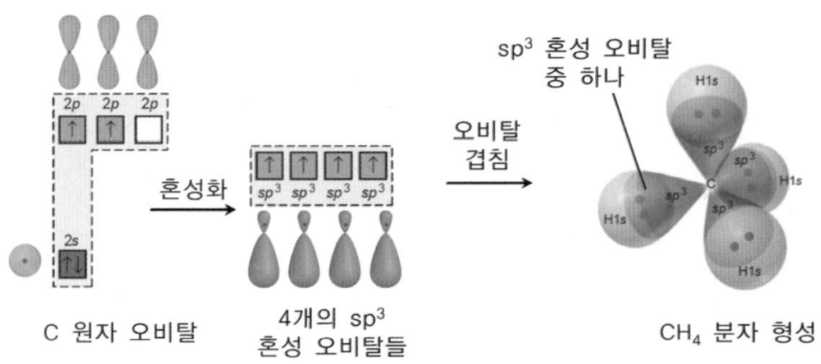

예제 10.1.4

메테인(CH_4)에 대한 다음 질문에 답하시오.

a. C가 혼성화 없이 만들 수 있는 결합의 수는 몇 개인가? 결합각은 어떻게 예상되는가?

b. C에 대하여 혼성화 전과 sp^3 혼성화 후의 전자 구조를 나타내는 오비탈 그림(박스 안에 화살표)을 그려라.

c. C가 sp^3 혼성화 후에 만들 수 있는 결합의 수는 몇 개인가? 결합각은 어떻게 예상되는가?

d. 메테인(CH_4) 분자에서 결합은 어떤 오비탈들의 겹침으로 형성되는가?

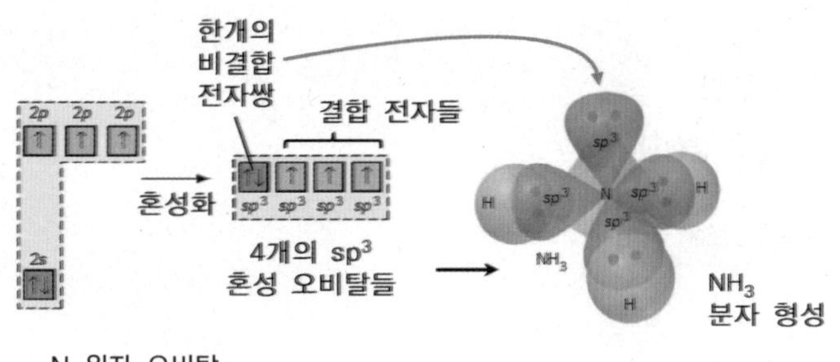

예제 10.1.5

암모니아(NH_3)에 대한 다음 질문에 답하시오.

a. N이 혼성화 없이 만들 수 있는 결합의 수는 몇 개인가? 결합각은 어떻게 예상되는가?

b. N에 대하여 혼성화 전과 sp^3 혼성화 후의 전자 구조를 나타내는 오비탈 그림(박스 안에 화살표)을 그려라.

c. N이 sp^3 혼성화 후에 만들 수 있는 결합의 수는 몇 개인가? 결합각은 어떻게 예상되는가?

d. 암모니아(NH_3) 분자에서 결합은 어떤 오비탈들의 겹침으로 형성되는가?

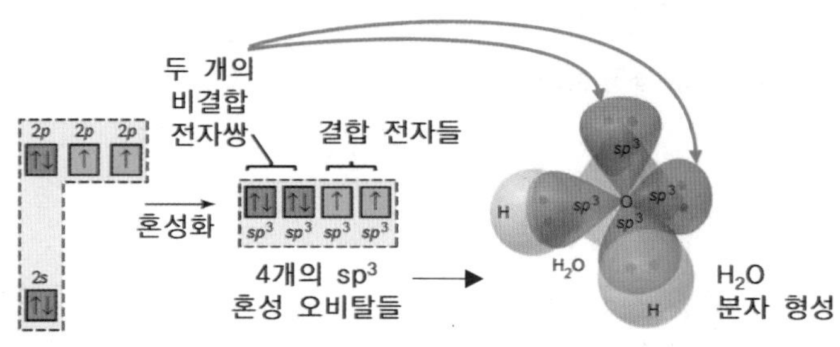

O 원자 오비탈

 10.1.6

물(H_2O) 분자에 대한 다음 질문에 답하시오.

a. O가 혼성화 없이 만들 수 있는 결합의 수는 몇 개인가? 결합각은 어떻게 예상되는가?

b. O에 대하여 혼성화 전과 sp^3 혼성화 후의 전자 구조를 나타내는 오비탈 그림(박스 안에 화살표)을 그려라.

c. O가 sp^3 혼성화 후에 만들 수 있는 결합의 수는 몇 개인가? 결합각은 어떻게 예상되는가?

d. 물(H_2O) 분자에서 결합은 어떤 오비탈들의 겹침으로 형성되는가?

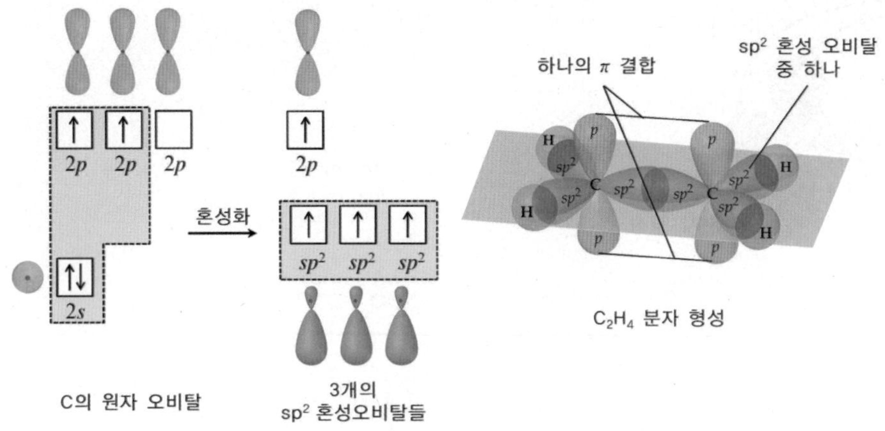

예제 10.1.7

에틸렌(C_2H_4)에 대한 다음 질문에 답하시오.

a. C가 혼성화 없이 만들 수 있는 결합의 수는 몇 개인가? 결합각은 어떻게 예상되는가?

b. C에 대하여 혼성화 전과 sp^2 혼성화 후의 전자 구조를 나타내는 오비탈 그림(박스 안에 화살표)을 그려라.

c. C가 sp^2 혼성화 후에 만들 수 있는 결합의 수는 몇 개인가? 결합각은 어떻게 예상되는가?

d. 에틸렌(C_2H_4) 분자에서 결합은 어떤 오비탈들의 겹침으로 형성되는가?

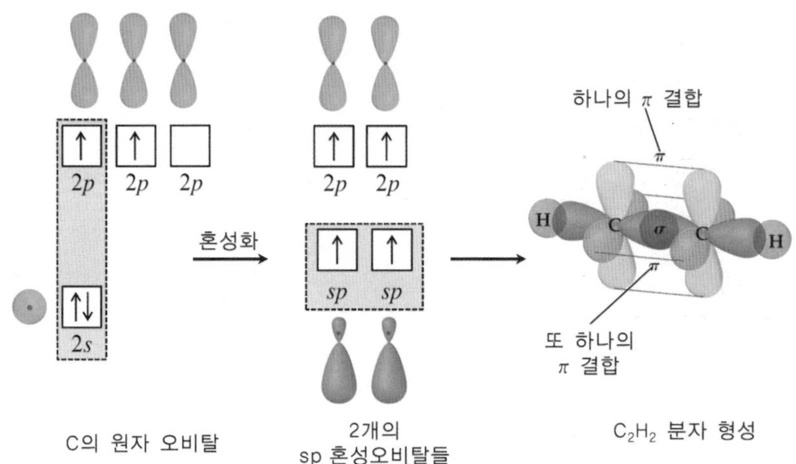

예제 10.1.8

C_2H_2에 대한 다음 질문에 답하시오.

a. C가 혼성화 없이 만들 수 있는 결합의 수는 몇 개인가? 결합각은 어떻게 예상되는가?

b. C에 대하여 혼성화 전과 sp 혼성화 후의 전자 구조를 나타내는 오비탈 그림(박스 안에 화살표)을 그려라.

c. C가 sp 혼성화 후에 만들 수 있는 결합의 수는 몇 개인가? 결합각은 어떻게 예상되는가?

d. C_2H_2 분자에서 결합은 어떤 오비탈들의 겹침으로 형성되는가?

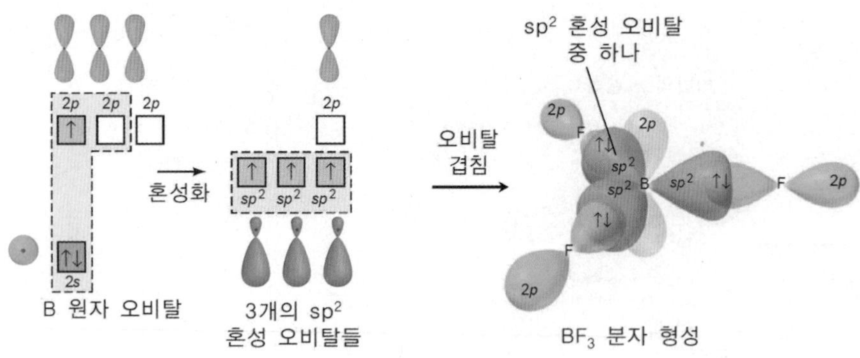

예제 10.1.9

BF_3에 대한 다음 질문에 답하시오.

a. B가 혼성화 없이 만들 수 있는 결합의 수는 몇 개인가? 결합각은 어떻게 예상되는가?

b. B에 대하여 혼성화 전과 sp^2 혼성화 후의 전자 구조를 나타내는 오비탈 그림(박스 안에 화살표)을 그려라.

c. B가 sp^2 혼성화 후에 만들 수 있는 결합의 수는 몇 개인가? 결합각은 어떻게 예상되는가?

d. BF_3 분자에서 결합은 어떤 오비탈들의 겹침으로 형성되는가?

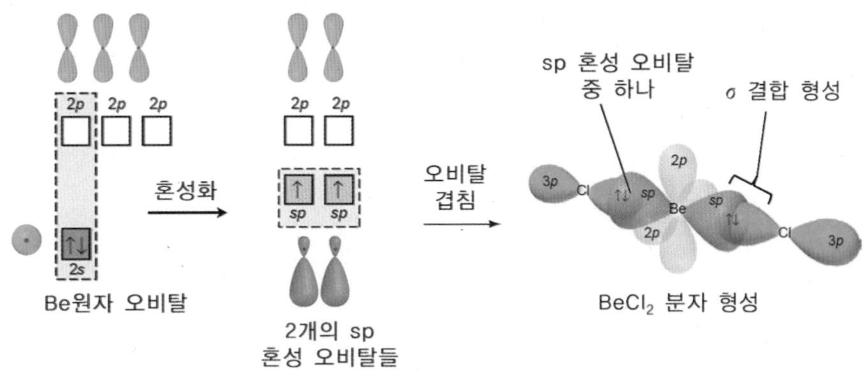

예제 10.1.10

$BeCl_2$에 대한 다음 질문에 답하시오.

a. Be이 혼성화 없이 만들 수 있는 결합의 수는 몇 개인가? 결합각은 어떻게 예상되는가?

b. Be에 대하여 혼성화 전과 sp 혼성화 후의 전자 구조를 나타내는 오비탈 그림(박스 안에 화살표)을 그려라.

c. Be이 sp 혼성화 후에 만들 수 있는 결합의 수는 몇 개인가? 결합각은 어떻게 예상되는가?

d. $BeCl_2$ 분자에서 결합은 어떤 오비탈들의 겹침으로 형성되는가?

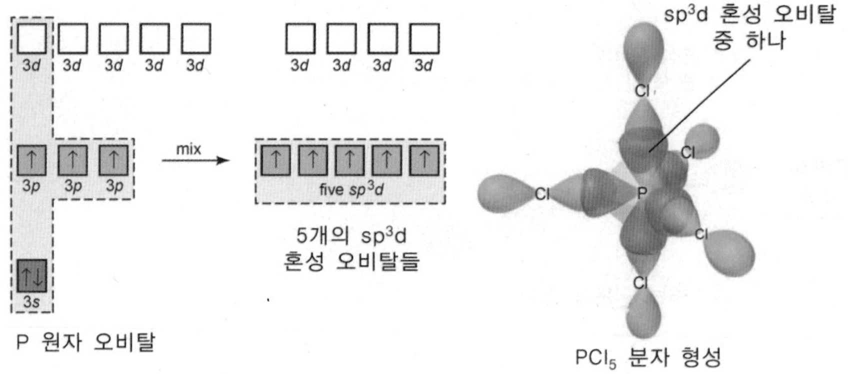

예제 10.1.11

PCl_5 분자에 대한 다음 질문에 답하시오.

a. P가 혼성화 없이 만들 수 있는 결합의 수는 몇 개인가?

b. P에 대하여 혼성화 전과 sp^3d 혼성화 후의 전자 구조를 나타내는 오비탈 그림(박스 안에 화살표)을 그려라.

c. P가 sp^3d 혼성화 후에 만들 수 있는 결합의 수는 몇 개인가?

d. PCl_5 분자에서 결합은 어떤 오비탈들의 겹침으로 형성되는가?

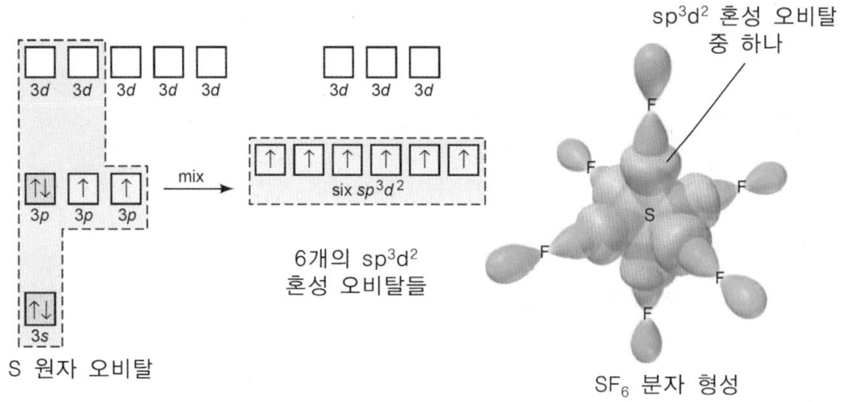

예제 10.1.12

SF_6에 대하여 다음 질문에 답하시오.

a. S가 혼성화 없이 만들 수 있는 결합의 수는 몇 개인가?

b. S에 대하여 혼성화 전과 sp^3d^2 혼성화 후의 전자 구조를 나타내는 오비탈 그림(박스 안에 화살표)을 그려라.

c. S가 sp^3d^2 혼성화 후에 만들 수 있는 결합의 수는 몇 개인가?

d. SF_6 분자에서 결합은 어떤 오비탈들의 겹침으로 형성되는가?

예제 10.1.13

다음 분자들에 대하여 모든 결합을 혼성 오비탈의 겹침을 포함하여 설명하라.

a. CH_3NH_2

b. HCN

c. N_2H_2

d. CO_2

e. 알렌($H_2C=C=CH_2$)

f. BrF_3

예제 10.1.14.

다음은 아크릴로나이트릴의 구조이다.

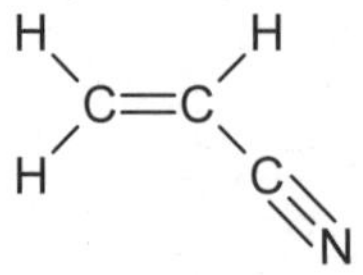

a. 모든 탄소 원자의 혼성을 써라.

b. 몇 개의 π 결합과 몇 개의 σ 결합이 있는가?

10.2 분자 오비탈 이론 (Molecular Orbital Theory)

1. 분자 오비탈 모형

- 원자의 전자가 원자 오비탈(AO)에 배치되듯이, 분자의 전자는 분자 오비탈(MO)에 배치된다. (분자가 형성될 때 AO는 없고 MO만 있다.)
- AO의 전자배치로 원자의 성질을 유추할 수 있듯이, MO의 전자배치로 분자의 성질을 유추할 수 있다.

2. H_2의 분자 오비탈(MO)

- 두 AO가 같은 위상으로 중첩되면 결합성 분자 오비탈 (bonding MO), 반대 위상으로 중첩되면 반결합성 분자 오비탈 (antibonding MO)를 생성한다.
- 결합성 MO는 중첩 전 AO보다 에너지가 낮고, 반결합성 MO는 중첩 전 AO보다 에너지가 높다.

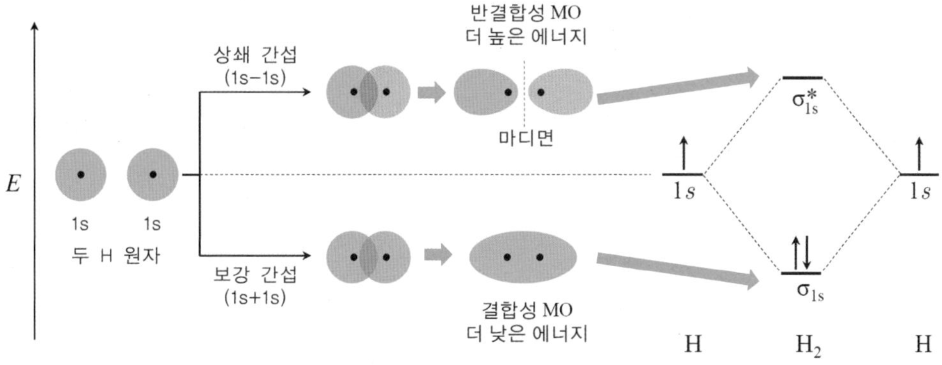

- 결합성 전자는 결합을 형성하는데 기여하고, 반결합성 전자는 결합을 끊는데 기여한다.

$$\text{결합차수} = \frac{1}{2} \times (\text{결합성 전자 수} - \text{반결합성 전자 수})$$

- MO이론으로 분자의 결합차수, 결합 길이, 자기적 성질, 흡수 파장, 결합 에너지, 이온화 에너지 등을 설명하고 예측할 수 있다.
- 결합 차수가 증가할수록: 결합 에너지 증가, 결합 길이 짧아짐
- 홀전자를 가지는 물질은 상자기성이고 자석에 끌린다. 홀전자를 가지지 않는 물질은 반자기성이고 자석에 약하게 밀린다.
- MO이론은 주로 2원자 화학종에 적용된다.

예제 10.2.1

다음 화학종의 MO 에너지 도표를 그리고 결합 차수를 예측하라.

a. H_2

b. H_2^+

c. He_2^+

d. Li_2

3. 2주기 동핵(homo nuclear) 2원자 분자의 MO

▶ 중첩 규칙

- 두 원자에서 에너지가 비슷한 AO끼리 서로 중첩된다.
- 중첩 전 AO의 수는 중첩 후 MO의 수와 같다.
- 중첩 전 전자의 수는 중첩 후 전자의 수와 같다.
- 두 AO가 많이 겹칠수록 결합성 MO의 에너지는 낮아지고, 반결합성 MO의 에너지는 높아진다.
- 전자배치는 축조원리, 훈트의 법칙, 파울리의 배타원리를 따른다.

- O_2의 MO 전자 배치

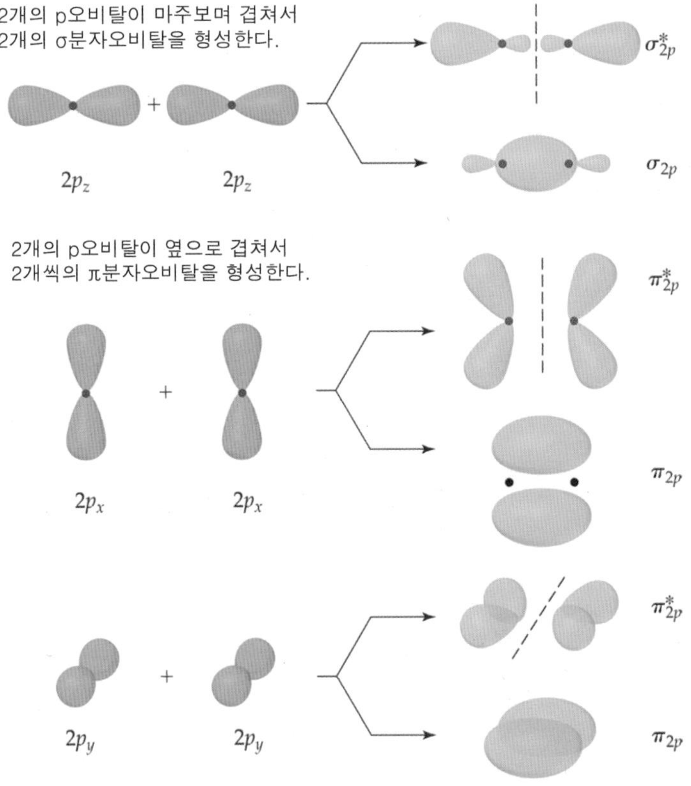

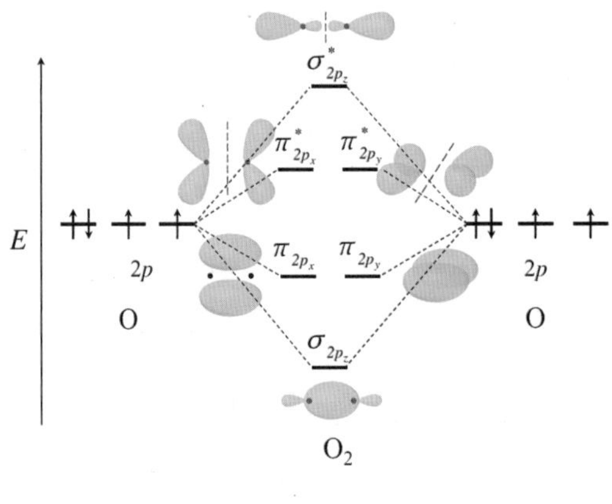

예제 10.2.2

O_2 분자에서 다음의 각 분자 오비탈의 모양을 그리고 에너지 준위에 나타내라. 바닥 상태 전자 배치를 나타내라. (단, 두 O원자는 z축 위에 있다.)

a. $2p_z$와 $2p_z$의 결합성 MO

b. $2p_z$와 $2p_z$의 반결합성 MO

c. $2p_x$와 $2p_x$의 결합성 MO

d. $2p_x$와 $2p_x$의 반결합성 MO

e. $2p_y$와 $2p_y$의 결합성 MO

f. $2p_y$와 $2p_y$의 반결합성 MO

예제 10.2.3

다음 화학종의 MO 에너지 도표를 그리고 결합 차수와 홀전자 수를 예측하라.

a. O_2

b. O_2^{2+}

c. O_2^{2-}

• 2주기 2원자 분자의 MO전자 배치

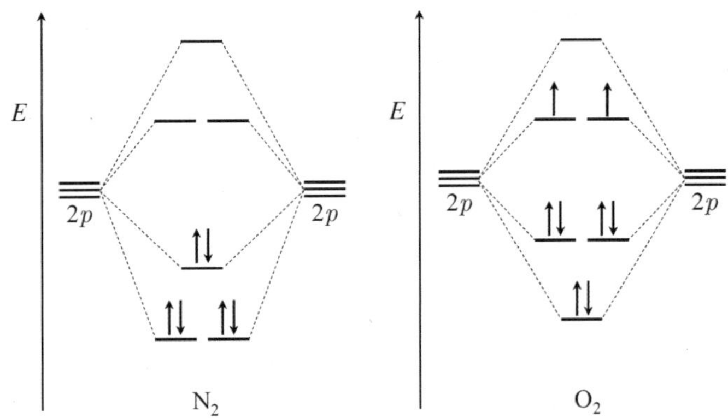

>>> B_2, C_2, N_2에서는 2s-2p 상호작용에 의해 에너지 준위가 $\pi_{2p} < \sigma_{2p}$로 변한다.

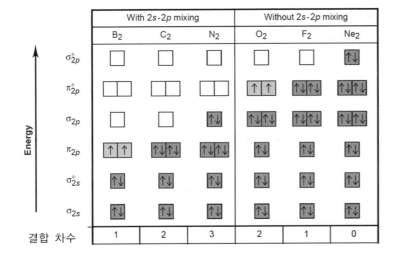

▶ 2주기 2원자 분사의 MO모앙

Energy	With 2s-2p mixing			Without 2s-2p mixing		
	B_2	C_2	N_2	O_2	F_2	Ne_2
σ^*_{2p}	□	□	□	□	□	↑↓
π^*_{2p}	□□	□□	□□	↑ ↑	↑↓ ↑↓	↑↓ ↑↓
σ_{2p}	□	□	↑↓	↑↓ ↑↓	↑↓ ↑↓	↑↓ ↑↓
π_{2p}	↑ ↑	↑↓ ↑↓	↑↓ ↑↓	↑↓	↑↓	↑↓
σ^*_{2s}	↑↓	↑↓	↑↓	↑↓	↑↓	↑↓
σ_{2s}	↑↓	↑↓	↑↓	↑↓	↑↓	↑↓
결합 차수	1	2	3	2	1	0

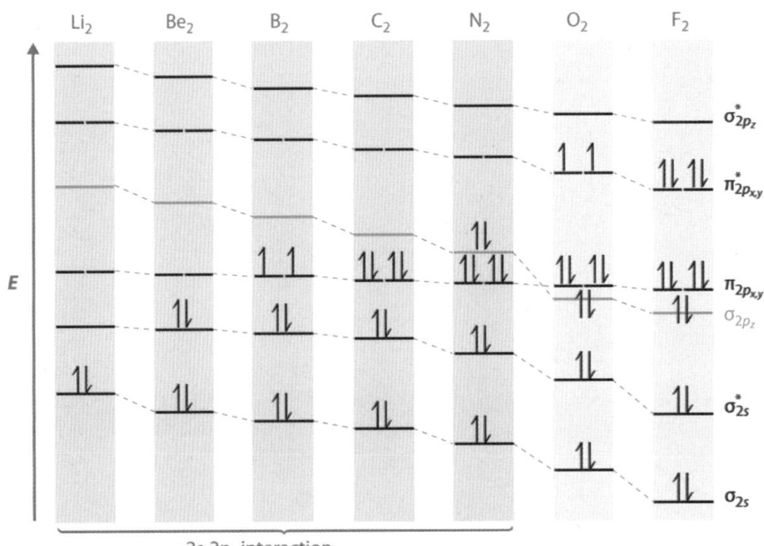

예제 10.2.4

다음 화학종의 MO 에너지 도표를 그리고 결합 차수와 홀전자 수를 예측하라.

a. C_2

b. C_2^+

c. C_2^-

d. N_2

e. N_2^{2+}

f. N_2^{2-}

4. 2주기 이핵(heteronuclear) 2원자 분자의 MO

- 같은 부껍질의 오비탈이라도 전기 음성도가 큰 원자의 오비탈 에너지가 더 낮다.
- MO와 AO의 에너지 준위가 가까울수록 기여도가 크고 서로 닮아있다.
- 전기 음성도가 큰 원자의 AO가 결합성 MO에 더 많이 기여한다.
- 전기 음성도가 작은 원자의 AO가 반결합성 MO에 더 많이 기여한다.

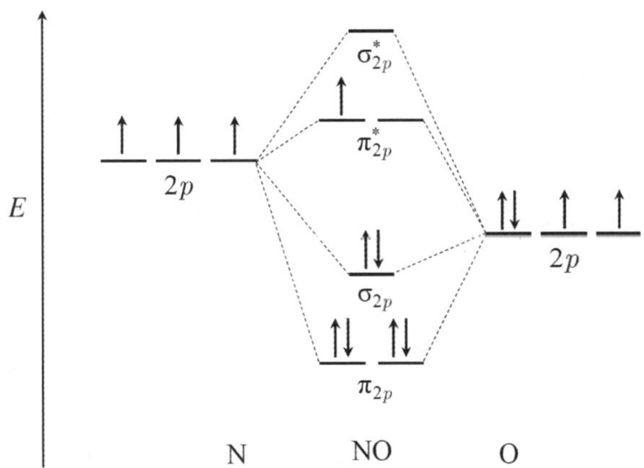

예제 10.2.5

다음 화학종의 MO 에너지 도표를 그리고 결합 차수와 홀전자 수를 예측하라.

a. CN^+

b. CN

c. CN^-

예제 10.2.6

다음 화학종의 MO 에너지 도표를 그리고 결합 차수와 홀전자 수를 예측하라.

a. CO

b. CO^+

c. CO^-

- 비결합성 MO(nonbonding MO)는 중첩 전 AO와 에너지가 같다.
- 비결합성 MO에 들어있는 전자는 결합 차수에 영향을 주지 않는다.

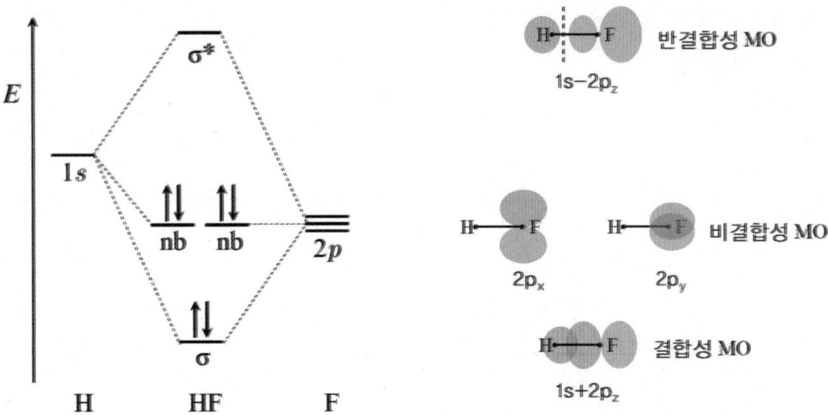

예제 10.2.7

HF 분자에서 다음의 각 분자 오비탈의 모양을 그리고 에너지 준위에 나타내라. (단, 두 원자는 z축 위에 있다.)

a. H의 $1s$와 F의 $2p_z$의 결합성 MO

b. H의 $1s$와 F의 $2p_z$의 반결합성 MO

c. 두 개의 비결합성 MO

예제 10.2.8

HF의 MO 에너지 도표를 그리고 결합 차수와 홑전자 수를 예측하라.

예제 10.2.9

HF^+와 HF^-의 결합 차수는 각각 무엇인가?

예제 10.2.10 (Z62)

OH 분자에 대한 다음 물음에 답하라. (O－H 결합은 z축을 따라 놓여있다).

a. OH의 시그마 결합 및 반결합 분자 오비탈의 모양을 그려라.

b. 두 개의 분자 궤도함수 중 어느 것이 수소의 $1s$ 성격이 더 큰지 결정하라.

c. 산소 원자의 $2p_x$ 궤도함수와 수소 원자의 $1s$ 궤도함수로부터 분자 궤도함수를 형성할 수 있는가?

d. OH의 분자 궤도함수 에너지 준위 그림을 그려라.

e. OH의 결합 차수를 예상하라.

f. OH^+의 결합 차수를 예상하라.

10 개념 확인 문제 (적중 2000제 선별문제)

01. CB211. 루이스 구조

다음 화합물의 모양과 중심 원자의 혼성 오비탈의 대응이 옳지 않은 것은?

	분자모양	중심원자의 혼성 오비탈
① PF_5	삼각쌍뿔	sp^3d
② SF_4	시소	sp^3d
③ ClF_3	T모양	sp^3d
④ I_3^-	선형	sp^3d
⑤ TeF_4	사면체	sp^3

02. CB224. σ결합과 π결합

다음은 1,3-dichloroallene의 구조를 나타낸 것이다. 이에 대한 설명으로 옳지 않은 것은?

```
Cl        H
  \      /
   C=C=C
  /      \
H         Cl
```

① 6개의 σ결합이 있다.
② 2개의 π결합이 있다.
③ C와 C의 σ결합은 sp^2오비탈과 sp오비탈이 중첩되어 생성된다.
④ C와 C의 π결합은 $2p$오비탈과 $2p$오비탈이 중첩되어 생성된다.
⑤ 쌍극자 모멘트는 0이다.

03. CB230. 분자 오비탈

다음 중 바닥 상태 N_2의 HOMO 모양으로 가장 적절한 것은? (단, HOMO는 전자가 채워진 분자 오비탈 중 가장 에너지 준위가 높은 분자 오비탈이다.)

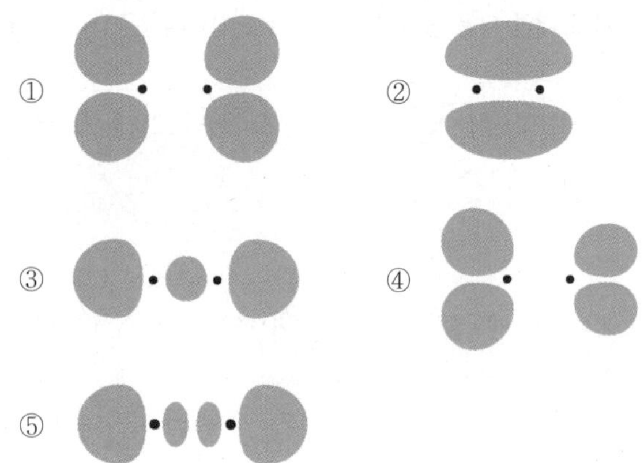

04. CB232. 분자 오비탈

다음 중 바닥 상태에서 반자성인 것은?

① B_2
② O_2
③ C_2
④ He_2^+
⑤ N_2^+

05. CB233. 분자 오비탈

다음 중 바닥 상태에서 결합 차수가 2.5인 화학종은?

① O_2
② NO^+
③ O_2^+
④ CN^-
⑤ CO

06. CB237. 분자 오비탈 (비결합성 MO)

바닥 상태에서 $\dfrac{HF^+\text{의 결합차수}}{HF^-\text{의 결합차수}}$는?

① 0.5
② 1
③ 1.5
④ 2
⑤ 3

07. CB328. 혼성 오비탈

다음 중 중심 원소의 혼성 궤도함수가 다른 것을 고르시오.

① SF_4
② PCl_5
③ ClF_3
④ I_3^-
⑤ XeF_4

08. CB332. 혼성 오비탈

다음 분자 또는 이온의 중심 원자가 가지는 혼성궤도 중 나머지 네 개와 다른 것은?

① SF_4
② SO_4^{2-}
③ NH_3
④ $SiCl_4$
⑤ CH_4

09. CB370. 분자 오비탈

다음 중 F−F 간의 결합길이가 가장 짧은 것은?

① F_2^{2-}

② F_2^{-}

③ F_2

④ F_2^{+}

⑤ F_2^{2+}

10. CB371-1. 분자 오비탈

다음 중 자기장에서 약하게 밀리는 것은?

① B_2

② O_2

③ C_2

④ He_2^{+}

⑤ N_2^{+}

번호	1	2	3	4	5
정답	⑤	⑤	③	③	③

번호	6	7	8	9	10
정답	④	⑤	①	⑤	③

MEMO

C H E M I S T R Y

11

분자간의 힘, 상전이, 고체

11

분자간의 힘, 상전이, 고체

11.1 분자간 힘

1. 분자간 힘

- 물질 사이에는 여러 종류의 인력이 작용한다.
- 물질은 분자간 힘으로 응축되어 액체나 고체를 이룬다.

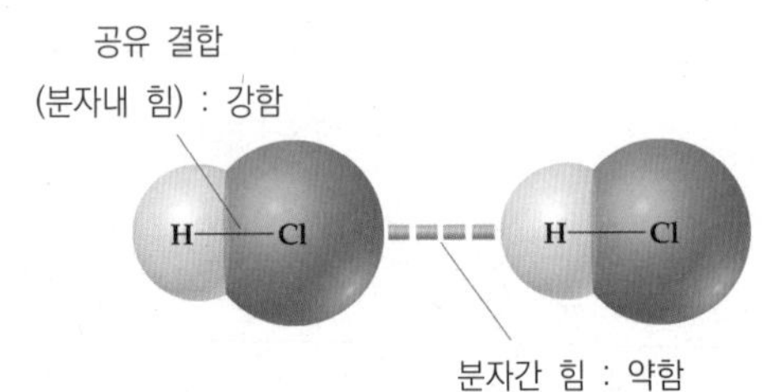

- 분자간 힘이 클수록 끓는점이 높다.
- 분자간 힘의 종류에는 쌍극자-쌍극자힘, 분산력, 수소결합 등이 있다.

2. 쌍극자-쌍극자 힘

- 분자의 전하가 비대칭적으로 분포되면 쌍극자 모멘트를 가진다.
- 극성분자 사이에는 쌍극자-쌍극자 힘이 작용한다.
- 비극성(무극성) 분자는 쌍극자 모멘트를 가지지 않는다.
- 일반적으로 쌍극자-쌍극자 힘의 크기는 분자의 극성에 비례한다.

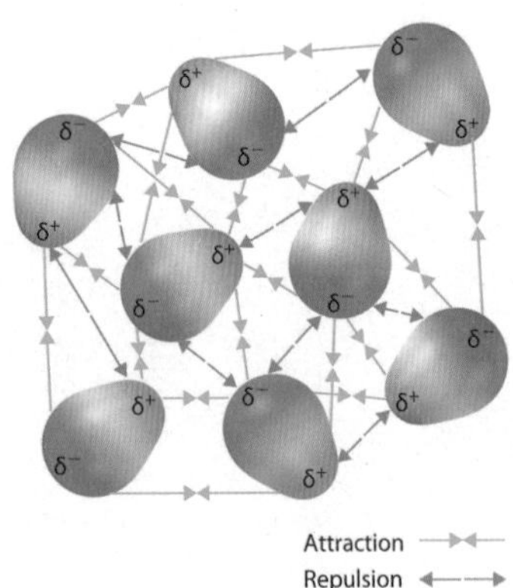

3. 분산력

- 비극성 물질도 일시적으로 전자구름이 변형되어 일시적 쌍극자가 될 수 있다.
- 런던 분산력은 일시적 쌍극자 사이의 인력이다.
- 물질의 편극성(polarizability)은 분자량에 비례한다.
- 분산력은 대체로 분자량이 클수록, 분자가 길수록 증가한다.
- 반데르발스 힘은 넓은 의미에서 중성 분자간 모든 종류의 힘을 일컫는다.
- 반데르발스 힘은 좁은 의미에서 분산력을 의미한다.

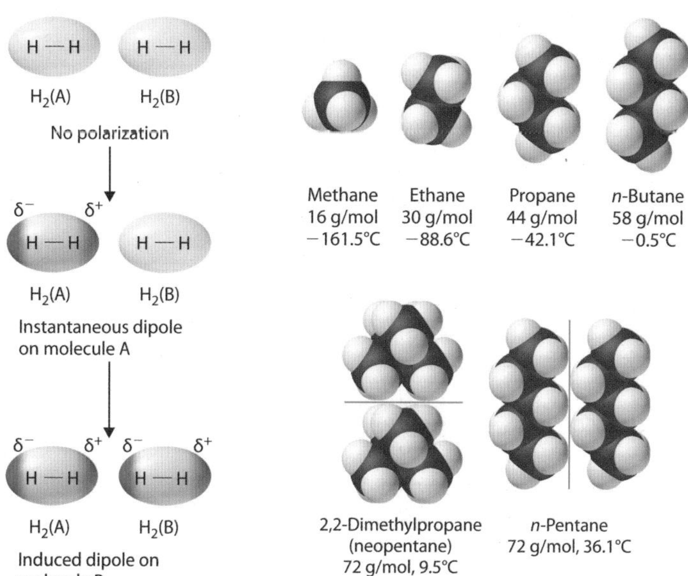

Halogen	Molecular Weight (amu)	Boiling Point (K)	Noble Gas	Molecular Weight (amu)	Boiling Point (K)
F_2	38.0	85.1	He	4.0	4.6
Cl_2	71.0	238.6	Ne	20.2	27.3
Br_2	159.8	332.0	Ar	39.9	87.5
I_2	253.8	457.6	Kr	83.8	120.9
			Xe	131.3	166.1

4. 수소 결합

- 수소 결합은 특별히 강한 쌍극자-쌍극자 힘의 한 형태이다.
- 수소 결합은 N, O, F원자의 비공유 전자쌍과 N, O, F에 직접 결합된 수소 사이에서 작용하는 인력이다. (예외도 있다.)

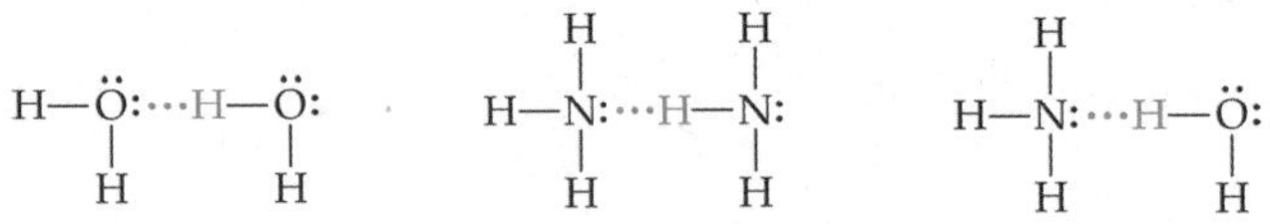

H—Ö:···H—Ö: (각 O에 H 결합) H—N:···H—N: (각 N에 H 두 개 결합) H—N:···H—Ö: (N에 H 두 개, O에 H 결합)

힘의 종류	전형적인 힘의 크기 (kJ/mol)
분산력	0.05~40
쌍극자-쌍극자 힘	5~25
수소결합	10~40
공유결합	150~1000
이온결합	400~4000

Nonbonding (Intermolecular)				
Ion-dipole	 + ······	Ion charge–dipole charge	40–600	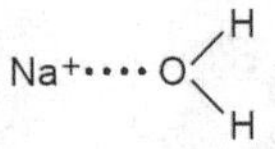 Na^{+}····OH_2
H bond	δ− δ+ δ− —A—H·······:B—	Polar bond to H–dipole charge (high EN of N, O, F)	10–40	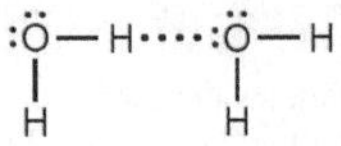 :Ö—H····:Ö—H (각 O에 H 결합)
Dipole-dipole	 ······	Dipole charges	5–25	I—Cl····I—Cl
Ion–induced dipole	 + ······	Ion charge–polarizable e⁻ cloud	3–15	Fe^{2+}····O_2
Dipole–induced dipole	 ······	Dipole charge–polarizable e⁻ cloud	2–10	H—Cl····Cl—Cl
Dispersion (London)	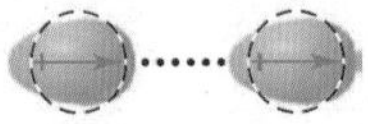 ······	Polarizable e⁻ clouds	0.05–40	F—F····F—F

예제 11.1.1 (Z37)

다음 물질들이 고체일 때 가장 중요한 형태의 입자간 힘은 무엇인지 지적하라.

a. Ar

b. HCl

c. HF

d. CH_4

e. CO

예제 11.1.2 (Z39)

다음 각 쌍의 물질 중 어느 물질이 더 큰 분자간 힘을 갖는지 예측하라.

a. CO_2 또는 OCS

b. SeO_2 또는 SO_2

c. $CH_3CH_2CH_2NH_2$ 또는 $H_2NCH_2CH_2NH_2$

d. CH_3CH_3 또는 H_2CO

e. CH_3OH 또는 H_2CO

예제 11.1.3 (Z43)

다음 여러 물질들 중에서 주어진 성질에 적합한 하나를 골라라.

a. H_2O, NaCl, HF; 가장 높은 어는점

b. Cl_2, Br_2, I_2; 가장 높은 끓는점

c. CH_4, CH_3CH_3, $CH_3CH_2CH_3$; 가장 낮은 끓는점

d. HF, HCl, HBr; 가장 높은 끓는점

예제 11.1.4 (Z44)

다음 여러 물질들 중에서 주어진 성질에 적합한 하나를 골라라.

a. CCl_4, CF_4, CBr_4; 가장 높은 끓는점

b. LiF, F_2, HCl; 가장 낮은 어는점

c. CH_3OCH_3, CH_3CH_2OH, $CH_3CH_2CH_3$; 가장 높은 끓는점

d. H_2CO, CH_3CH_3, CH_4; 가장 높은 증기압

11.2 액체와 그 성질

1. 점도

- 점도 : 액체의 흐름에 대한 저항의 척도
- 분자간 힘이 클수록 일반적으로 점도가 높다.

예제 11.2.1 (M11.30)

다음 각 쌍에서 점도가 더 클 것으로 예상되는 것은?

a. CCl_4, CH_2Br_2

b. 에탄올(CH_3CH_2OH), 에틸렌 글리콜($HOCH_2CH_2OH$)

c. 펜테인(C_5H_{12}), 글리세롤($C_3H_5(OH)_3$)

2. 표면 장력

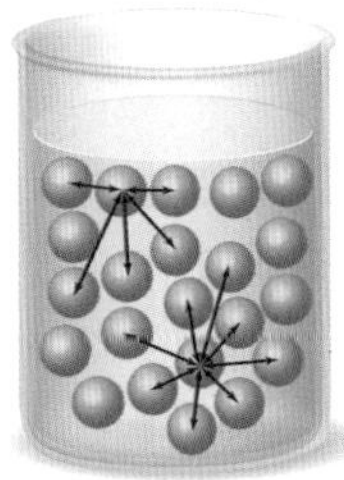

- 표면 장력: 액체의 표면적이 증가하는 것에 대한 저항의 척도
- 액체 내부의 분자는 액체 표면의 분자보다 에너지가 낮다.
- 액체 분자는 내부로 끌려 들어가는 경향성이 있다.
  → 표면적이 최소인 구형 모양을 가지려 함
- 분자간 힘이 클수록 일반적으로 표면 장력이 크다.

예제 11.2.2 (M11.31)

다음의 각 쌍에서 표면 장력이 더 클 것으로 예상되는 것은?

a. 헥세인, 1-헥산올

b. 펜테인, 네오펜테인

3. 모세관 현상

- 좁은 관 속에서 액체가 스스로 올라가는 현상
- 액체 분자 간 힘(응집력)과 액체 분자와 용기 사이에 작용하는 힘(부착력, 접착력)이 균형을 이룰 때까지 액체는 관의 벽을 따라 기어 올라간다.
- 물 표면이 유리와 닿으면 물은 관의 벽을 따라 기어 올라감(유리 표면은 극성)
  → 물의 표면적이 증가
  → 물의 응집력에 의해 물기둥은 유리관을 따라 올라감
  → 응집력과 부착력이 균형을 이루는 높이까지 물기둥은 스스로 올라감
- 관의 반지름이 좁을수록 액체 기둥의 높이 증가

>>> 유리(SiO_2) 표면은 부분 음전하를 갖는 산소 원자들을 많이 가지고 있으므로 극성 분자의 양전하 쪽을 끌어당긴다.

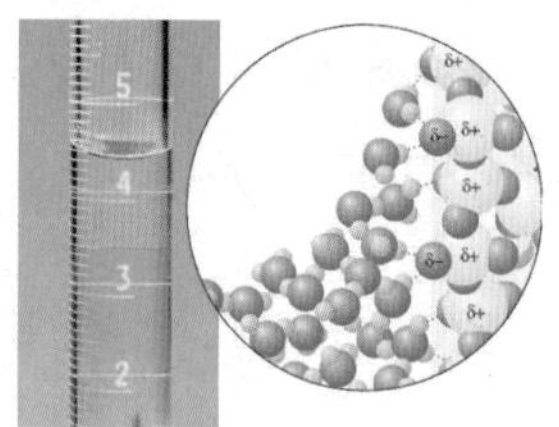

예제 11.2.3 (N440)

가느다란 두 개의 동일한 유리관을 물과 헥세인에 각각 담갔다. 어떤 유리관에서 액체가 더 높이 올라갈 것인가?

예제 11.2.4 (N440)

기름기가 있는 유리관에 있는 물의 표면 곡면(메니스커스) 모양과 깨끗한 유리관에 있는 물의 표면 곡면 모양을 각각 그려라.

11.3 물질의 상변화

1. 상변화

- 물질은 외부 온도와 압력에 따라 상태(phase)가 변한다.
- 물질의 상태 변화에는 에너지 변화가 수반된다.

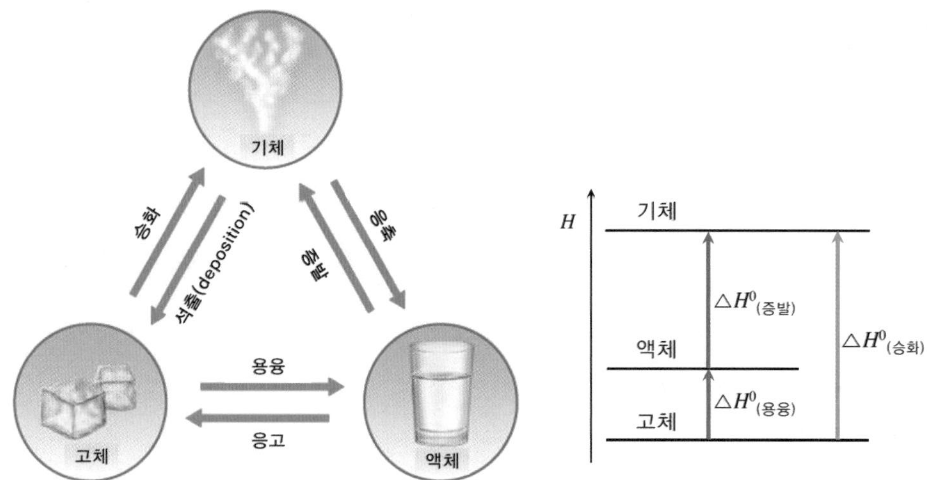

예제 11.3.1

어떤 화합물에 대해 다음 자료들이 주어졌다. 크기가 증가하는 순서대로 나열하라.

a. $\triangle H_{증발}$

b. $\triangle H_{용융}$

c. $\triangle H_{승화}$

2. 증기압(vapor pressure)

- 밀폐된 용기에서 액체를 넣으면 충분한 시간이 지난 후, 증발속도와 응축속도가 같아지는 평형에 도달한다.
- 증기압은 일정한 온도에서 액체상(또는 고체상)과 평형 상태에 있는 기체상의 부분압력이다.
- 증기압은 분자간의 힘의 척도이다. (분자간 힘↑ → 증기압↓)
- 증기압은 액체의 양이나 용기의 크기와 무관하다.
- 밀폐된 공간에서 A(l) 위의 공간은 항상 증기압 만큼의 A(g)로 채워진다.

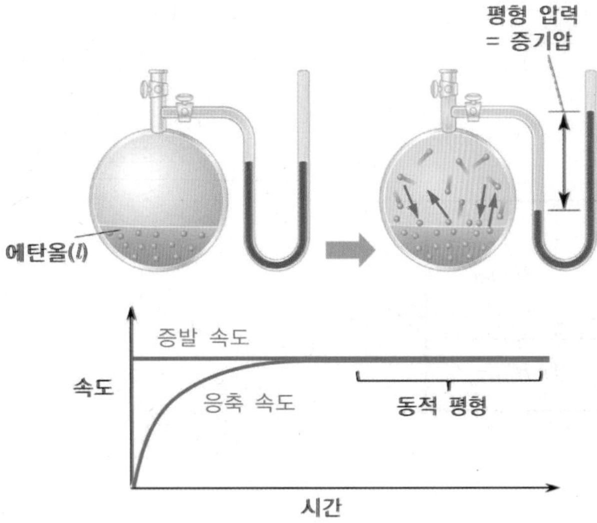

예제 11.3.2

25℃의 밀폐된 진공 상태의 용기에 충분한 양의 액체 에탄올을 넣었다. 시간이 지남에 따라 용기 내부 압력은 어떻게 변하는가?

예제 11.3.3

다음 중 25℃에서 증기압이 가장 낮은 것은?

a. CH_3OCH_3

b. CH_3CH_2OH

c. $CH_3CH_2CH_3$

예제 11.3.4

밀폐된 진공 상태의 용기에 충분한 양의 액체 에탄올을 넣었다. 다음 중 에탄올의 증기압에 영향을 주는 요인을 모두 골라라.

a. 온도

b. 액체 에탄올의 양

c. 액체 에탄올의 표면적

d. 기체상의 부피

- 증기압은 온도가 상승함에 따라 증가한다. (증기압 곡선)

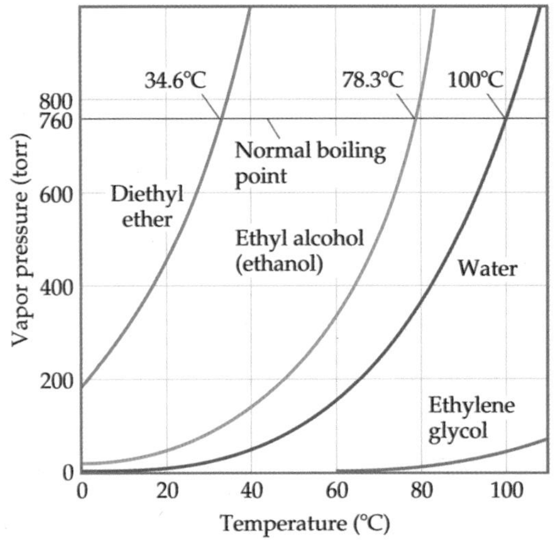

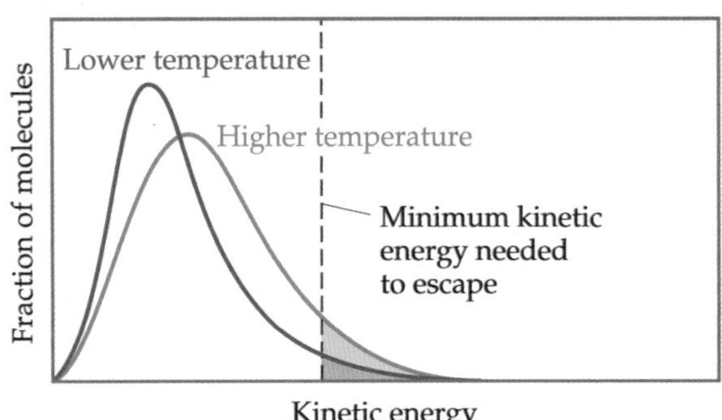

>>>
온도 상승
→분자간 인력을 극복하고
기화되는 분자의 분율 증가
→증기압 증가

3. 끓는점, 녹는점

- 끓는점은 외부 압력과 액체의 증기압이 같아지는 온도이다.
- 정상 끓는점은 외부 압력이 1기압일 때의 끓는점이다.
- 정상 끓는점에서 액체의 증기압은 1기압이다.
- 녹는점은 일정 압력에서 고체와 액체가 평형에 도달하는 온도이다.
- 정상 녹는점은 1기압에서 고체와 액체가 평형에 도달하는 온도이다.

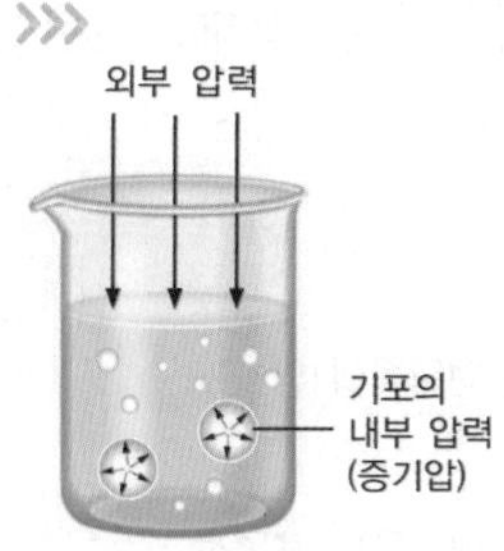

액체가 끓으려면 증기압이 외부 압력과 같아야 한다.

예제 11.3.5

100℃에서 물의 증기압은 몇 기압인가?

예제 11.3.6

어떤 산의 정상에서 대기압이 700torr일 때, 물의 끓는점은 100℃보다 높을까, 낮을까?

4. 가열곡선과 상전이

- 가열곡선은 가한 열 에너지에 따른 물질의 온도 변화를 나타낸 그래프이다.
- 일정한 압력에서 순수한 물질의 상전이 과정에서 온도가 변하지 않는다.
- 용융열(용융 엔탈피, $\triangle H_{fus}$) : 물질 1몰이 용융될 때 엔탈피 변화
- 기화열(기화 엔탈피, $\triangle H_{vap}$) : 물질 1몰이 기화될 때 엔탈피 변화
- 승화열(승화 엔탈피, $\triangle H_{sub}$)는 물질 1몰이 승화될 때 엔탈피 변화
  - $\triangle H_{sub}=\triangle H_{fus}+\triangle H_{vap}$
- 가열 곡선에서 기울기가 큰 상일수록 비열이 작다.
- 1기압에서 물질 X(s) 1mol에 대한 가열곡선:

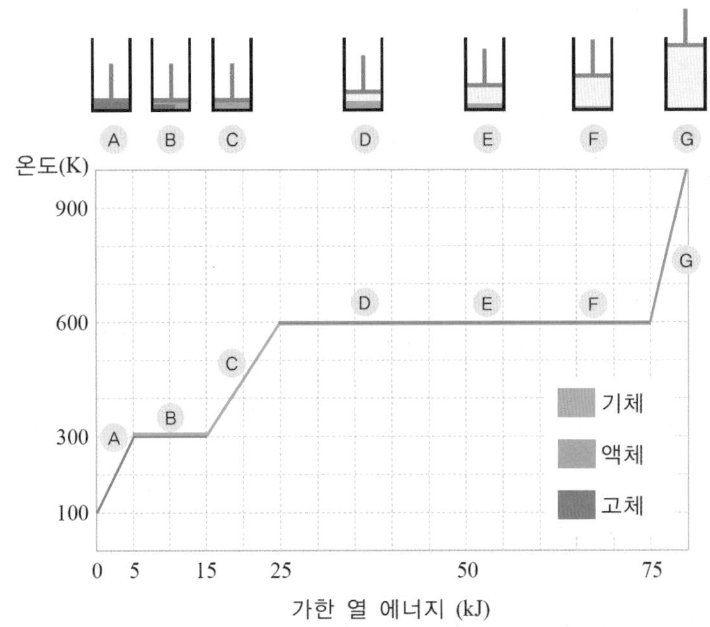

A: 고체만 있다.
B: 고체와 액체가 공존한다.
C: 모든 고체가 녹고 액체만 있다.
D: 액체와 기체가 공존, 기체의 압력(증기압) = 1기압
E: 액체와 기체가 공존, 액체의 양은 감소, 기체의 양은 증가
F: 액체와 기체가 공존, 액체의 양은 더 감소, 기체의 양은 더 증가
G: 모든 액체가 증발하고 기체만 존재
X의 정상 녹는점: 300K
X의 정상 끓는점: 600K
X의 용융 엔탈피($\triangle H_{fus}$) : 10kJ/mol
X의 기화 엔탈피($\triangle H_{vap}$) : 50kJ/mol
X의 비열 : 기체 < 고체 < 액체

>>> 가열곡선의 기울기가 작을수록 비열이 큰 상이다.

>>> 과열된 액체: 끓는점보다 높은 불안정한 액체 상태

과냉각된 액체: 어는점보다 낮은 불안정한 액체 상태

예제 11.3.7 (Z97)

다음은 어떤 물질 X에 대한 자료이다. -50℃에서 시작하여 가열곡선을 그려라.

- 증발 엔탈피: 20kJ/mol
- 용융 엔탈피: 5kJ/mol
- 정상 끓는점: 75℃
- 정상 녹는점: -15℃
- X(s)의 비열: 3.0J/g·℃
- X(l)의 비열: 2.5J/g·℃
- X(g)의 비열: 1.0J/g·℃

5. 상평형 그림(phase diagram)

- 상평형 그림은 특정 온도와 압력에서 물질의 가장 안정한 상을 나타낸다.
- 두 상이 만나는 경계선에서 물질의 두 가지 상은 평형 상태에 있다.
- 삼중점에서는 3가지 상이 동시에 평형상태에 있다.
- 임계온도는 액체상으로 존재할 수 있는 가장 높은 온도이다.
- 임계압력은 임계점에서의 압력이다.
- 임계점보다 높은 온도와 압력에서 물질은 초임계 유체로 존재한다.
- 상평형 그림을 통해 각 상의 밀도와 엔탈피를 비교할 수 있다.
  - 위쪽에 있는 상: 밀도가 더 큰 상
  - 오른쪽에 있는 상: 엔탈피가 더 큰 상

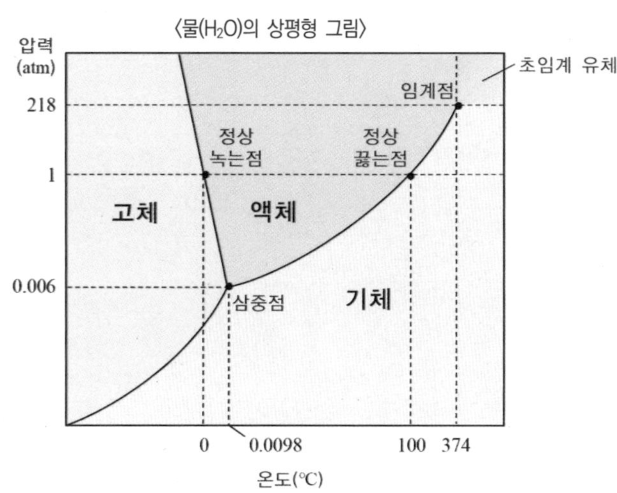

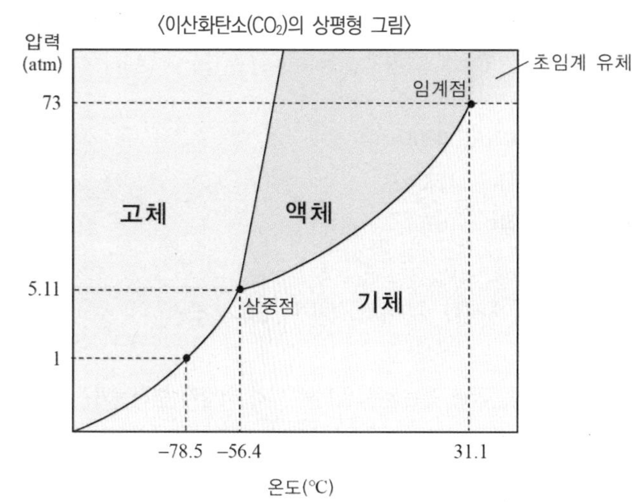

예제 11.3.8

다음 온도와 압력 조건에서 물의 가장 안정한 상태는?

a. 1atm, 0℃

b. 1atm, 100℃

c. 1atm, 200℃

d. 10atm, 0℃

예제 11.3.9

다음 온도와 압력 조건에서 CO_2는 어떤 상태로 존재하는가?

a. 1atm, −56.4℃

b. 5.11atm, 31.1℃

c. 80atm, 50℃

예제 11.3.10 (Z110)

다음은 제논에 대한 자료이다.

- 삼중점: −121℃, 280torr
- 정상 녹는점: −112℃
- 정상 끓는점: −107℃

a. Xe(s)와 Xe(l) 중 어느 것이 더 밀도가 큰가?

b. 제논의 녹는점과 끓는점은 압력에 따라 어떻게 변하는가?

예제 11.3.11 (Z36)

대부분의 물질과 마찬가지로 아이오딘은 고체, 액체, 기체의 세 개 상만을 갖는다. 삼중점은 90torr와 115℃에서 나타난다. 액체상태의 I_2에 대해 다음 중 옳은 설명을 모두 골라라.

a. $I_2(l)$는 $I_2(g)$에 비해 밀도가 높다.

b. $I_2(l)$는 115℃ 이상에서 존재할 수 없다.

c. $I_2(l)$는 1atm의 압력에서 존재할 수 없다.

d. $I_2(l)$는 90torr보다 큰 증기압을 가질 수 없다.

e. $I_2(l)$는 10torr이 압력에서는 존재할 수 없다.

11.4 고체

1. 고체의 종류

- 고체는 결정성 고체와 비결정성 고체로 나눌 수 있다.

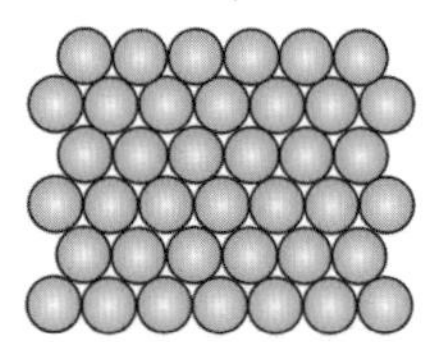
결정성 고체

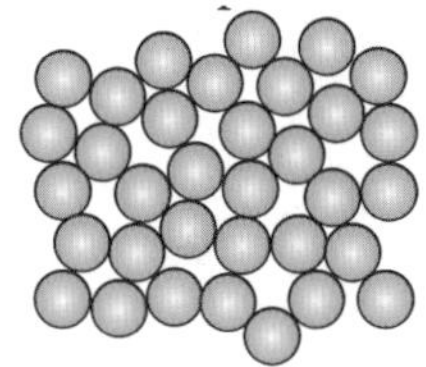
비결정성 고체

- 결정성 고체는 단위세포(unit cell)를 가진다.
- 결정성 고체는 녹는점이 일정하고, 비결정성 고체는 녹는점이 일정하지 않다.
- 고체의 결정 구조는 X선 회절법으로 알 수 있다.
- 고체를 이루는 입자간 힘의 종류에 따라 이온성 고체, 분자성 고체, 공유 그물형 고체, 금속성 고체로 나눌 수 있다.

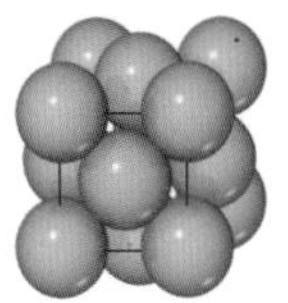
금속성 고체: Cu, Fe

이온성 고체: NaCl, MgO

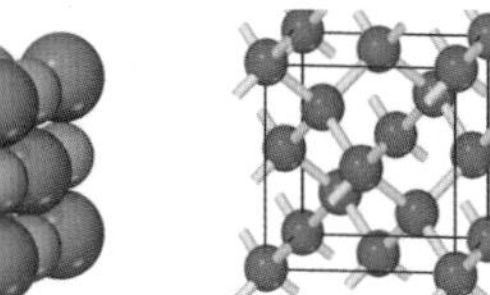
공유 그물형 고체: C(다이아몬드)

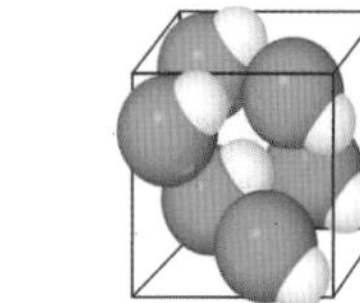
분자성 고체: H_2O, CO_2

▶ 고체의 유형과 특징

고체의 유형	입자간 힘	특징	예
금속성 고체	금속 결합	·다양한 경도, ·다양한 녹는점 ·높은 열-전기전도도	모든 금속 원소
이온성 고체	이온 결합	·강하지만 쉽게 깨짐 ·높은 녹는점 ·고체상: 전기 전도도 없음 ·액체상: 전기 전도도 있음	NaCl, ZnS, CaF_2, CsCl
공유 그물형 고체	공유 결합	·단단하고 높은 녹는점 ·낮은 열-전기 전도도	다이아몬드, 흑연, 수정(SiO_2), Si(s), SiC(s), BN(s)
분자성 고체	분산력 쌍극자-쌍극자 힘 수소 결합	·약하고 낮은 녹는점 ·낮은 열-전기전도도	설탕, 얼음, 드라이아이스, I_2(s)

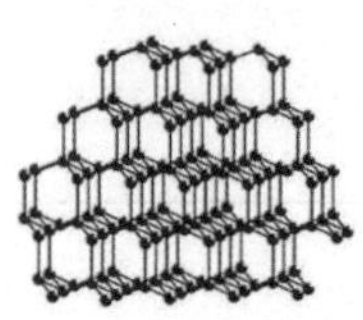
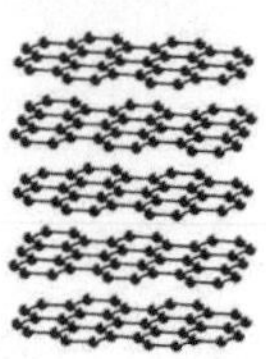

〈다이아몬드와 흑연의 결정 구조〉

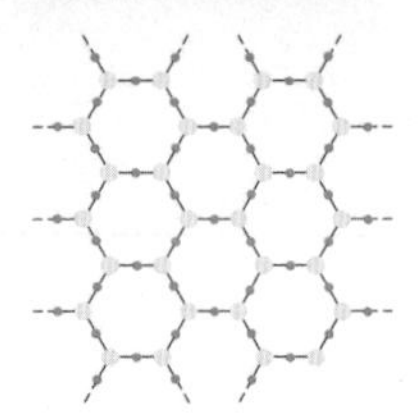
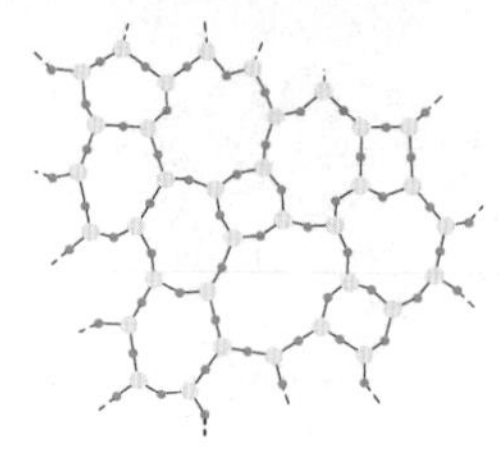

〈석영(결정성)과 유리(비결정성)의 결정 구조〉

예제 11.4.1

다음 각 물질은 어떤 유형의 고체를 형성하겠는가?

a. CO_2

b. KBr

c. SiO_2

d. $CaCO_3$

예제 11.4.2

다음 각 물질은 어떤 유형의 고체를 형성하겠는가?

a. 다이아몬드

b. Si

c. NH_4NO_3

d. Ar

2. 고체의 X-선 분석

- 결정성 고체의 구조는 X-선 회절법으로 알아낼 수 있다.

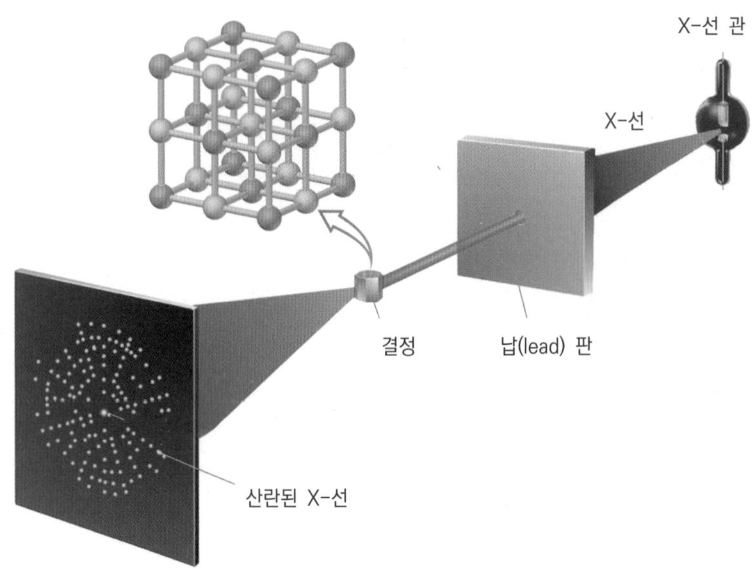

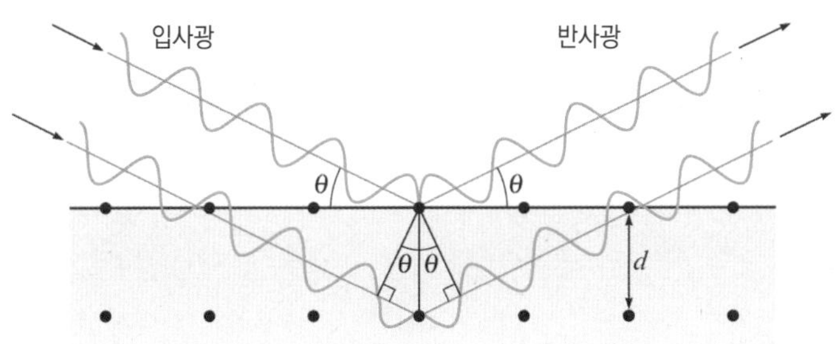

- 반사광이 같은 위상을 가지게 될 조건(n차 회절이 일어날 조건)은 다음과 같다. (Bragg 법칙)

$$d = \frac{n\lambda}{2\sin\theta}$$

예제 11.4.3

파장이 2.0Å인 X-선을 어떤 금속 결정에 쪼였더니 각도 $\theta = 30°$에서 일차 회절($n = 1$)이 일어났다. 결정면들 사이의 거리는?

3. 입방단위세포(정육면체 모양의 단위세포)

- 입방 단위 세포의 종류:

  - 단순 입방 (simple cubic, SC)
  - 체심 입방 (body centered cubic, BCC)
  - 면심 입방 (face centered cubic, FCC)

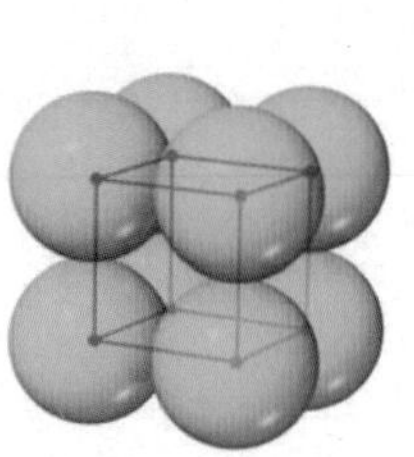

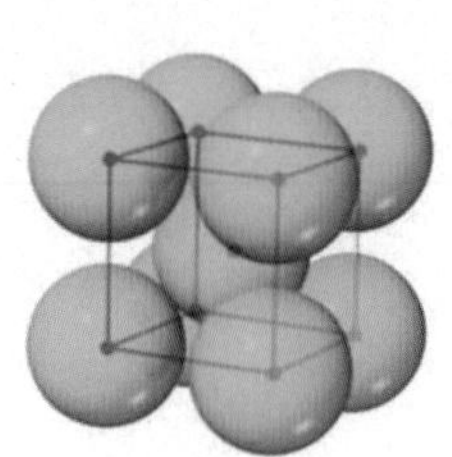

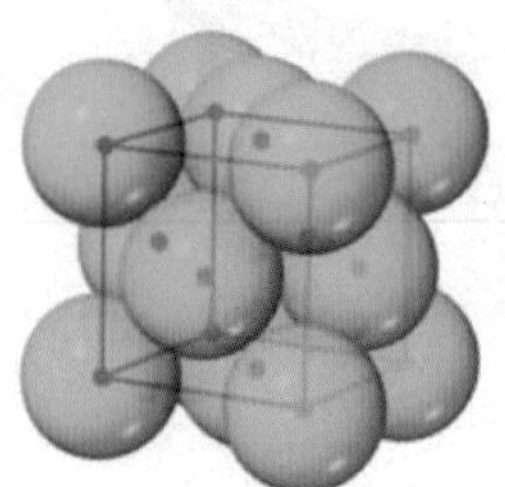

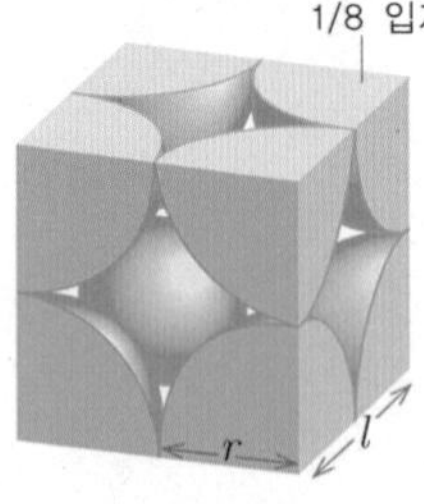

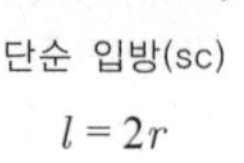

단순 입방(sc)

$l = 2r$

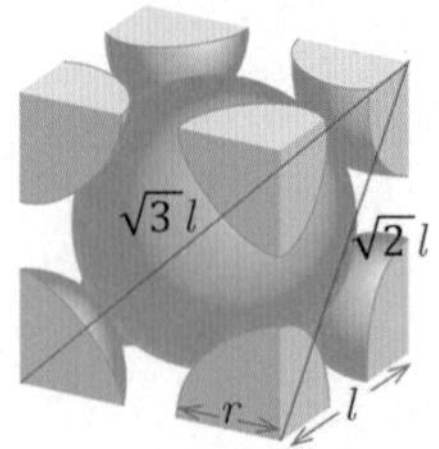

체심 입방(bcc)

$\sqrt{3}\,l = 4r$

$l = \dfrac{4}{\sqrt{3}}r$

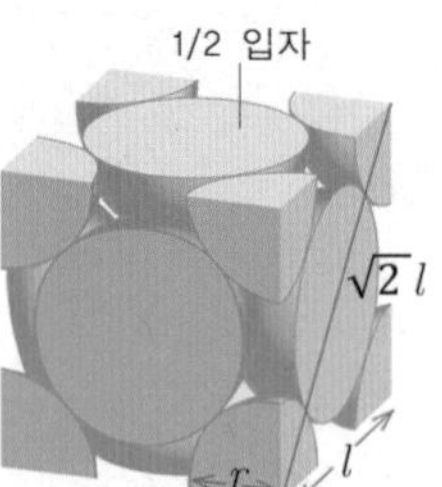

면심 입방(fcc)

$\sqrt{2}\,l = 4r$

$l = 2\sqrt{2}\,r$

▶ 입방 단위세포의 종류와 특징

	단순입방 (sc)	체심입방 (bcc)	면심입방 (fcc)
배위수	6	8	12
단위세포당 원자수	1	2	4
변의길이(l)와 반지름(r)	$l = 2r$	$l = \dfrac{4}{\sqrt{3}}r$	$l = 2\sqrt{2}\,r$
밀도	$\dfrac{M}{l^3(N_A)}$	$\dfrac{2M}{l^3(N_A)}$	$\dfrac{4M}{l^3(N_A)}$
공간 점유율	$\dfrac{\frac{4}{3}\pi r^3}{l^3}$ = 52%	$\dfrac{2(\frac{4}{3}\pi r^3)}{l^3}$ = 68%	$\dfrac{4(\frac{4}{3}\pi r^3)}{l^3}$ = 74%
가장 가까운 이웃 원자 수	첫 번째: 6 두 번째: 12 세 번째: 8	첫 번째: 8 두 번째: 6 세 번째: 12	첫 번째: 12 두 번째: 6 세 번째: 24

>>> 배위수: 한 입자와 가장 가까운 이웃 입자 수

>>> 공간 점유율: $\dfrac{\text{실제로 원자가 차지하는 부피}}{\text{결정 전체 부피}}$

예제 11.4.4 (Z490)

은(Ag, 원자량=108)의 결정 구조는 면심 입방 구조이다. 은 원자의 반지름이 144pm일 때, 고체 은의 밀도를 계산하라.

예제 11.4.5 (Z60)

바륨은 체심 입방 구조를 가지고 있다. 바륨의 원자 반지름이 222pm일 때, 고체 바륨의 밀도를 계산하라.

4. 최조밀 쌓음

① 입방 최조밀 쌓음(ccp)

배위수: 12

면심 입방과 동일한 구조 (ccp = fcc)

② 육방 최조밀 쌓음(hcp)

배위수: 12

단위세포 당 원자 수는 2 또는 6이다. (출처마다 다름)

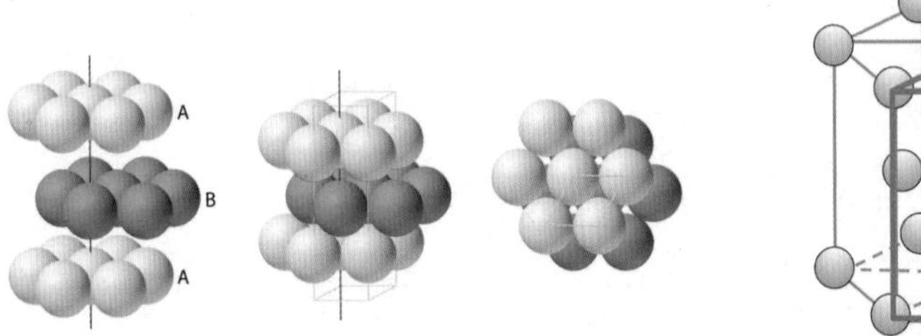

〈육방 최조밀 쌓음 / hexagonal close-packed (hcp)〉

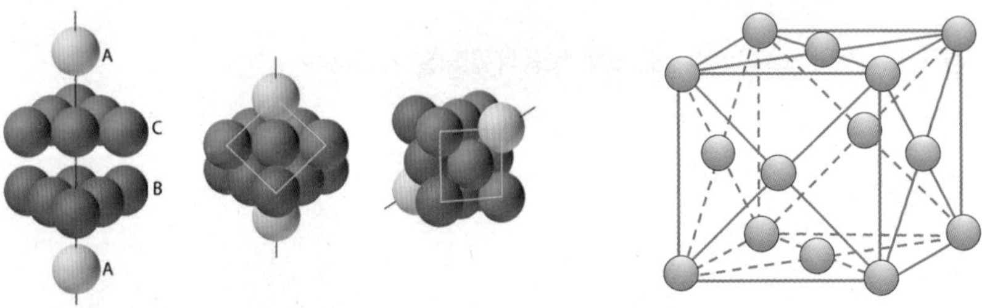

〈입방 최조밀 쌓음 / cubic close-packed (ccp)〉

예제 11.4.6

다음 중 최조밀 쌓음 구조는?

a. 단순 입방 구조

b. 체심 입방 구조

c. 면심 입방 구조

예제 11.4.7

다음 구조는 hcp와 ccp 중 어떤 것에 해당하는가?

5. 이온 화합물의 결정구조

- 틈새의 종류에는 사면체 틈새, 팔면체 틈새, 육면체 틈새가 있다.

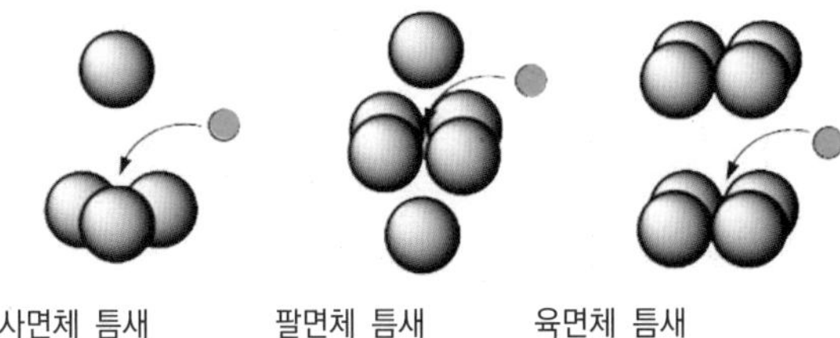

- 면심입방 단위세포 1개에는 4개의 팔면체 틈새와 8개의 사면체 틈새가 있다.
- 사면체 틈새의 중심은 체대각선의 1/4 지점에 위치한다.

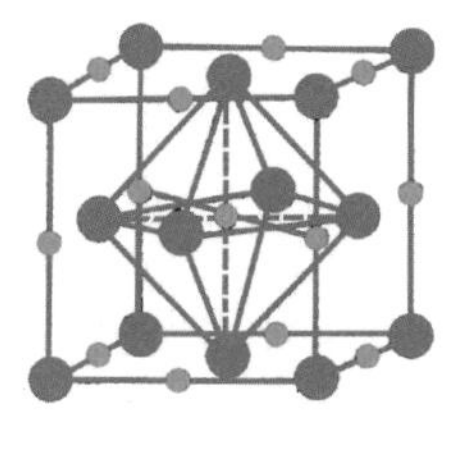
4개의 팔면체 틈새

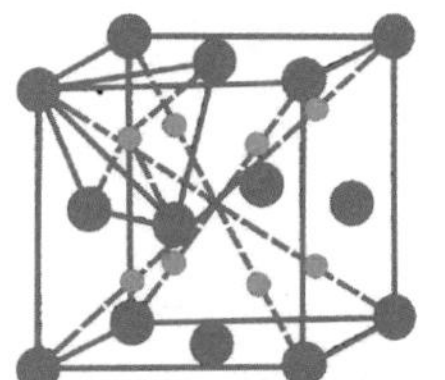
8개의 사면체 틈새

- NaCl의 단위세포에서 Cl^-는 면심입방, Na^+는 팔면체 틈새에 들어있다. (역도 성립)

>>>
꼭지점: 1/8원자
모서리: 1/4원자
면: 1/2원자
중심: 1원자

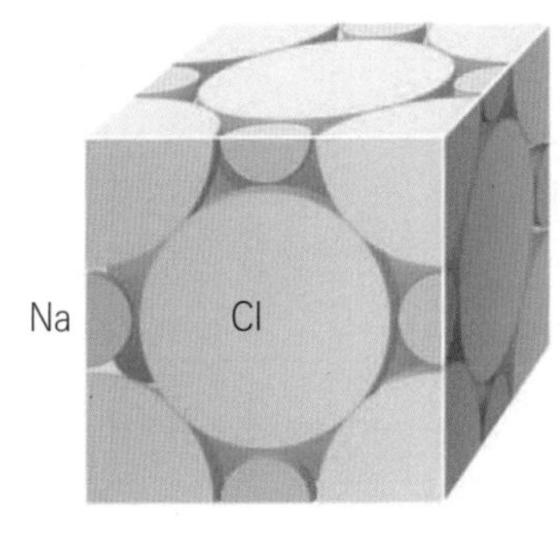

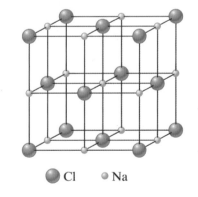

Cl Na

- CsCl의 단위세포에서 Cl^- 이온은 단순입방, Cs^+ 이온은 그 중심에 들어있다. (역도 성립)

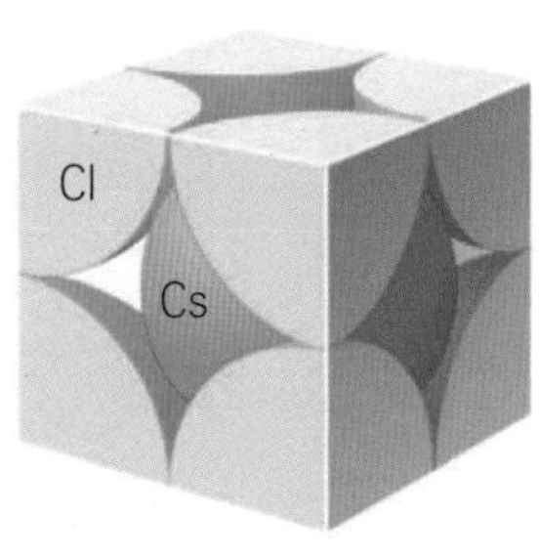

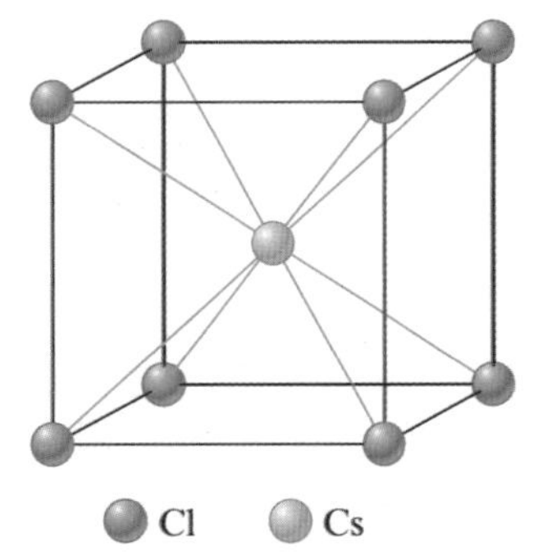

• ZnS의 단위세포에서 S^{2-} 이온은 면심입방, Zn^{2+} 이온은 사면체 틈새의 절반을 차지한다. (역도 성립)

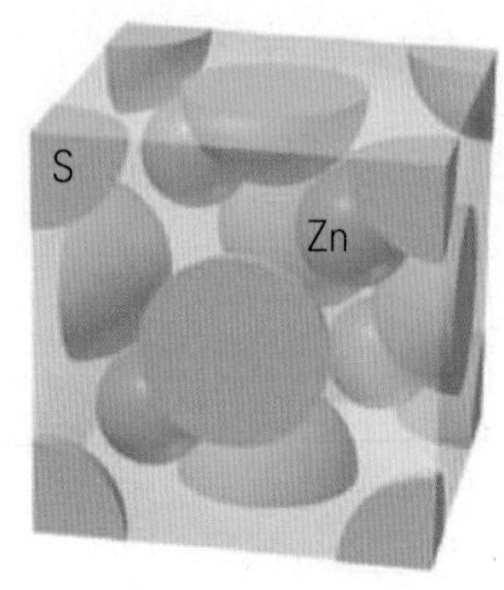

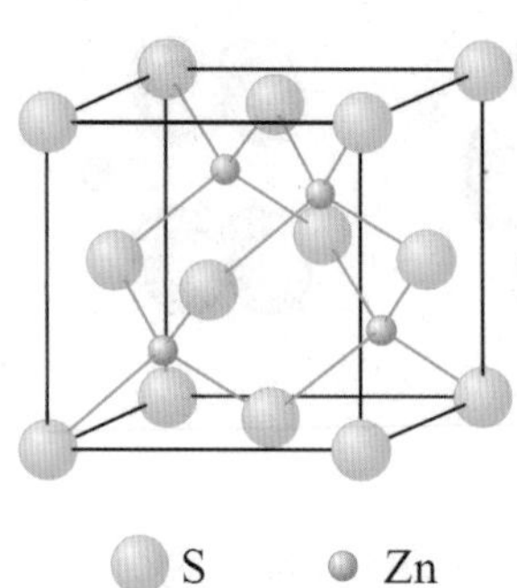

• CaF_2의 단위세포에서 Ca^{2+} 이온은 면심입방, F^{-} 이온은 모든 사면체 틈새를 차지한다.

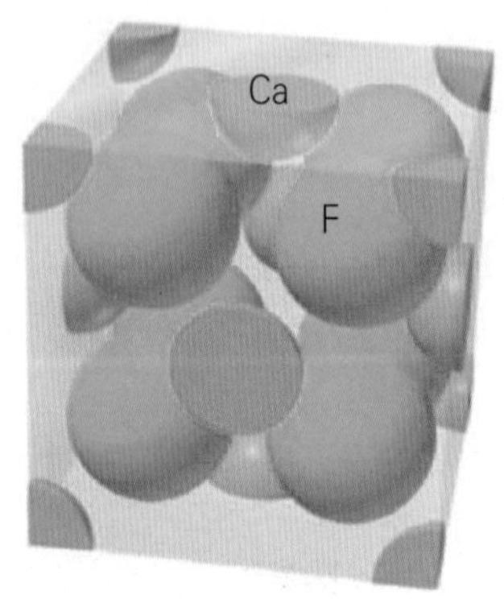

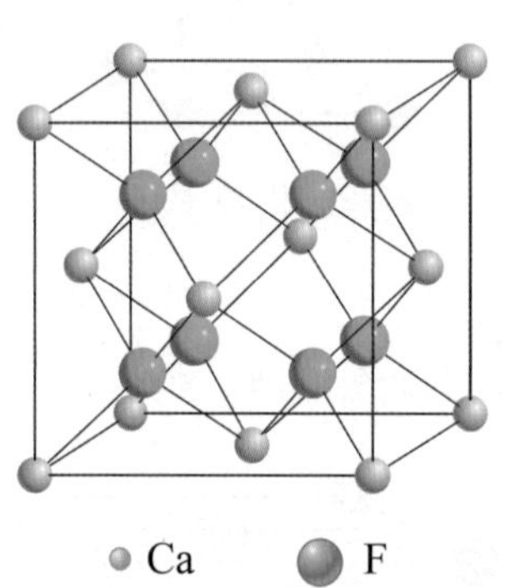

• 이온 화합물에서 배위수는 한 이온과 가장 가까운 반대 전하 이온의 수이다.

	NaCl	CsCl	ZnS	CaF_2
단위세포 당 양이온의 수	4	1	4	4
단위세포 당 음이온의 수	4	1	4	8
양이온의 배위수	6	8	4	8
음이온의 배위수	6	8	4	4

예제 11.4.8 (Z73)

플루오린화 코발트는 최조밀 쌓임 구조로 배열한 플루오린 이온들 사이의 팔면체 구멍의 절반을 코발트 이온이 채우고 있다. 이 화합물의 실험식은 무엇인가?

예제 11.4.9 (Z526)

입방 최조밀 쌓임 구조의 배열을 한 황 이온들 사이에 아연 이온이 사면체 구멍의 1/8을 채우고, 다시 알루미늄 이온이 팔면체 구멍의 1/2을 채웠다. 이 화합물의 실험식은?

예제 11.4.10 (Z80)

고체 KCl에서 포타슘 이온의 중심과 염소 이온의 중심 간의 거리는 314pm이다. 염화 소듐과 동일한 구조를 가지고 있다고 가정할 경우, 단위 세포의 한 변의 길이와 KCl의 밀도를 계산하라.

11 개념 확인 문제 (적중 2000제 선별문제)

01. PT205. 분자간의 힘

다음 중 정상 끓는점이 낮아지는 순서대로 나열된 것은?

① NaF > H_2O > HF
② NaF > HF > H_2O
③ H_2O > HF > NaF
④ HF > H_2O > NaF
⑤ HF > NaF > H_2O

02. PT211. 증기압

그림은 T℃에서 He(g)과 A(g)의 혼합 기체가 A(l)와 평형에 도달한 상태를 나타낸 것이다. 콕을 열기 전 혼합 기체의 압력은 0.6기압이다. 온도를 유지하고 콕을 열어 새로운 평형에 도달했을 때, A(l)는 남아있었고 혼합 기체의 압력은 0.3기압이었다. T℃에서 A의 증기압은? (단, A(l)의 부피와 연결관의 부피는 무시한다.)

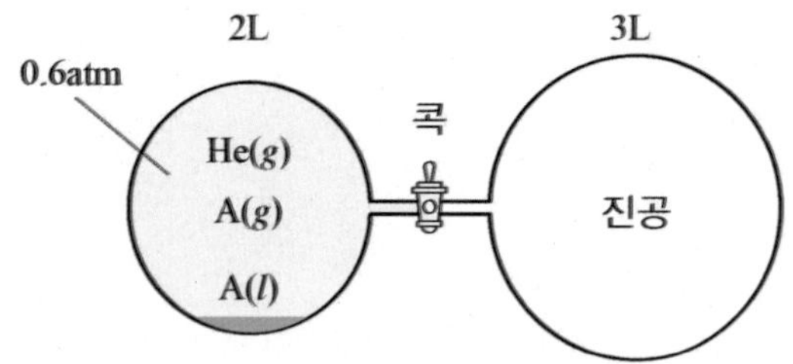

① 0.1기압
② 0.2기압
③ 0.3기압
④ 0.4기압
⑤ 0.5기압

03. PT150. 증기압

소량의 H_2O(l)을 실린더에 넣고 그림과 같이 피스톤이 밀착된 상태에서 서서히 피스톤을 당겼을 때, 높이 h에서 H_2O(l)이 모두 증발하였다.

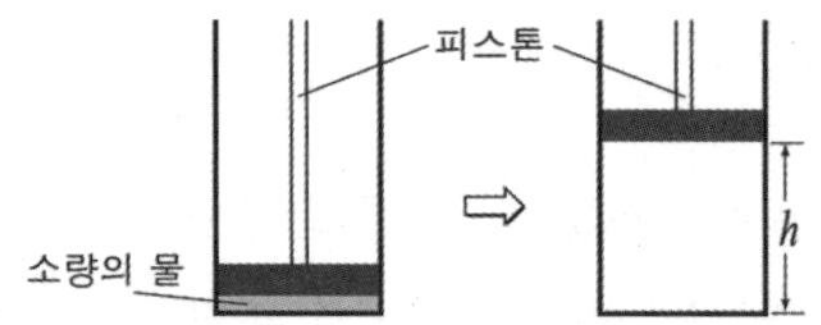

피스톤의 높이에 따른 실린더 내부 기체의 압력을 나타낸 그래프로 가장 적절한 것은? (단, 온도는 일정하며 H_2O(l)의 부피는 무시한다.)

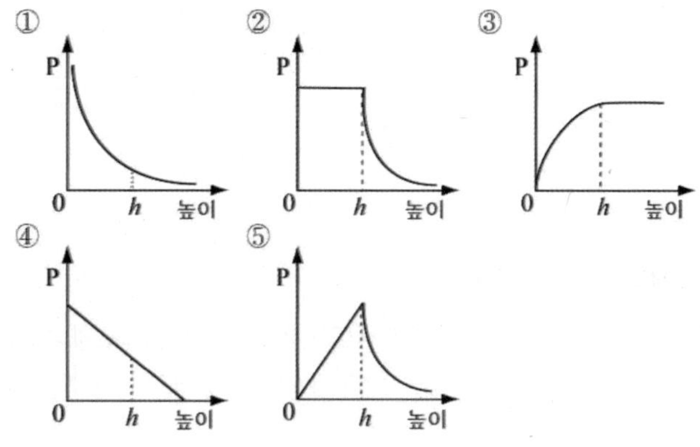

04. PT218. 상평형 도표

다음은 어떤 물질 X의 상평형 도표이다. 이에 대한 설명으로 옳지 않은 것은? (단, E는 임계점이다.)

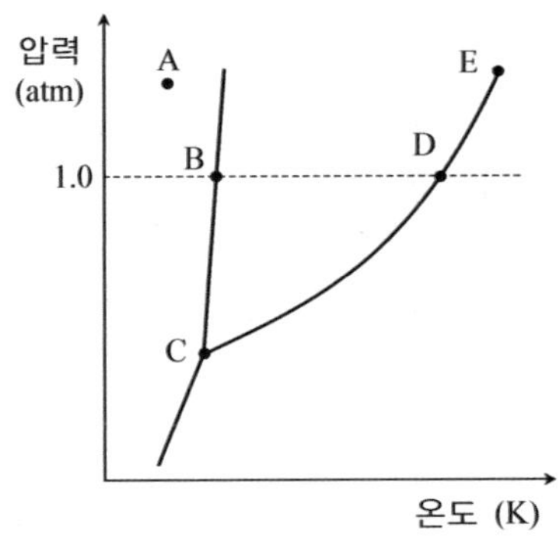

① 고체의 밀도는 액체의 밀도보다 크다.
② B에서 온도를 유지하고 압력을 높이면 액체는 자발적으로 응고한다.
③ D에서 압력을 유지하고 온도를 높이면 액체는 자발적으로 기화한다.
④ E에서 압력을 유지하고 온도를 높이면 액체는 사라진다.
⑤ C에서 온도를 유지하고 압력을 높이면 고체는 사라진다.

05. PT224. 고체의 유형

다음 중 이온성 고체가 아닌 것은?

① $CaCO_3(s)$
② $NH_4Cl(s)$
③ $NH_4NO_3(s)$
④ $NaOH(s)$
⑤ $PH_3(s)$

06. PT230. 입방 단위세포

금(Au)는 면심입방 단위세포로 결정화된다. 금의 원자 반지름 r과 단위세포 한 변의 길이 l의 관계식으로 옳은 것은?

① $2r = l$
② $4r = \sqrt{2}l$
③ $4r = \sqrt{3}l$
④ $2r = \sqrt{3}l$
⑤ $2r = \sqrt{4}l$

07. PT232. 입방 단위세포

알루미늄(Al) 결정은 면심 입방 구조이다. Al의 원자량이 ag/mol, 원자 반지름이 $b$pm, 아보가드로 수가 N_A일 때, Al(s) 결정의 밀도(g/mL)는?

① $\dfrac{4\times(\frac{a}{N_A})}{(\frac{\sqrt{3}b}{4})^3}\times 10^{30}$

② $\dfrac{4\times(\frac{a}{N_A})}{(\frac{4b}{\sqrt{3}})^3}\times 10^{-30}$

③ $\dfrac{2\times(\frac{a}{N_A})}{(\frac{\sqrt{3}b}{4})^3}\times 10^{-30}$

④ $\dfrac{2\times(\frac{a}{N_A})}{(2\sqrt{2}b)^3}\times 10^{-30}$

⑤ $\dfrac{4\times(\frac{a}{N_A})}{(2\sqrt{2}b)^3}\times 10^{30}$

08. PT234. 이온성 고체

다음은 NaCl과 CsCl의 결정 구조를 나타낸 것이다. 이에 대한 설명으로 옳지 않은 것은?

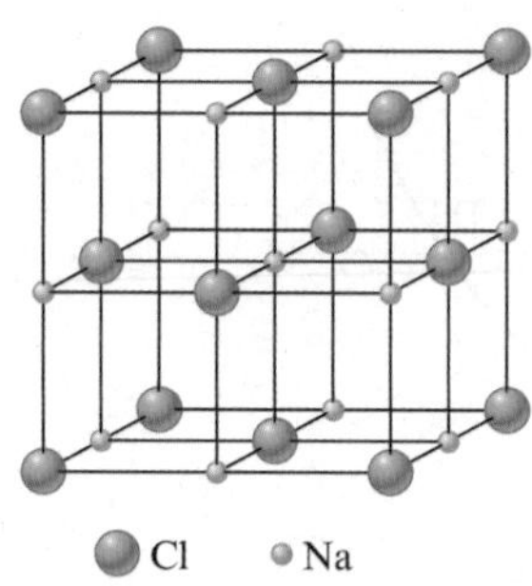

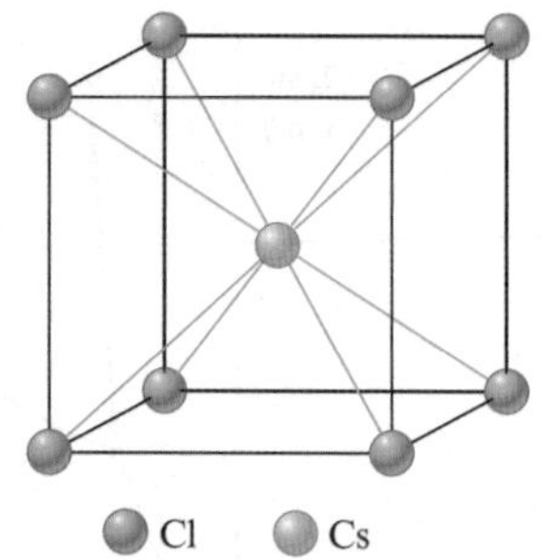

① NaCl에서 Cl^-는 면심 입방 구조이다.
② NaCl에서 Na^+은 모든 팔면체 틈새를 채운다.
③ NaCl에서 Na^+에 가장 가까운 Na^+의 수는 12이다.
④ CsCl에서 Cl^-은 단순 입방 구조이다.
⑤ CsCl에서 Cs^+에 가장 가까운 Cs^+의 수는 8이다.

09. PT235. 이온성 고체

그림은 아연(Zn)과 황(S)으로 구성된 이온 화합물의 결정 구조를 나타낸 것이다. 이에 대한 설명으로 옳지 않은 것은? (단, 단위세포 한 변의 길이는 l이다.)

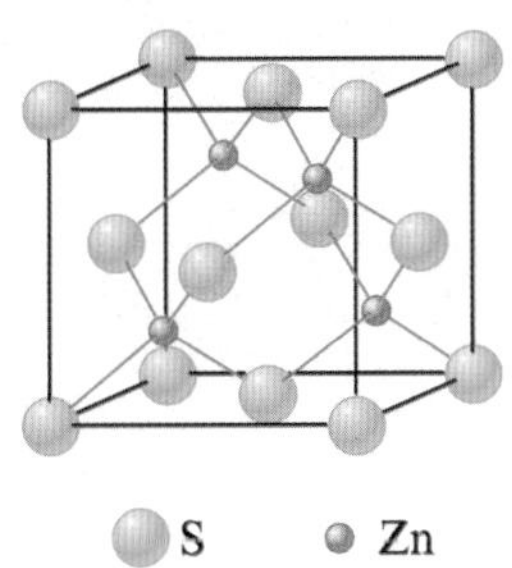

① S는 면심 입방 구조이다.
② Zn은 사면체 틈새의 절반을 채운다.
③ Zn은 면심 입방 구조이다.
④ 화학식은 Zn_2S이다.
⑤ Zn과 S의 최단 핵간거리는 $\frac{\sqrt{3}}{4}l$ 이다.

10. PT236. 이온성 고체

그림은 칼슘(Ca)과 플루오린(F)으로 구성된 이온 화합물의 단위세포 구조이다. 이에 대한 설명으로 옳지 않은 것은?

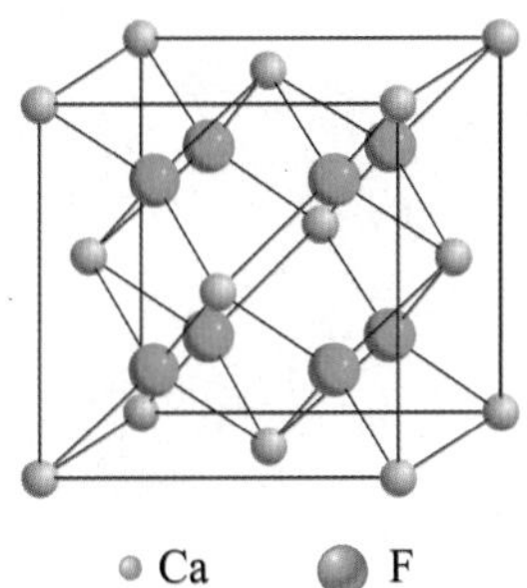

① Ca는 입방 최조밀 쌓음 구조이다.
② 화학식은 CaF_2이다.
③ $\frac{\text{Ca의 배위수}}{\text{F의 배위수}} = 2$이다.
④ F는 모든 사면체 틈새를 채운다.
⑤ F는 체심 입방 구조이다.

번호	1	2	3	4	5
정답	①	①	②	⑤	⑤

번호	6	7	8	9	10
정답	②	⑤	⑤	④	⑤

C H E M I S T R Y

12

용액과 총괄성

12

용액과 총괄성

12.1 용액의 형성원리

1. 용액 형성

- 용액은 용질이 용매에 녹아있는 균일 혼합물이다.
- 용액의 형성요인은 에너지와 무질서도이다.
- 용질은 수용액 중에서 수화(hydration)된다.

▶ 용질분자와 용매분자 사이의 힘

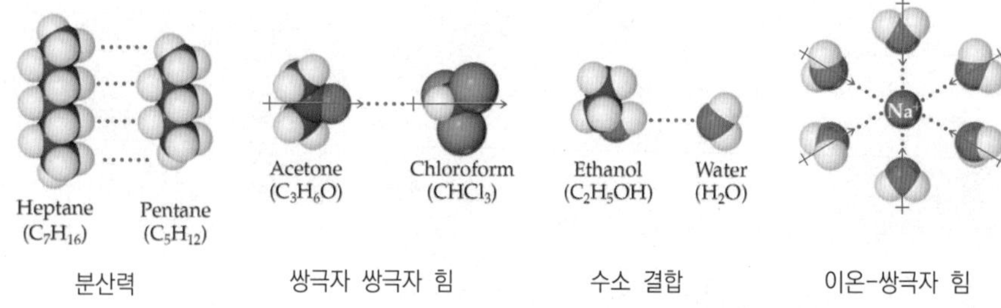

2. 용액 형성의 에너지

- 수화 엔탈피는 반지름이 작고 전하가 큰 이온일수록 더 큰 음수값을 가진다.
- 용해 엔탈피 = 격자 에너지 + 수화 엔탈피이다.

▶ 용해과정의 에너지 변화

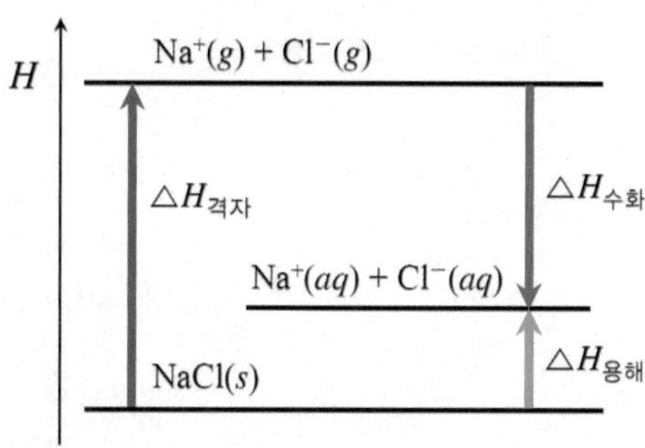

$NaCl(s) \rightarrow Na^+(g) + Cl^-(g)$ $\triangle H_{격자}$ = 786kJ/mol

$H_2O(l) + Na^+(g) + Cl^-(g) \rightarrow Na^+(aq) + Cl^-(aq)$ $\triangle H_{수화}$ = -783kJ/mol

$H_2O(l) + NaCl(s) \rightarrow Na^+(aq) + Cl^-(aq)$ $\triangle H_{용해}$ = 3kJ/mol

예제 12.1.1 (Z47)

NaI의 격자 에너지는 $-686kJ/mol$이고, 수화열은 $-694kJ/mol$이다. 고체 NaI 1mol 당 용해열을 계산하라.

예제 12.1.2 (Z54)

다음 각 쌍의 이온 중에서 더 강하게 수화가 되는 이온은 어느 것인가?

a. Na^+ 또는 Mg^{2+}

b. Mg^{2+} 또는 Be^{2+}

c. Fe^{2+} 또는 Fe^{3+}

d. F^- 또는 Br^-

e. Cl^- 또는 ClO_4^-

12.2 농도의 종류와 환산

- 용액의 농도에는 %농도, 몰농도(M), 몰랄농도(m), 몰분율(X)등이 있다.
- 농도는 서로 환산할 수 있다.

▶ 농도의 종류

농도의 종류	정의	기호
퍼센트 농도 (질량 백분율)	$\frac{\text{용질의 질량}}{\text{용액의 질량}} \times 100$	%
ppm	$\frac{\text{용질의 질량}}{\text{용액의 질량}} \times 10^6$	ppm
몰농도	$\frac{\text{용질의 몰수}}{\text{용액의 부피(L)}}$	M
몰랄농도	$\frac{\text{용질의 몰수}}{\text{용매의 질량(kg)}}$	m
몰분율	$\frac{\text{용질의 몰수}}{\text{용질의 몰수}+\text{용매의 몰수}}$	X

예제 12.2.1

질량 백분율이 10%인 포도당 수용액이 있다. 이 용액의 몰농도, 몰랄농도를 계산하라.
(단, 포도당의 분자량은 180g/mol이며, 용액의 밀도는 1g/mL로 가정한다.)

예제 12.2.2 (Z38)

부동액은 질량의 40.0%가 에틸렌글라이콜($C_2H_6O_2$)인 수용액이다. 용액의 밀도는 $1.05 g/cm^3$이다.
에틸렌글라이콜의 몰랄농도, 몰농도를 계산하라.

12.3 용해도에 영향을 미치는 요인

1. 포화 용액

불포화 상태

불포화 상태

포화 상태

- 포화 용액 : 용해속도와 석출속도가 같은 동적 평형상태, 용질은 최대로 녹아있다.
- 불포화 용액 : 포화 상태보다 적은 용질이 녹아있다. 포화될 때까지 용질이 더 녹을 수 있다.
- 과포화 용액에서 평형농도보다 많은 용질이 녹아있고, 언젠가는 재결정되어 포화용액을 남긴다.

2. 용해도

- 용해도(solubility) : 일정 온도에서 포화 용액의 농도 = 최대한 녹을 수 있는 농도
- 용해도는 여러 가지 농도 단위로 표현될 수 있다.
- 용해도에 영향을 미치는 요인: 온도, 압력(기체의 경우), 다른 이온의 존재 등
- 용해도는 용해 속도, 표면적, 용매나 용질의 양, 용액의 부피와 무관

예제 12.3.1 (C12.27)

어떤 염 3.20g을 물 9.10g에 녹여 25℃에서 포화 용액을 만들었다. 이 염의 용해도는 얼마인가?
(단, 100g의 물에 대한 염의 g수로 표시)

예제 12.3.2 (C12.28)

KNO_3의 용해도는 물 100g에 대해 75℃에서 155g이고 25℃에서 38.0g이다. 100.0g의 포화 용액을 75℃에서 25℃로 냉각시키면 몇 g의 KNO_3가 결정으로 석출되겠는가?

3. 용해도와 물질의 구조

- 극성 용매는 극성 물질을 잘 녹인다.
- 비극성 용매는 비극성 물질을 잘 녹인다.
- 이온 및 수소 결합을 형성할 수 있는 화학종은 물에 대한 용해도가 매우 크다.

예제 12.3.3

다음 화합물을 녹일 때 물과 사염화 탄소 중 어떤 용매를 선택하여야 하는가?

a. KrF_2

b. SF_2

c. SO_2

d. CS_2

e. MgF_2

f. CH_2O

예제 12.3.4

다음 화합물들을 녹일 때 물과 헥세인(C_6H_{14}) 중 어떤 용매를 선택하여야 하는가?

a. $Cu(NO_3)_2$

b. CS_2

c. CH_3COOH

d. $CH_3(CH_2)_{16}CH_2(OH)$

e. HCl

f. C_6H_6

4. 용해도와 온도

- 고체의 용해도는 일반적으로 온도가 높아질수록 증가한다. (예외도 있다.)
- 수용액에서 기체의 용해도는 온도가 높아질수록 감소한다.

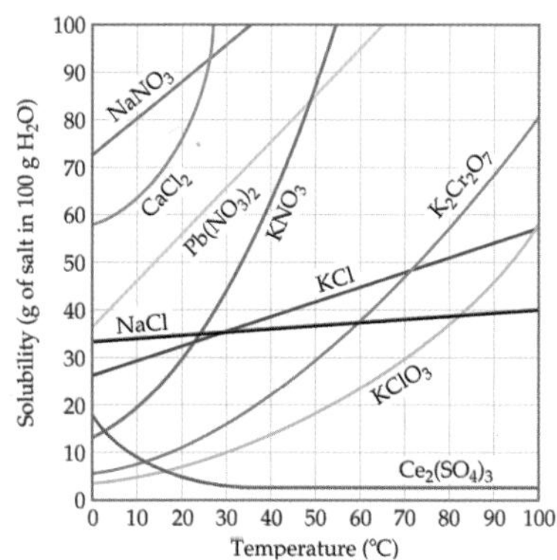

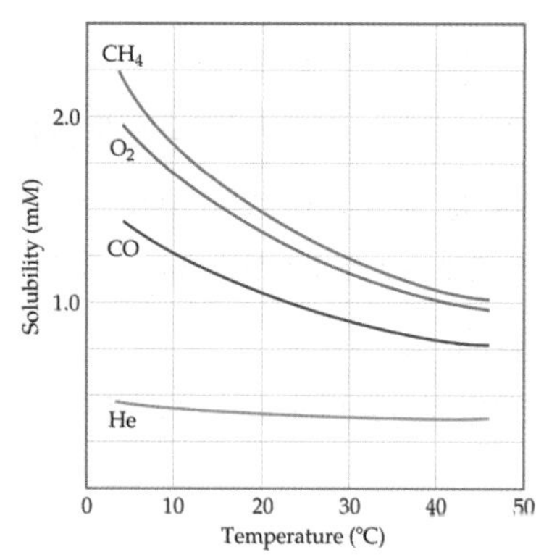

5. 용해도와 기체의 압력 (헨리의 법칙)

- 기체의 용해도는 용액 위에 가해지는 기체의 부분압에 정비례한다.
- 용매와 반응하는 기체 용질은 Henry의 법칙을 따르지 않는다.

$$C = kP \quad \text{(Henry의 법칙)}$$

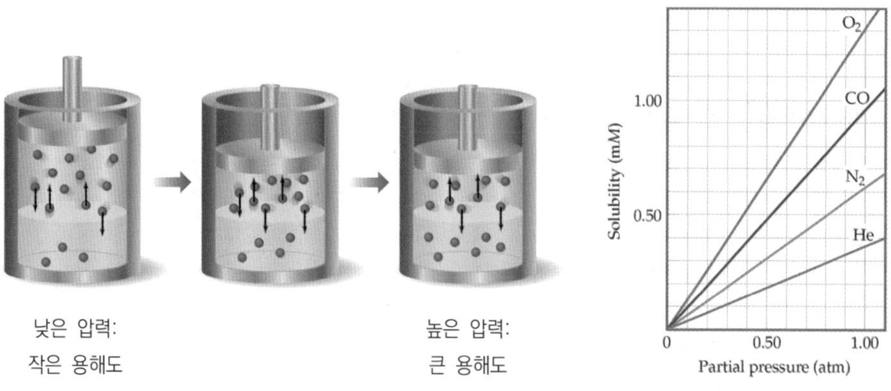

예제 12.3.5 (Z545)

25℃에서 5.0atm의 CO_2 기체가 액체 표면에 있도록 하여 탄산 음료를 병에 담았다.
이 음료에서 CO_2의 농도는? (단, 25℃에서 CO_2의 Henry 상수는 3.1×10^{-2}M/atm이다.)

12.4 총괄성 (colligative property)

1. 총괄성의 종류와 특징

- 용액은 순수한 용매가 가지지 않는 물리적 성질(총괄성)을 가진다.
- 총괄성은 용액에 녹아있는 용질 입자 수에 비례하고, 입자의 종류와는 무관하다.
- 총괄성에는 증기압 강하, 끓는점 오름, 어는점 내림, 삼투현상이 있다.
- 반트호프인자(i)는 용질 입자 1개가 용액 중에 녹아서 생성하는 입자 수이다.
- 비전해질의 반트호프인자(i)는 항상 1.00이다.
- 전해질의 반트호프인자(i)는 묽을수록 완전히 해리할 때의 값에 가까워진다.

▶ 25℃에서 농도에 따른 반트호프인자(i)의 변화

	Concentration			
Compound	0.100 m	0.0100 m	0.00100 m	Limiting Value
Sucrose	1.00	1.00	1.00	1.00
NaCl	1.87	1.94	1.97	2.00
K_2SO_4	2.32	2.70	2.84	3.00
$MgSO_4$	1.21	1.53	1.82	2.00

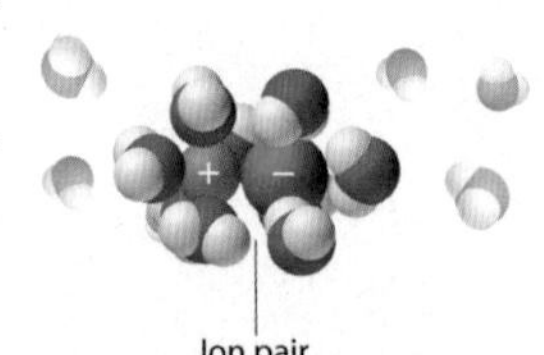

예제 12.4.1 (Z86)

순수한 물, $C_{12}H_{22}O_{11}(m=0.01)$ 수용액, $NaCl$수용액 ($m=0.01$), $CaCl_2$수용액 ($m=0.01$) 중에서 하나를 선택하라.

a. 어는점이 가장 높은 용액

b. 어는점이 가장 낮은 용액

c. 끓는점이 가장 높은 용액

d. 끓는점이 가장 낮은 용액

e. 삼투압이 가장 높은 용액

12.5 증기압 내림

1. 이상용액의 증기압 강하

- 용질입자는 용매입자의 증발을 방해한다.

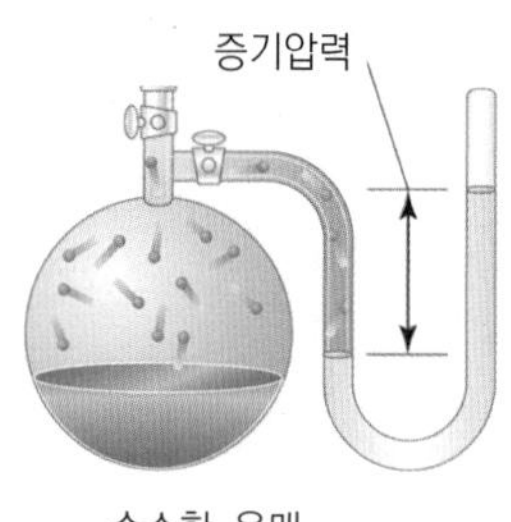

순수한 용메

증기압력

용매 + 용질

- 용매의 증기압은 용액상에서 용매의 몰분율에 비례한다.(라울의 법칙)
- 이상용액은 라울의 법칙을 정확히 따르는 용액이다.

$$P_A = X_A P_A^0 \quad \text{(라울의 법칙)}$$

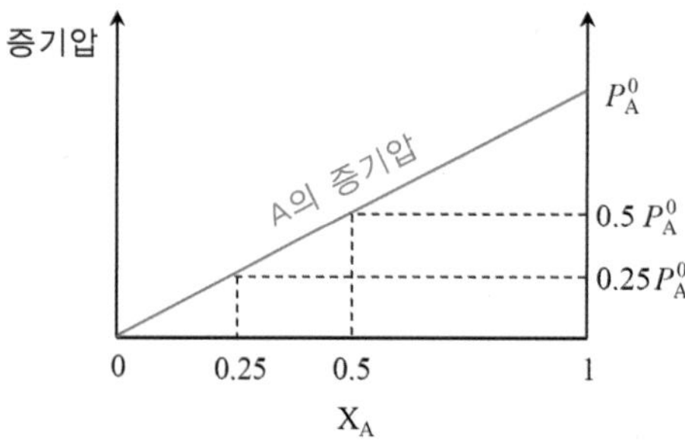

용매 A의 몰분율에 따른 증기압 변화

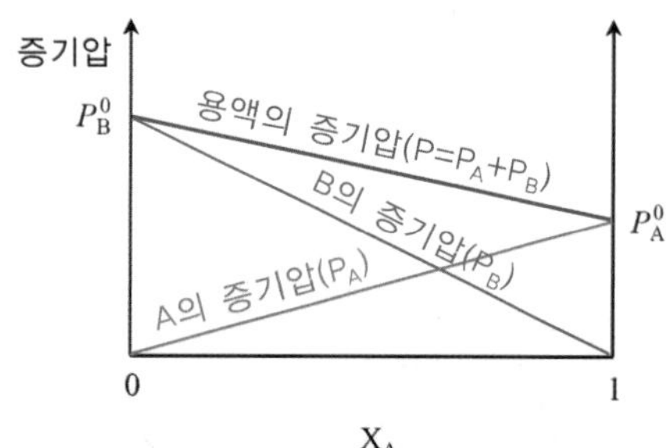

용매 A와 휘발성 용질 B의 용액에서
용매 A의 몰분율에 따른 증기압 변화

예제 12.5.1

25℃에서 포도당 1mol을 물 10mol에 녹여 만든 수용액의 증기압은?
(단, 25℃에서 물의 증기압은 24torr이다.)

예제 12.5.2

100℃에서 NaCl 1mol을 물 10mol에 녹여 만든 수용액의 증기압은?

예제 12.5.3

T℃에서 순수한 벤젠과 톨루엔의 증기압은 각각 100mmHg과 30mmHg이다.
T℃에서 벤젠과 톨루엔을 1mol씩 섞어 만든 용액의 증기압은?
(단, 벤젠과 톨루엔의 용액은 이상용액으로 가정한다.)

예제 12.5.4 (Z67)

25℃에서 전체 증기압이 높아지는 순서로 나열하라.

a. 순수한 물(증기압 = 25℃에서 23.8torr)

b. $\chi_{C_6H_{12}O_6} = 0.01$인 글루코오스 수용액

c. $\chi_{NaCl} = 0.01$인 염화 소듐 수용액

d. $\chi_{CH_3OH} = 0.2$인 메탄올 수용액 [25℃에서 메탄올의 증기압은 143torr]

예제 12.5.5

어떤 비전해질, 비휘발성 용질 10g을 물 90g에 녹여 만든 용액이 있다. 100℃에서 이 용액의 증기압이 $\frac{50}{51}$기압일 때, 이 용질의 몰질량은?

2. 이상 용액과 비이상 용액(실제 용액)

- 비이상 용액은 라울의 법칙으로부터 음의 편차 또는 양의 편차를 보인다.
- 용액이 음의편차를 보이면 라울의 법칙에 의한 예상보다 작은 증기압을 보인다.
- 용액이 양의편차를 보이면 라울의 법칙에 의한 예상보다 높은 증기압을 보인다.

▶ 이상용액과 실제용액

용액	용해과정	용매(A)와 용질(B) 사이의 힘
이상용액	온도 변화 없음	AA, BB = AB
음의편차	발열반응	AA, BB < AB
양의편차	흡열반응	AA, BB > AB

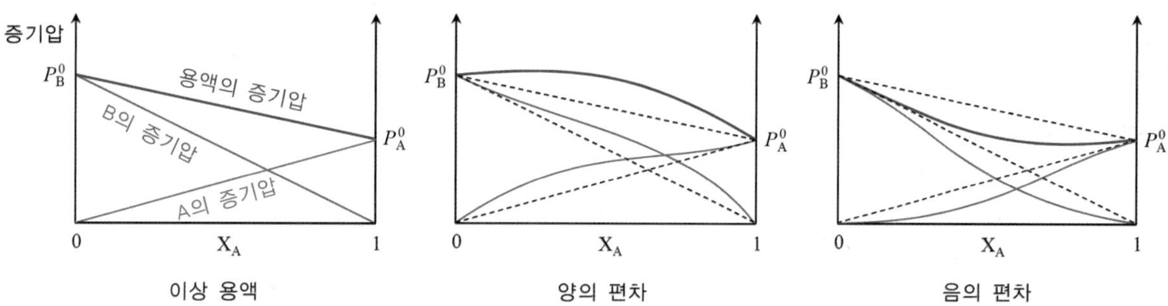

예제 12.5.6 (Z552)

35℃에서 아세톤 1mol과 클로로포름 1mol을 혼합한 용액의 증기압은 260torr이다. 이 용액은 다음 중 어느 것에 해당하는가? (단, 35℃에서 순수한 아세톤과 클로로포름의 증기압은 각각 345torr, 293torr이다.)

a. 이상 용액

b. 음의 편차

c. 양의 편차

12.6 끓는점 오름과 어는점 내림

1. 끓는점 오름

- 비휘발성 용질 입자는 용매의 증발을 방해한다.
- 묽은 용액의 끓는점은 용질의 몰랄농도에 비례한다.

$$\Delta T = k_b m$$

(k_b: 몰랄 끓는점 오름상수, m :모든 용질입자의 몰랄농도 총합)

2. 어는점 내림

- 용질 입자는 용매가 어는 것을 방해한다.
- 묽은 용액의 어는점은 용질의 몰랄농도에 비례한다.

$$\Delta T = k_f m$$

(k_f: 몰랄 어는점 내림상수, m :모든 용질입자의 몰랄농도 총합)

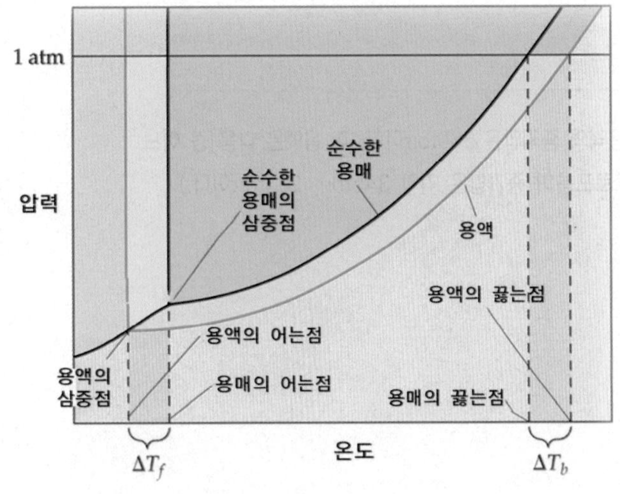

용매	정상 끓는점 (℃)	K_b (℃/m)	정상 녹는점 (℃)	K_f (℃/m)
물(H_2O)	100.0	0.51	0.0	1.86
벤젠(C_6H_6)	80.1	2.53	5.5	5.12
에탄올(C_2H_5OH)	78.4	1.2	−114.6	0.99
사염화탄소(CCl_4)	76.8	5.02	−22.3	29.8
클로로포름($CHCl_3$)	61.2	3.6	−63.5	0.68

예제 12.6.1 (Z91)

다음 각 수용액의 어는점과 끓는점을 계산하라. (100% 해리한다고 가정할 것)

a. $0.050m$ $MgCl_2$

b. $0.050m$ $FeCl_3$

예제 12.6.2

18.0g의 글루코스를 150g의 물에 녹여 용액을 만들었다. 이 용액의 끓는점은?
(글루코스의 분자량은 180이며, 물의 끓는점 오름 상수는 0.51℃/m이다.)

예제 12.6.3 (Z556)

0.546g의 단백질 시료를 15g의 벤젠에 녹였을 때, 어는점 내림은 0.24℃였다. 이 단백질의 분자량은?
(단, 벤젠의 어는점 내림 상수는 5.12℃/m이다.)

12.7 삼투압

- 반투막은 용매는 통과하지만 용질은 통과할 수 없는 막이다.
- 반투막을 사이로 농도가 다른 두 용액이 분리되었을 때 용매는 농도가 진한 쪽으로 자발적으로 이동한다. (삼투현상)
- 삼투현상이 일어나려는 추진력의 척도는 삼투압(π)이다.
- 용액의 삼투압은 몰농도와 절대온도에 비례한다. (M:모든 용질 입자의 몰농도 총합)

$$\pi = MRT$$

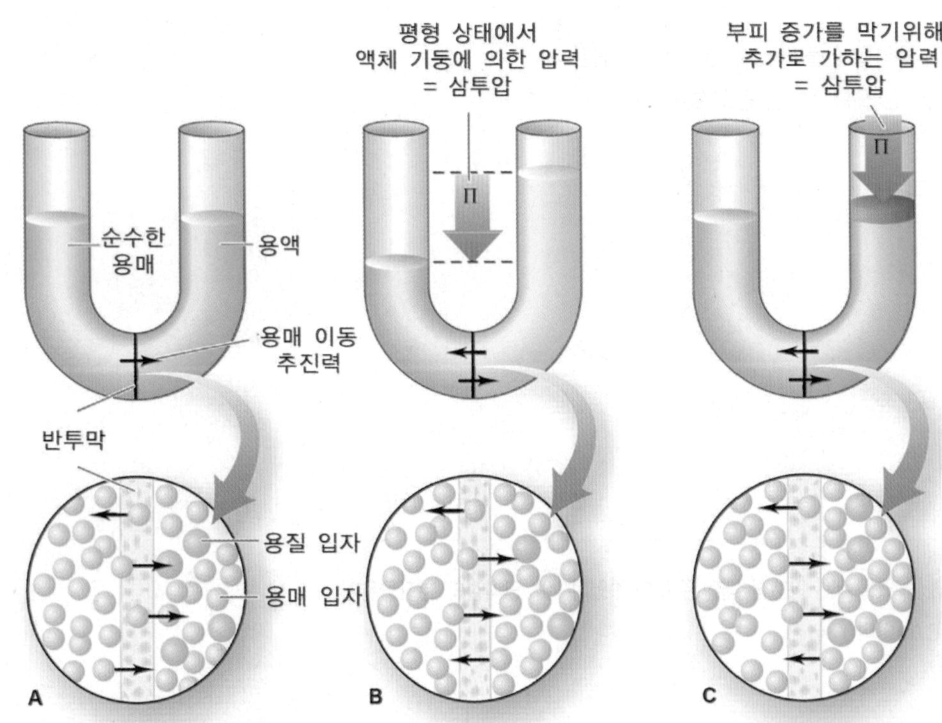

- 삼투압을 이용하여 몰질량을 측정할 수 있다.
- 기준 용액보다 삼투압이 크면 고장액, 작으면 저장액, 같으면 등장액이다.

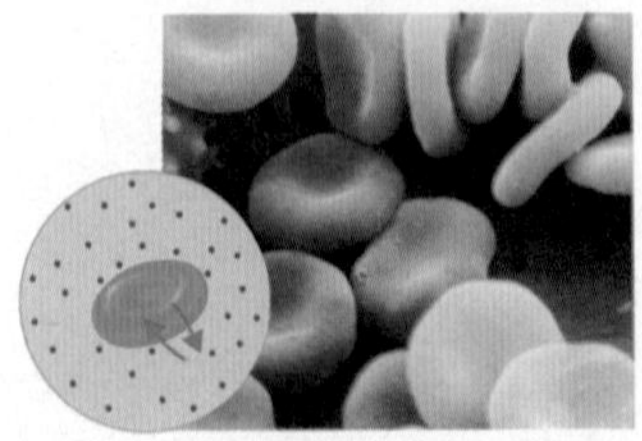
등장액에 들어있는 적혈구

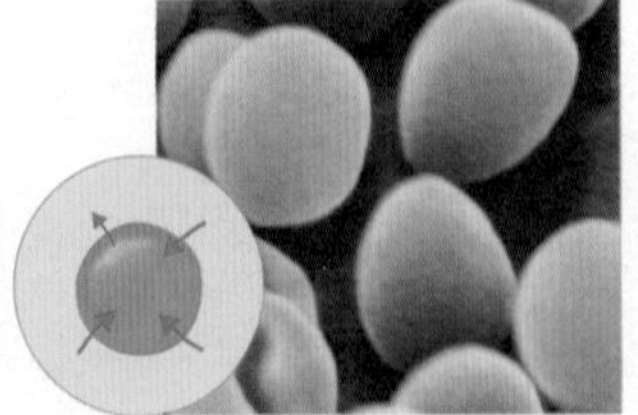
저장액에 들어있는 적혈구

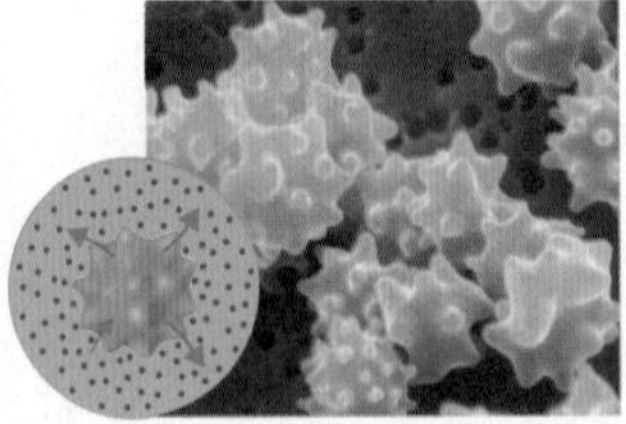
고장액에 들어있는 적혈구

예제 12.7.1

25℃에서 염화소듐 0.10M 수용액의 삼투압은?

예제 12.7.2 (Z559)

혈액의 삼투압은 25℃에서 7.7atm이다. 혈액과 등장인 염화소듐 용액은 몇 M인가?

예제 12.7.3

0.15g의 순수한 단백질 시료를 물에 녹여 2mL의 용액을 만들었다. 25℃에서 이 용액의 삼투압이 18.6torr일 때, 이 단백질의 분자량은?

12.8 콜로이드

- 콜로이드는 균일한 용액과 불균일 혼합물의 경계선상에 있는 상태이다.
- 콜로이드 입자의 크기는 대략 1~1000nm의 범위이다.
- 친수성 콜로이드는 입자표면의 친수성 작용기에 의해 안정하게 분산된다.
- 소수성 콜로이드는 입자표면의 정전기적 반발력에 의해 안정하게 분산된다.

분산매	분산질	콜로이드 형태	예
액체	액체	에멀젼	우유, 마요네즈
액체	고체	솔(sol)	페인트, 물감, 흙탕물
기체	액체	에어로솔	안개
액체	기체	거품	비누거품

- 콜로이드는 틴달 현상, 브라운 운동, 응집, 염석 등의 성질을 보인다.

틴달 효과

예제 12.8.1

다음 중 콜로이드에 해당하는 것을 모두 골라라.

a. 설탕물

b. 소금물

c. 비눗물

d. 안개

12 개념 확인 문제 (적중 2000제 선별문제)

01. LQ208. 몰농도

500mL 부피 플라스크를 이용하여 0.10M NaOH 용액을 만들고자 한다. 부피 플라스크에 넣어야 할 NaOH의 질량은?
(단, NaOH의 화학식량은 40이다.)

① 1.0g
② 2.0g
③ 3.0g
④ 4.0g
⑤ 5.0g

02. LQ211. 농도 환산 (%→M)

92% 에탄올(C_2H_5OH)용액의 밀도가 0.80g/mL이다. 이 용액의 몰 농도는? (단, 에탄올의 분자량은 46g/mol이다.)

① 14M
② 15M
③ 16M
④ 18M
⑤ 20M

03. LQ214. 농도 환산 (%→m)

60% 포도당($C_6H_{12}O_6$) 수용액의 몰랄 농도는? (단, 포도당의 몰질량은 180g/mol이다.)

① $\frac{25}{3}m$
② $\frac{50}{3}m$
③ $\frac{25}{12}m$
④ $8m$
⑤ $7m$

04. LQ222. 증기압 내림

다음 중 25℃에서 증기압이 가장 낮은 용액은?

① 0.1M 포도당 수용액
② 0.5M 요소 수용액
③ 0.2M NaCl 수용액
④ 0.5M $CaCl_2$ 수용액
⑤ 0.2m NaOH 수용액

05. LQ224. 증기압 내림

100℃에서 10% NaOH 수용액의 증기압(atm)은? (단, NaOH의 몰질량은 40이다. 용액은 이상용액이다.)

① $\frac{10}{12}$

② $\frac{10}{11}$

③ $\frac{20}{21}$

④ 1

⑤ $\frac{1}{11}$

06. LQ227. 증기압 내림

비휘발성 비전해질 물질 X 60g을 물 162g에 녹여 용액을 만들었다. 100℃에서 이 용액의 증기압이 0.90기압이었다. 물질 X의 몰질량은? (단, 용액은 이상 용액이다.)

① 40g/mol
② 50g/mol
③ 60g/mol
④ 70g/mol
⑤ 80g/mol

07. LQ233. 끓는점 오름

다음 물질을 물 1kg에 녹였을 때 끓는점이 가장 높은 것은?

① 1몰의 염화소듐
② 1몰의 설탕
③ 0.5몰의 황산소듐
④ 0.5몰의 요소
⑤ 0.5몰의 과염소산포타슘

08. LQ235. 끓는점 오름

물 200g에 A 9.0g을 녹여 만든 용액의 정상 끓는점이 100.26℃였다. A의 몰질량은? (단, A는 비휘발성, 비전해질 화합물이다. 물의 끓는점 오름 상수는 0.52℃/m이다.)

① 80g/mol
② 90g/mol
③ 45g/mol
④ 180g/mol
⑤ 160g/mol

09. LQ238. 삼투압

다음 중 25℃에서 삼투압이 가장 큰 용액은? (단, 전해질은 완전히 해리된다.)

① 0.10M 포도당 용액
② 0.10M 설탕 용액
③ 0.20M 요소 용액
④ 0.20M NaCl 용액
⑤ 0.20M Na_2SO_4 용액

10. LQ155. 삼투압

그림은 25℃에서 A 3.0g을 녹여 만든 수용액에 추가로 1.5atm을 가하여 순수한 물과 수면의 높이가 같아진 상태를 나타낸 것이다. A의 분자량은? (단, 25℃에서 RT=25L·atm/mol이다. A는 비전해질이다.)

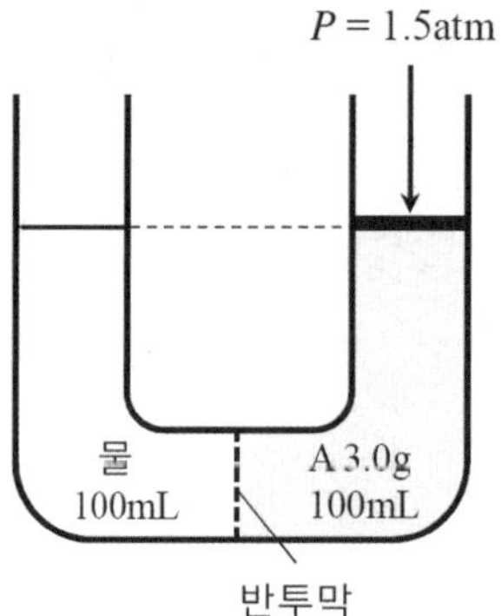

① 60
② 180
③ 200
④ 300
⑤ 500

번호	1	2	3	4	5
정답	②	③	①	④	②

번호	6	7	8	9	10
정답	③	①	②	⑤	⑤

C H E M I S T R Y

13

반응 속도

13

반응 속도

13.1 반응 속도

1. 반응 속도의 정의

- 반응 속도(reaction rate) : 단위 시간 당 반응물 또는 생성물의 농도 변화
- 반응속도는 반응물의 농도, 압력, 온도, 촉매 등에 의해 영향을 받는다.
- 초기 속도(initial rate) : 생성물의 농도와 역반응의 속도를 무시하는 상황에서 구한 순간 속도
- 반응 속도는 항상 양수로 정의되며 단위는 M/s이다. (드물게 atm/s)

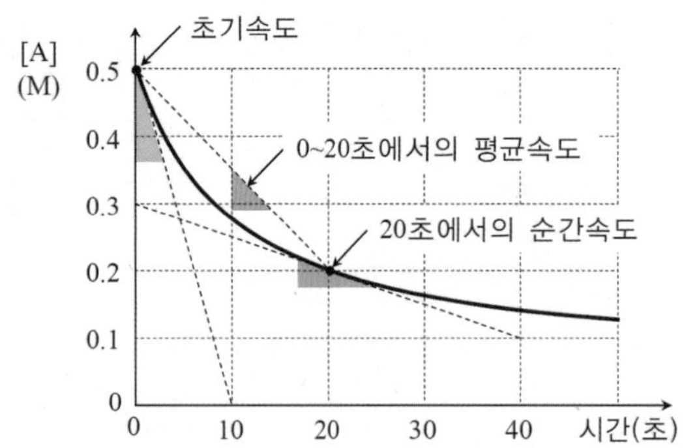

- 반응물의 소비속도와 생성물의 생성속도 사이에는 양론적 관계가 있다.

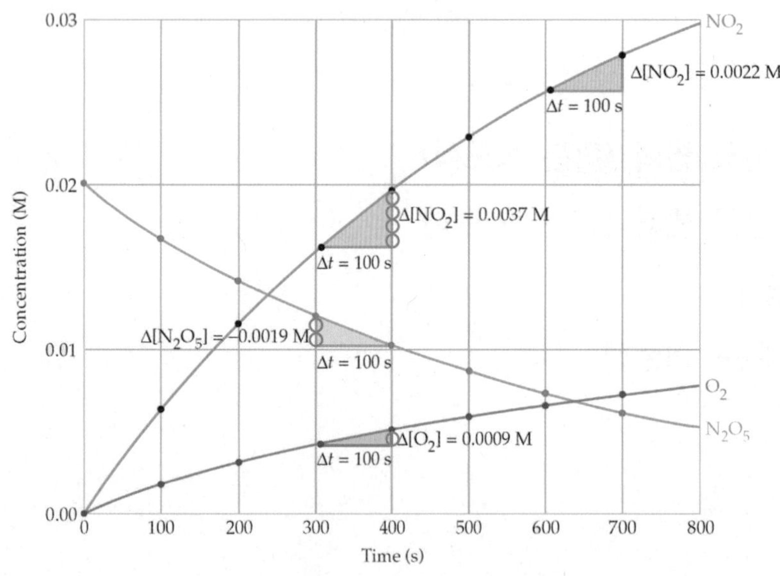

$2N_2O_5 \rightarrow O_2 + 4NO_2$에서

$\frac{1}{2}N_2O_5$의 소멸속도 = O_2의 생성속도 = $\frac{1}{4}NO_2$의 생성속도

$$-\frac{1}{2}\frac{d[N_2O_5]}{dt} = \frac{d[O_2]}{dt} = \frac{1}{4}\times\frac{d[NO_2]}{dt}$$

예제 13.1.1

$2N_2O_5 \rightarrow O_2 + 4NO_2$에서 N_2O_5의 소멸속도가 0.1M/s일 때 NO_2의 생성속도는?

예제 13.1.2 (Z28)

다음 일반적인 반응을 생각해 보자. (a, b, c는 계수)

$$aA + bB \rightarrow cC$$

어떤 시간, 즉 Δt 기간 동안 평균 속도를 측정한 결과는 다음과 같았다.

$-\frac{\Delta[A]}{\Delta t} = 0.0080\text{mol/L} \cdot \text{s}$, $-\frac{\Delta[B]}{\Delta t} = 0.0120\text{mol/L} \cdot \text{s}$, $\frac{\Delta[C]}{\Delta t} = 0.0160\text{mol/L} \cdot \text{s}$

계수들(a, b, c의 값)을 결정하라.

13.2 농도에 따른 속도 변화 (미분 속도식)

1. 속도 법칙(미분 속도 법칙)

- 속도 법칙: 반응 속도가 반응물의 농도에 어떻게 의존하는지를 나타낸 식

반응 aA + bB → cC 에 대하여 $v = k[A]^m[B]^n$

- 반응차수 m, n : 반응식의 계수와 무관. 실험에 의해서만 구할 수 있음 (양수, 음수, 0, 분수도 가능)
- k : 속도 상수 (온도, 촉매에 따라 변한다.)
- 일반적으로 속도법칙에는 반응물의 농도만 포함됨

예제 13.2.1

A + 2B → C 반응은 A에 대한 1차, B에 대한 1차 반응이다. A와 B의 농도를 2배씩 증가시켰을 때, 반응 속도는 몇 배 빨라지는가?

예제 13.2.2

O_2 + 2NO → $2NO_2$ 반응에 대하여 실험적으로 구한 속도식은 O_2에 대한 1차, NO에 대한 2차 반응이다. 다음 중 속도 상수 k에 영향을 주는 것은 무엇인가?

a. O_2의 부분압을 증가시킨다.

b. NO의 농도를 증가시킨다.

c. 온도를 변화시킨다.

d. 촉매를 사용한다.

2. 속도 상수

- k의 단위는 전체 반응 차수에 따라 달라진다.

전체 반응 차수	속도상수의 단위
0차	$M \cdot s^{-1}$
1차	s^{-1}
2차	$M^{-1} \cdot s^{-1}$
3차	$M^{-2} \cdot s^{-1}$

예제 13.2.3

A → B 반응의 속도 상수는 $0.01M^{-1} \cdot s^{-1}$이다. 이 반응은 A에 대한 몇 차 반응인가?

3. 속도 법칙의 유형 결정

- 초기 속도법: 속도 법칙을 실험적으로 구하는 일반적인 방법
- 반응물의 초기 농도 조합을 달리하여 여러 번 실험을 수행

▶ 반응 $NH_4^+(aq)$ + $NO_2^-(aq)$ → $N_2(g)$ + $2H_2O(l)$에 대한 세 가지 실험으로부터 얻은 초기 속도 자료

실험	초기 농도(M)		초기 속도 (M/s)
	NH_4^+	NO_2^-	
1	0.10	0.10	1.0×10^{-2}
2	0.10	0.20	2.0×10^{-2}
3	0.20	0.10	4.0×10^{-2}

- 반응 실험 1과 실험 2에서 NH_4^+농도를 유지하고 NO_2^- 농도만 2배 증가시켰을 때, 초기 속도 2배 증가
  → NO_2^-에 대한 1차 반응
- 반응 실험 1과 실험 3에서 NO_2^-농도를 유지하고 NH_4^+ 농도만 2배 증가시켰을 때, 초기 속도 4배 증가
  → NH_4^+에 대한 2차 반응
- 전체 반응은 NO_2^-에 대한 1차, NH_4^+에 대한 2차 반응 → $v = k[NO_2^-][NH_4^+]^2$

예제 13.2.4 (Z31)

$2NO(g)+Cl_2(g) \rightarrow 2NOCl(g)$ 반응을 -10℃에서 조사하였고, 그 결과는 다음과 같다.

$[NO]_0$(mol/L)	$[Cl_2]_0$(mol/L)	초기 속도(mol/L · min)
0.10	0.10	0.18
0.10	0.20	0.36
0.20	0.20	1.45

a. 속도식을 써라.

b. 속도 상수 값을 계산하라.

예제 13.2.5 (Z35)

반응 $I^-(aq)+OCl^-(aq) \rightarrow IO^-(aq)+Cl^-(aq)$을 연구한 결과 다음과 같은 결과를 얻었다.

$[I^-]_0$(mol/L)	$[OCl^-]_0$(mol/L)	초기 속도(mol/L · min)
0.12	0.18	7.91×10^{-2}
0.060	0.18	3.95×10^{-2}
0.030	0.090	9.88×10^{-3}
0.24	0.090	7.91×10^{-2}

a. 이 반응의 속도식은 무엇인가?

b. 속도 상수의 값을 계산하라.

c. I^-와 OCl^-의 초기 농도가 모두 0.15mol/L인 경우 이 반응의 초기 속도를 계산하라.

13.3 시간에 따른 농도 변화 (적분 속도식)

- 적분 속도식 : 농도가 시간에 따라 어떻게 의존하는지를 나타내는 식
- 미분 속도식을 적분하여 적분 속도식을 얻을 수 있다.

농도 ⇄ 속도

미분 속도법칙

⇅

적분 속도법칙

시간 ⇄ 농도

1. 1차 속도식

다음 반응에 대해서

$$a\mathrm{A} \rightarrow \text{생성물}$$

- 반응 속도가 일차이면 미분 속도 법칙은 다음과 같다.

$$\text{속도} = -\frac{d[\mathrm{A}]}{dt} = k[\mathrm{A}]$$

- 1차 적분 속도 법칙은 다음과 같다.

$$\ln[\mathrm{A}] = -kt + \ln[\mathrm{A}]_0$$

- 반감기($t_{1/2}$, 초기 농도의 절반으로 줄어드는데 걸리는 시간)는 다음과 같다.

$$t_{1/2} = \frac{\ln 2}{k}$$

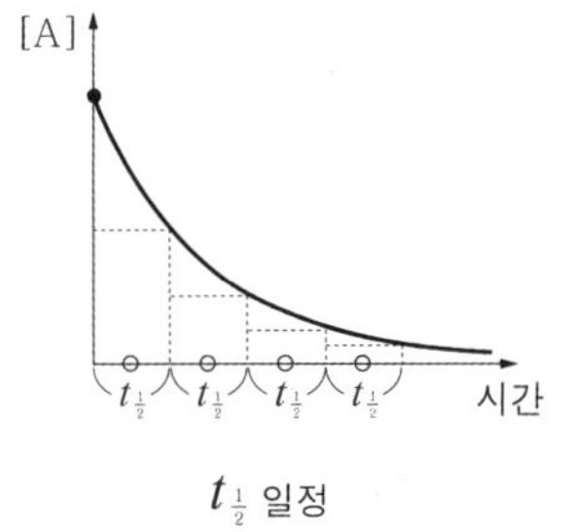

$t_{\frac{1}{2}}$ 일정

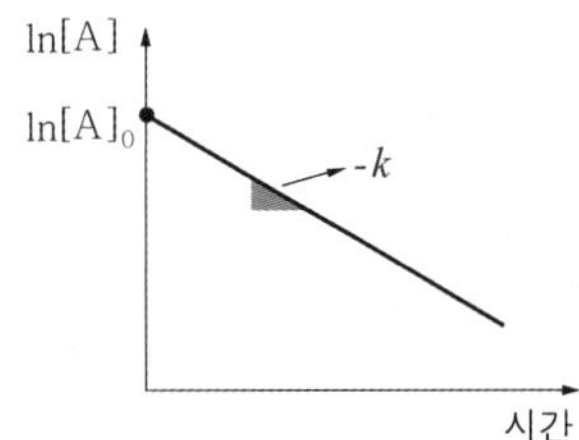

- **1차 속도식의 단서:**

✓ 반감기가 일정하다.

✓ 시간당 일정한 비율로 감소한다.

✓ 시간과 농도의 로그값이 직선관계이다.

예제 13.3.1

다음은 2A(g) → B(g) 반응에서 시간에 따른 A의 농도를 나타낸 것이다. 다음 질문에 답하시오.

시간(초)	0	10	20	30
[A](M/s)	0.8	0.4	0.2	x

a. 반응 차수는?

b. 속도 상수는?

c. x는 얼마인가?

d. 20초에서 A의 소멸 속도는?

e. 30초에서 B의 생성 속도는?

예제 13.3.2

3A(g) → 2B(g) 반응이 일정한 온도에서 일어난다. A의 초기 농도가 0.6M일 때, 시간에 대하여 ln[A]를 도시한 결과 기울기가 −0.01/s인 직선이 얻어졌다.

a. 반응 차수는?

b. 속도 상수는?

c. 반감기는?

d. A의 농도가 0.15M에 도달하는 데 걸리는 시간은?

e. A의 농도가 0.2M에 도달하는 데 걸리는 시간은?

2. 2차 속도식

다음 반응에 대해서

$$aA \rightarrow \text{생성물}$$

- 반응 속도가 이차이면 미분 속도 법칙은 다음과 같다.

$$\text{속도} = -\frac{d[A]}{dt} = k[A]^2$$

- 2차 적분 속도 법칙은 다음과 같다.

$$\frac{1}{[A]} = kt + \frac{1}{[A]_0}$$

- 반감기($t_{1/2}$)는 다음과 같다.

$$t_{1/2} = \frac{1}{k[A]_0}$$

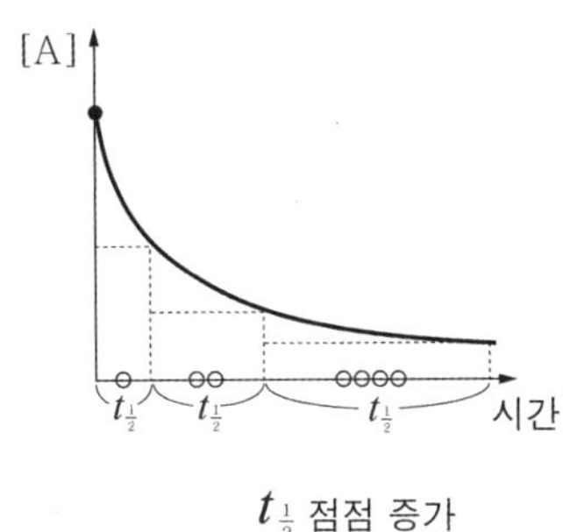

$t_{\frac{1}{2}}$ 점점 증가

$\frac{1}{[A]}$

k

$\frac{1}{[A]_0}$

시간

- **2차 속도식의 단서**:

✓ 반감기가 두 배씩 증가한다.

✓ 첫 번째 반감기 만큼 지날 때마다 반응물의 농도가 1, $\frac{1}{2}$, $\frac{1}{3}$ …의 비율로 감소한다.

✓ 시간 vs $\frac{1}{\text{농도}}$가 직선이다.

예제 13.3.3

다음은 $2A(g) \rightarrow B(g)$ 반응에서 시간에 따른 A의 농도를 나타낸 것이다. 다음 질문에 답하시오.

시간(초)	0	10	20	30
[A](M)	0.6	0.3	0.2	x

a. 반응 차수는?

b. 속도 상수는?

c. x는 얼마인가?

d. 20초에서 A의 소멸 속도는?

e. 30초에서 B의 생성 속도는?

예제 13.3.4

$3A(g) \rightarrow 2B(g)$ 반응이 일정한 온도에서 일어난다. A의 초기 농도가 0.6M일 때, 시간에 대하여 1/[A]를 도시한 결과 기울기가 $0.1M^{-1}\cdot s^{-1}$인 직선이 얻어졌다.

a. 반응 차수는?

b. 속도 상수는?

c. 첫 번째 반감기는?

d. 두 번째 반감기는?

e. A의 농도가 0.2M에 도달하는 데 걸리는 시간은?

3. 0차 속도식

다음 반응에 대해서

$$aA \rightarrow \text{생성물}$$

- 반응 속도가 0차이면 미분 속도 법칙은 다음과 같다.

$$\text{속도} = -\frac{d[A]}{dt} = k$$

- 0차 적분 속도 법칙은 다음과 같다.

$$[A] = -kt + [A]_0$$

- 반감기($t_{1/2}$)는 다음과 같다.

$$t_{1/2} = \frac{[A]_0}{2k}$$

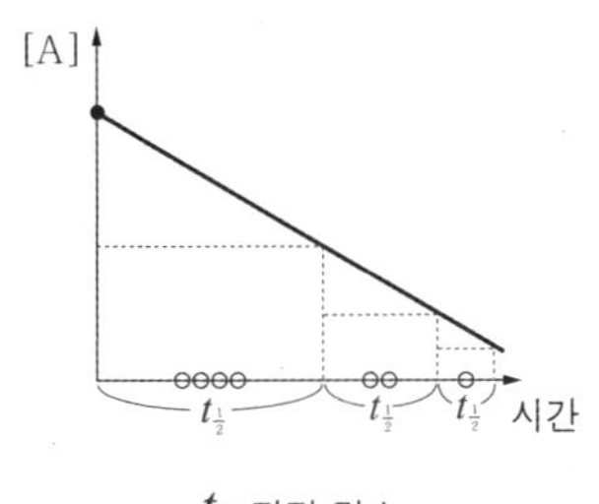

$t_{\frac{1}{2}}$ 점점 감소

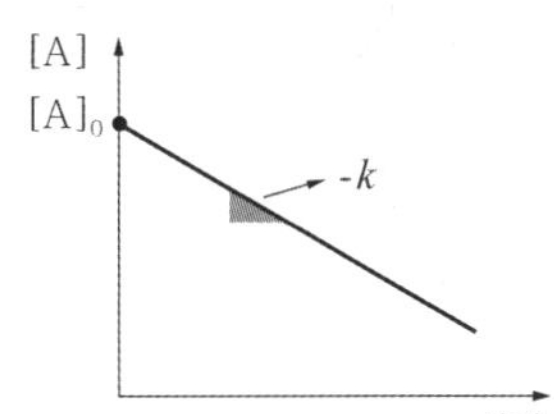

- **0차 속도식의 단서**

✓ 반감기가 절반씩 짧아진다.

✓ 시간에 따라 농도가 직선적으로 감소한다.

예제 13.3.5

다음은 2A(g) → B(g) 반응에서 시간에 따른 A의 농도를 나타낸 것이다. 다음 질문에 답하시오.

시간(초)	0	10	20	30
[A](M/s)	0.6	0.5	0.4	x

a. 반응 차수는?

b. 속도 상수는?

c. x는 얼마인가?

d. 20초에서 A의 소멸 속도는?

예제 13.3.6

2A(g) → B(g) 반응이 일정한 온도에서 일어난다. A의 초기 농도가 0.6M일 때, 시간에 대하여 [A]를 도시한 결과 기울기가 -0.1M/s인 직선이 얻어졌다.

a. 반응 차수는?

b. 속도 상수는?

c. 첫 번째 반감기는?

d. 두 번째 반감기는?

e. A의 농도가 0.2M에 도달하는 데 걸리는 시간은?

▶ 1차, 2차, 0차 속도식 비교

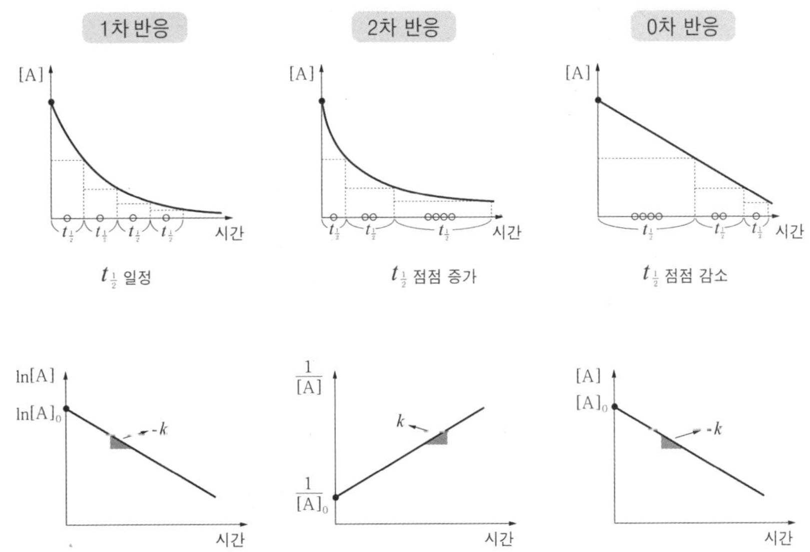

	1차 반응	2차 반응	0차 반응
속도식	$v=k[A]$	$v=k[A]^2$	$v=k$
속도상수의 단위	s^{-1}	$M^{-1}s^{-1}$	M/s
적분속도식	$\ln[A]=-kt+\ln[A]_0$	$\frac{1}{[A]}=kt+\frac{1}{[A]_0}$	$[A]=-kt+[A]_0$
직선관계	ln[A] vs t	$\frac{1}{[A]}$ vs t	[A] vs t
직선의 기울기	$-k$	k	$-k$
반감기	$t_{\frac{1}{2}}=\frac{\ln 2}{k}$	$t_{\frac{1}{2}}=\frac{1}{k[A]_0}$	$t_{\frac{1}{2}}=\frac{[A]_0}{2k}$
반감기와 초기농도	초기농도와 무관	초기농도에 반비례	초기농도에 비례

4. 실험으로 속도식 결정하기

- 반응물이 두 가지 이상일 때, 초기 속도법(inital rate method)으로 속도식을 구할 수 있다.
- 한 가지 반응물만 있을 때, 시간에 따른 반응물의 농도 변화로부터 속도식을 구할 수 있다.(반감기법)
- 반응물이 두 가지 이상일 때 특정 반응물을 제외한 나머지 반응물의 농도를 매우 크게 하여 상수 취급함으로써 그 반응물에 대한 반응 차수를 구할 수 있다. (고립법, isolation method)

예제 13.3.7

다음은 A와 B가 반응하여 C가 생성되는 반응식이다.

A(g) + B(g) → C(g)　　$v = k[A]^m[B]^n$

온도와 부피가 일정한 용기에서 A와 B를 반응시켜 두 번 실험을 진행했을 때 시간에 따른 A의 농도를 나타낸 것이다. 실험 1과 2에서 B의 초기 농도($[B]_0$)는 각각 1M와 2M이다. A와 B에 대한 반응차수는 각각 얼마인가?

반응 시간 (초)	실험 1 ($[B]_0$=1M)	실험 2 ($[B]_0$=2M)
	[A] (M)	[A] (M)
0	8.0×10^{-3}	8.0×10^{-3}
10		4.0×10^{-3}
20	4.0×10^{-3}	2.0×10^{-3}
30		1.0×10^{-3}
40	2.0×10^{-3}	5.0×10^{-4}

13.4 반응 메커니즘

1. 반응 메커니즘

- 반응 메커니즘 : 반응물이 생성물로 변환되어 가는 일련의 단일 단계 반응을 차례로 열거한 것
- 반응 메커니즘의 각 단계를 모두 더하면 균형 반응식이 된다.

단일단계 반응
- 1 단계 : $NO_2 + F_2 \longrightarrow NO_2F + F$
- 2 단계 : $F + NO_2 \longrightarrow NO_2F$

} 반응 메커니즘

균형 반응식 $2NO_2 + F_2 \longrightarrow 2NO_2F$

- 중간체 : 한 단계에서 생성되고, 다음 단계에서 소모되는 물질
- 분자도 : 단일 단계 반응에서 반응물 쪽에 있는 분자(또는 원자)의 수
- 반응 메커니즘은 실험적으로 구해야 한다.

2. 타당한 반응 메커니즘의 두 가지 조건

① 메커니즘의 모든 단일 단계의 합은 전체 반응식과 같아야 한다.

② 메커니즘으로부터 구한 속도식은 실험적으로 구한 속도식과 같아야 한다.

3. 단일단계 반응의 속도식

- 단일 단계 반응의 속도식은 분자도로부터 구할 수 있다. (반응물의 계수 = 반응 차수)

▶ 단일 단계 반응과 속도식

단일 단계 반응	분자도	속도식
A → 생성물	일분자 반응	속도 = k[A]
A + A → 생성물	이분자 반응	속도 = $k[A]^2$
A + B → 생성물	이분자 반응	속도 = k[A][B]
A + A + B → 생성물	삼분자 반응 (매우 드물다)	속도 = $k[A]^2[B]$

예제 13.4.1 (Z79)

다음 단일 단계 반응에 대한 속도식을 써라.

a. $CH_3NC(g) \rightarrow CH_3CN(g)$

b. $O_3(g) + NO(g) \rightarrow O_2(g) + NO_2(g)$

c. $O_3(g) \rightarrow O_2(g) + O(g)$

4. 메커니즘으로부터 속도식 구하기 I (첫 번째 단계가 속도 결정 단계)

- 속도 결정 단계 : 가장 느린 단일 단계, 전체 반응의 속도를 결정
- 첫 단계가 속도 결정 단계 → 전체 반응의 속도 = 첫 단계의 속도

(1단계) : $NO_2(g) + NO_2(g) \xrightarrow{k_1} NO_3(g) + NO(g)$ (느림)

(2단계) : $NO_3(g) + CO(g) \xrightarrow{k_2} NO_2(g) + CO_2(g)$ (빠름)

전체 반응 : $NO_2(g) + CO(g) \rightarrow NO(g) + CO_2(g)$

첫 단계가 속도 결정 단계이므로 전체 속도 = 단계 1의 속도

$$v = k_1[NO_2]^2$$

예제 13.4.2 (Z79)

상층권에서 O_3의 분해 반응은 다음과 같다.

$O_3(g) + NO(g) \rightarrow NO_2(g) + O_2(g)$ 느림

$NO_2(g) + O(g) \rightarrow NO(g) + O_2(g)$ 빠름

전체반응 $O_3(g) + O(g) \rightarrow 2O_2(g)$

a. 각 단일단계 반응의 분자도는 얼마인가?

b. 어느 것이 촉매인가?

c. 어느 것이 중간체인가?

d. 이 반응 메커니즘에 대한 예측되는 속도식을 써라.

5. 메커니즘으로부터 속도식 구하기 II(두 번째 이후 단계가 속도 결정 단계)

- 두 번째 이후 단계가 속도 결정단계인 반응에서는 사전 평형법이나 정류상태 근사법(steady-state approximation)으로 전체 속도식을 구할 수 있다.

(1단계) : $NO(g) + Br_2(g) \underset{k_{-1}}{\overset{k_1}{\rightleftarrows}} NOBr_2(g)$ (빠른 평형)

(2단계) : $NOBr_2(g) + NO(g) \xrightarrow{k_2} 2NOBr(g)$ (느림)

전체 반응 : $2NO(g) + Br_2(g) \rightarrow 2NOBr(g)$

두 번째 단계가 속도 결정 단계이므로, 전체 속도 = 단계 2의 속도

$$v = k_2[NOBr_2][NO]$$

하지만, 속도식에 중간체는 포함되지 않으므로, 사전 평형법을 이용한다.

1단계는 빠른 평형이므로 정반응의 속도는 역반응의 속도와 같다고 간주할 수 있다.

1단계에서 정반응의 속도 = 1단계에서 역반응의 속도 (사전 평형법)

$$k_1[NO][Br_2] = k_{-1}[NOBr_2]$$

다음과 같이 중간체 $NOBr_2$의 농도를 반응물의 농도로 치환할 수 있다.

$$[NOBr_2] = \frac{k_1}{k_{-1}}[NO][Br_2]$$

최종적인 속도법칙은 다음과 같다.

$$v = \frac{k_1 k_2}{k_{-1}}[NO]^2[Br_2]$$

예제 13.4.3 (Z66)

어떤 반응에 대하여 다음 메커니즘이 제시되었다.

$NO(g) + O_2(g) \rightleftarrows NO_3(g)$ 빠른 평형

$NO_3(g) + NO(g) \rightarrow 2NO_2(g)$ 느림

a. 전체 반응식을 써라.

b. 어느 것이 중간체인가?

c. 이 반응 메커니즘에 대한 예측되는 속도식을 써라.

13.5 반응 속도의 온도 의존성

1. 충돌 모형

- 반응을 일으키기 위해서는 충돌 에너지가 충분해야 한다. (충돌 에너지 ≥ 활성화 에너지)
- 반응물이 새로운 결합을 형성할 수 있는 방향으로 충돌해야 생성물이 형성될 수 있다.

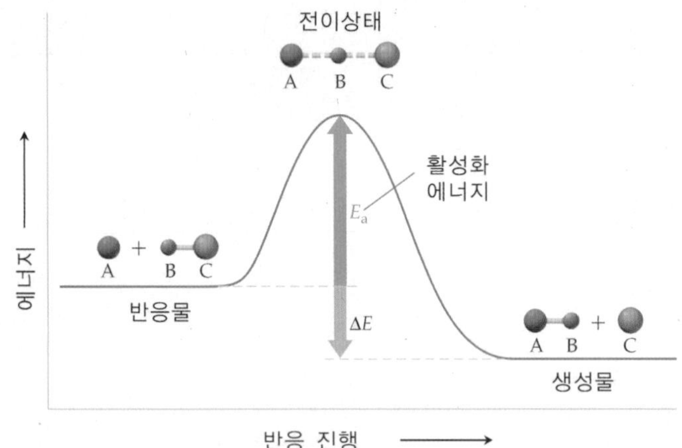

〈적절하지 않은 배향의 충돌〉

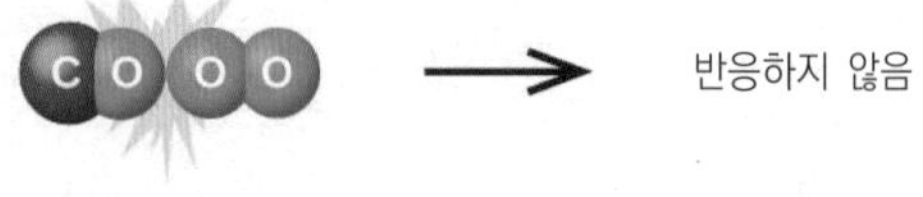

〈적절한 배향의 충돌〉

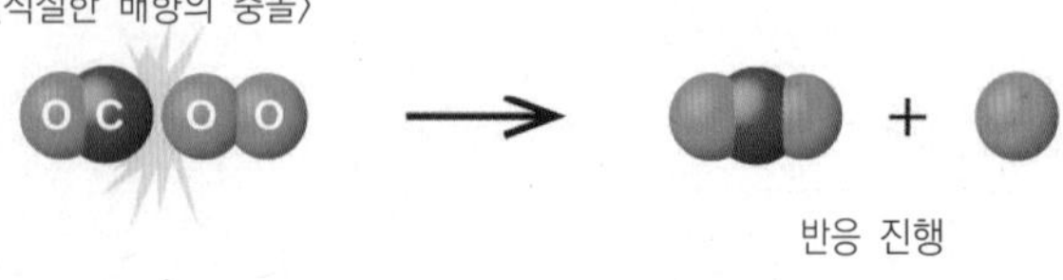

예제 13.5.1

다음 단일 단계 반응에서 전이 상태의 구조를 예측하라.

a. $O_3(g) + NO(g) \rightarrow O_2(g) + NO_2(g)$

b. $NO_2(g) + F_2(g) \rightarrow NO_2F(g) + F(g)$

2. 활성화 에너지

- 활성화 에너지(activation energy) : 전이상태(transition state)에 도달하기 위한 문턱 에너지
- 활성화 에너지보다 더 큰 에너지를 가지는 반응물만 생성물을 형성할 수 있다.
- 전이상태 : 반응물이 생성물로 변할 때 순간적으로만 존재하는 불안정한 고에너지 화학종

▶ 단일단계 반응의 reaction profile

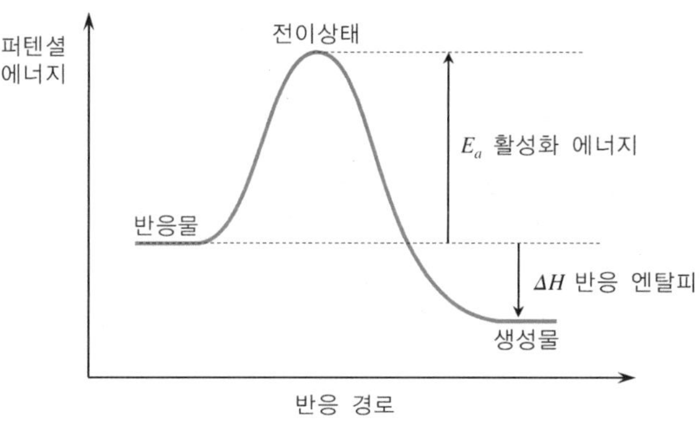

▶ 2단계 반응의 reaction profile

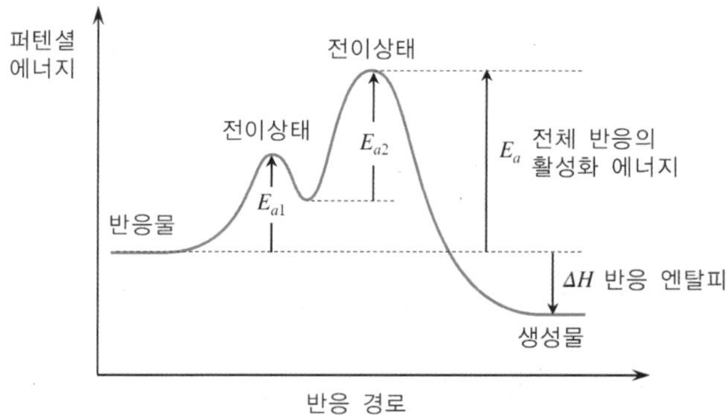

- 일반적으로 가장 큰 활성화 에너지를 가지는 단계가 속도 결정 단계이다.

예제 13.5.2

어떤 단일 단계 반응의 활성화 에너지는 50kJ/mol이고, △E는 −20kJ/mol이다.
역반응의 활성화 에너지는 얼마인가?

예제 13.5.3 (Z77)

다음 반응 중 실온에서 더 빠르게 일어날 것으로 예측되는 것은 어느 것인가?

a. $2Ce^{4+}(aq) + Hg_2^{2+}(aq) \rightarrow 2Ce^{3+}(aq) + 2Hg^{2+}(aq)$

b. $H_3O^+(aq) + OH^-(aq) \rightarrow 2H_2O(l)$

3. 촉매

- 촉매(정촉매)는 활성화 에너지를 낮추어서 반응 속도를 빠르게 한다.
- 부촉매(negative catalyst)는 활성화 에너지를 높여서 반응속도를 느리게 한다.
- 균일 촉매: 반응물과 촉매가 같은 상 (기체 반응에서 기체 촉매)
- 불균일 촉매: 반응물과 촉매가 다른 상 (기체 반응에서 고체 촉매)
- 촉매는 반응에 참여하거나 소모되지 않는다.
- 촉매는 평형의 위치, 평형 상수, 반응열에 영향을 주지 않는다.

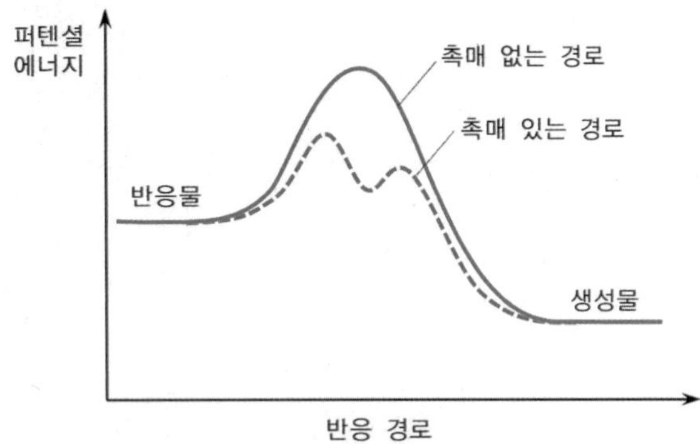

예제 13.5.4

다음은 메커니즘에 의해 이산화황은 삼산화황으로 산화된다.

1단계 : $2SO_2(g) + 2NO_2(g) \rightarrow 2SO_3(g) + 2NO(g)$

2단계 : $2NO(g) + O_2(g) \rightarrow 2NO_2(g)$

a. 전체 반응식을 쓰시오.

b. 중간체 또는 촉매로 작용하는 분자를 확인하시오.

4. 아레니우스 식 : 속도 상수의 온도 의존성

- 온도가 높을수록 활성화 에너지 이상의 에너지를 가지는 분자의 비율(유효 충돌 분율)이 증가하여 속도상수가 커진다.

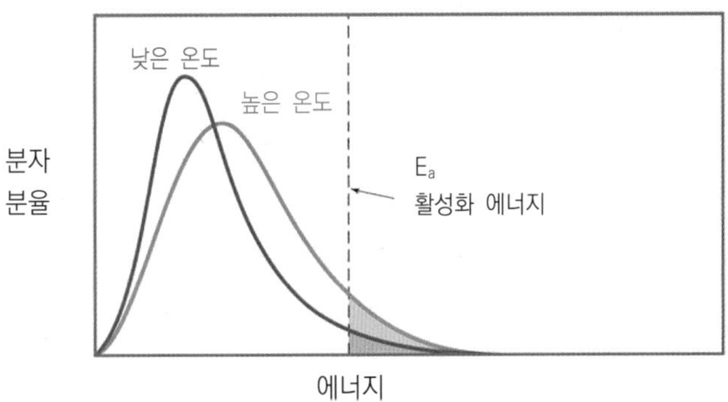

- 아레니우스 식은 온도에 따른 속도상수의 변화를 나타내는 식이다.

$$k = Ae^{-E_a/RT}$$

(A: 아레니우스 상수, 잦음률, frequency factor)

- 가로축을 $\frac{1}{T}$, 세로축을 $\ln k$로 놓으면 y절편이 $\ln A$이고, 기울기가 $-\frac{E_a}{R}$인 직선을 얻을 수 있다.

$$\ln k = -\frac{E_a}{RT} + \ln A$$

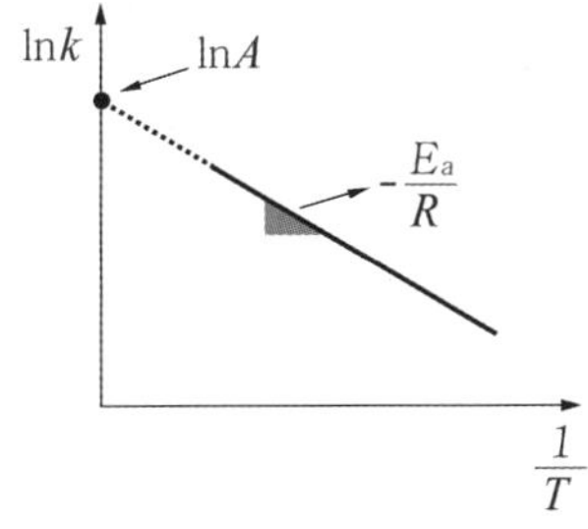

- 서로 다른 두 온도에서 각각의 속도 상수를 알면 활성화 에너지를 구할 수 있다.

$$(T_1, k_1), (T_2, k_2) \xrightarrow{\text{아레니우스식}} E_a \quad (k_1\text{과 } k_2\text{의 비율만이 중요!!})$$

$$\left| \frac{RT_1T_2}{T_2 - T_1} \ln\frac{k_2}{k_1} \right| = E_a$$

- 활성화 에너지가 클수록 속도상수는 온도 변화에 민감하다.

예제 13.5.5

200K에서 어떤 반응의 속도상수는 0.01/s이다. 250K에서 이 반응의 속도상수가 0.02/s일 때, 활성화 에너지는 얼마인가?

예제 13.5.6 (Z76)

많은 일반적인 반응에 대하여 25℃에서 35℃로 증가할 때, 반응 속도는 두 배 증가한다. 이것이 맞는다면 활성화 에너지는 얼마인가?

13 개념 확인 문제 (적중 2000제 선별문제)

01. CK209. 초기 속도법

다음은 일정한 온도에서 일산화 질소와 수소 기체의 반응식과 초기 농도에 따른 초기 속도 자료이다. 전체 반응의 속도식과 속도 상수가 모두 옳은 것은?

$$2NO(g) + 2H_2(g) \rightarrow N_2(g) + 2H_2O(g)$$

	$[NO]_0$(M)	$[H_2]_0$(M)	초기속도(M/s)
실험 1	0.10	0.10	1.2×10^{-3}
실험 2	0.10	0.20	2.4×10^{-3}
실험 3	0.20	0.10	4.8×10^{-3}

	속도식	속도 상수
①	$v=k[NO]^2[H_2]^2$	$1.2M^{-2}s^{-1}$
②	$v=k[NO]^2[H_2]$	$1.2M^{-2}s^{-1}$
③	$v=k[NO][H_2]^2$	$0.12M^{-2}s^{-1}$
④	$v=k[NO]^2[H_2]$	$1.2M^{-1}s^{-1}$
⑤	$v=k[NO]^2$	$0.12M^{-2}s^{-1}$

02. CK211. 1차 속도식

다음은 반응 $A(g) \rightarrow B(g)$에서 시간에 따른 A의 농도 변화를 나타낸 것이다. 이에 대한 설명으로 옳지 않은 것은?

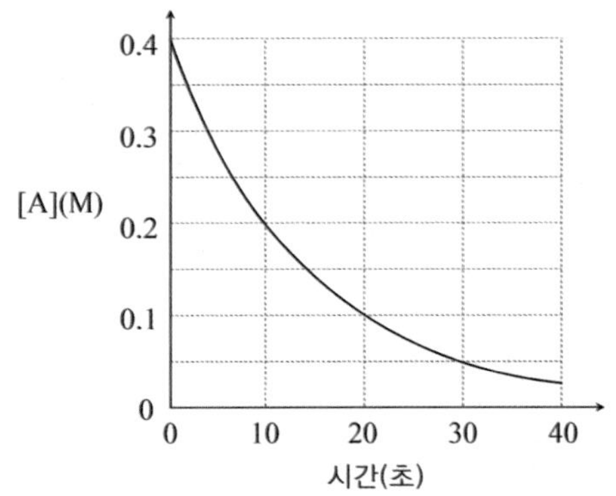

① 1차 속도식을 따른다.

② 반감기는 10초이다.

③ 속도 상수는 $\frac{\ln 2}{10}s^{-1}$이다.

④ $\frac{25초에서\ A의\ 농도}{15초에서\ A의\ 농도}=\frac{1}{2}$이다.

⑤ 반감기는 초기 농도에 비례한다.

03. CK213. 1차 속도식

다음은 N_2O_5의 분해 반응식과 속도식이다.

$$2N_2O_5(g) \rightarrow 4NO_2(g) + O_2(g)$$

$$v = -\frac{d[N_2O_5]}{dt} = k[N_2O_5]^n$$

표는 온도와 부피가 일정한 용기에 N_2O_5를 주입하여 반응시켰을 때 시간에 따른 농도 자료이다. 이에 대한 설명으로 옳지 않은 것은?

시간(초)	$[N_2O_5]$(M)
0	0.40
50	0.20
100	0.10

① 1차 속도식을 따른다.

② $k=\frac{\ln 2}{50}s^{-1}$이다.

③ 150초에서 NO_2의 농도는 0.70M이다.

④ 100초에서 반응 속도는 $\frac{\ln 2}{5}$M/s이다.

⑤ 반감기는 N_2O_5의 초기 농도와 무관하다.

04. CK217. 2차 속도식

다음은 온도와 부피가 일정한 용기에서 $A(g) \rightarrow B(g)$ 반응이 진행될 때, 반응 시간에 따른 A의 농도를 나타낸 것이다. 이에 대한 설명으로 옳지 않은 것은?

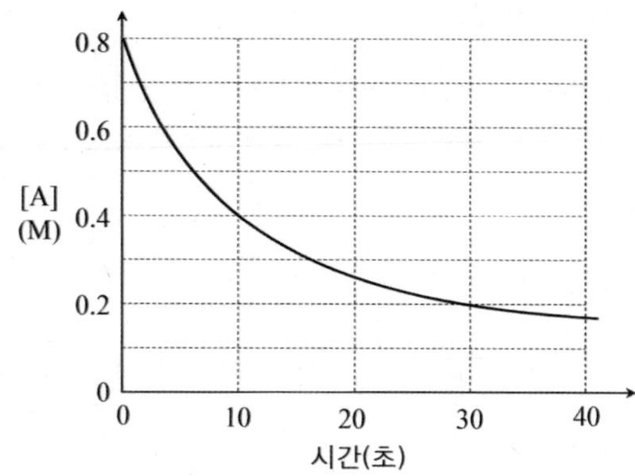

① A에 대한 2차 반응이다.

② 첫 번째 반감기는 10초이다.

③ 속도 상수 $k=\frac{1}{8}M^{-1}s^{-1}$이다.

④ A의 초기 소멸 속도는 0.08M/s이다.

⑤ $\frac{30\text{초에서 반응속도}}{10\text{초에서 반응속도}}=\frac{1}{2}$이다.

05. CK219. 2차 속도식

다음은 뷰타다이엔(C_4H_6)이 이합체를 이루는 반응식이다.

$$2C_4H_6(g) \rightarrow C_8H_{12}(g)$$

표는 일정한 온도에서 시간에 따른 C_4H_6의 농도 자료이다. x와 C_4H_6의 초기 소멸속도를 옳게 짝지은 것은?

시간(초)	$[C_4H_6]$(M)
0	0.12
100	0.06
200	x
300	0.03

	x	초기 속도(M/s)
①	0.04	1.2×10^{-3}
②	0.036	1.2×10^{-3}
③	0.05	1.0×10^{-2}
④	0.04	1.0×10^{-2}
⑤	0.036	1.0×10^{-2}

06. CK223. 0차 속도식

금 표면에서 다음의 분해 반응은 0차 반응이다.

$$2HI(g) \rightarrow H_2(g) + I_2(g)$$

온도와 부피가 일정한 용기에서 HI의 초기 압력이 1.0기압에서 0.8기압으로 감소하는데 10초가 걸렸다. HI의 부분압이 0.3기압에 도달하는데 걸리는 시간은?

① 35초
② 50초
③ 60초
④ 70초
⑤ 80초

07. CK228. 고립법

다음은 A와 B가 반응하여 C를 생성하는 균형 반응식과 속도식이다.

$$A(g) + B(g) \rightarrow C(g) \qquad v = k[A]^m[B]^n$$

그림은 B의 초기 농도가 2M 또는 4M인 조건에서, 시간에 따른 A의 농도를 나타낸 것이다.

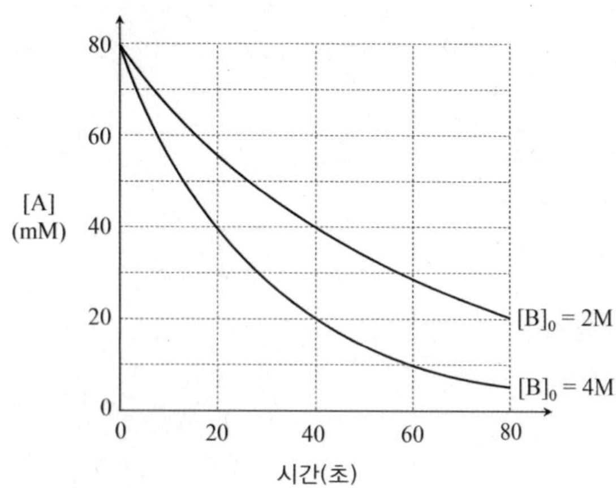

k는? (단, 온도는 일정하다.)

① $\frac{\ln 2}{160} M^{-2}s^{-1}$

② $\frac{\ln 2}{160} M^{-1}s^{-1}$

③ $\frac{\ln 2}{80} M^{-1}s^{-1}$

④ $\frac{\ln 2}{40} M^{-1}s^{-1}$

⑤ $\frac{\ln 2}{40} s^{-1}$

08. CK234. 반응 메커니즘 (사전 평형법)

다음은 A와 B가 반응하여 C를 형성하는 반응 메커니즘이다.

1단계: $A(g) + B(g) \underset{k_{-1}}{\overset{k_1}{\rightleftharpoons}} 2X(g)$ (빠른 평형)

2단계: $2X(g) \xrightarrow{k_2} C(g)$ (느림)

이에 대한 설명으로 옳지 않은 것은?

① 속도 결정 단계는 2단계이다.

② 1단계와 2단계는 모두 이분자 과정이다.

③ 속도 상수의 단위는 k_1와 k_{-1}이 같다.

④ 전체 속도식은 A에 대한 2차, B에 대한 1차 반응이다.

⑤ 전체 반응의 속도 상수 $k = \frac{k_1 k_2}{k_{-1}}$이다.

09. CK237. 활성화 에너지

그림은 어떤 반응의 속도 상수의 온도 의존성을 나타낸 그래프이다. 이 반응의 활성화 에너지는? (단, 기체 상수는 8.3J/mol·K이다.)

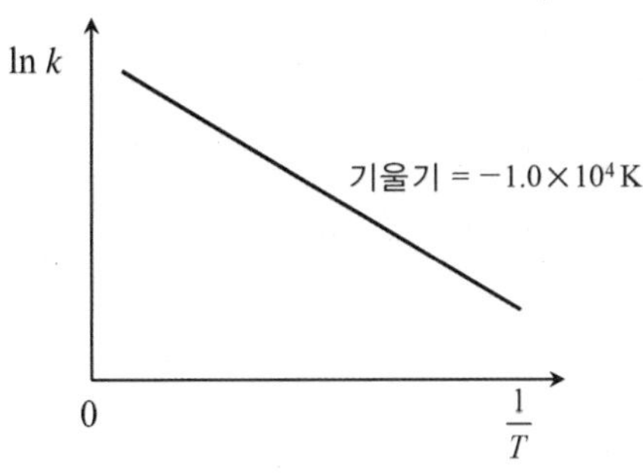

① 8.3kJ/mol
② 83kJ/mol
③ 8.2kJ/mol
④ 82kJ/mol
⑤ 100kJ/mol

10. CK239. 아레니우스 식

다음은 온도에 따른 반응 $2A(g) \rightarrow B(g)$의 속도 상수를 나타낸 것이다. 이 반응의 활성화 에너지는? (단, 기체 상수는 8.3J/mol·K이다.)

온도	$k(M^{-1}s^{-1})$
100K	3.0×10^{-2}
200K	6.0×10^{-2}

① (100×8.3×ln2)J/mol
② (200×8.3×ln2)J/mol
③ (200×8.3×ln3)J/mol
④ (300×8.3×ln2)J/mol
⑤ (300×8.3×ln3)J/mol

번호	1	2	3	4	5
정답	②	⑤	④	⑤	①

번호	6	7	8	9	10
정답	①	③	④	②	②

C H E M I S T R Y

14

화학 평형

14

화학 평형

14.1 화학 평형

1. 평형 상태

- 대부분의 반응은 정반응과 역반응이 동시에 일어날 수 있는 가역 반응이다.
- 닫힌계에서 충분한 시간이 지났을 때, 동적 평형 상태에 도달한다. (정반응 속도=역반응 속도)

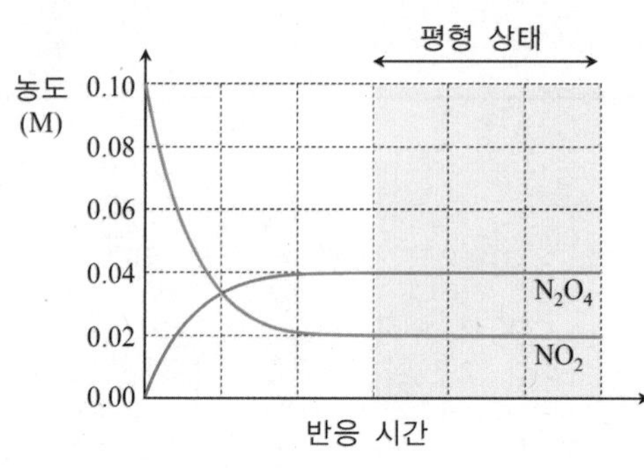

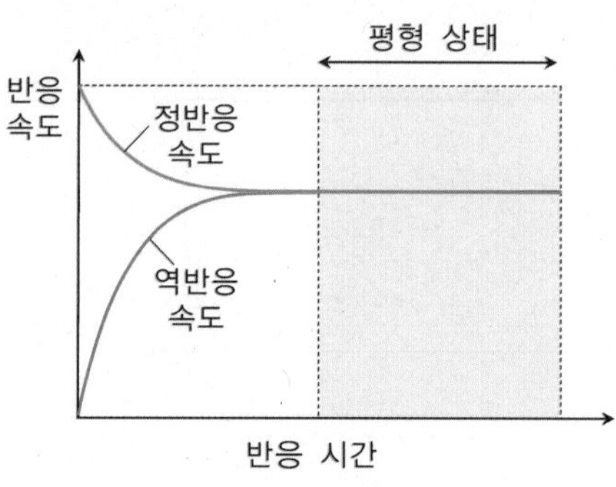

- 평형 상태에서 각 물질의 농도를 평형 농도라 하고 다른 요인이 가해지지 않는 한 평형 농도는 시간이 지나도 변하지 않는다.

14.2 평형 상수(K)

1. 평형식과 평형 상수

- 반응식이 주어지면 그 반응식에 대한 평형식을 곧바로 얻을 수 있다. (질량 작용의 법칙)
- 평형 농도를 평형식에 넣어서 구한 값이 평형상수(K)이다.
- 몰농도로 표시된 평형 상수는 K_c, 부분압으로 표시된 평형 상수는 K_p이다.

반응식 $a\mathrm{A}(g)+b\mathrm{B}(g) \rightleftarrows c\mathrm{C}(g)+d\mathrm{D}(g)$

$$K_c = \frac{[\mathrm{C}]^c[\mathrm{D}]^d}{[\mathrm{A}]^a[\mathrm{B}]^b}, \qquad K_p = \frac{(P_\mathrm{C})^c \times (P_\mathrm{D})^d}{(P_\mathrm{A})^a \times (P_\mathrm{B})^b}$$

- 평형 상수는 그 반응이 얼마나 잘 진행되는가(자발성)에 대한 척도이다.
- 평형 상수는 일정한 온도에서 변하지 않는다.

>>> 일반적인 경우, 아래 첨자 없는 K는 농도로 정의된 평형상수(K_c)로 간주된다. (수능 등)

예제 14.2.1

다음 각 기체상 반응에 대한 평형 상수식(K_c와 K_p)을 써라.

a. $N_2(g) + O_2(g) \rightleftarrows 2NO(g)$

b. $N_2O_4(g) \rightleftarrows 2NO_2(g)$

c. $SiH_4(g) + 2Cl_2(g) \rightleftarrows SiCl_4(g) + 2H_2(g)$

예제 14.2.2

어떤 온도에서 $N_2(g) + 3H_2(g) \rightleftarrows 2NH_3(g)$ 반응이 평형에 도달했을 때, 다음과 같았다.

$[N_2]$ = 0.1M, $[H_2]$ = 1M, $[NH_3]$ = 0.1M

이 온도에서 위 반응의 K_c는?

예제 14.2.3

어떤 온도에서 $2NO(g) + Cl_2(g) \rightleftarrows 2NOCl(g)$ 반응이 평형에 도달했을 때, 다음과 같았다.

P_{NO} = 0.5atm, P_{Cl_2} = 0.2atm, P_{NOCl} = 1atm

이 온도에서 위 반응의 K_p는?

2. 평형의 위치와 평형 상수

- 평형 농도가 서로 다른 각각의 평형 상태를 평형의 위치라 한다.

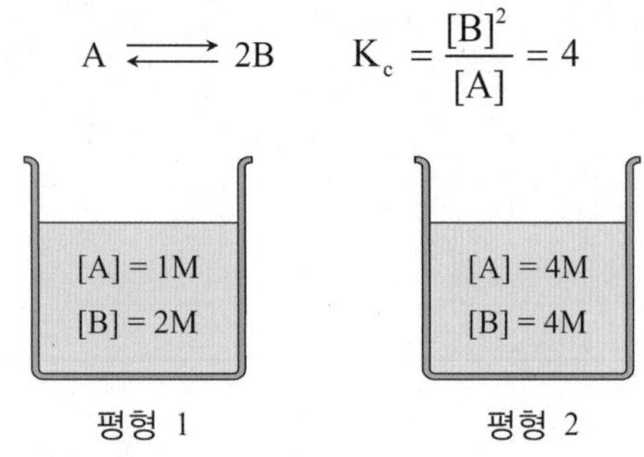

- 평형의 위치는 무한히 많지만, 평형 상수는 주어진 온도에서 유일하다.
- 평형상수는 일반적으로 단위가 없다.
- 하나의 계에서 여러 반응이 동시에 평형에 도달했을 때도 모든 평형상수는 동시에 성립된다.

예제 14.2.4

300K에서 $2A(g) \rightleftarrows B(g)$반응의 $K_c = 20$이다. 다음 중 300K에서 평형 상태에 있는 반응계는?

a. [A] = 0.1M, [B] = 2M

b. [A] = 0.2M, [B] = 0.8M

c. [A] = 0.1M, [B] = 0.2M

예제 14.2.5

온도 T에서 $2NO(g) + Cl_2(g) \rightleftarrows 2NOCl(g)$ 반응이 평형에 도달했을 때, 다음과 같았다.

$P_{NO} = 0.5$atm, $P_{Cl_2} = 0.2$atm, $P_{NOCl} = 1$atm

다음 중 온도 T에서 평형 상태에 있는 반응계는?

a. $P_{NO} = 1$atm, $P_{Cl_2} = 0.2$atm, $P_{NOCl} = 2$atm

b. $P_{NO} = 0.2$atm, $P_{Cl_2} = 0.2$atm, $P_{NOCl} = 1$atm

c. $P_{NO} = 0.5$atm, $P_{Cl_2} = 0.8$atm, $P_{NOCl} = 2$atm

3. K_c 와 K_p

- 몰농도로 정의된 평형상수는 K_c, 부분압으로 정의된 평형상수를 K_p이다.
- 기체상 반응 : K_c와 K_p 둘 다 사용 가능
- 용액상 반응 : K_c만 사용 가능

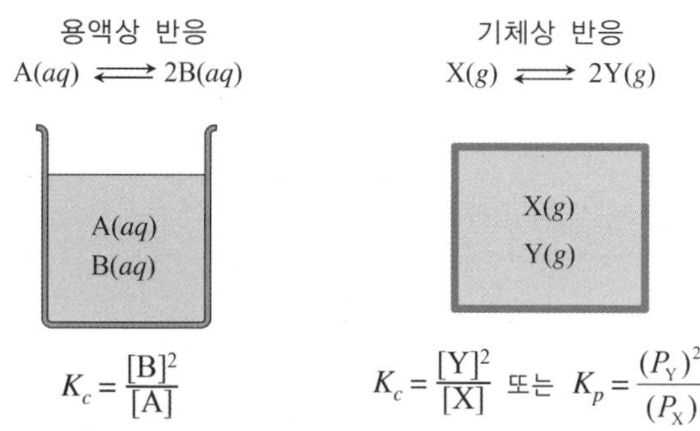

- 기체상 반응에서 K_c와 K_p는 서로 변환할 수 있다. ($\triangle n$ =반응 전·후 기체 계수의 변화량)

$$K_p = K_c(RT)^{\triangle n}$$

예제 14.2.6

300K에서 $2A(g) \rightleftarrows B(g)$반응의 $K_c = 20$이다. 300K에서 이 반응의 K_p는?

예제 14.2.7 (Z35)

327℃에서 평형에 있는 다음 반응을 생각하자.

$$CH_3OH(g) \rightleftarrows CO(g) + 2H_2(g)$$

평형 농도는 다음과 같다: $[CH_3OH] = 0.15M$, $[CO] = 0.24M$, 및 $[H_2] = 1.1M$

이 온도에서 K_p를 계산하라.

4. 불균일 평형

- 불균일 평형 : 순수한 고체나 순수한 액체를 포함하는 평형
- 순수한 고체나 액체는 평형식에 포함되지 않는다.

  (예) $2H_2O(l) \rightleftharpoons 2H_2(g) + O_2(g)$

  $K_c = [H_2]^2[O_2]$, $K_p = (P_{H_2})^2(P_{O_2})$

예제 14.2.8 (Z38)

다음 각 반응에 대한 K_p식을 써라.

a. $2Fe(s) + \frac{3}{2}O_2(g) \rightleftharpoons Fe_2O_3(s)$

b. $CO_2(g) + MgO(s) \rightleftharpoons MgCO_3(s)$

c. $C(s) + H_2O(g) \rightleftharpoons CO(g) + H_2(g)$

예제 14.2.9

다음의 각 반응에 대해 K_c와 K_p를 써라.

a. 고체 탄산칼슘이 분해되어 고체 산화칼슘(생석회)와 기체 이산화탄소를 생성하는 반응

b. 흑연과 기체 이산화탄소가 반응하여 기체 일산화탄소를 생성하는 반응

예제 14.2.10 (Z42)

어떤 온도에서 다음 반응을 생각하자.

$$4Fe(s) + 3O_2(g) \rightleftarrows 2Fe_2O_3(s)$$

평형에서 2.0-L의 용기 속에 들어있는 혼합물에는 1.0mol Fe, 1.0×10^{-3}mol O_2와 2.0mol Fe_2O_3이 들어있다. 이 반응의 K를 계산하라.

예제 14.2.11 (Z52)

1325K에서 비어있는 단단한 용기 속에 $S_8(g)$ 시료를 넣었더니 초기 압력이 1.00atm이었다. 이 용기 속에서 $S_8(g)$는 다음과 같이 $S_2(g)$로 분해된다.

$$S_8(g) \rightleftarrows 4S_2(g)$$

평형에서, S_8의 부분 압력을 측정하였더니 0.25atm이었다. 1325K에서 이 반응에 대한 K_p를 계산하라.

예제 14.2.12 (Z53)

어떤 온도에서, 3.0-L의 단단한 용기에 12.0mol의 SO_3를 넣었다. SO_3는 다음과 같이 해리한다.

$$2SO_3(g) \rightleftarrows 2SO_2(g) + O_2(g)$$

평형에서, 3.0mol의 SO_2가 들어있었다. 이 반응의 K를 계산하라.

예제 14.2.13 (Z54)

어떤 온도에서, 1.0-L의 용기에 8.0mol의 NO_2를 넣었다. NO_2는 다음과 같이 해리한다.

$$2NO_2(g) \rightleftarrows 2NO(g) + O_2(g)$$

평형에 도달하였을 때, NO(g)의 농도는 2.0M이었다. 이 반응의 K를 계산하라.

예제 14.2.14 (Z67)

어떤 온도에서, 다음 반응의 $K_p = 4.0 \times 10^{-3}$이다.

$$NH_4OCONH_2(s) \rightleftarrows 2NH_3(g) + CO_2(g)$$

25℃에서 진공으로 된 용기에 어떤 양의 $NH_4OCONH_2(s)$을 넣었다. 평형에 도달했을 때 NH_3와 CO_2의 평형 부분 압력을 계산하라.

예제 14.2.15 (Z68)

진공 상태의 용기에 염화 암모늄 고체 시료를 넣고 가열하였더니 암모니아 기체와 염화 수소 기체로 분해되었다. 가열 후, 용기 내의 전체 압력은 4.4atm이었다. 이 온도에서 다음 분해 반응의 K_p를 계산하라.

$$NH_4Cl(s) \rightleftarrows NH_3(g) + HCl(g)$$

14.3 반응지수(Q)

1. 반응지수

- 계의 초기 농도를 평형식에 넣어서 구한 값이 반응지수(Q)이다.
- 반응지수의 크기는 반응계마다 다른 값을 가질 수 있다.
- 계는 언젠가 평형에 도달하여 반응지수는 평형상수와 같아진다.

평형에서 $K = Q$

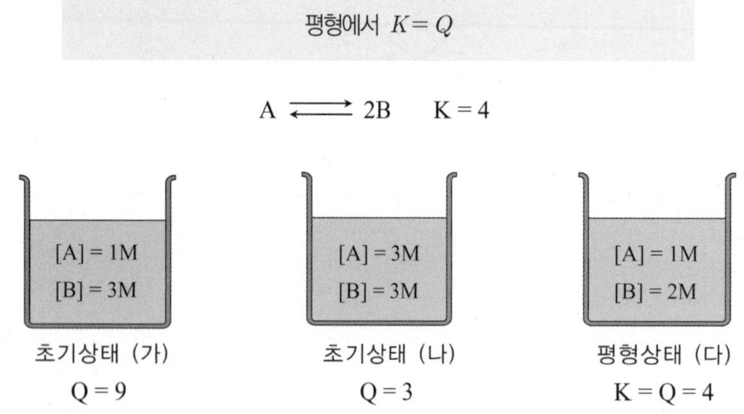

2. 반응지수와 평형상수

- Q와 K의 크기 비교를 통해 계에서 진행되는 반응의 방향을 예측할 수 있다.

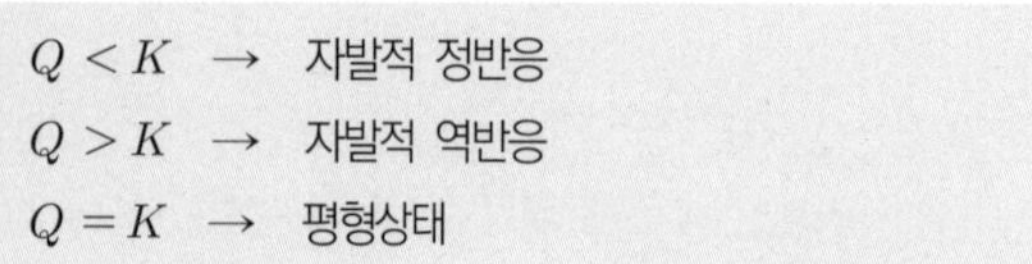

$Q < K$ → 자발적 정반응
$Q > K$ → 자발적 역반응
$Q = K$ → 평형상태

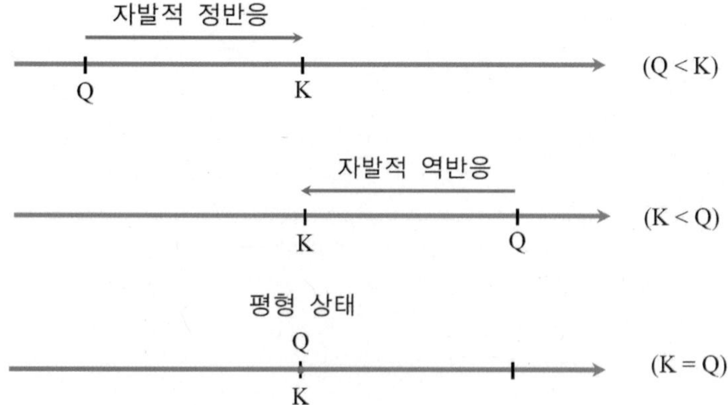

예제 14.3.1

300K에서 $2A(g) \rightleftarrows B(g)$반응의 $K_c = 20$이다. 다음 중 정반응이 자발적으로 진행되는 것은?

a. [A] = 0.1M, [B] = 2M

b. [A] = 0.2M, [B] = 0.1M

c. [A] = 0.1M, [B] = 0.2M

예제 14.3.2 (Z46)

25℃에서 다음 반응의 평형 상수는 0.0900이다.

$$H_2O(g) + Cl_2O(g) \rightleftarrows 2HOCl(g)$$

다음의 일련의 조건하에서 평형에 있는 계는 어느 것인가?
평형이 아닌 조건에 있는 계는 어떤 방향으로 이동할까?

a. $P_{H_2O} = 1.00\text{atm},\ P_{Cl_2O} = 1.00\text{atm},\ P_{HOCl} = 1.00\text{atm}$

b. $P_{H_2O} = 200.\text{torr},\ P_{Cl_2O} = 4.98\text{torr},\ P_{HOCl} = 21.0\text{torr}$

c. $P_{H_2O} = 296\text{torr},\ P_{Cl_2O} = 15.0\text{torr},\ P_{HOCl} = 20.0\text{torr}$

14.4 평형 상수의 성질

1. 평형 상수의 의미: 자발성의 척도

- 평형상수는 그 반응이 얼마나 잘 진행되는가에 대한 척도
- 평형상수가 크면 ($K \gg 1$) 평형상태에서 반응물보다 생성물이 많고, 그 반응은 정반응의 방향으로 잘 진행된다. (평형의 위치가 오른쪽에 있다.)
- 평형상수가 작으면 ($K \ll 1$) 평형상태에서 생성물보다 반응물이 많고, 그 반응은 역반응의 방향으로 잘 진행된다. (평형의 위치가 왼쪽에 있다.)
- 평형 상수의 크기와 반응 속도의 크기는 아무런 관련이 없다.

예제 14.4.1

다음 중 25℃에서 K가 가장 클 것으로 예상되는 것은?

a. $N_2(g)+O_2(g) \rightleftarrows 2NO(g)$

b. $4Fe(s)+3O_2(g) \rightleftarrows 2Fe_2O_3(s)$

c. $2CO_2(g) \rightleftarrows 2CO(g)+O_2(g)$

예제 14.4.2

다음 중 25℃에서 평형의 위치가 가장 오른쪽에 있을 것으로 예상되는 것은?

a. $NH_4Cl(s) \rightleftarrows NH_3(g)+HCl(g)$

b. $2SO_2(g)+O_2(g) \rightleftarrows 2SO_3(g)$

c. $CaCO_3(s) \rightleftarrows CaO(s)+CO_2(g)$

2. 평형 상수의 계산

- 반응식에 n을 곱하면 평형상수는 n승이 된다.
- 정반응의 평형상수는 역반응의 평형상수의 역수이다.

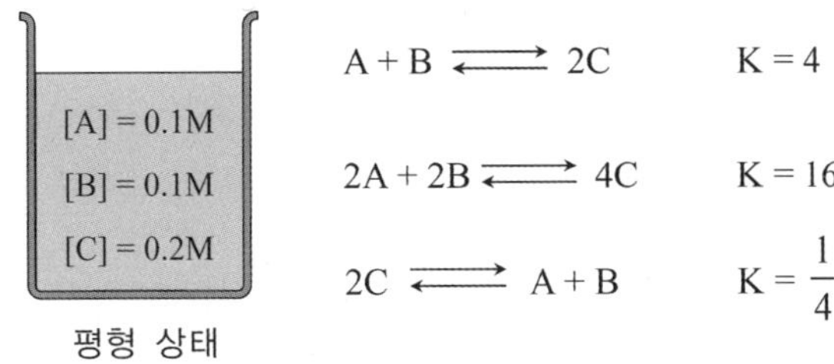

- 반응식끼리 더하면 각 반응의 평형상수는 곱해진다.

예제 14.4.3

어떤 온도에서 $H_2(g) + Br_2(g) \rightleftarrows 2HBr(g)$의 $K_p = 400$ 이다.

같은 온도에서 다음 각 반응의 K_p를 계산하라.

a. $HBr(g) \rightleftarrows \frac{1}{2}H_2(g) + \frac{1}{2}Br_2(g)$

b. $2HBr(g) \rightleftarrows H_2(g) + Br_2(g)$

c. $\frac{1}{2}H_2(g) + \frac{1}{2}Br_2(g) \rightleftarrows HBr(g)$

예제 14.4.4 (Z126)

45℃에서 다음 반응의 $K = 4.0$이다.

$$A(g) + B(g) \rightleftarrows C(g)$$

또한, 45℃에서 다음 반응의 $K = 8.0$이다.

$$2A(g) + D(g) \rightleftarrows C(g)$$

같은 온도에서, 다음 반응의 K값은 얼마인가?

$$C(g) + D(g) \rightleftarrows 2B(g)$$

14.5 평형 문제의 풀이

- 일정한 온도에서 평형의 위치는 변해도 평형 상수는 변하지 않는다.
- 일정한 온도에서 평형상수가 일정하다는 조건을 이용하여 여러 가지 미지 농도를 계산할 수 있다.
- 평형상수가 매우 크거나 매우 작으면 근사법을 이용할 수 있다.

5% 규칙: A에 A의 5%미만 값을 더하거나 빼도 원래 A와 같다고 간주할 수 있다.
$1.00 + 0.02 \approx 1$
$1.00 - 0.03 \approx 1$

예제 14.5.1

어떤 온도에서 $2HI(g) \rightleftarrows H_2(g) + I_2(g)$ 반응의 $K = 4$이다.
일정 부피 용기에 1M의 $HI(g)$를 넣고 평형에 도달했을 때, 모든 화학종의 평형 농도를 계산하라.

예제 14.5.2

어떤 온도에서 $H_2(g) + Br_2(g) \rightleftarrows 2HBr(g)$ 반응의 $K = 1$이다.
일정 부피 용기에 $H_2(g)$와 $Br_2(g)$를 1.5M씩 넣고 평형에 도달했을 때, 모든 화학종의 평형 농도를 계산하라.

예제 14.5.3

어떤 온도에서 $A(g) \rightleftarrows 2B(g)$ 반응이 일어난다. 일정 부피의 진공 용기에 $A(g)$를 1atm 넣고 충분히 시간이 지났을 때, 혼합 기체의 압력은 1.2atm이었다. 이 온도에서 K_p는?

예제 14.5.4

어떤 온도에서, 다음 반응의 $K = 4.0 \times 10^{-7}$이다.

$$N_2O_4(g) \rightleftarrows 2NO_2(g)$$

10.0-L의 용기에 1.0mol N_2O_4를 넣었다. 평형에 도달했을 때 N_2O_4와 NO_2의 농도를 계산하라.

14.6 르 샤틀리에의 원리

1. 평형 이동과 르샤틀리에의 원리

- 평형에 도달해 있는 계에 압력, 온도, 농도와 같은 조건을 변화시키면 그 변화를 감소시키는 방향으로 평형이 이동한다.
- 평형에 있는 계에 농도, 압력, 온도 등을 변화시켰을 때, 평형의 위치가 어느 쪽으로 이동할지 정성적으로 예측할 수 있다.

$$\text{예시반응: } A(g) \rightleftharpoons 2B(g) \qquad \Delta H = 58\text{kJ}$$

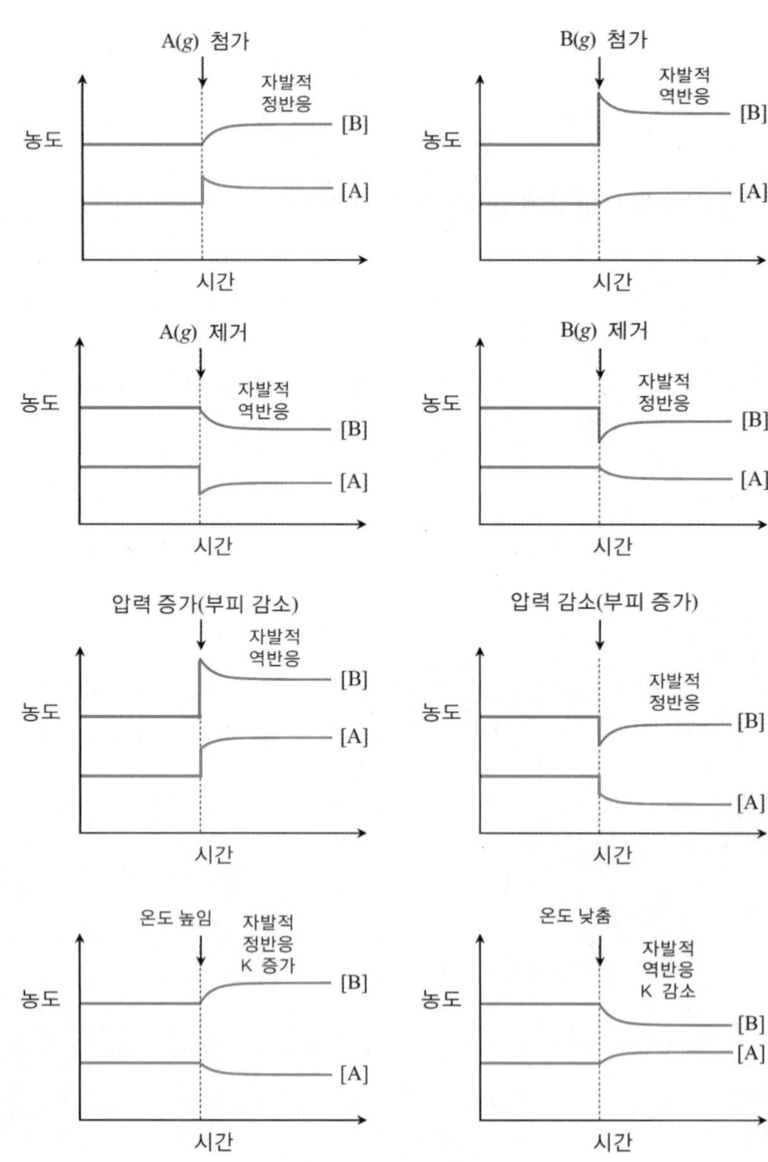

▶ 르 샤틀리에 원리

	변화 요인	평형의 위치 이동 방향	평형상수
농도	반응물 농도 증가	정반응 방향	변하지 않는다
	반응물 농도 감소	역반응 방향	
	생성물 농도 증가	역반응 방향	
	생성물 농도 감소	정반응 방향	
압력	증가	기체 몰수 감소 방향	
	감소	기체 몰수 증가 방향	
부피	부피감소 = 압력증가	기체 몰수 감소 방향	
	부피증가 = 압력감소	기체 몰수 증가 방향	
온도	높임	열을 흡수하는 방향	변한다
	낮춤	열을 방출하는 방향	

예제 14.6.1

다음은 SO_3가 SO_2와 O_2로 분해되는 반응이다.

$$2SO_3(g) \rightleftarrows 2SO_2(g) + O_2(g) \qquad \Delta H > 0$$

다음의 각 경우에, 평형의 위치는 어느 쪽으로 이동할 것인가?

a. 산소 기체를 첨가한다.

b. 반응 용기의 부피를 줄여 압력을 높인다.

c. 온도를 내린다.

d. 이산화황 기체를 제거한다.

예제 14.6.2 (Z74)

반응 용기의 부피를 증가시켰을 때, 다음 각 반응의 평형이 어느 쪽으로 이동할 것인지를 예측하라.

a. $N_2(g) + 3H_2(g) \rightleftarrows 2NH_3(g)$

b. $PCl_5(g) \rightleftarrows PCl_3(g) + Cl_2(g)$

c. $H_2(g) + F_2(g) \rightleftarrows 2HF(g)$

d. $COCl_2(g) \rightleftarrows CO(g) + Cl_2(g)$

e. $CaCO_3(s) \rightleftarrows CaO(s) + CO_2(g)$

예제 14.6.3 (Z75)

수소를 공업적으로 만드는 반응은 다음과 같다.

$$CO(g) + H_2O(g) \rightleftarrows H_2(g) + CO_2(g)$$

다음 각 경우 이 계의 평형은 어느 쪽으로 이동할까? K에는 어떤 영향이 있는가?

a. 이산화탄소 기체를 제거한다.

b. 수증기를 첨가한다.

c. 일정 부피 용기에 헬륨 기체를 넣어 압력을 증가시킨다.

d. 온도를 높인다(이 반응은 발열 반응이다).

e. 반응 용기의 부피를 감소시켜 압력을 높인다.

예제 14.6.4 (Z78)

암모니아의 합성에 사용되는 수소는 다음 반응으로 만든다.

$$CH_4(g) + H_2O(g) \underset{750℃}{\overset{\text{Ni촉매}}{\rightleftharpoons}} CO(g) + 3H_2(g) \qquad \Delta H > 0$$

다음의 과정을 일으킨다면 평형 혼합물은 어떻게 변하겠는가? K에는 어떤 영향이 있는가?

a. $H_2O(g)$를 제거한다.

b. 온도를 증가시킨다.

c. 비활성 기체를 반응 용기에 첨가한다.

d. $CO(g)$를 제거한다.

e. 용기의 부피를 세 배로 증가시킨다.

예제 14.6.5 (Z77)

다음의 변화를 준다면 평형의 위치는 어느 방향으로 이동하겠는가? K에는 어떤 영향이 있는가?

$$2HI(g) \rightleftharpoons H_2(g) + I_2(g)$$

a. $H_2(g)$를 첨가한다.

b. $I_2(g)$를 제거한다.

c. $HI(g)$를 제거한다.

d. 약간의 $Ar(g)$를 첨가한다.

e. 용기의 부피를 두 배로 증가시킨다.

f. 온도를 증가시킨다(이 반응은 발열 반응이다).

2. 르 샤틀리에의 원리 적용시 주의할 점

- 온도를 제외한 어떤 다른 요인에 의해서도 평형 상수의 크기는 변화하지 않는다.

	평형의 위치 이동 방향		평형 상수
	온도 높임	온도 낮춤	
발열 반응	역반응 쪽	정반응 쪽	온도가 높을수록 K 작아진다
흡열 반응	정반응 쪽	역반응 쪽	온도가 높을수록 K 커진다

- 반응물과 생성물의 기체 몰수가 같은 반응은 압력이나 부피 변화에 의해 평형의 위치가 이동하지 않는다.
- 고체나 액체의 양이 변해도 평형의 위치는 변하지 않는다.
- 일정 부피의 용기에 반응에 참여하지 않는 비활성 기체를 넣어도 평형은 이동하지 않는다.
- 촉매는 평형의 위치, 평형 상수를 변화시키지 않는다.
- Q와 K의 크기를 비교해야만 변화의 방향을 알 수 있는 경우도 있다.

예제 14.6.6

다음은 석탄에 수증기를 가하여 일산화탄소와 수소기체를 생성하는 반응식이다.

$$C(s) + H_2O(g) \rightleftarrows CO(g) + H_2(g) \qquad \Delta H > 0$$

다음의 각 경우에, 평형의 위치는 어느 쪽으로 이동할 것인가? K에는 어떤 영향이 있는가?

a. H_2O를 첨가한다.

b. CO를 제거한다.

c. 온도를 높인다.

d. C(s)를 첨가한다.

e. 일정 부피에서 Ar을 첨가하여 압력을 증가시킨다.

f. 부피를 줄여 전체 압력을 증가시킨다.

예제 14.6.7 (Z71)

다음 반응이 진행되는 반응계를 생각하자.

$UO_2(s) + 4HF(g) \rightleftarrows UF_4(g) + 2H_2O(g)$

이 반응계는 평형에 도달해 있으며 평형 부분압은 다음과 같다.
$HF(g)$: 0.1기압, $UF_4(g)$: 0.1기압, $H_2O(g)$: 0.1기압

다음의 각 변화를 주면, 평형의 위치가 어떻게 변하게 되는지를 예측하라.

a. 반응계에 추가로 $UO_2(s)$를 첨가한다.

b. 이 반응은 유리 용기에서 진행되었다 ($HF(g)$는 유리와 반응한다.)

c. 수증기를 제거하였다.

d. 용기에 $HF(g)$와 $H_2O(g)$를 동시에 주입하여 $HF(g)$와 $H_2O(g)$가 모두 0.2기압이 되도록 만들었다.

14.7 속도와 평형

- 평형상태에서 정반응의 속도는 역반응의 속도와 같다.
- 단일단계 반응 $aA \underset{k_{-1}}{\overset{k_1}{\rightleftharpoons}} bB$ 에서 평형상수 $K_c = \frac{[B]^b}{[A]^a} = \frac{k_1}{k_{-1}}$ 이다.
- 평형상수가 크다고 반응속도가 빠른 것은 아니다.
- 촉매는 평형에 도달하는 속도를 빠르게 할 뿐 평형의 위치나 평형상수를 변화시키지 않는다.

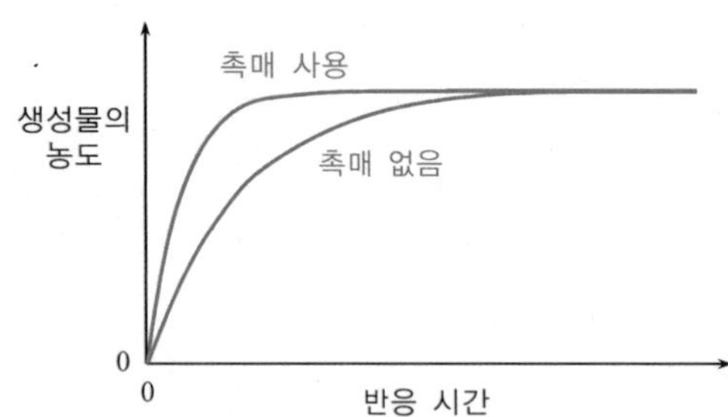

▶ 속도와 평형의 비교

속도	평형
반응이 얼마나 빨리 일어나는가? (speed of reaction)	반응이 얼마나 우세하게 일어나는가? (extent of reaction)
속도상수(k)는 평형상수와 무관	평형상수(K)는 반응속도, 반응경로와 무관
k는 단위가 있다.	K는 단위가 없다.
속도식은 반드시 실험적으로 구해야 한다.	평형식은 반응식으로부터 실험 없이도 구할 수 있다.
촉매는 속도상수를 변화시킨다.	촉매는 평형상수를 변화시키지 않는다.
온도가 높아지면 k 거의 항상 증가	흡열 반응 : 온도 높아지면 K 증가 발열 반응 : 온도 높아지면 K 감소
평형에 도달하면 정반응과 역반응의 속도가 같다.	

예제 14.7.1

다음 1차 반응이 진행될 때, $k_1 = 3.0 \times 10^{-3} s^{-1}$, $k_{-1} = 1.0 \times 10^{-3} s^{-1}$이다.

$$A(g) \underset{k_{-1}}{\overset{k_1}{\rightleftharpoons}} B(g)$$

a. 정반응과 역반응의 속도법칙은 각각 무엇인가?

b. 평형 상수 K_c는 얼마인가?

14 개념 확인 문제 (적중 2000제 선별문제)

01. EQ208. 르샤틀리에 원리

피스톤이 달린 실린더에서 다음 반응이 진행된다.

$$C(s) + H_2O(g) \rightleftharpoons CO(g) + H_2(g) \quad \Delta H^0 > 0$$

이에 대한 설명으로 옳지 <u>않은</u> 것은? (단, 압력은 일정하다.)

① 온도를 높이면 평형 상수는 증가한다.
② $C(s)$를 추가하면 평형의 위치는 오른쪽으로 이동한다.
③ 용기의 부피를 감소시켜 압력을 높이면 $C(s)$의 입자수가 증가한다.
④ 촉매를 첨가하면 평형에 도달하는 시간이 짧아진다.
⑤ $He(g)$을 첨가하면 $C(s)$의 입자수가 감소한다.

02. EQ210. 평형 상수 계산

온도와 부피가 일정하게 유지되는 용기에서 다음 반응이 진행된다.

$$2HBr(g) \rightleftharpoons H_2(g) + Br_2(g)$$

진공 상태의 용기에 0.80기압으로 HBr을 주입한 후 평형에 도달했을 때 H_2의 부분압이 0.2기압이었다. 이 온도에서 정반응의 K_p는?

① 1.0
② 0.5
③ 0.25
④ 2
⑤ 4

03. EQ212. 평형 상수 계산

다음은 A가 분해되어 B를 생성하는 균형 반응식과 농도로 정의된 평형 상수(K_c)이다.

$$2A(g) \rightleftharpoons bB(g) \qquad K_c$$

그림은 300K인 강철 용기에서 반응이 진행될 때, 반응 시간에 따른 A와 B의 농도를 나타낸 것이다. 300K에서 정반응에 대한 K_c는?

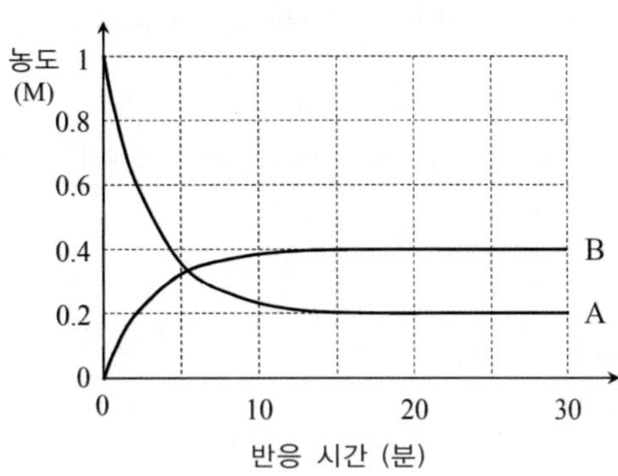

① 2 ② 4 ③ 10 ④ 20 ⑤ 40

04. EQ213. 평형 상수 계산

다음은 A~C의 균형 반응식이다.

$$aA(aq) \rightleftharpoons B(aq) + cC(aq)$$

표는 25℃에서 시간에 따른 각 물질의 농도를 나타낸 것이다. 25℃에서 정반응의 평형 상수 K_c는?

화학종	시간			
	0분	2분	5분	15분
[A](M)	1.0	0.6		0.2
[B](M)	0.0	0.2	0.4	
[C](M)	0.0			0.8

① 1.2 ② 4.8 ③ 0.16 ④ 6.4 ⑤ 8.1

05. EQ218. 평형 농도 계산

어떤 온도에서 다음 반응의 평형 상수 K_c는 16이다.

$$H_2(g) + F_2(g) \rightleftharpoons 2HF(g)$$

H_2와 F_2를 각각 2.0M로 혼합하여 일정 부피의 용기에 넣은 후 평형에 도달했을 때, HF의 평형 농도(M)는?

① $\frac{3}{4}$
② $\frac{4}{3}$
③ $\frac{8}{3}$
④ 0.5
⑤ 0.2

06. EQ221. 평형 상수 계산 (Kc, Kp 변환)

다음은 A~C의 균형 반응식이다.

$$A(g) \rightleftharpoons B(g) + C(g)$$

진공 상태의 강철 용기에 A(g)를 넣었을 때, 초기 압력은 2.0기압이었다. 평형에 도달했을 때, 전체 압력이 2.4기압이었다면, 해당 온도에서 K_c는? (단, 온도는 일정하다. 해당 온도에서 $RT=$ 50Latm/mol이다.)

① 2.0×10^{-2}
② 2.0×10^{-3}
③ 0.1
④ 50
⑤ 40

07. EQ225. 평형 상수 계산

다음은 A~C의 균형 반응식이다. (c: 계수)

$$A(g) + B(g) \rightleftharpoons cC(g)$$

온도 T, 1기압에서 피스톤이 달린 실린더에 A(g)와 B(g)를 1몰씩 넣었을 때 초기 부피는 24.0L이다. 평형에 도달했을 때 혼합 기체의 부피가 18.0L였다면, 온도 T에서 K_p는? (단, 대기압은 1기압으로 일정하고, 피스톤의 질량과 마찰은 무시한다.)

① 3 ② 1 ③ 2
④ $\frac{1}{4}$ ⑤ $\frac{1}{3}$

08. EQ228. 평형의 부피 계산

다음은 A로부터 B가 생성되는 반응식이다.

$$A(g) \rightleftharpoons 2B(g)$$

그림은 일정한 온도에서 평형 (가)의 부피를 xL로 변화시켜 새로운 평형 (나)에 도달하는 과정을 나타낸 것이다. (나)에서 x는?

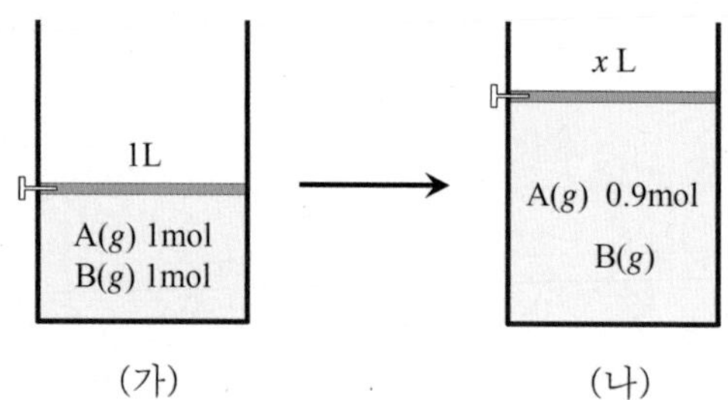

① 1.5
② 1.6
③ 1.8
④ 2.0
⑤ 2.4

09. EQ232. 평형 상수 계산 (불균일 평형)

어떤 온도에서 다음 반응이 진행된다.

$$A(s) \rightleftharpoons B(g) + 2C(g)$$

부피가 4.0L인 진공 상태의 강철 용기에 A 0.20몰을 주입한 후 가열하여 평형에 도달했을 때, 남아있는 A는 0.16몰이었다. 이 온도에서 K_P는? (단, 해당 온도에서 RT는 20L·atm/mol이다.)

① 0.16
② 2.0×10^{-3}
③ 8.0×10^{-2}
④ 3.2×10^{-2}
⑤ 1.6×10^{-3}

10. EQ215. 평형과 속도

다음은 A가 반응하여 B를 생성하는 단일 단계 반응의 균형 반응식과 농도로 표시된 평형 상수(K_c)이다.

$$A(g) \underset{k_2}{\overset{k_1}{\rightleftharpoons}} B(g) \qquad K_c$$

그림은 온도 T_1와 T_2에서 각각 반응을 진행 시켰을 때, 시간에 따른 B의 농도를 나타낸 것이다. 이에 대한 설명으로 옳지 않은 것은? (단, T_1와 T_2에서 A의 초기 농도는 1.0M로 같다.)

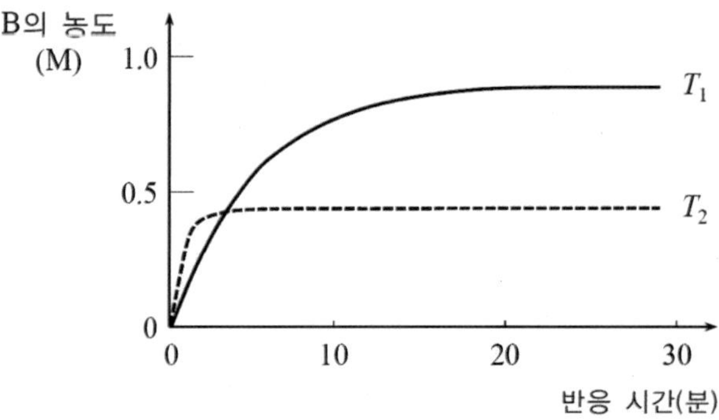

① T_1, 30분에서 정반응의 속도는 역반응의 속도는 같다.
② T_1, 평형 상태에서 $k_1[A] = k_{-1}[B]$이다.
③ T_1에서 $K_c > 1$이다.
④ $T_1 < T_2$이다.
⑤ 정반응은 흡열 반응이다.

번호	1	2	3	4	5
정답	②	③	③	④	③

번호	6	7	8	9	10
정답	②	①	②	④	⑤

C H E M I S T R Y

15

산염기 1

15

산염기 1

15.1 산 염기 반응

1. 산, 염기의 정의

- 아레니우스 산 염기 정의: 산은 물에 녹아 H^+를 내놓는 물질, 염기는 물에 녹아 OH^-를 내놓는 물질
- 아레니우스 정의의 한계점: 수용액에서만 적용, 한 가지 염기(OH^-)만 허용
- 더 일반적 정의인 브뢴스테드-로우리 산-염기 정의가 제안됨
- 브뢴스테드 로우리 정의: 산은 H^+를 내놓는 물질, 염기는 H^+를 받는 물질
- 이 밖에도 루이스 산-염기 정의가 있다.

>>> 별도의 전제가 없다면 산-염기는 브뢴스테드 로우리 산, 염기로 간주된다.

정의	산	염기
아레니우스 정의	물에 녹아 H^+이온을 내놓는 물질	물에 녹아 OH^-를 내놓는 물질
브뢴스테드-로우리 정의	H^+를 주는 물질	H^+를 받는 물질
루이스 정의	전자쌍을 받는 물질	전자쌍을 주는 물질

- 아레니우스 정의 ⊂ 브뢴스테드 로우리 정의 ⊂ 루이스 정의
- 산의 세기가 셀수록 H^+를 주는 힘이 강하고, 염기의 세기가 셀수록 H^+를 받는 힘이 강하다.
- 양쪽성 물질은 산이면서 동시에 염기로도 행동하는 물질이다.
- $H^+(aq)$(양성자, proton)는 $H_3O^+(aq)$(hydronium ion)와 같은 의미로 쓰인다.

예제 15.1.1

다음 반응을 나타내는 균형 맞추어진 반응식을 쓰라.

a. 물에서 과염소산(perchloric acid)의 해리

b. 물에서 CH_3CO_2H의 해리

c. 물에서 암모늄 이온의 해리

2. 짝 산-염기 쌍

- 산에서 H^+ 하나가 떨어진 물질을 그 산의 짝염기(conjugate base)라 한다.
- 염기가 H^+ 하나를 받은 물질을 그 염기의 짝산(conjugate acid)이라 한다.
- 짝 산-염기 쌍(conjugate acid-base pair)에서 각 물질은 H^+하나만 다르다.
- 산이 셀수록 그 짝염기는 약하다.
- 염기가 셀수록 그 짝산은 약하다.

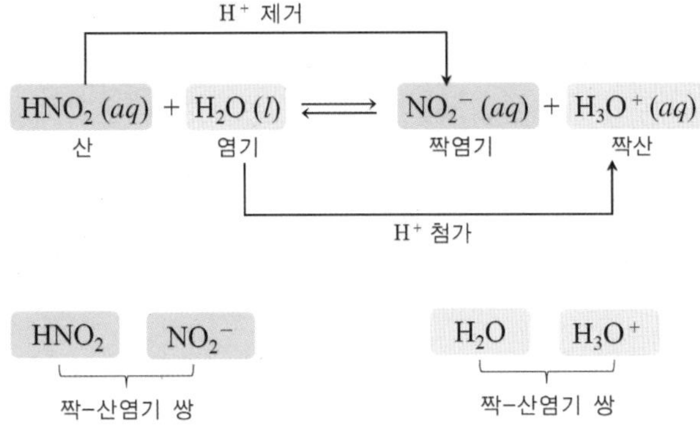

예제 15.1.2 (Z41)

다음 각 수용액의 반응에서 산, 염기, 짝염기, 짝산을 구별하라.

a. $H_2O + H_2CO_3 \rightleftarrows H_3O^+ + HCO_3^-$

b. $C_6H_5NH^+ + H_2O \rightleftarrows C_5H_5N + H_3O^+$

c. $HCO_3^- + C_5H_5NH^+ \rightleftarrows H_2CO_3 + C_5H_5N$

d. $Al(H_2O)_6^{3+} + H_2O \rightleftarrows H_3O^+ + Al(H_2O)_5(OH)^{2+}$

예제 15.1.3

다음 각 산의 짝염기는 무엇인가?

a. 염산(HCl)

b. 아세트산(CH_3COOH)

c. 암모늄 이온(NH_4^+)

d. 질산(HNO_3)

예제 15.1.4

다음 각 염기의 짝산은 무엇인가?

a. 암모니아(NH_3)

b. 아질산 이온(NO_2^-)

c. 황산 이온(SO_4^{2-})

d. 중탄산 이온(HCO_3^-)

3. 산의 세기

- 산의 세기의 척도는 산 해리상수 K_a(acid dissociation constant)이다.

$$HA(aq) + H_2O(l) \rightleftarrows H_3O^+(aq) + A^-(aq)$$

$$K_a = \frac{[H_3O^+] \times [A^-]}{[HA]} = \frac{[H^+] \times [A^-]}{[HA]}$$

- 산의 세기가 클수록 K_a도 크다.

산	K_a	분류
HCl	약 10^7	강산 ($K_a \gg 1$)
HBr	약 10^9	
HNO_3	20	
HF	6.6×10^{-4}	약산 ($K_a \ll 1$)
CH_3COOH	1.8×10^{-5}	

▶ 25℃에서 몇 가지 일양성자산의 K_a값

Formula	Name	Value of K_a*
HSO_4^-	Hydrogen sulfate ion	1.2×10^{-2}
$HClO_2$	Chlorous acid	1.2×10^{-2}
$HC_2H_2ClO_2$	Monochloracetic acid	1.35×10^{-3}
HF	Hydrofluoric acid	7.2×10^{-4}
HNO_2	Nitrous acid	4.0×10^{-4}
$HC_2H_3O_2$	Acetic acid	1.8×10^{-5}
$[Al(H_2O)_6]^{3+}$	Hydrated aluminum(III) ion	1.4×10^{-5}
HOCl	Hypochlorous acid	3.5×10^{-8}
HCN	Hydrocyanic acid	6.2×10^{-10}
NH_4^+	Ammonium ion	5.6×10^{-10}
HOC_6H_5	Phenol	1.6×10^{-10}

↑ Increasing acid strength

예제 15.1.5 (Z40)

다음 산이 물속에서 해리되는 반응식과 그에 해당하는 K_a 평형 상수의 표현식을 써라.

a. HCN

b. HOC_6H_5

c. $C_6H_5NH_3^+$

예제 15.1.6

K_a 자료를 참고하여, 다음 산을 세기가 커지는 순서대로 나열하라.

HCl, HF, HCN, HNO_2

예제 15.1.7

K_a 자료를 참고하여, 다음 염기를 세기가 커지는 순서대로 나열하라.

Cl^-, F^-, CN^-, NO_2^-

4. 물과 pH척도

- 물은 25℃에서 다음과 같이 자체 해리(autoionization)한다.

$$H_2O(l) \rightleftarrows H^+(aq) + OH^-(aq)$$

- 25℃에서 물의 이온곱 상수(ion product constant of water)는 항상 일정하게 유지된다.

$$[H^+] \times [OH^-] = K_w = 1.0 \times 10^{-14}$$

- pH는 $-\log[H^+]$이고 수소이온 농도가 높을수록 용액의 pH는 낮다.

$$pH = -\log[H^+]$$

- 그 밖의 p척도에는 $pOH = -\log[OH^-]$, $pK_a = -\log K_a$가 있다.
- 25℃에서 $pH + pOH = 14$이다.
- '산(acid)', '염기(base)'는 주로 물질에 적용되는 개념이다.
- '산성(acidic)', '염기성(basic)'은 주로 수용액에 적용되는 개념이다.

	H^+, OH^-	pH
산성 용액	$[H^+] > [OH^-]$	pH < 7.0
중성 용액	$[H^+] = [OH^-]$	pH = 7.0
염기성 용액	$[H^+] < [OH^-]$	pH > 7.0

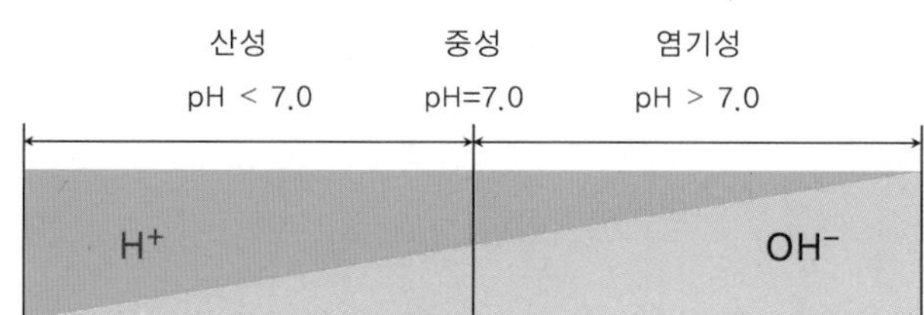

예제 15.1.8

25℃에서 다음의 각 용액이 중성인지, 산성인지, 염기성인지 나타내라.

a. $[H^+] = 1.0 \times 10^{-3}$M

b. $[H^+] = 2.0 \times 10^{-8}$M

c. $[OH^-] = 4.0 \times 10^{-5}$M

d. $[OH^-] = 2.0 \times 10^{-9}$M

예제 15.1.9 (Z53)

25℃에서 다음 용액의 $[H^+]$와 $[OH^-]$를 각각 계산하고, 또 중성, 산성, 염기성인지를 구별하라.

a. pH = 7.40(혈액의 정상 pH)

b. pH = 15.3

c. pH = −1.0

d. pH = 3.20

e. pOH = 5.0

f. pOH = 9.60

예제 15.1.10

25℃에서 물에 용해된 베이킹 소다 시료의 pOH는 5.74이다. 이 시료의 pH, $[H^+]$, $[OH^-]$를 계산하라. 이 용액은 산성인가, 염기성인가?

예제 15.1.11

25℃에서 다음의 각 용액에 대한 pH와 pOH를 계산하라.

a. $[H^+] = 1.0\times10^{-3}M$

b. $[H^+] = 2.0\times10^{-8}M$

c. $[OH^-] = 4.0\times10^{-5}M$

d. $[OH^-] = 2.0\times10^{-9}M$

15.2 강산과 강염기 용액의 평형

- 강산은 물에서 100% 해리하여 H^+를 생성한다. (HCl, HI, HBr, HNO_3, H_2SO_4, $HClO_4$)

$HCl(aq) \rightarrow H^+(aq) + Cl^-(aq)$

$HNO_3(aq) \rightarrow H^+(aq) + NO_3^-(aq)$

$H_2SO_4(aq) \rightarrow H^+(aq) + HSO_4^-(aq)$

>>> 황산은 첫 번째 수소이온만 완전히 해리한다.

- 강염기는 물에서 100% 해리하여 OH^-를 생성한다. ($NaOH$, KOH, $Ca(OH)_2$, $Ba(OH)_2$)

$NaOH(aq) \rightarrow Na(aq) + OH^-(aq)$

$KOH(aq) \rightarrow K^+(aq) + OH^-(aq)$

$Ca(OH)_2(aq) \rightarrow Ca^{2+}(aq) + 2OH^-(aq)$

- 강산과 강염기가 만나면 매우 빠른 속도로 중화 반응이 진행된다.

$H^+(aq) + OH^-(aq) \rightarrow H_2O(l) \quad K = 10^{14},\ \Delta H = -56\text{kJ/mol}$

예제 15.2.1

25℃에서 다음 각 용액의 pH를 계산하라.

a. 0.01M $HNO_3(aq)$

b. 0.01M $KOH(aq)$

c. 0.1M $H_2SO_4(aq)$

d. 0.05M $Ca(OH)_2(aq)$

e. 1.0×10^{-8}M $HCl(aq)$

f. 1.0×10^{-8}M $NaOH(aq)$

예제 15.2.2

0.10M $HCl(aq)$ 100mL와 0.10M $NaOH(aq)$ 150mL를 혼합하였다.
25℃에서 이 혼합 용액의 pH는?

15.3 약산 용액의 평형

1. 약산의 산 해리 상수(K_a)

- 약산은 수용액 상에서 일부만 해리되어 H^+를 생성하고 평형에 도달한다.
- 약산의 해리 반응에 대한 평형 상수는 산해리상수(K_a)이다.

$$HA(aq) + H_2O(l) \rightleftarrows H_3O^+(aq) + A^-(aq)$$
$$K_a = \frac{[H_3O^+]\times[A^-]}{[HA]} = \frac{[H^+]\times[A^-]}{[HA]}$$

- 순수한 약산 수용액에서 $[H^+] = \sqrt{K_a \cdot c}$ 이다. (이온화 백분율이 5% 미만인 경우)

$$[H^+] = \sqrt{K_a \cdot c} \quad \text{(단, 이온화 백분율이 5\% 미만인 경우)}$$

(예) $HA(aq) \rightleftarrows H^+(aq) + A^-(aq)$ $K_a = 1.0\times10^{-5}$ 일 때, 0.1M $HA(aq)$의 pH 계산

1단계: 반응물과 생성물의 평형 농도 구하기

	HA	⇄	H^+	+	A^-
처음:	0.1		0		0
반응:	$-x$		$+x$		$+x$
평형:	$0.1-x$		x		x

2단계: 평형 농도를 평형식에 대입하기

$$\frac{[H^+]\times[A^-]}{[HA]} = \frac{x^2}{0.1-x} = 1.0\times10^{-5}$$

3단계: 근사값을 이용해서 계산하기

0.1 $\gg x$이므로, (초기 농도의 5% 미만 해리)

$0.1-x$는 0.1로 간주할 수 있다.

$$\frac{x^2}{0.1} = 1.0\times10^{-5}$$

$$x = 1.0\times10^{-3}$$

pH = 3.0

예제 15.3.1

25℃에서 하이포염소산(HClO)의 $K_a = 4 \times 10^{-8}$이다. 0.01M HClO(aq)에 존재하는 모든 화학종의 농도와 pH를 계산하라.

예제 15.3.2

25℃에서 아질산(HNO_2)의 $K_a = 4 \times 10^{-4}$이다. 1.0M HNO_2(aq)에 존재하는 모든 화학종의 농도와 pH를 계산하라.

예제 15.3.3 (Z67)

$0.020M$ $\mathrm{HF}\,(K_a = 7.2 \times 10^{-4})$ 용액의 모든 화학종의 농도와 pH를 계산하라.

2. 해리 백분율

- 약산 HA의 이온화도($\approx$ 해리 백분율, percent ionization) α는 다음과 같다.

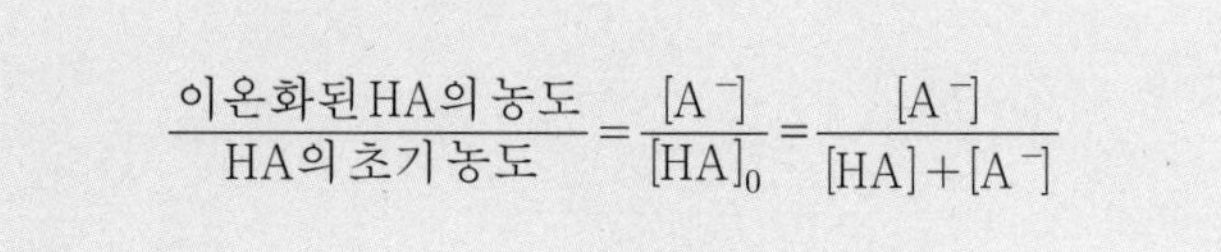

$$\frac{\text{이온화된 HA의 농도}}{\text{HA의 초기 농도}} = \frac{[A^-]}{[HA]_0} = \frac{[A^-]}{[HA]+[A^-]}$$

>>> 해리 백분율 = 이온화 백분율 = 이온화도(α) × 100 (%)

Strong acid (a): HA 100 → ~100% dissociation → H_3O^+ 100, A^- 100 이온화도 : 1.00

Weak acid (b): HA 100 → Partial dissociation → HA 98, H_3O^+ 2, A^- 2 이온화도 : 0.02

- 순수한 약산 수용액에서 이온화도(α) $= \sqrt{\frac{K_a}{c}}$ 이다. (이온화 백분율이 5% 미만인 경우)

$$\alpha = \sqrt{\frac{K_a}{c}} \quad \text{(단, 이온화 백분율이 5\% 미만인 경우)}$$

- 산의 세기가 클수록, 용액의 농도가 묽을수록 약산의 이온화도는 커진다.(르샤틀리에 원리)

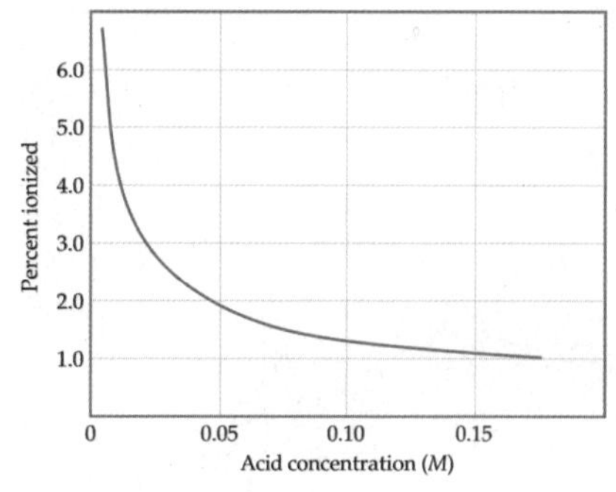

예제 15.3.4

다음의 각 용액에서 pH와 하이포염소산(HClO, $K_a = 4 \times 10^{-8}$)의 이온화 백분율을 계산하라.

a. 1.0M HClO(aq)

b. 0.01M HClO(aq)

예제 15.3.5

25℃에서 아질산(HNO_2)의 $K_a = 4 \times 10^{-4}$이다. 1.0M $HNO_2(aq)$에서 이온화도는?

예제 15.3.6 (Z77)

$0.15M$ 용액의 약한 산이 3.0% 해리된다. K_a를 계산하라.

예제 15.3.7

어떤 산 HX 0.50mol을 물 1.0L에 녹였다. 이 용액에서 HX의 이온화 백분율이 20%일 때, HX의 K_a를 계산하라.

예제 15.3.8

0.10M HA 수용액의 pH는 3.00이었다. HA의 K_a는?

예제 15.3.9

어떤 HA 수용액의 pH는 3.0이고 이온화도는 1%였다. HA의 K_a는?

예제 15.3.10

0.1M 젖산 수용액에서 이온화 백분율은 4%이다. 젖산의 K_a는?

예제 15.3.11 (Z84)

어떤 산 HX가 물 속에서 25% 해리된다. 평형 상태에서 HX의 농도가 $0.30M$일 때, HX의 K_a를 계산하라.

15.4 약염기 용액의 평형

1. 약염기의 해리 상수(K_b)

- 약염기는 일부만 가수분해 되어 평형에 도달한다.
- 염기의 가수분해 반응에 대한 평형 상수는 염기 해리상수(K_b)이다.

$$NH_3(aq) + H_2O(l) \rightleftarrows NH_4^+(aq) + OH^-(aq)$$
$$K_b = \frac{[NH_4^+]\times[OH^-]}{[NH_3]}$$

▶ 몇 가지 약염기의 K_b

Base	Structural Formula*	Conjugate Acid	K_b
Ammonia (NH_3)	H—N̈—H (with H on N)	NH_4^+	1.8×10^{-5}
Pyridine (C_5H_5N)	(pyridine ring) N:	$C_5H_5NH^+$	1.7×10^{-9}
Hydroxylamine ($HONH_2$)	H—N̈—ÖH (with H on N)	$HONH_3^+$	1.1×10^{-8}
Methylamine (CH_3NH_2)	H—N̈—CH_3 (with H on N)	$CH_3NH_3^+$	4.4×10^{-4}
Hydrosulfide ion (HS^-)	[H—S̈:]⁻	H_2S	1.8×10^{-7}
Carbonate ion (CO_3^{2-})	[:Ö: / C / :Ö: , Ö]²⁻	HCO_3^-	1.8×10^{-4}
Hypochlorite ion (ClO^-)	[:C̈l—Ö:]⁻	HClO	3.3×10^{-7}

- 약염기 (NH_3)의 이온화도 α는 다음과 같다.

$$\frac{\text{이온화 된 염기의 농도}}{\text{염기의 초기 농도}} = \frac{[NH_4^+]}{[NH_3]_0} = \frac{[NH_4^+]}{[NH_3]+[NH_4^+]}$$

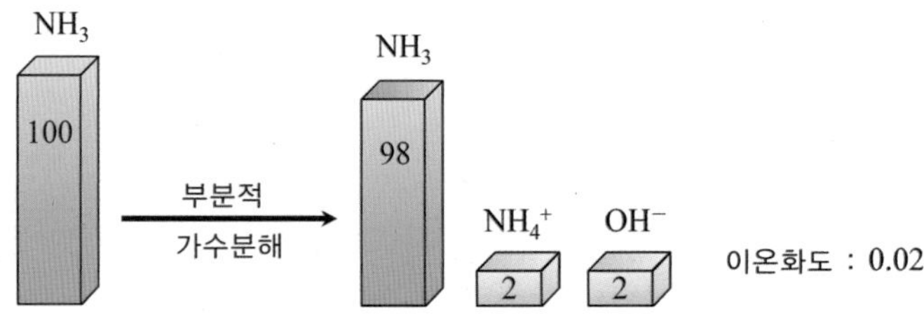

예제 15.4.1 (Z85)

다음과 같은 물질들은 물에서 염기로 작용한다. 반응식과 평형에서 K_b를 표시하라.

a. NH_3

b. 아닐린($C_6H_5NH_2$)

c. 다이메틸아민[$(CH_3)_2NH$]

예제 15.4.2

K_b 자료를 참고하여, 다음의 염기들을 가장 센 것으로부터 가장 약한 순으로 표시하라.

NO_3^-, H_2O, NH_3, CH_3NH_2

예제 15.4.3

K_b 자료를 참고하여, 다음의 산들을 가장 센 것으로부터 가장 약한 순으로 표시하라.

HNO_3, H_2O, NH_4^+, $CH_3NH_3^+$

2. 약염기 용액의 평형 계산

$NH_3(aq)$ + $H_2O(l)$ ⇄ $NH_4^+(aq)$ + $OH^-(aq)$ $K_b=1.0\times10^{-5}$ 일 때, 0.1M $NH_3(aq)$의 pH 계산

1단계: 반응물과 생성물의 농도 구하기

	NH_3	+ H_2O ⇄	NH_4^+	+	OH^-
처음:	0.1		0		0
반응:	$-x$		$+x$		$+x$
평형:	$0.1-x$		x		x

2단계: 평형 농도를 평형식에 대입하기

$$\frac{[NH_4^+]\times[OH^-]}{[NH_3]} = \frac{x^2}{0.1-x} = 1.0\times10^{-5}$$

3단계: 근사값을 이용하여 계산하기

0.1 $\gg x$이므로, (초기 농도의 5% 미만 해리)

$0.1-x$는 0.1로 간주할 수 있다.

$$\frac{x^2}{0.1} = 1.0\times10^{-5}$$

$$x = 1.0\times10^{-3}$$

pH=11.0

- 순수한 약염기 수용액에서 $[OH^-]=\sqrt{K_b \cdot c}$ 이다. (이온화 백분율이 5% 미만인 경우)

$$[OH^-]=\sqrt{K_b \cdot c}$$

예제 15.4.4

0.1M NH_3 용액에서 모든 화학종의 농도와 pH를 계산하라. (단, NH_3의 $K_b=1.0\times10^{-5}$로 가정한다.)

예제 15.4.5

다음 각 용액의 $[OH^-]$를 계산하라. (단, NH_3의 $K_b = 1.0 \times 10^{-5}$로 가정한다.)

a. 0.1M $NH_3(aq)$

b. 0.4M $NH_3(aq)$

c. 0.9M $NH_3(aq)$

예제 15.4.6

물 속에서 하이드라진 (N_2H_4)의 반응은 다음과 같다.

$$H_2NNH_2(aq) + H_2O(l) \rightleftarrows H_2NNH_3^+(aq) + OH^-(aq)$$

K_b는 3.0×10^{-6}이다. $3.0M$ 하이드라진 수용액에서 모든 화학종들의 농도와 pH를 계산하라.

예제 15.4.7

1M 메틸아민(CH_3NH_2)의 pH는 12.00이었다. 메틸아민의 K_b는?

15.5 K_a와 K_b의 관계

- 산이 강할수록 그 짝염기는 약하다.
- 짝 산-염기 쌍에서 $K_a \times K_b = K_w$이다.

$$K_a \times K_b = K_w, \quad pK_a + pK_b = 14 \quad (25℃)$$

- 약산 HA와 그 짝염기 A^-에 대해,

$$K_a = \frac{[H^+] \times [A^-]}{[HA]}, \qquad K_b = \frac{[OH^-] \times [HA]}{[A^-]}$$

$$K_a \times K_b = \left(\frac{[H^+] \times [A^-]}{[HA]}\right) \times \left(\frac{[OH^-] \times [HA]}{[A^-]}\right) = K_w$$

Acid	K_a	Base	K_b
HNO_3	(Strong acid)	NO_3^-	(Negligible basicity)
HF	6.8×10^{-4}	F^-	1.5×10^{-11}
$HC_2H_3O_2$	1.8×10^{-5}	$C_2H_3O_2^-$	5.6×10^{-10}
H_2CO_3	4.3×10^{-7}	HCO_3^-	2.3×10^{-8}
NH_4^+	5.6×10^{-10}	NH_3	1.8×10^{-5}
HCO_3^-	5.6×10^{-11}	CO_3^{2-}	1.8×10^{-4}
OH^-	(Negligible acidity)	O^{2-}	(Strong base)

예제 15.5.1

아세트산(CH_3COOH)의 $K_a = 1.8 \times 10^{-5}$이고, 하이포염소산(HClO)의 $K_a = 3.5 \times 10^{-8}$이다. CH_3COO^-와 ClO^- 중 더 강한 염기는 무엇인가?

예제 15.5.2

HA의 $K_a = 1.0 \times 10^{-5}$이다. 0.1M NaA(aq)의 pH는?

예제 15.5.3

NH_3의 $K_b = 1.0 \times 10^{-5}$이다. 0.1M $NH_4Cl(aq)$의 pH는?

예제 15.5.4

CH_3COOH의 $K_a = 1.0 \times 10^{-5}$, NH_3의 $K_b = 1.0 \times 10^{-5}$이다. 다음 수용액 반응의 평형 상수를 계산하라.

a. $NH_3 + H_3O^+ \rightleftarrows NH_4^+ + H_2O$

b. $NH_4^+ + OH^- \rightleftarrows NH_3 + H_2O$

c. $CH_3COOH + OH^- \rightleftarrows CH_3COO^- + H_2O$

d. $CH_3COO^- + H_3O^+ \rightleftarrows CH_3COOH + H_2O$

예제 15.5.5

다음의 염기들을 가장 센 것으로부터 가장 약한 순으로 표시하라.

NO_3^-, H_2O, NH_3, CH_3NH_2, OH^-

예제 15.5.6

다음의 산들을 가장 센 것으로부터 가장 약한 순으로 표시하라.

HNO_3, H_2O, NH_4^+, $CH_3NH_3^+$, H_3O^+

15.6 염(salt) 용액의 평형

- 산과 염기는 중화되어 염(salt)과 물을 형성한다.

산		염기		염		물
HCl	+	NaOH	→	NaCl	+	H_2O

- 염의 수용액은 중성, 산성 또는 염기성을 띨 수 있다.
- 강한 산의 짝염기나 강한 염기로부터 나온 양이온은 산염기적 거동을 하지 않는다.

(예): Cl^-, Br^-, NO_3^-, Na^+, K^+

- 강산과 강염기로부터 형성된 염의 수용액은 중성이다.

HCl + NaOH → NaCl : Na^+ + Cl^-

강산 강염기 염 중성염

- 약산과 강염기로부터 형성된 염의 수용액은 염기성이다.

HCN + NaOH → NaCN : Na^+ + CN^-

약산 강염기 염 염기성 염

- 강산과 약염기로부터 형성된 염의 수용액은 산성이다.

HCl + NH_3 → NH_4Cl : NH_4^+ + Cl^-

강산 약염기 염 산성 염

- 약산과 약염기로부터 형성된 염의 수용액에서 $K_a > K_b$이면 산성, $K_a < K_b$이면 염기성이다.

($[H^+] = 10^{-7}\sqrt{\dfrac{K_a}{K_b}}$)

HCN + NH_3 → NH_4CN : NH_4^+ + CN^-

약산 약염기 염 중성에 가까운 염

산	염기	염 용액의 액성
강산	강염기	중성
강산	약염기	산성
약산	강염기	염기성
약산	약염기	$K_a > K_b$이면 산성, $K_a < K_b$이면 염기성

예제 15.6.1

0.1M 다음 염의 수용액은 산성, 염기성, 중성 중 무엇인가?

a. KNO_3

b. KNO_2

c. NaOCl

d. NH_4Cl

e. NH_4NO_3

예제 15.6.2

0.1M NH_4CN 수용액은 산성, 중성, 염기성 중 무엇인가?

(NH_3의 $K_b = 1.8 \times 10^{-5}$, HCN의 $K_a = 6.2 \times 10^{-10}$)

예제 15.6.3

다음과 수용액들을 가장 산성으로부터 가장 염기성 순으로 나열하라.

a. 0.10M KOH

b. 0.10M KNO_3

c. 0.10M KCN

d. 0.10M NH_4Cl

e. 0.10M HCl

15.7 다양성자 산 용액의 평형

- 다양성자 산은 두 개 이상의 H^+이온을 단계적으로 방출할 수 있다.

  (예) 탄산(H_2CO_3), 인산 (H_3PO_4)⋯

$$H_2A \rightleftharpoons H^+ + HA^- \qquad K_{a1} = \frac{[H^+][HA^-]}{[H_2A]}$$

$$HA^- \rightleftharpoons H^+ + A^{2-} \qquad K_{a2} = \frac{[H^+][A^{2-}]}{[HA^-]}$$

- 각 단계의 산해리상수는 K_{a1}, K_{a2}, K_{a3}⋯이고 모든 평형상수는 동시에 성립한다.
- 산해리상수는 단계적으로 크게 감소한다. $K_{a1} \gg K_{a2} \gg K_{a3} \cdots$

Name	Formula	K_{a1}	K_{a2}	K_{a3}
Ascorbic	$H_2C_6H_6O_6$	8.0×10^{-5}	1.6×10^{-12}	
Carbonic	H_2CO_3	4.3×10^{-7}	5.6×10^{-11}	
Citric	$H_3C_6H_5O_7$	7.4×10^{-4}	1.7×10^{-5}	4.0×10^{-7}
Oxalic	$H_2C_2O_4$	5.9×10^{-2}	6.4×10^{-5}	
Phosphoric	H_3PO_4	7.5×10^{-3}	6.2×10^{-8}	4.2×10^{-13}
Sulfurous	H_2SO_3	1.7×10^{-2}	6.4×10^{-8}	
Sulfuric	H_2SO_4	Large	1.2×10^{-2}	
Tartaric	$H_2C_4H_4O_6$	1.0×10^{-3}	4.6×10^{-5}	

예제 15.7.1

다음 다양성자산의 순차적인 K_a 반응식을 써라.

a. H_2SO_3

b. H_2S

c. H_2CO_3

예제 15.7.2

다음 염기의 순차적인 K_b 반응식을 써라.

a. SO_3^{2-}

b. S^{2-}

c. CO_3^{2-}

- 다양성자산의 수용액에서 2단계 이상의 해리는 무시할 수 있다.
- 이양성자 산의 짝 산-염기 쌍에서 $K_{a1} \times K_{b2} = K_w$, $K_{a2} \times K_{b1} = K_w$이다.

$$H_2A \underset{K_{b2}}{\overset{K_{a1}}{\rightleftarrows}} HA^- \underset{K_{b1}}{\overset{K_{a2}}{\rightleftarrows}} A^{2-}$$

$K_{a1} \times K_{b2} = K_w$, $K_{a2} \times K_{b1} = K_w$

- 다양성자산 H_2A의 초기 농도가 c인 수용액에서 $[H^+] = \sqrt{K_{a1} \cdot c}$ 이다. (단, $\alpha < 5\%$일 때)
- 다양성자산 H_2A의 염 NaHA의 수용액에서 $[H^+] = \sqrt{K_{a1} \cdot K_{a2}}$ 이다.
- 다양성자산 H_2A의 염 Na_2A의 초기 농도가 c인 수용액에서 $[OH^-] = \sqrt{K_{b1} \cdot c}$ 이다.
  (단, $\alpha < 5\%$일 때)

H_2A	HA^-	A^{2-}
$[H^+] = \sqrt{K_{a1} \cdot c}$	$[H^+] = \sqrt{K_{a1} \cdot K_{a2}}$	$[OH^-] = \sqrt{K_{b1} \cdot c}$

예제 15.7.3

다음 각 용액에서 pH를 계산하라.
(단, H_2CO_3의 $K_{a1} = 1.0 \times 10^{-7}$, $K_{a2} = 1.0 \times 10^{-11}$로 가정한다.)

a. 0.10M H_2CO_3(aq)

b. 0.10M $NaHCO_3$(aq)

c. 0.10M Na_2CO_3(aq)

예제 15.7.4

$1.0M$ H_2A 용액에서 모든 화학종의 농도를 계산하라. ($K_{a1} = 1.0 \times 10^{-4}$; $K_{a2} = 1.0 \times 10^{-10}$)

15.8 산 염기의 구조와 세기

- 비금속 산화물은 산으로 작용하고, 금속 산화물은 염기로 작용한다.

비금속 산화물(SO_3, CO_2…) : $SO_3 + H_2O \rightarrow H_2SO_4$ (산)
금속 산화물(Na_2O, MgO…) : $Na_2O + 2H_2O \rightarrow 2NaOH$ (염기)

- 이성분산 H-X에서 X가 주기율표에서 오른쪽 아래로 갈수록 HX는 강한 산이다.

	GROUP 4A	5A	6A	7A
Period 2	CH_4 No acid or base properties	NH_3 Weak base	H_2O ---	HF Weak acid
Period 3	SiH_4 No acid or base properties	PH_3 Weak base	H_2S Weak acid	HCl Strong acid

Increasing acid strength (↓) / Increasing base strength (↑)

Increasing acid strength (→)

Increasing base strength (←)

- 산소산 H-O-Y에서 Y의 전기음성도가 클수록 강한 산이다.

HIO 〈 HBrO 〈 HClO

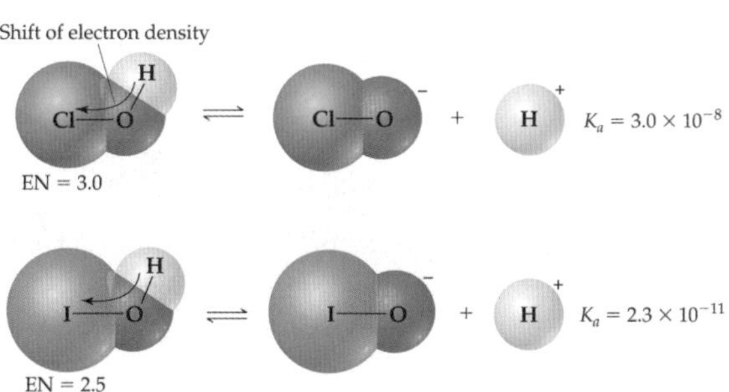

- 산소산에서 산소원자의 개수가 많을수록 강한 산이다.

HClO 〈 $HClO_2$ 〈 $HClO_3$ 〈 $HClO_4$

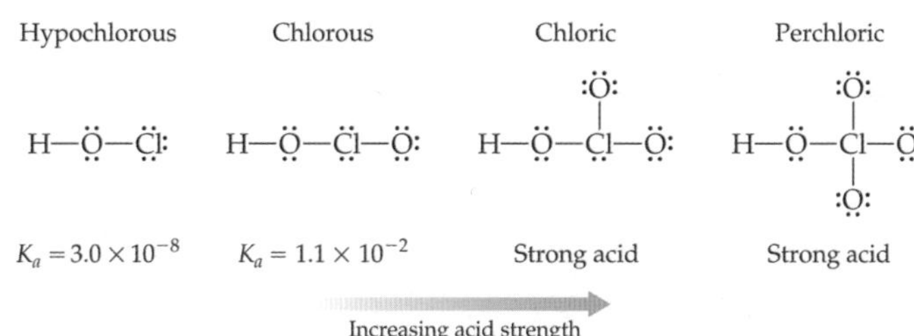

예제 15.8.1

다음의 각 쌍에서 더 강한 산을 고르시오.

a. HIO_3, $HBrO_3$

b. HOCl, HOI

c. HNO_2, HNO_3

d. $HClO_3$, $HClO_4$

예제 15.8.2

다음의 각 쌍에서 더 강한 염기를 고르시오.

a. IO_3^-, BrO_3^-

b. OCl^-, OI^-

c. NO_2^-, NO_3^-

d. ClO_3^-, ClO_4^-

15.9 루이스 산염기

- 루이스 산 염기 반응 : 물질끼리 전자쌍을 주고 받는 반응

  ┌ 루이스 산 : 전자쌍을 받개
  └ 루이스 염기 : 전자쌍 주개

- 루이스 산은 비어있는 오비탈이 있거나 전자가 부족한 물질이다.
- 루이스 염기는 반드시 비공유 전자쌍을 가지고 있다.
- 양이온의 전하가 크고 반지름이 작을수록 수용액은 더 강한 산성을 띤다.

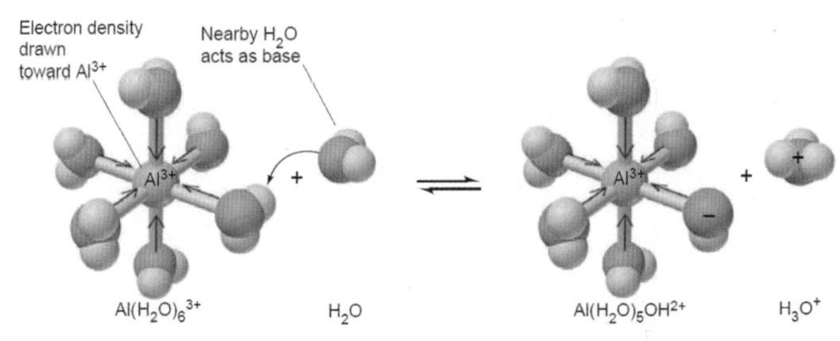

예제 15.9.1 (Z743)

다음 각 반응에서 루이스 산과 염기를 구별하라.

a. $Ag^{+}(aq) + 2NH_3(aq) \rightleftarrows Ag(NH_3)_2^{+}(aq)$

b. $BF_3(g) + F^{-}(aq) \rightleftarrows BF_4^{-}(aq)$

c. $Fe^{3+}(aq) + 6H_2O(l) \rightleftarrows Fe(H_2O)_6^{3+}(aq)$

d. $H_2O(l) + CN^{-}(aq) \rightleftarrows HCN(aq) + OH^{-}(aq)$

예제 15.9.2

Na^{+}, Ca^{2+}, Al^{3+} 중 가장 강한 루이스 산은 무엇인가?

15 개념 확인 문제 (적중 2000제 선별문제)

01. AB209. 산의 구조와 세기

다음 중 산의 세기를 비교한 것으로 옳지 <u>않은</u> 것은?

① HIO_3 < $HBrO_3$
② HOI < HOCl
③ HNO_2 < HNO_3
④ H_2SO_4 < H_2SO_3
⑤ $HClO_3$ < $HClO_4$

02. AB216. 약산 용액의 평형

25℃에서 일양성자산 HA의 K_a는 1.0×10^{-5}이다. 0.10M HA(aq)에서 H^+의 농도와 이온화 백분율이 모두 옳은 것은?

	$[H^+]$(M)	이온화 백분율
①	1.0×10^{-3}	1%
②	2.0×10^{-3}	1%
③	5.0×10^{-3}	2%
④	2.0×10^{-3}	5%
⑤	4.0×10^{-3}	5%

03. AB222. 약산 용액의 평형

다음 중 이온화도가 가장 큰 용액은? (단, CH_3COOH의 K_a는 1.8×10^{-5}, HF의 K_a는 7.2×10^{-4}이다.)

① 0.50M CH_3COOH(aq)
② 0.050M CH_3COOH(aq)
③ 0.0050M CH_3COOH(aq)
④ 0.10M HF(aq)
⑤ 0.0010M HF(aq)

04. AB223. 약산 용액의 평형

25℃에서 0.10M HA(aq)에서 이온화 백분율이 1%였다. 0.40M HA(aq)에서 이온화 백분율은?

① 1%
② 2%
③ 3%
④ 0.5%
⑤ 5%

05. AB227. 약염기 용액의 평형

25℃에서 암모니아(NH_3)의 K_b는 1.8×10^{-5}이다. 2.0M $NH_3(aq)$의 OH^- 농도는?

① 6.0×10^{-3}M
② 3.0×10^{-3}M
③ 1.0×10^{-3}M
④ 3.0×10^{-4}M
⑤ 1.0×10^{-5}M

06. AB228. 약염기 용액의 평형

1.0M 메틸아민(CH_3NH_2, $K_b=4.0\times10^{-4}$) 수용액에서 메틸아민의 이온화 백분율은?

① 2%
② 1%
③ 4%
④ 0.1%
⑤ 0.2%

07. AB234. 염 용액의 평형

25℃에서 어떤 약산 HB의 소듐염 NaB 0.050M(aq)의 pH가 9.00이다. 0.20M HB(aq)의 pH는?

① 3.00
② 4.00
③ 5.00
④ 6.00
⑤ 7.00

08. AB235. 염 용액의 평형

HA는 일양성자 산이다. 25℃에서 0.02M HA(aq)의 pH가 4.0이었다. 0.50M NaA(aq)의 pH는?

① 5.0
② 8.0
③ 9.0
④ 10.0
⑤ 11.0

09. AB241. 염 용액의 평형

25℃에서 0.02M HA(aq)에서 이온화 백분율이 1%이다. 2.0M NaA(aq)의 pH는?

① 4.0
② 8.0
③ 9.0
④ 10.0
⑤ 11.0

10. AB237. 다양성자산 용액의 평형

탄산(H_2CO_3)의 $K_{a1} = 4.0 \times 10^{-7}$, $K_{a2} = 5.6 \times 10^{-11}$이다. 0.10M $H_2CO_3(aq)$에 대한 설명으로 옳지 않은 것은?

① H_2CO_3의 이온화 백분율은 2%이다.
② $[H^+] = 2.0 \times 10^{-4}$M이다.
③ $[OH^-] = 5.0 \times 10^{-11}$M이다.
④ $[HCO_3^-] = 2.0 \times 10^{-4}$M이다.
⑤ $[CO_3^{2-}] = 5.6 \times 10^{-11}$M이다.

번호	1	2	3	4	5
정답	④	①	⑤	④	①

번호	6	7	8	9	10
정답	①	①	④	④	①

MEMO

C H E M I S T R Y

16

산염기 2

16

산염기 2

16.1 공통이온 효과

16.2 대표적인 산, 염기의 성격

16.3 완충 용액

16.4 적정곡선

16.5 산염기 지시약

16.1 공통이온 효과

- 약산과 그 짝염기를 임의의 비율로 혼합시켜도 각각의 초기농도는 거의 변하지 않는다.
- 공통이온 효과는 일종의 르샤틀리에의 원리이다.

예제 16.1.1

1.0M HF 수용액에서 HF의 해리 백분율은? (단, HF의 $K_a = 1.0\times10^{-4}$로 가정한다.)

예제 16.1.2

1.0M HF와 1.0M NaF가 들어있는 용액에서 HF의 해리 백분율은? (단, HF의 $K_a = 1.0\times10^{-4}$로 가정한다.)

16.2 대표적인 산, 염기의 성격

- 물은 매우 약한 산이면서 매우 약한 염기이다.
- $H_3O^+(H^+)$는 매우 강한 산이고, 강하게 H^+를 내놓는다.
- OH^-는 매우 강한 염기이고, 강하게 H^+를 뺏는다.
- 강산은 수용액 상에서 완전히 해리하여 H_3O^+를 생성한다.
- 강한 염기는 수용액 상에서 완전히 해리하여 OH^-를 내놓는다.
- 약산은 강염기에 의해 H^+를 쉽게 뺏긴다.

$$CH_3COOH + \cancel{H_2O} \longrightarrow CHCOO^- + \cancel{H_3O^+} \quad K = 1.8\times 10^{-5}$$

$$\cancel{H_3O^+} + OH^- \longrightarrow H_2O + \cancel{H_2O} \quad K = 1.0\times 10^{14}$$

$$CH_3COOH + OH^- \longrightarrow CHCOO^- + H_2O \quad K = 1.8\times 10^{9}$$

- 약염기는 강산으로부터 H^+를 쉽게 받는다.

$$NH_3 + \cancel{H_2O} \longrightarrow NH_4^+ + \cancel{OH^-} \quad K = 1.8\times 10^{-5}$$

$$H_3O^+ + \cancel{OH^-} \longrightarrow \cancel{H_2O} + H_2O \quad K = 1.0\times 10^{14}$$

$$NH_3 + H_3O^+ \longrightarrow NH_4^+ + H_2O \quad K = 1.8\times 10^{9}$$

- 약산의 짝염기는 일반적으로 약염기이다.
- 약염기의 짝산은 일반적으로 약산이다.

▶ 복잡한 수용액 평형 계산의 체계적 접근 방법

1. 평형 상수의 크기를 이용하여 각 반응물의 성격과 반응의 방향을 예측한다.
2. 평형에서 주 화학종이 있다면 양론적으로 농도를 결정한다.
3. 평형 상수를 이용하여 미량 존재하는 화학종의 농도를 결정한다.

예제 16.2.1

0.1M HA와 0.1M NaA가 들어있는 용액이 평형에 도달했을 때, 각 화학종의 농도와 pH를 계산하라. (단, HA의 $K_a = 1.0 \times 10^{-5}$이다.)

예제 16.2.2

0.2M HA와 0.1M NaOH가 들어있는 용액이 평형에 도달했을 때, 각 화학종의 농도와 pH를 계산하라. (단, HA의 $K_a = 1.0 \times 10^{-5}$이다.)

예제 16.2.3

0.2M NH_3와 0.1M HCl이 들어있는 용액이 평형에 도달했을 때, 각 화학종의 농도와 pH를 계산하라. (단, NH_3의 $K_b = 1.0 \times 10^{-5}$이다.)

16.3 완충 용액

1. 완충 용액

- 약산과 그 짝염기가 비슷한 농도로 혼합된 용액을 완충용액(buffer solution)이라 한다.
- 완충용액에 강산이나 강염기를 가해도 용액의 pH는 크게 변하지 않는다.
- 완충용액은 pH를 비교적 일정하게 유지하기 위한 목적으로 이용된다.

2. Henderson-Hasselbalch 식 (HH식)

- 산해리상수의 평형식을 Henderson-Hasselbalch 식으로 변형할 수 있다.
- 완충 용액의 pH는 약산과 짝염기의 농도비에 의해 결정된다.

$$\mathrm{pH} = \mathrm{p}K_a + \log\frac{[\mathrm{A}^-]}{[\mathrm{HA}]}$$ (Henderson-Hasselbalch 식)

예 $HA(aq) \rightleftharpoons H^+(aq) + A^-(aq)$ $\mathrm{p}K_a = 5$라면,

$HA : A^-$	pH
1 : 1	5
1 : 10	6
10 : 1	4
1 : 100	7
100 : 1	3
1 : 2	$5+\log 2$
2 : 1	$5-\log 2$
$a : b$	$\mathrm{p}K_a+\log\frac{b}{a}$

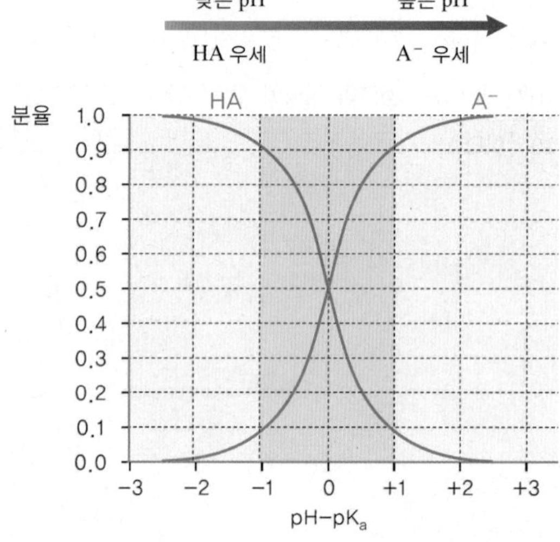

- 약산(HA)과 그 짝염기(A^-)가 공존하는 용액에서, HA가 많을수록 pH는 낮아지고 A^-가 많을수록 pH는 높아진다.(르샤틀리에 원리)
- 약산(HA)과 그 짝염기(A^-)가 공존하는 용액에서, pH가 낮을수록 HA의 비율이 커지고, pH가 높을수록 A^-의 비율이 높아진다.

예제 16.3.1

다음 중 완충 용액을 모두 고르시오.

a. 0.25M HBr + 0.25M Br^-

b. 0.1M $HClO_4$ + 0.05M NaOH

c. 0.5M HOCl + 0.4M OCl^-

d. 0.65M NH_3 + 0.25M NH_4^+

예제 16.3.2

다음 완충 용액의 pH를 계산하라. (HA의 $K_a = 1.0 \times 10^{-5}$이다.)

a. [HA] = 0.1M, [A^-] = 0.1M

b. [HA] = 0.4M, [A^-] = 0.1M

c. [HA] = 0.1M, [A^-] = 0.2M

d. [HA] = 0.2M, [A^-] = 2M

e. [HA] = 0.4M, [A^-] = 0.04M

예제 16.3.3

다음 pH에서 [HA] : [A^-]를 구하시오. (HA의 $K_a = 1.0 \times 10^{-5}$이다.)

a. pH = 5.0

b. pH = 4.0

c. pH = 6.0

d. pH = 5.0 + log3

e. pH = 5.0 − log2

예제 16.3.4

다음 완충 용액의 pH를 계산하라. (NH_3의 $K_b = 1.0 \times 10^{-5}$이다.)

a. $[NH_4^+]$ = 0.1M, $[NH_3]$ = 0.1M

b. $[NH_4^+]$ = 0.2M, $[NH_3]$ = 0.1M

c. $[NH_4^+]$ = 0.3M, $[NH_3]$ = 0.03M

d. $[NH_4^+]$ = 0.4M, $[NH_3]$ = 0.04M

예제 16.3.5

다음 pH에서 $[NH_3]$: $[NH_4^+]$를 구하시오. (NH_3의 $K_b = 1.0 \times 10^{-5}$이다.)

a. pH = 9.0

b. pH = 8.0

c. pH = 10.0

d. pH = 9.0 + log3

e. pH = 9.0 − log2

3. 완충용량

- 완충용량은 단위 부피의 완충용액에 적용되는 개념이다.
- 완충용량이 클수록 외부로부터 가해지는 산이나 염기에 의한 pH 변화가 작다.
- 완충용량이 클수록 자신의 pH를 유지시키는 능력이 강하다.
- 약산과 짝염기의 비율이 비슷할수록, 농도가 진할수록 완충용량은 크다.
- 완충용액을 만들 때에는 원하는 pH와 약산의 $\mathrm{p}K_a$가 가까울수록 좋다.

예제 16.3.6

다음 각 용액 1.0L에 HCl 0.01mol을 첨가할 때, pH의 변화량이 가장 작은 것은?
(HA의 $K_a = 1.0 \times 10^{-5}$이다.)

a. [HA] = 0.1M, [A^-] = 0.1M

b. [HA] = 0.5M, [A^-] = 0.5M

c. [HA] = 0.04M, [A^-] = 0.01M

16.4 적정곡선

1. 적정과 적정곡선

- 적정(titration)은 시료 용액에 표준 용액을 가하는 과정이다.
- 산염기 적정 외에도 침전 적정, 킬레이트 적정, 산화-환원 적정 등이 있다.
- 산염기 적정곡선은 가하는 표준 용액의 부피에 대한 용액의 pH 변화를 나타낸 그래프이다.

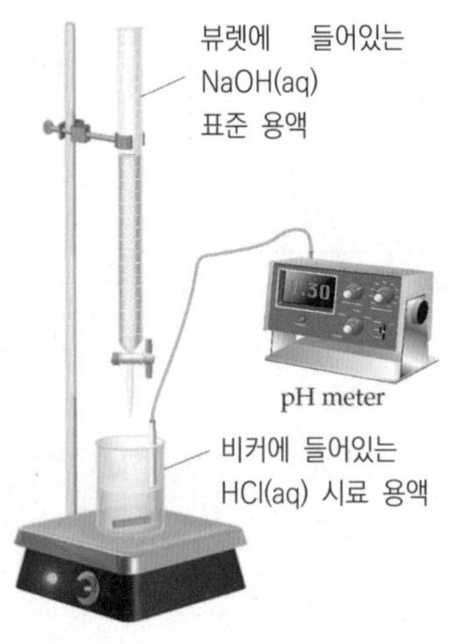

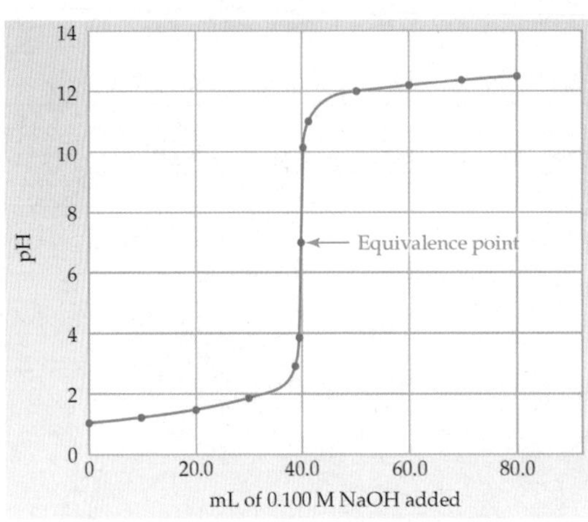

- 당량점(equivalence point)은 시료의 반응물과 가해준 표준용액의 반응물이 양론적으로 완전히 반응하는 순간이다.
- 종말점(end point)은 지시약의 색이 변하는 순간이다. 일반적인 실험에서 종말점과 당량점은 거의 같다.
- 산염기 지시약을 이용하여 산 염기 적정의 당량점을 결정할 수 있다.
- 적정곡선은 산과 염기에 대한 많은 정보를 포함한다.
- 대부분의 산염기적 상황을 적정곡선상의 한 점으로 나타낼 수 있다.
- 적정곡선을 이용하여 복잡한 산염기적 상황을 직관적으로 이해할 수 있다.

2. 강산과 강염기의 적정곡선 (예 : HCl + NaOH)

- 강산은 가해지는 강염기의 양과 상관없이 완전히 해리한다.
- 당량점 부근에서 pH가 급격히 상승한다.
- 당량점에서의 pH는 7.0이다.

예제 16.4.1

0.1M HCl(aq) 100mL를 0.1M NaOH(aq)로 적정하였다. 적정 곡선을 그리고, NaOH(aq)를 다음과 같이 첨가했을 때 $[H^+]$를 계산하라.

a. 0.0mL

b. 50mL

c. 100mL

d. 150mL

3. 약산과 강염기의 적정곡선 (HA + NaOH)

- 완충 용액인 구간에서는 평평하고, 당량점 부근에서 pH가 급격히 상승한다.
- 가장 평평한 구간에서의 pH는 약산의 pK_a와 같다.
- 적정 곡선에서 평평한 구간일수록 완충 용량이 크다.
- 당량점에서의 pH는 7보다 크다.

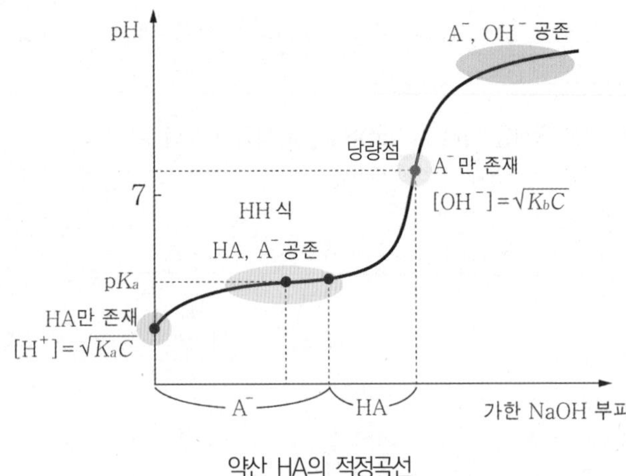

약산 HA의 적정곡선

처음	HA만 존재	$[H^+] = \sqrt{K_a \cdot c}$
처음~당량점	HA와 A^- 공존	HH식
당량점	A^-만 존재 간주	$[OH^-] = \sqrt{K_b \cdot c}$
당량점 이후	A^-와 OH^- 공존	OH^-만 있다고 간주

예제 16.4.2

0.2M HA(aq) 100mL를 0.2M NaOH(aq)로 적정하였다. 적정곡선을 그리고, NaOH(aq)를 다음과 같이 첨가했을 때 pH를 계산하라. (단, HA의 $K_a = 1.0 \times 10^{-5}$이다.)

a. 0.0mL

b. 50mL

c. 20mL

d. 80mL

e. 100mL

예제 16.4.3

0.1M HA(aq) 100mL를 0.1M NaOH(aq)로 적정하였다. pH를 다음과 같이 만들기 위해 NaOH(aq)를 얼마나 첨가해야 하는가? (단, HA의 $K_a = 1.0 \times 10^{-5}$이다.)

a. pH = 5.0

b. pH = 5.0 + log3

c. pH = 5.0 - log4

4. 약염기와 강산의 적정곡선 (NH_3 + HCl)

- 완충용액인 구간에서는 평평하고, 당량점 부근에서 pH가 급격히 내려간다.
- 가장 평평한 구간에서의 pH는 짝산의 pK_a와 같다.
- 당량점에서의 pH는 7보다 작다.

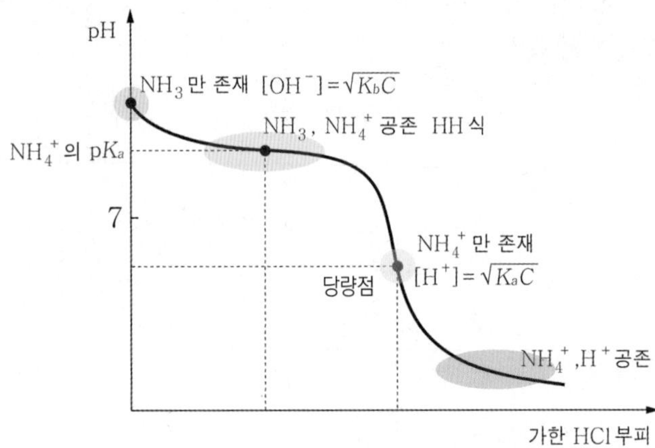

약염기 NH_3의 적정곡선

처음	NH_3만 존재	$[OH^-]=\sqrt{K_b \cdot c}$
처음~당량점	NH_3와 NH_4^+ 공존	HH식
당량점	NH_4^+만 존재 간주	$[H^+]=\sqrt{K_a \cdot c}$
당량점 이후	NH_4^+와 H^+ 공존	H^+만 있다고 간주

예제 16.4.4

0.2M $NH_3(aq)$ 100mL를 0.2M HCl(aq)로 적정하였다. 적정곡선을 그리고, HCl(aq)를 다음과 같이 첨가했을 때 pH를 계산하라. (단, NH_3의 $K_b = 1.0 \times 10^{-5}$이다.)

a. 0.0mL

b. 50mL

c. 20mL

d. 80mL

e. 100mL

예제 16.4.5

0.1M $NH_3(aq)$ 100mL를 0.1M HCl(aq)로 적정하였다. pH를 다음과 같이 만들기 위해 HCl(aq)를 얼마나 첨가해야 하는가? (단, NH_3의 $K_b = 1.0 \times 10^{-5}$이다.)

a. pH = 9.0

b. pH = 9.0 + log3

c. pH = 9.0 - log4

5. 이양성자산의 적정곡선 (예: H_2A + NaOH)

- 2개의 평평한 완충용액 구간이 나타난다.
- 각 당량점 부근에서 pH가 급격히 상승한다.
- 가장 평평한 구간의 pH는 각각 pK_1과 pK_2이다.
- 제1당량점에서의 pH는 pK_1과 pK_2의 중점이다.

이양성자산 H_2A의 적정곡선

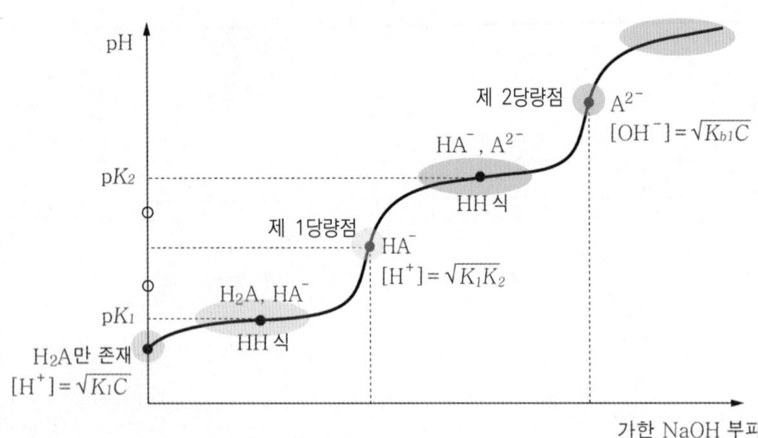

처음	H_2A만 있다고 간주	$[H^+] = \sqrt{K_{a1} \cdot c}$
처음~제1당량점 직전	H_2A와 HA^- 공존	HH식
제1 당량점	HA^-만 있다고 간주	$pH = \frac{pK_1 + pK_2}{2}$
제1당량점~제2당량점	HA^-와 A^{2-} 공존	HH식
제2 당량점	A^{2-}만 있다고 간주	$[OH^-] = \sqrt{K_{b1} \cdot c}$
제2당량점 이후	A^{2-}와 OH^- 공존	OH^-만 있다고 간주

예제 16.4.6

0.1M $H_2A(aq)$ 100mL를 0.1M NaOH(aq)로 적정하였다. 적정곡선을 그리고, NaOH(aq)를 다음과 같이 첨가했을 때 pH를 계산하라. (단, H_2A의 $K_{a1} = 1.0 \times 10^{-4}$, $K_{a2} = 1.0 \times 10^{-10}$이다.)

a. 0.0mL

b. 20mL

c. 50mL

d. 100mL

e. 150mL

f. 180mL

예제 16.4.7

0.1M $H_2A(aq)$ 120mL를 0.1M NaOH(aq)로 적정하였다. 적정곡선을 그리고, NaOH(aq)를 얼마나 첨가했을 때 다음 pH에 도달하는가? (단, H_2A의 $K_{a1} = 1.0 \times 10^{-4}$, $K_{a2} = 1.0 \times 10^{-10}$이다.)

a. pH = 4.0

b. pH = 4.0 + log2

c. pH = 7.0

d. pH = 10.0 − log3

16.5 산염기 지시약

- 산염기 지시약을 이용하여 산 염기 적정의 당량점을 결정할 수 있다.
- 산염기 지시약은 H^+를 얻거나 잃으면 색깔이 변하는 물질이다. (산과 염기 형태의 색이 다름)
- 지시약은 자신의 $pK_a(pK_{HIn})$와 용액의 pH가 같을 때 가장 민감하게 색이 변한다.

$$pH = pK_{HIn} + \log\left(\frac{[In^-]}{[HIn]}\right)$$

$$HIn \rightleftharpoons H^+ + In^- \qquad pK_{HIn} = 6$$

pH	HIn	:	In^-
pH = 4	100	:	1
pH = 5	10	:	1
pH = 6	1	:	1
pH = 7	1	:	10
pH = 8	1	:	100

▶ 몇 가지 지시약의 pH 범위

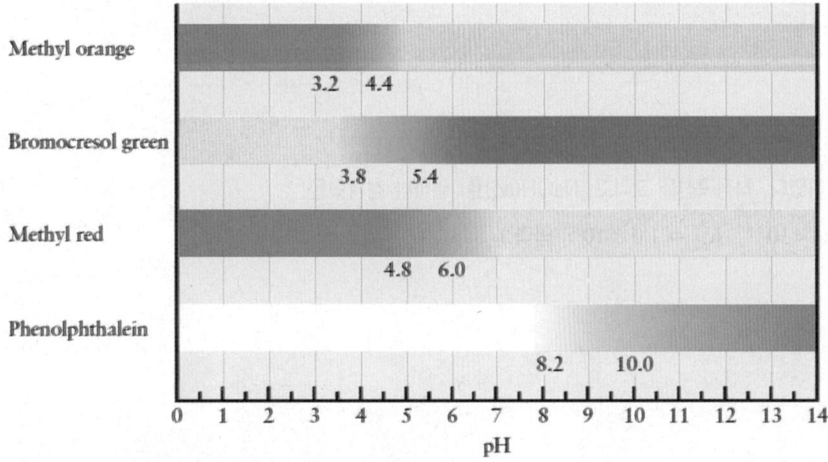

- 지시약의 pK_{HIn}는 당량점의 pH와 가까울수록 좋다.

약산 + 강염기 적정	당량점의 pH>7	$pK_{HIn}>7$인 지시약 사용
약염기 + 강산 적정	당량점의 pH<7	$pK_{HIn}<7$인 지시약 사용
강산 + 강염기 적정	당량점에서 pH는 거의 수직으로 증가	거의 모든 지시약 사용 가능

예제 16.5.1

pH가 7.0인 용액에 다음의 각 지시약을 미량 첨가하면 용액은 어떤 색을 나타내겠는가?

a. 메틸 오렌지

b. 브로모크레졸 그린

c. 메틸 레드

d. 페놀프탈레인

예제 16.5.2

페놀프탈레인은 산성 형태(HIn)는 무색, 염기성 형태(In^-)는 분홍색을 띤다. 페놀프탈레인을 소량 넣은 0.1M 아세트산 용액 100mL를 0.1M 수산화소듐 용액으로 적정한다. NaOH(aq)를 다음과 같이 첨가했을 때 용액의 색깔 변화를 예측하시오. (단, 아세트산의 $K_a = 1.0 \times 10^{-5}$로 가정한다.)

a. 0

b. 50mL

c. 80mL

d. 90mL

e. 99mL

f. 100mL

g. 101mL

h. 120mL

예제 16.5.3

메틸레드 산성 형태(HIn)는 빨강색, 염기성 형태(In^-)는 노란색을 띤다. 메틸레드를 소량 넣은 0.1M 아세트산 용액 100mL를 0.1M 수산화소듐 용액으로 적정한다. NaOH(aq)를 다음과 같이 첨가했을 때 용액의 색깔 변화를 예측하시오. (단, 아세트산의 $K_a = 1.0 \times 10^{-5}$로 가정한다.)

a. 0

b. 50mL

c. 80mL

d. 90mL

e. 99mL

f. 100mL

g. 101mL

h. 120mL

예제 16.5.4

다음 중 아세트산을 수산화소듐으로 적정할 때 지시약으로 가장 적합한 것은 무엇인가?

a. 메틸 오렌지

b. 브로모크레졸 그린

c. 메틸 레드

d. 페놀프탈레인

16 개념 확인 문제 (적중 2000제 선별문제)

01. AQ204. 완충 용액

다음 중 완충 용액인 것은?

① 0.25M $HClO_4(aq)$ / 0.15M $KClO_4(aq)$의 혼합 용액
② 0.25M $HBr(aq)$ / 0.25M $HOBr(aq)$의 혼합 용액
③ 0.50M $HClO(aq)$ / 0.20M $NaClO(aq)$의 혼합 용액
④ 0.20M $HNO_3(aq)$ / 0.10M $NaNO_3(aq)$의 혼합 용액
⑤ 1.0M $HCl(aq)$ / 0.01M $KCl(aq)$의 혼합 용액

02. AQ205. 헨더슨 하셀바하 식(H-H식)

25℃에서 일양성자산 HA의 K_a는 1.0×10^{-5}이다. 0.8M $HA(aq)$와 0.2M $NaA(aq)$가 들어있는 완충 용액의 pH는?

① 5.0+log2
② 5.0+log4
③ 5.0−log4
④ 5.0−log2
⑤ 6.0

03. AQ210. 약산과 그 짝염기의 평형

25℃에서 HA의 K_a는 2.0×10^{-5}이다. 0.4M $HA(aq)$ 10mL와 0.2M $NaA(aq)$ 40mL를 혼합한 용액의 pH는?

① 5.0+log4
② 5.0−log2
③ 5.0+log2
④ 5.0
⑤ 6.0

04. AQ211. 약산과 짝염기의 평형

25℃에서 HA의 K_a는 2.0×10^{-5}이다. 1.0M $HA(aq)$ 100mL와 0.40M $NaOH(aq)$ 50mL를 혼합한 용액에서 H^+ 농도는?

① 4.0×10^{-6}M
② 2.0×10^{-5}M
③ 4.0×10^{-5}M
④ 8.0×10^{-5}M
⑤ 1.0×10^{-5}M

05. AQ215. 약염기와 짝산의 평형

25℃에서 약염기 B의 $K_b=4.0\times10^{-5}$이다. 0.10M B(*aq*)와 0.20M HB^+(*aq*)를 포함하는 완충 용액 중 H^+ 농도는?

① 2.0×10^{-5}M
② 5.0×10^{-10}M
③ 4.0×10^{-10}M
④ 1.0×10^{-8}M
⑤ 5.0×10^{-5}M

06. AQ225. 약산과 강염기의 적정 곡선

그림은 0.10M HA(*aq*) 100mL를 *x*M NaOH(*aq*)로 적정하여 얻은 적정 곡선이다. 점 A에서의 pH는?

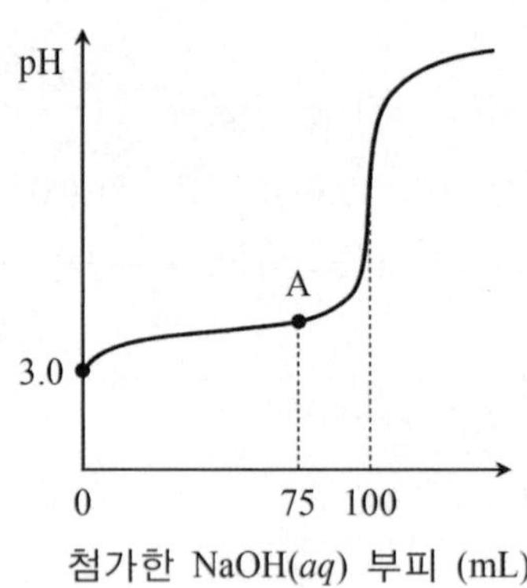

① 3.0+log2
② 3.0+log3
③ 5.0+log2
④ 5.0+log3
⑤ 6.0−log4

07. AQ230. 약산과 강염기의 적정 곡선

약산 HA 0.20M 용액 100mL를 0.20M NaOH(*aq*)로 적정한다. NaOH(*aq*) 20.0mL를 넣었을 때 pH는 *a*이고, 100mL를 넣었을 때 pH는 9.00이다. *a*는?

① 9.00−log4
② 9.00+log4
③ 5.00−log4
④ 5.00+log4
⑤ 7.00

08. AQ139. 적정 곡선 (약염기를 강산으로 적정)

그림은 0.10M NH_3(*aq*) 100mL를 0.10M HCl(*aq*)로 적정하여 얻은 적정 곡선이다. 점 A에서의 pH는?

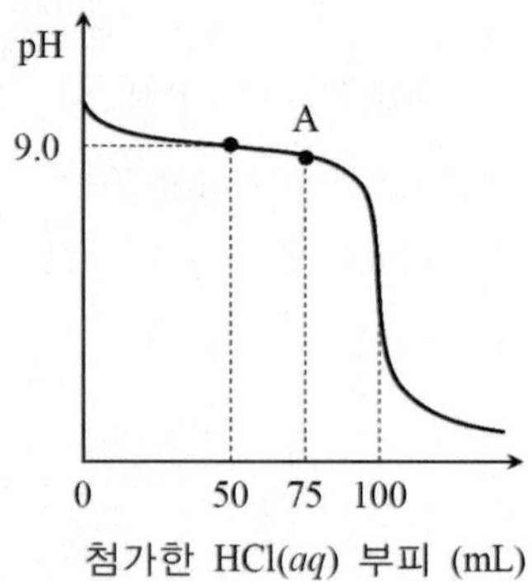

① 9.00−log2
② 9.00−log3
③ 9.00−log4
④ 5.00+log2
⑤ 5.00+log4

09. AQ233. 다양성자산의 적정곡선

다음은 25℃에서 이양성자 산 H_2A의 해리 반응식과 평형 상수이다.

$$H_2A(aq) \rightleftharpoons H^+(aq) + HA^-(aq) \quad K_{a1} = 1.0\times10^{-5}$$
$$HA^-(aq) \rightleftharpoons H^+(aq) + A^{2-}(aq) \quad K_{a2} = 1.0\times10^{-9}$$

0.10M $H_2A(aq)$ 100mL를 0.10M NaOH 표준 용액으로 적정한다. NaOH(aq) amL를 첨가했을 때 pH=5.0−log3이고, NaOH(aq) b mL를 첨가했을 때 pH=9+log4였다. $\frac{b}{a}$는?

① $\frac{36}{5}$
② $\frac{32}{5}$
③ 6
④ 5
⑤ 4

10. AQ235. 완충 용액

HA의 K_a는 2.0×10^{-5}이다. 0.10M HA(aq)와 0.10M NaA(aq)가 포함된 용액 1.0L에 HCl x몰을 가하여 평형에 도달했을 때 H^+의 농도는 3.0×10^{-5}M였다. x는?

① 0.01
② 0.02
③ 0.03
④ 0.04
⑤ 0.05

번호	1	2	3	4	5
정답	③	③	④	④	②

번호	6	7	8	9	10
정답	④	③	②	①	②

C H E M I S T R Y

17

용해도와 착이온 평형

17

용해도와 착이온 평형

17.1 용해도 평형
17.2 착화합물 평형
17.3 양이온의 정성분석

17.1 용해도 평형

1. 불용성 침전

- 어떤 양이온과 음이온은 수용액 상에서 만나 불용성 침전을 형성한다.

▶ 대표적인 불용성 침전의 예

AgCl, AgBr, AgI(노란색), Ag_2CrO_4(붉은색),
$BaSO_4$, $BaCO_3$, $CaCO_3$, $CaSO_4$, CaF_2
Hg_2Cl_2, $Mg(OH)_2$, $Al(OH)_3$, $Pb(OH)_2$
MgO, Al_2O_3, PbO, NiS, PbS, Ag_2S, CuS, MnS

2. 용해도곱 상수 K_{sp}

- 침전 MX(s)는 포화 상태에서 다음 평형을 이룬다.

$$MX(s) \rightleftarrows M^+(aq) + X^-(aq) \qquad K_{sp} = [M^+][X^-]$$

▶ 25℃에서 K_{sp} 자료

	K_{sp}		K_{sp}
$Al(OH)_3$	4.6×10^{-33}	PbS	2.5×10^{-27}
$BaCrO_4$	1.2×10^{-10}	$Mg_3(AsO_4)_2$	2×10^{-20}
BaF_2	1.0×10^{-6}	$MgCO_3$	1.0×10^{-5}
$BaSO_4$	1.1×10^{-10}	$Mg(OH)_2$	1.8×10^{-11}
CdC_2O_4	1.5×10^{-8}	MgC_2O_4	8.5×10^{-5}
CdS	8×10^{-27}	MnS	2.5×10^{-10}
$CaCO_3$	3.8×10^{-9}	Hg_2Cl_2	1.3×10^{-18}
CaF_2	3.4×10^{-11}	HgS	1.6×10^{-52}
CaC_2O_4	2.3×10^{-9}	$Ni(OH)_2$	2.0×10^{-15}
$Ca_3(PO_4)_2$	1×10^{-26}	NiS	3×10^{-19}
$CaSO_4$	2.4×10^{-5}	$AgC_2H_3O_2$	2.0×10^{-3}
CoS	4×10^{-21}	AgBr	5.0×10^{-13}
$Cu(OH)_2$	2.6×10^{-19}	AgCl	1.8×10^{-10}
CuS	6×10^{-36}	Ag_2CrO_4	1.1×10^{-12}
$Fe(OH)_2$	8×10^{-16}	AgI	8.3×10^{-17}
FeS	6×10^{-18}	Ag_2S	6×10^{-50}
$Fe(OH)_3$	2.5×10^{-39}	$SrCO_3$	9.3×10^{-10}
$Pb_3(AsO_4)_2$	4×10^{-36}	$SrCrO_4$	3.5×10^{-5}
$PbCl_2$	1.6×10^{-5}	$SrSO_4$	2.5×10^{-7}
$PbCrO_4$	1.8×10^{-14}	$Zn(OH)_2$	2.1×10^{-16}
PbI_2	6.5×10^{-9}	ZnS	1.1×10^{-21}
$PbSO_4$	1.7×10^{-8}		

예제 17.1.1

다음 각 고체의 이온화 반응에 대한 반응식과 용해도곱 상수(K_{sp}) 식을 써라.

a. AgCl

b. PbF_2

c. $Al(OH)_3$

d. Ag_2CO_3

예제 17.1.2

어떤 크로뮴산 은(Ag_2CrO_4) 포화 용액에서 $[Ag^+]=5.0\times10^{-5}M$, $[CrO_4^{2-}]=4.0\times10^{-4}M$이다. Ag_2CrO_4의 K_{sp}는 얼마인가?

예제 17.1.3 (Z25)

다음은 순수한 물에서 각 고체의 용해도 자료이다. 각 고체에 대한 K_{sp} 값을 계산하라.

a. CaC_2O_4의 용해도 : 5.0×10^{-5}M

b. BiI_3의 용해도 : 1.0×10^{-5}M

c. 브로민화 구리(Ⅰ)의 용해도 : 2.0×10^{-4}M

예제 17.1.4 (Z30)

$Ag_2CrO_4(s)$의 포화 용액에서 Ag^+의 농도는 $2.0\times10^{-4}M$이다. Ag_2CrO_4의 K_{sp}를 계산하라.

예제 17.1.5 (M799)

아이오딘산 구리(Ⅱ) [$Cu(IO_3)_2$]의 K_{sp}는 2.7×10^{-7}이다.

순수한 물에서 $Cu(IO_3)_2$의 몰용해도를 계산하라.

예제 17.1.6

$Mg(OH)_2$ 포화 용액의 pH를 계산하라.

(단, $Mg(OH)_2$의 $K_{sp} = 4.0\times10^{-12}$로 가정한다.)

3. 용해도와 공통 이온 효과

- K_{sp}는 평형 상수이고, 용해도는 '평형의 위치'(여러 요인에 의해 변화)이다.
- 침전의 용해도는 공통 이온의 존재에 따라 달라질 수 있다.

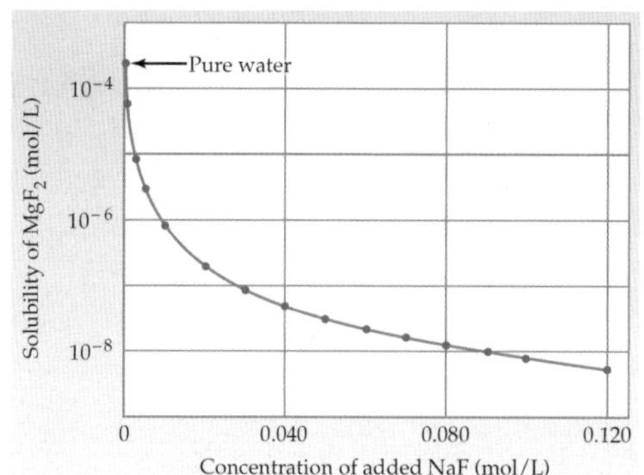

공통이온 효과에 의한 용해도 감소

예제 17.1.7

AgCl(s) 포화용액에 다음 물질을 첨가할 때, AgCl의 용해도는 어떻게 변하는가?

a. $AgNO_3$

b. NaCl

c. 물

예제 17.1.8

다음의 각 용액에서 AgCl의 용해도를 계산하라. (단, AgCl의 $K_{sp} = 1.0 \times 10^{-10}$로 가정한다.)

a. 물

b. 0.1M NaCl(aq)

예제 17.1.9

다음 각 용액에서 황산 은(Ag_2SO_4)의 용해도를 계산하라. (단, Ag_2SO_4의 K_{sp}는 6.4×10^{-5}로 가정)

a. 물

b. $0.40M$ $AgNO_3$

c. $1.0M$ K_2SO_4

예제 17.1.10

다음 각 용액에서 아이오딘화 납(PbI_2)의 용해도를 계산하라. (단, PbI_2의 K_{sp}는 1.6×10^{-8}로 가정)

a. $0.10M$ $Pb(NO_3)_2$

b. $0.010M$ NaI

예제 17.1.11

0.2M NaF 용액에서 CaF_2($K_{sp} = 4.0 \times 10^{-11}$)의 용해도를 계산하라.

4. 용해도와 pH

- 침전의 용해도는 pH에 따라 달라질 수 있다.

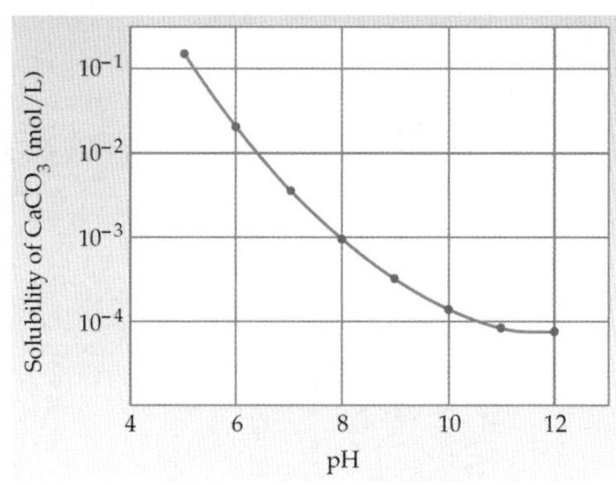

pH에 따른 용해도 변화

예제 17.1.12

$Mg(OH)_2(s)$ 포화용액의 pH를 점점 낮게 할 때, $Mg(OH)_2$의 용해도 변화를 예측하라.

예제 17.1.13

다음 중 염기성 용액보다 산성 용액에서 용해도가 증가하는 것을 모두 골라라.

a. AgCl

b. AgBr

c. $Mg(OH)_2$

d. $CaCO_3$

예제 17.1.14

다음 중 pH에 따라 용해도가 달라지는 것을 모두 골라라.

a. AgF

b. AgCl

c. $Ni(CN)_2$

d. $Ni(NO_3)_2$

예제 17.1.15

다음 각 용액에서, $Fe(OH)_3$($K_{sp} = 1 \times 10^{-38}$로 가정)의 용해도를 계산하라.

a. pH = 5.0인 완충 용액

b. pH = 11.0인 완충 용액

5. 선택적 침전

- 침전의 K_{sp}가 서로 다른 점을 이용하여 이온을 분리할 수 있다. (분별 침전)
- $Q < K_{sp}$이면 불포화, $Q = K_{sp}$이면 포화, $K_{sp} < Q$이면 과포화이다.
- 초기농도에 대한 반응지수 Q가 K_{sp}보다 크면 염이 침전된다.
- 침전 적정을 이용하여 미지 용액의 농도를 구할 수 있다.
- 침전 지시약은 침전이 형성되어 색깔을 띠는 물질이다. (Ag_2CrO_4, 붉은색 침전)

▶ K_{sp}를 이용한 평형 계산의 체계적 접근 방법

1. 평형 상수의 크기를 이용하여 각 반응물의 성격과 반응의 방향을 예측한다.
2. 평형에서 주 화학종이 있다면 양론적으로 농도를 결정한다.
3. 평형 상수를 이용하여 미량 존재하는 화학종의 농도를 결정한다.

예제 17.1.16

2.0×10^{-4}M $AgNO_3$ 100mL와 2.0×10^{-4}M NaCl 100mL를 혼합하였다.
AgCl 침전이 형성될 것인가? (단, AgCl의 $K_{sp} = 1.0\times10^{-10}$로 가정한다.)

예제 17.1.17

0.10M $AgNO_3$ 100mL와 0.30M NaCl 100mL를 혼합하였다.
평형에서 Ag^+와 Cl^-의 농도를 계산하라. (단, AgCl의 $K_{sp} = 1.0\times10^{-10}$로 가정한다.)

예제 17.1.18

0.20M $Pb(NO_3)_2$ 100mL와 0.60M NaCl 100mL를 혼합하였다.
평형에서 Pb^{2+}와 Cl^-의 농도를 계산하라. (단, $PbCl_2$의 $K_{sp} = 1.0 \times 10^{-5}$로 가정한다.)

예제 17.1.19

1.0×10^{-4}M $AgNO_3$ 용액에 NaCl(s)을 천천히 첨가한다. AgCl(s)이 침전되는 NaCl의 최소 농도는?

예제 17.1.20

2.0×10^{-3}M $Mg(NO_3)_2$ 용액에서 고체 MgF_2의 침전이 생성되는 NaF의 농도는 얼마인가?
(단, MgF_2의 $K_{sp} = 8.0 \times 10^{-9}$로 가정한다.)

예제 17.1.21

NaCl, NaBr, NaI가 각각 1×10^{-4}M씩 녹아있는 용액이 있다.
Ag^+를 조금씩 계속해서 첨가할 때, 침전이 일어나는 순서는?
(단, $K_{sp}(\mathrm{AgCl})=1\times10^{-10}$, $K_{sp}(\mathrm{AgBr})=5\times10^{-13}$, $K_{sp}(\mathrm{AgI})=1\times10^{-16}$이다.)

예제 17.1.22

1.0×10^{-4}M Cu^+와 2.0×10^{-3}M Pb^{2+}가 녹아있는 용액이 있다. 이 용액에 I^- 이온을 천천히 첨가한다.
(단, $K_{sp}(\mathrm{CuI})=5\times10^{-12}$, $K_{sp}(\mathrm{PbI_2})=1\times10^{-8}$이다.)

a. 각 침전이 생성되기 시작하는 I^-의 농도는?

b. 한 금속 이온만 침전시킬 수 있는 I^-의 최대 농도는?

예제 17.1.23 (Z112)

어떤 혼합물이 $1.0\times10^{-3}M$ Cu^{2+}와 $1.0\times10^{-3}M$ Mn^{2+}를 포함하고 $0.10M$ H_2S로 포화되어 있다. H_2S 농도를 유지한 채 pH를 4.0에서 시작하여 점점 높였을 때, 어떤 일이 일어날지 예측하라.
(CuS의 K_{sp}는 8.5×10^{-45}이고 MnS의 K_{sp}는 2.3×10^{-13}이다. H_2S의 $K_{a1}=1\times10^{-7}$, $K_{a2}=1\times10^{-19}$이다.)

17.2 착화합물 평형

1. 착화합물 형성반응과 생성상수(K_f)

- 전이금속 이온은 리간드(ligand)에 배위되어 착물(complex)을 형성한다.

$$\underset{\text{금속이온}}{Ag^+} + \underset{\text{리간드}}{2NH_3} \rightleftarrows \underset{\text{착이온}}{Ag(NH_3)_2^+} \qquad K_f = \frac{[Ag(NH_3)_2^+]}{[Ag^+][NH_3]^2}$$

- K_f(생성 상수, 형성 상수, formation constant, 안정도 상수)는 금속 이온과 리간드가 결합하여 착물이 형성되는 반응의 평형상수이다.

▶ 25℃에서 몇 가지 착이온의 K_f

Complex Ion	K_f	Equilibrium Equation
$Ag(NH_3)_2^+$	1.7×10^7	$Ag^+(aq) + 2NH_3(aq) \rightleftharpoons Ag(NH_3)_2^+(aq)$
$Ag(CN)_2^-$	1×10^{21}	$Ag^+(aq) + 2CN^-(aq) \rightleftharpoons Ag(CN)_2^-(aq)$
$Ag(S_2O_3)_2^{3-}$	2.9×10^{13}	$Ag^+(aq) + 2S_2O_3^{2-}(aq) \rightleftharpoons Ag(S_2O_3)_2^{3-}(aq)$
$Cu(NH_3)_4^{2+}$	5×10^{12}	$Cu^{2+}(aq) + 4NH_3(aq) \rightleftharpoons Cu(NH_3)_4^{2+}(aq)$
$Cu(CN)_4^{2-}$	1×10^{25}	$Cu^{2+}(aq) + 4CN^-(aq) \rightleftharpoons Cu(CN)_4^{2-}(aq)$
$Ni(NH_3)_6^{2+}$	1.2×10^9	$Ni^{2+}(aq) + 6NH_3(aq) \rightleftharpoons Ni(NH_3)_6^{2+}(aq)$
$Fe(CN)_6^{4-}$	1×10^{35}	$Fe^{2+}(aq) + 6CN^-(aq) \rightleftharpoons Fe(CN)_6^{4-}(aq)$
$Fe(CN)_6^{3-}$	1×10^{42}	$Fe^{3+}(aq) + 6CN^-(aq) \rightleftharpoons Fe(CN)_6^{3-}(aq)$

예제 17.2.1

다음 착이온의 생성 반응식(K_f 식)을 써라.

a. $Ag(NH_3)_2^+$

b. $Zn(NH_3)_4^{2+}$

c. $Cu(CN)_4^{2-}$

예제 17.2.2 (Z68)

NH_3 존재하에서 Cu^{2+}는 다음과 같이 $Cu(NH_3)_4^{2+}$ 착이온을 형성한다.

$$Cu^{2+}(aq) + 4NH_3(aq) \rightleftarrows Cu(NH_3)_4^{2+}(aq) \qquad K_f = ?$$

$1.0M$ NH_3 용액에서 Cu^{2+}와 $Cu(NH_3)_4^{2+}$의 평형 농도가 각각 $1.0 \times 10^{-15}M$과 $5.0 \times 10^{-3}M$이다. $Cu(NH_3)_4^{2+}$의 전체 형성 상수 값을 계산하라.

예제 17.2.3

NH_3 존재하에서 Ag^+는 다음과 같이 $Ag(NH_3)_2{}^+$ 착이온을 형성한다.

$$Ag^+(aq) + 2NH_3(aq) \rightleftarrows Ag(NH_3)_2^+(aq) \qquad K_f = 1.0 \times 10^7$$

3.0M NH_3 용액 100mL와 1.0M $AgNO_3$ 용액 100mL를 혼합하였다. 평형에서 각 화학종의 농도를 계산하라.

2. 착이온과 용해도

- 불용성 침전은 착화합물 형성에 의해 용해도가 증가할 수 있다.

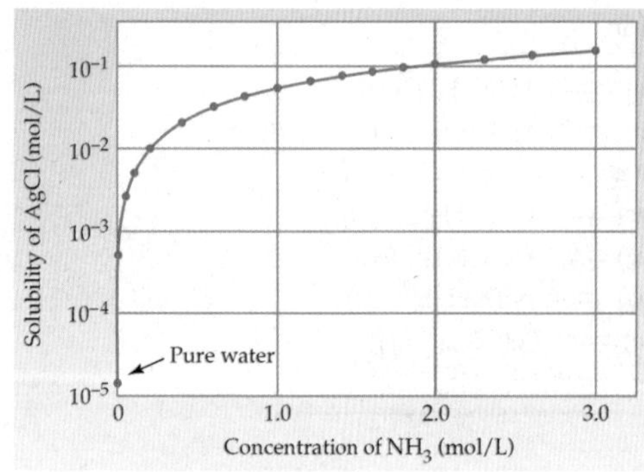

착화합물 형성에 의한 용해도 증가

예제 17.2.4

다음 자료를 이용하여 질문에 답하시오.

$$AgCl(s) \rightleftarrows Ag^+(aq) + Cl^-(aq) \qquad K_{sp} = 1.6 \times 10^{-10}$$

$$Ag^+(aq) + 2NH_3(aq) \rightleftarrows Ag(NH_3)_2^+(aq) \qquad K_f = 1.0 \times 10^7$$

a. $AgCl(s) + 2NH_3(aq) \rightleftarrows Ag(NH_3)_2^+(aq) + Cl^-(aq)$의 K는 얼마인가?

b. 1M NH_3 용액에서 AgCl의 용해도는 얼마인가?

3. 양쪽성 수산화물과 용해도

- 양쪽성 수산화물 : 산인 동시에 염기로도 작용할 수 있는 수산화물 (강산과 강염기 모두에 의해 용해됨)

  산에서: $Al(OH)_3(s) + 3H^+(aq) \rightleftarrows Al^{3+}(aq) + 3H_2O(l)$

  염기에서: $Al(OH)_3(s) + OH^-(aq) \rightleftarrows Al(OH)_4^-(aq)$

- 양쪽성 수산화물의 종류: $Al(OH)_3$, $Zn(OH)_2$, $Cr(OH)_3$, $Sn(OH)_2$, $Pb(OH)_2$ 등

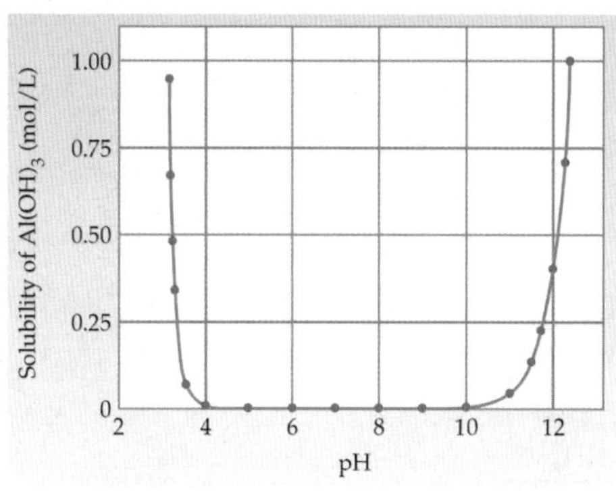

pH에 따른 양쪽성 수산화물의 용해도 변화

예제 17.2.5 (Z121)

$Al(OH)_3$ 는 양쪽성 수산화물이다. pH 범위 4~12에 대하여 $Al(OH)_3$ 의 용해도를 도시하라.

(단, $Al(OH)_3(s) + OH^-(aq) \rightleftarrows Al(OH)_4^-(aq)$ $K = 40$이고, $Al(OH)_3$의 K_{sp}가 2×10^{-32}이다.)

17.3 양이온의 정성분석

• 금속 이온의 혼합물은 체계적인 방법으로 분리할 수 있다.

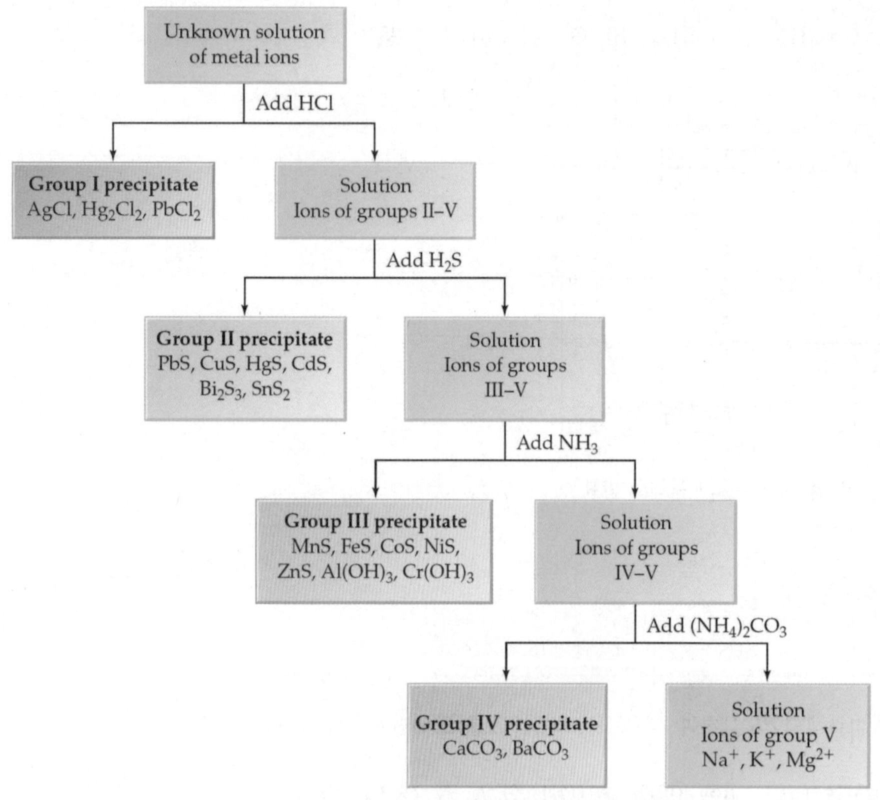

예제 17.3.1 (M16.130)

다음의 짝지은 이온이 함께 녹아있는 용액이 있다. 어떻게 분리할 수 있는가?

a. Ag^+와 Co^{2+}

b. Na^+와 Ca^{2+}

c. Pb^{2+}, Sn^{2+}, Al^{3+}, Ca^{2+}, K^+

17 개념 확인 문제 (적중 2000제 선별문제)

01. SQ205. 용해도와 Ksp

순수한 물에 $PbBr_2$를 포화시킨 용액에서 Pb^{2+}의 농도가 2.0×10^{-2}M일 때, $PbBr_2$의 K_{sp}는?

① 3.2×10^{-5}
② 8.0×10^{-6}
③ 8.0×10^{-4}
④ 4.0×10^{-6}
⑤ 4.0×10^{-4}

02. SQ210. 공통 이온 효과

25℃에서 AgCl의 K_{sp}는 1.0×10^{-10}이다. 0.10M NaCl 수용액에서 AgCl의 용해도는?

① 1.0×10^{-10}M
② 1.0×10^{-8}M
③ 1.0×10^{-9}M
④ 1.0×10^{-7}M
⑤ 1.0×10^{-6}M

03. SQ215. 용해도 평형

1.0M $Pb(NO_3)_2$ 50mL와 1.0M KCl 50mL를 혼합하여 평형에 도달했을 때, Cl^-의 농도는? (단, $PbCl_2(s)$의 K_{sp}는 1.6×10^{-5}이다.)

① 4.0×10^{-3}
② 2.0×10^{-3}
③ 8.0×10^{-3}
④ 1.0×10^{-3}
⑤ 4.0×10^{-4}

04. SQ217. 용해도와 pH

25℃에서 $Mg(OH)_2$의 K_{sp}는 4.0×10^{-12}이다. pH 9.0로 유지되는 완충 용액에서 $Mg(OH)_2$의 용해도는?

① 2.0×10^{-2}M
② 4.0×10^{-2}M
③ 4.0×10^{-4}M
④ 4.0×10^{-10}M
⑤ 2.0×10^{-5}M

05. SQ222. 분별 침전

다음은 25℃에서 금속 탄산염의 용해도곱 상수 자료이다.

$$NiCO_3 : \quad K_{sp} = 1.0\times10^{-7}$$
$$CuCO_3 : \quad K_{sp} = 2.0\times10^{-10}$$

Ni^{2+}와 Cu^{2+}가 각각 0.10M씩 함께 녹아있는 용액에 진한 Na_2CO_3를 서서히 가하였다. $NiCO_3$가 침전되기 시작하는 순간, 용액 중 Cu^{2+}의 농도는? (단, Na_2CO_3에 의한 부피 변화 및 산염기 반응은 무시한다.)

① 8.0×10^{-4}M
② 2.0×10^{-4}M
③ 3.0×10^{-4}M
④ 6.0×10^{-4}M
⑤ 1.0×10^{-4}M

06. SQ224. 착이온 평형

다음은 어떤 온도에서 착이온 $Ag(NH_3)_2^+$가 생성되는 반응식과 평형 상수이다.

$$Ag^+(aq) + 2NH_3(aq) \rightleftharpoons Ag(NH_3)_2^+(aq) \quad K_f=1.0\times10^7$$

1.2M NH_3 1.0L에 $AgNO_3$ 0.10mol을 첨가하여 평형에 도달했다. 이 용액에서 $Ag(NH_3)_2^+$와 Ag^+의 농도가 모두 옳은 것은?

	$[Ag(NH_3)_2^+]$(M)	$[Ag^+]$(M)
①	0.10	1.0×10^{-6}
②	0.50	1.0×10^{-6}
③	0.50	1.0×10^{-8}
④	0.10	1.0×10^{-8}
⑤	0.10	1.0×10^{-10}

07. SQ227. 착이온 평형과 용해도 평형

다음은 25℃에서 평형 반응식과 평형 상수 자료이다.

$AgBr(s) \rightleftharpoons Ag^+(aq) + Br^-(aq)$ $K_{sp}=1.0\times10^{-13}$

$Ag^+(aq) + 2NH_3(aq) \rightleftharpoons Ag(NH_3)_2^+(aq)$ $K_f=1.0\times10^7$

1.0M $NH_3(aq)$ 1.0L에 최대로 녹을 수 있는 $AgBr(s)$의 양(mol)은?

① 5.0×10^{-3}
② 2.5×10^{-3}
③ 1.0×10^{-3}
④ 0.20×10^{-3}
⑤ $4.0\times10^{\ 3}$

08. SQ230. 용해도 평형과 산염기 평형

다음은 25℃에서 평형 반응식과 평형 상수 자료이다.

$AgCN(s) \rightleftharpoons Ag^+(aq) + CN^-(aq)$ $K_{sp}=1.0\times10^{-12}$

$HCN(aq) \rightleftharpoons H^+(aq) + CN^-(aq)$ $K_a=4.0\times10^{-10}$

pH=6.0으로 유지되는 완충 용액에서 $AgCN(s)$의 용해도(M)는? (단, 온도는 25℃이고, 제시되지 않은 반응은 고려하지 않는다.)

① 1.0×10^{-6}
② 1.0×10^{-8}
③ 1.0×10^{-4}
④ 2.0×10^{-4}
⑤ 5.0×10^{-5}

번호	1	2	3	4	5
정답	①	③	③	②	②

번호	6	7	8		
정답	④	③	⑤		

C H E M I S T R Y

18

화학 열역학

18

화학 열역학

18.1 자발적 과정

18.2 엔트로피 S

18.3 열역학 제2법칙

18.4 깁스 자유에너지 변화 △G

18.5 표준 깁스 자유에너지 변화 $\triangle G^0$

18.6 △G와 $\triangle G^0$의 관계

18.7 $\triangle G^0$와 $\triangle G_f^0$

18.8 $\triangle G^0$의 온도 의존성

18.9 반트호프(Van't Hoff) 식

18.1 자발적 과정

- 자발적 과정은 외부 도움 없이 스스로 진행되는 과정이다.
- 모든 자발적 과정에서 우주의 무질서도는 증가한다. (열역학 제2 법칙)

예제 18.1.1

다음 중 자발적인 과정을 모두 골라라.

a. 25℃에서 소금이 물에 녹는다.

b. 25℃, 1기압에서 얼음이 액체 물로 변한다.

c. 25℃, 1기압에서 액체 물이 얼음으로 변한다.

d. 25℃, 공기 중에서 철이 녹슨다.

e. 25℃의 물이 얼음과 뜨거운 물로 분리된다.

f. 물에 잉크 몇 방울을 떨어뜨리면 균일하게 퍼진다.

18.2 엔트로피 S

- 엔트로피 S는 무질서도에 대한 척도이다. (단위: J/K·mol)
- 엔트로피 S는 상태함수이고 반응 경로와 무관하다.
- $\Delta S > 0$이면 무질서도가 증가하는 과정이다.

예제 18.2.1

온도가 일정할 때, 다음의 각 쌍에서 엔트로피가 더 큰 것을 골라라.

a. 고체 CO_2와 기체 CO_2

b. 액체 물과 기체 물

c. 1atm의 $N_2(g)$와 0.01atm의 $N_2(g)$

예제 18.2.2 (Z48)

다음 각 쌍 중에서 어느 물질이 더 큰 S값을 갖는가?

a. N_2O($0K$에서) 또는 He($10K$에서)

b. $N_2O(g)$(1atm, 25℃) 또는 $He(g)$(1atm, 25℃에서)

c. $NH_3(g)$($400K$에서) 또는 $NH_3(g)$($500K$에서)

예제 18.2.3

일정한 온도에서 다음 과정이 진행될 때, 반응계의 엔트로피가 증가하는 과정을 모두 골라라.

a. 용융

b. 승화

c. 증발

d. $I_2(g) \rightarrow I_2(s)$

e. 기체의 압축

18.3 열역학 제2법칙

1. 열역학 제2법칙

- 우주의 엔트로피는 계의 엔트로피와 주위의 엔트로피의 합이다.

$$\Delta S_{우주} = \Delta S_{계} + \Delta S_{주위}$$

- 자발적인 과정에서 우주의 엔트로피는 항상 증가한다.(열역학 제2법칙)

$\Delta S_{우주}$	의미
+	자발적 정반응
0	평형 상태
-	자발적 역반응

예제 18.3.1

다음 중 정반응이 자발적인 것을 모두 골라라.

a. $\Delta S_{계} = +100\ \mathrm{J/K}$, $\Delta S_{주위} = +30\ \mathrm{J/K}$

b. $\Delta S_{계} = -100\ \mathrm{J/K}$, $\Delta S_{주위} = +50\ \mathrm{J/K}$

c. $\Delta S_{계} = -50\ \mathrm{J/K}$, $\Delta S_{주위} = +120\ \mathrm{J/K}$

예제 18.3.2

25℃, 1기압에서 얼음이 자발적으로 녹아 액체 물이 된다. 이 과정에 대해 다음의 부호를 결정하라.

a. $\Delta S_{계}$

b. $\Delta S_{주위}$

c. $\Delta S_{우주}$

예제 18.3.3

25℃, 1기압에서 철이 산소와 반응하여 산화철 형태로 녹이 슨다. 이 과정에 대해 다음의 부호를 결정하라.

a. $\Delta S_{계}$

b. $\Delta S_{주위}$

c. $\Delta S_{우주}$

예제 18.3.4

100℃, 1기압에서 물이 증발한다. 이 과정에 대해 다음의 부호를 결정하라.

a. $\Delta S_{계}$

b. $\Delta S_{주위}$

c. $\Delta S_{우주}$

2. $\Delta S_{계}$

- 일정한 온도에서 계의 엔트로피 변화($\Delta S_{계}$)의 부호는 기체 몰수의 변화로 알 수 있다.

기체 몰수 증가 반응 → $\Delta S^0_{계} > 0$

기체 몰수 감소 반응 → $\Delta S^0_{계} < 0$

예제 18.3.5

일정한 온도와 압력에서 다음 중 엔트로피가 증가하는($\Delta S^0 > 0$) 과정은?

a. $N_2(g) + 3H_2(g) \rightarrow 2NH_3(g)$

b. $O_2(g) + 2H_2(g) \rightarrow 2H_2O(l)$

c. $N_2O_4(g) \rightarrow 2NO_2(g)$

• 일정한 온도에서 $\Delta S^0_{계}$ 의 구체적 크기는 반응물과 생성물의 S^0로부터 구할 수 있다.

반응식의 ΔS^0 = (생성물의 S^0 총합)-(반응물의 S^0 총합)

▶ 25℃에서 물질의 표준 몰엔트로피(S^0)

Substance	Formula	S° [J/(K·mol)]	Substance	Formula	S° [J/(K·mol)]
Gases			**Liquids**		
Acetylene	C_2H_2	200.8	Acetic acid	CH_3CO_2H	160
Ammonia	NH_3	192.3	Ethanol	CH_3CH_2OH	161
Carbon dioxide	CO_2	213.6	Methanol	CH_3OH	127
Carbon monoxide	CO	197.6	Water	H_2O	69.9
Ethylene	C_2H_4	219.5	**Solids**		
Hydrogen	H_2	130.6	Calcium carbonate	$CaCO_3$	92.9
Methane	CH_4	186.2	Calcium oxide	CaO	39.7
Nitrogen	N_2	191.5	Diamond	C	2.4
Nitrogen dioxide	NO_2	240.0	Graphite	C	5.7
Dinitrogen tetroxide	N_2O_4	304.2	Iron	Fe	27.3
Oxygen	O_2	205.0	Iron(III) oxide	Fe_2O_3	87.4

• 표준 몰 엔트로피 S^0는 표준 상태의 어떤 **물질**이 가지는 엔트로피의 크기이다.
• 절대영도(0K)에서 완벽한 결정의 엔트로피는 0이다. (열역학 제3법칙)
• 같은 조건에서 표준 몰 엔트로피(S^0)의 크기는 고체 < 액체 ≪ 기체이다.
• 일반적으로 온도가 높을수록, 몰질량이 크고 복잡한 물질일수록 S^0가 크다.

	$\Delta S^0_{계}$	
부호 비교	기체 몰수 증가 반응	+
	기체 몰수 감소 반응	−
크기 계산	$\Delta S^0_{계} = \Sigma(S^0_{생성물}) - \Sigma(S^0_{반응물})$	

예제 18.3.6

25℃에서 다음 각 쌍 중에서 어느 물질이 더 큰 S^0값을 갖는가?

a. $C_{흑연}(s)$ 또는 $C_{다이아몬드}(s)$

b. $C_2H_5OH(l)$ 또는 $C_2H_5OH(g)$

c. $N_2O_4(g)$ 또는 $NO_2(g)$

d. $O_2(g)$ 또는 $H_2O(l)$

e. $Fe(s)$ 또는 $Fe_2O_3(s)$

예제 18.3.7

다음 반응의 ΔS^0의 부호를 예측하고 ΔS^0를 계산하라.

a. $N_2(g) + 3H_2(g) \rightarrow 2NH_3(g)$

b. $O_2(g) + 2H_2(g) \rightarrow 2H_2O(l)$

c. $N_2O_4(g) \rightarrow 2NO_2(g)$

d. $2CH_3OH(g) + 3O_2(g) \rightarrow 2CO_2(g) + 4H_2O(l)$

예제 18.3.8

다음 각 반응에 대해 ΔS° 의 부호를 예측하고 ΔS° 를 계산하라.

a. $HCl(g) \rightarrow H^+(aq) + Cl^-(aq)$

b. $NaCl(s) \rightarrow Na^+(aq) + Cl^-(aq)$

c. $LiF(s) \rightarrow Li^+(aq) + F^-(aq)$

3. $\triangle S_{주위}$

- 주위의 엔트로피 변화($\triangle S_{주위}$)의 부호는 반응열 부호에 의해 결정된다.

$$\text{발열 반응} \rightarrow \Delta S^0_{주위} > 0$$
$$\text{흡열 반응} \rightarrow \Delta S^0_{주위} < 0$$

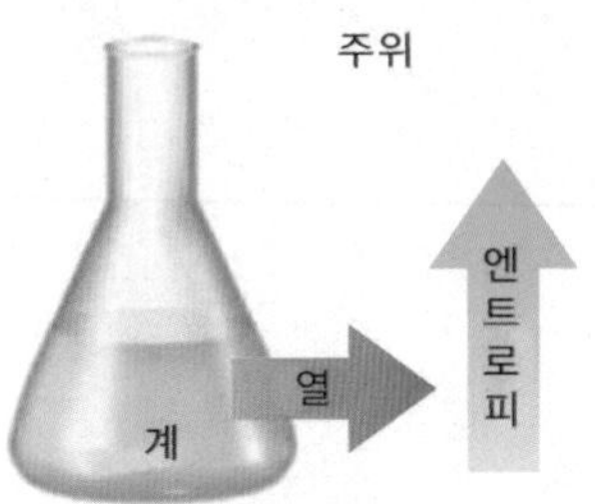

발열반응 진행:
주위가 열 흡수
→ 주위의 엔트로피 증가

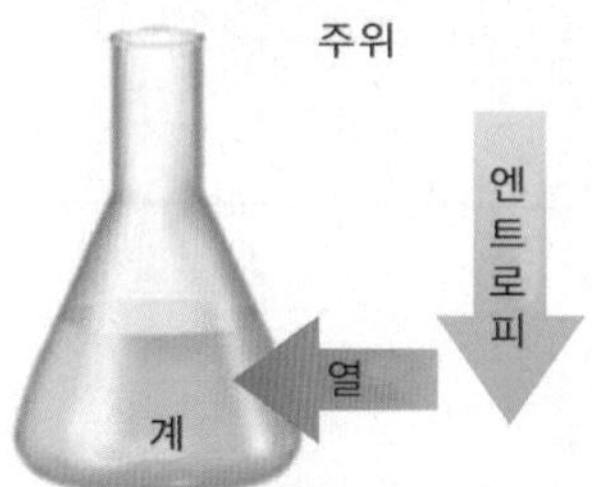

흡열반응 진행:
주위가 열 잃음
→ 주위의 엔트로피 감소

예제 18.3.9

다음 과정에서 $\triangle S_{주위}$의 부호를 예상하라.

a. $H_2O(l) \rightarrow H_2O(g)$

b. $I_2(g) \rightarrow I_2(s)$

c. $2Cl(g) \rightarrow Cl_2(g)$

예제 18.3.10

커피 컵 열량계에 약간의 물이 들어 있다. 1.0g의 이온성 고체가 가해질 때 고체가 녹으면서 용액의 온도가 21.5℃에서 24.2℃로 증가한다. 이 용해 과정에 대한 $\Delta S_{계}$, $\Delta S_{주위}$, $\Delta S_{우주}$의 부호는 어떻게 되는가?

- 일정한 온도와 압력에서 $\Delta S^0_{주위}$ 의 크기는 다음 식으로 구할 수 있다.

$$\Delta S^0_{주위} = -\frac{\Delta H^0}{T} \text{ (일정한 온도, 압력)}$$

	$\Delta S^0_{주위}$		
부호 비교	발열 반응		+
	흡열 반응		-
크기 계산	일정 T, P	$\Delta S^0_{주위} = -\frac{\Delta H_{계}}{T}$	
	일정 T, V	$\Delta S^0_{주위} = -\frac{\Delta E_{계}}{T}$	

▶ 계와 주위의 엔트로피 변화 정리

	$\Delta S^0_{계}$		$\Delta S^0_{주위}$	
부호 비교	기체 몰수 증가 반응	+	발열 반응	+
	기체 몰수 감소 반응	-	흡열 반응	-
크기 계산	$\Delta S^0_{계} = \Sigma(S^0_{생성물}) - \Sigma(S^0_{반응물})$		일정 T, P	$\Delta S^0_{주위} = -\frac{\Delta H_{계}}{T}$
			일정 T, V	$\Delta S^0_{주위} = -\frac{\Delta E_{계}}{T}$

예제 18.3.11

25℃, 1atm에서 다음 반응에 대한 $\Delta S_{주위}$를 계산하라.

a. $H_2O(l) \rightarrow H_2O(g)$ $\Delta H^0 =$ 40kJ

b. $I_2(g) \rightarrow I_2(s)$ $\Delta H^0 =$ -62kJ

c. $2Cl(g) \rightarrow Cl_2(g)$ $\Delta H^0 =$ -446kJ

18.4 깁스 자유에너지 변화 ΔG

1. △G (일정한 온도, 압력에서 자발성의 척도)

- 깁스 자유 에너지 G는 상태함수이다.

$$G = H - TS \text{ (정의)}$$

- 일정한 온도와 압력에서 자유 에너지가 감소하는($\triangle G < 0$) 방향으로 자발적 과정이 진행된다.
- $\triangle G$는 일정한 온도와 압력에서 자발성의 척도이다.

>>>
$\triangle S_{우주}$:
일반적인 상황에서 자발성의 척도

$\triangle G$:
일정한 온도와 압력에서 자발성의 척도

대부분의 반응은 일정한 온도와 압력 조건에서 일어나므로 $\triangle G$는 $\triangle S_{우주}$보다 더 편리한 자발성의 척도이다. 이후 거의 모든 내용에서 자발성의 척도는 $\triangle G$이다.

▶ $\triangle S_{우주}$와 $\triangle G$의 관계/ 의미 (일정한 온도와 압력)

$\triangle S_{우주}$	$\triangle G$	K, Q	의미
+	-	Q < K	자발적 정반응
0	0	Q = K	평형 상태
-	+	Q > K	자발적 역반응

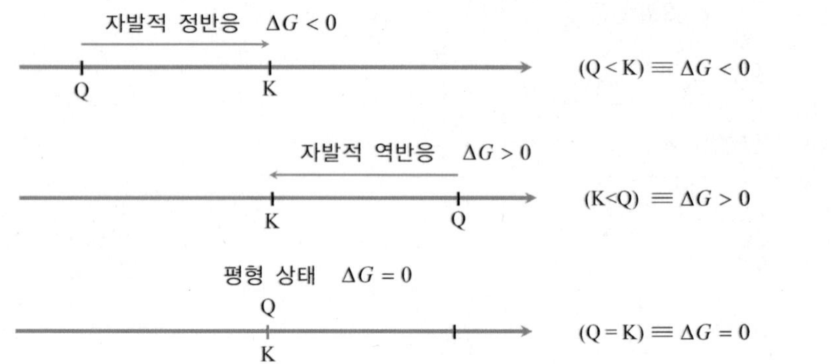

예제 18.4.1

25℃에서 A(g) ⇄ 2B(g)의 $K_p = 4$이다. 다음의 각 반응계에서 $\triangle G$의 부호를 예측하라.

a. P_A = 1atm, P_B = 1atm

b. P_A = 1atm, P_B = 2atm

c. P_A = 1atm, P_B = 4atm

2. △G의 의미

- 일정한 온도와 압력에서, 계의 자유 에너지가 감소하는 방향으로 자발적 과정이 진행된다.
- 평형에 도달하면 계의 자유 에너지는 최소이며 더 이상 변하지 않는다.

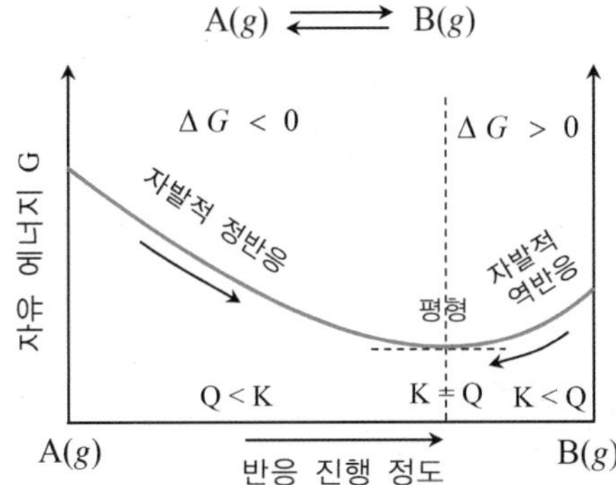

- ΔG는 일정한 온도와 압력에서 계가 평형에 도달하는 과정에서 주위에 할 수 있는 비팽창 일의 최대값이다.

예제 18.4.2

298K에서 $N_2(g) + 3H_2(g) \rightleftarrows 2NH_3(g)$ 반응이 진행되는 어떤 반응계에 대한 자료이다.

$P_{N_2} = 200\text{atm}$, $P_{N_2} = 600\text{atm}$, $P_{NH_3} = 200\text{atm}$, $\Delta G = +1\text{kJ/mol}$

이 반응계에 대한 설명으로 옳은 것은?

a. 평형 상태에 있다.

b. 정반응이 자발적으로 진행된다.

c. 역반응이 자발적으로 진행된다.

예제 18.4.3 (Z27)

다음은 25℃에서 균형 반응식과 열역학 자료이다.

$2NO_2(g) \rightleftarrows N_2O_4(g) \quad \Delta G^\circ = -6\text{kJ/mol}$

25℃인 어떤 반응계에서 $P_{NO_2} = 0.29\text{atm}$이고, $P_{N_2O_4} = 1.6\text{atm}$이다.

이 조건에서 $\Delta G = 1\text{kJ/mol}$일 때, 반응 진행 정도에 따른 자유 에너지 그래프를 그리고 반응계의 위치를 나타내시오.

18.5 표준 깁스 자유에너지 변화 ΔG^0

1. 표준 상태

- 표준 상태에서 기체는 1기압의 부분압, 용액은 1M, 액체는 순수한 액체, 고체는 순수한 고체이다. (고체와 액체의 표준 상태도 일반적으로 1기압)
- 표준상태의 정의에 온도는 포함되지 않는다. (일반적으로 298K)
- 표준상태에 있는 반응계에서 모든 반응물과 생성물은 각각의 표준 상태에 있다.
- 표준상태에 있는 반응계는 반응지수 Q가 1이다. (열역학적 반응지수)

표준 상태	정의	
물질	고체 (s)	순수한 고체
	액체 (l)	순수한 액체
	기체 (g)	1atm의 부분압력
	용질 (aq)	1M의 농도
반응계	모든 반응물과 생성물이 각각의 표준 상태로 혼합된 상태	

예제 18.5.1

$N_2(g)+3H_2(g) \rightleftarrows 2NH_3(g)$ 반응이 298K, 표준 상태에서 진행된다.

N_2, H_2, NH_3의 부분 압력은 각각 얼마인가?

예제 18.5.2

다음은 600K에서 각 반응에 대한 자료이다. 600K, 표준 상태에서 정반응이 진행되는 것은?

a. $H_2O_2(g) \rightleftarrows H_2(g)+O_2(g)$ $\quad K_p=4.3\times10^{-7}$

b. $2H_2(g)+O_2(g) \rightleftarrows 2H_2O(g)$ $\quad K_p=1.8\times10^{37}$

2. 표준 자유 에너지 변화 $\triangle G^0$ (반응식에 대한 자발성의 척도)

- ΔG^0는 특정 반응식에 대한 자발성의 척도이다.
- ΔG^0는 특정 온도에서 어떤 반응식에 대한 고유값이다.
- ΔG^0는 어떤 반응이 표준 상태(Q=1)에서 진행될 때 평형에 도달하려는 추진력의 척도이다.
- ΔG^0의 크기나 부호는 K 와 1의 관계에 의해 결정된다. (K는 열역학적 평형상수)

》》
$\triangle G^0$가 큰 음수일수록 그 반응은 정반응 방향으로 잘 진행되는 반응이다.

$\Delta G^0 = -RT\ln K$

일정한 온도와 압력에서

$\triangle G^0$	K, 1	의미
-	1 < K	표준 상태에서 자발적 정반응
0	1 = K	표준 상태에서 평형 상태
+	1 > K	표준 상태에서 자발적 역반응

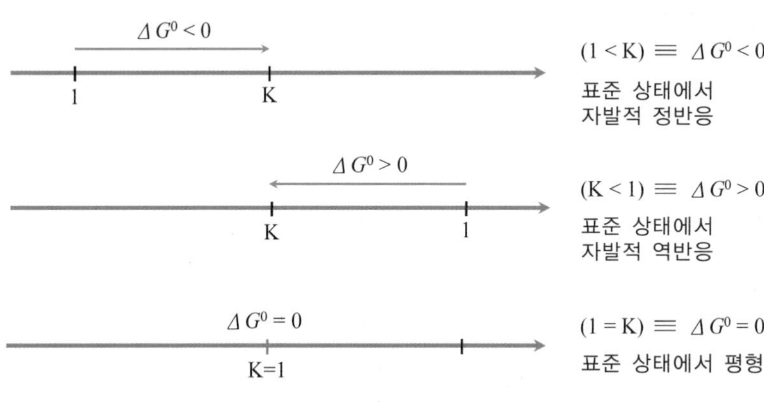

》》
25℃에서 $\triangle G^0$와 K의 관계

$\Delta G°$ (kJ)	K
200	9×10^{-36}
100	3×10^{-18}
50	2×10^{-9}
10	2×10^{-2}
1	7×10^{-1}
0	1
−1	1.5
−10	5×10^{1}
−50	6×10^{8}
−100	3×10^{17}
−200	1×10^{35}

예제 18.5.3

다음은 25℃에서 각 반응에 대한 열역학 자료이다. 25℃에서 $K_p > 1$인 것을 모두 고르시오.

a. $2H_2(g) + C(s) \rightarrow CH_4(g)$ $\Delta G° = -51\text{kJ}$

b. $2H_2(g) + O_2(g) \rightarrow 2H_2O(l)$ $\Delta G° = -474\text{kJ}$

c. $CO_2(g) \rightarrow C(s) + O_2(g)$ $\Delta G° = +394kJ$

예제 18.5.4

다음 중 25℃에서 $\Delta G^0 < 0$일 것으로 예상되는 것은?

a. $N_2(g) + O_2(g) \rightleftarrows 2NO(g)$

b. $4Fe(s) + 3O_2(g) \rightleftarrows 2Fe_2O_3(s)$

c. $2CO_2(g) \rightleftarrows 2CO(g) + O_2(g)$

예제 18.5.5

다음은 600K에서 각 반응에 대한 자료이다. 600K에서 각 반응에 대한 ΔG^0의 부호를 예측하라.

a. $H_2O_2(g) \rightleftarrows H_2(g) + O_2(g)$ $\quad K_p = 4.3 \times 10^{-7}$

b. $2H_2(g) + O_2(g) \rightleftarrows 2H_2O(g)$ $\quad K_p = 1.8 \times 10^{37}$

예제 18.5.6 (Z64)

다음 자료가 주어졌다.

$$2C_6H_6(l) + 15O_2(g) \rightarrow 12CO_2(g) + 6H_2O(l) \qquad \Delta G^\circ = -6399kJ$$
$$C(s) + O_2(g) \rightarrow CO_2(g) \qquad \Delta G^\circ = -394kJ$$
$$H_2(g) + \frac{1}{2}O_2(g) \rightarrow H_2O(l) \qquad \Delta G^\circ = -237kJ$$

다음 반응에 대한 ΔG°를 계산하라.

$$6C(s) + 3H_2(g) \rightarrow C_6H_6(l)$$

3. $\triangle G^0$의 의미

- ΔG^0는 일정한 온도와 압력에서 표준 상태($Q=1$)에 있는 반응계가 평형에 도달하는 과정에서 주위에 할 수 있는 일의 최대값과 같다.
- ΔG^0는 표준 상태에 있는 반응물과 표준 상태에 있는 생성물의 자유 에너지 차와 같다.

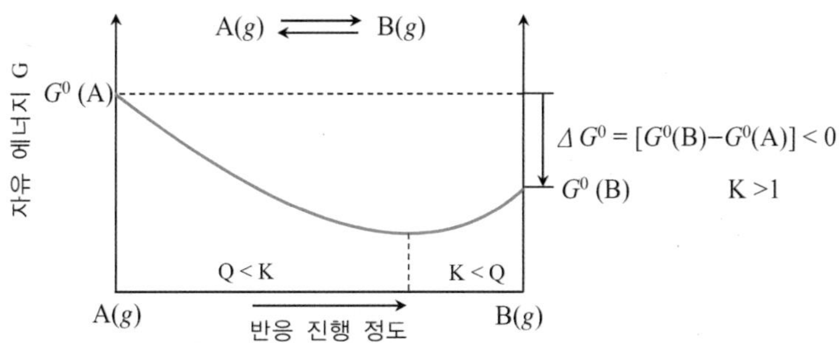

일정한 온도와 표준 상태에서 A(g) ⇆ B(g)

$\triangle G^0$	G^0(A), G^0(B)	K, 1	의미
-	$G^0(A) > G^0(B)$	1 < K	표준 상태에서 자발적 정반응
0	$G^0(A) = G^0(B)$	1 = K	표준 상태에서 평형 상태
+	$G^0(A) < G^0(B)$	1 > K	표준 상태에서 자발적 역반응

예제 18.5.7

다음은 25℃에서 각 반응의 $\triangle G^0$ 자료이다. 이에 대한 설명으로 옳은 것을 모두 골라라.

반응 1: $Zn(s) + Cu^{2+}(aq) \rightleftharpoons Zn^{2+}(aq) + Cu(s)$ $\triangle G^0$= -212kJ/mol

반응 2: $6CO_2(g) + 6H_2O(g) \rightleftharpoons C_6H_{12}O_6(s) + 6O_2(g)$ $\triangle G^0$= 2880kJ/mol

a. 25℃, 표준 상태에서 반응 1은 자발적으로 진행된다.

b. 25℃, 표준 상태에서 반응 1이 진행될 때, 계는 주위에 비팽창 일을 할 수 있다.

c. 25℃, 표준 상태에서 반응 2가 진행될 때, 계는 주위에 비팽창 일을 할 수 있다.

예제 18.5.8

25℃에서 다음 각 반응에 대한 ΔH°, ΔS°, ΔG°의 부호를 결정하라.

a. $CH_4(g)+2O_2(g) \rightarrow CO_2(g)+2H_2O(g)$

b. $6CO_2(g)+6H_2O(l) \rightarrow C_6H_{12}O_6(s)+6O_2(g)$
글루코오스

c. $HCl(g)+NH_3(g) \rightarrow NH_4Cl(s)$

d. $H_2(g)+\frac{1}{2}O_2(g) \rightarrow H_2O(l)$

e. $4Fe(s)+3O_2(g) \rightarrow 2Fe_2O_3(s)$

f. $2CO_2(g) \rightarrow 2CO(g)+O_2(g)$

18.6 ΔG 와 ΔG⁰의 관계 (자발성의 농도 의존성)

- 어떤 계가 평형에 도달하려는 추진력은 농도 조성에 따라 달라진다.

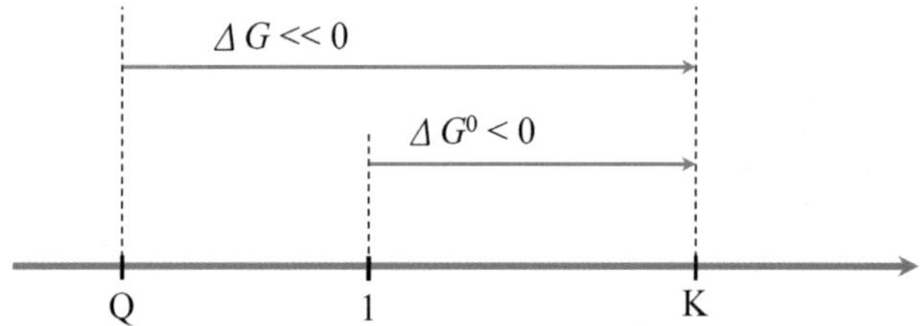

- ΔG와 ΔG^0의 상대적 크기는 Q와 1의 관계에 의해 결정된다.

$$\Delta G = \Delta G^0 + RT\ln Q$$

Q, 1	lnQ	ΔG, ΔG^0	의미
Q < 1	-	$\Delta G < \Delta G^0$	표준 상태보다 정반응이 더 자발적
Q = 1	0	$\Delta G = \Delta G^0$	표준 상태만큼 정반응이 자발적
Q > 1	+	$\Delta G > \Delta G^0$	표준 상태보다 정반응이 덜 자발적

- ΔG^0의 크기나 부호는 K 와 1의 관계에 의해 결정된다. (K는 열역학적 평형상수)

$$\Delta G^0 = -RT\ln K$$

ΔG^0	K, 1	lnK	의미
-	1 < K	+	표준 상태에서 자발적 정반응
0	1 = K	0	표준 상태에서 평형 상태
+	1 > K	-	표준 상태에서 자발적 역반응

- ΔG의 크기나 부호는 K와 Q의 관계에 의해 결정된다.

$$\Delta G = RT\ln\frac{Q}{K}$$

ΔG	K, Q	ln(Q/K)	의미
-	Q < K	-	자발적 정반응
0	Q = K	0	평형 상태
+	Q > K	+	자발적 역반응

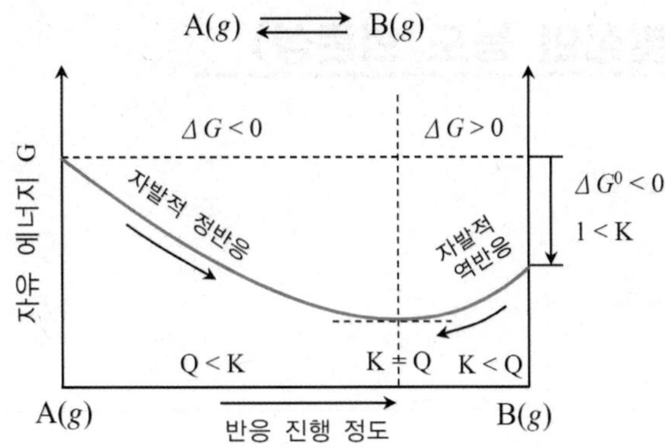

예제 18.6.1 (Z79)

다음은 600K에서 각 반응에 대한 자료이다. 600K에서 각 반응에 대한 ΔG^0를 계산하라.

a. $H_2O_2(g) \rightleftarrows H_2(g) + O_2(g)$ $K_p = 4.3 \times 10^{-7}$

b. $2H_2(g) + O_2(g) \rightleftarrows 2H_2O(g)$ $K_p = 1.8 \times 10^{37}$

예제 18.6.2 (Z63)

다음은 298K에서 각 반응에 대한 자료이다. 298K에서 각 반응에 대한 K를 계산하시오.

a. $2H_2(g) + C(s) \rightarrow CH_4(g)$ $\Delta G^\circ = -51\text{kJ}$

b. $2H_2(g) + O_2(g) \rightarrow 2H_2O(l)$ $\Delta G^\circ = -474\text{kJ}$

c. $CO_2(g) \rightarrow C(s) + O_2(g)$ $\Delta G^\circ = 394\text{kJ}$

예제 18.6.3 (Z99)

일산화 탄소는 O_2보다 헤모글로빈(Hgb)에 있는 철과 더 세게 결합하기 때문에 유독하다.

다음 반응과 대략적인 표준 자유 에너지 변화를 이용하여;

$Hgb + O_2 \rightarrow HgbO_2, \quad \Delta G^\circ = -70kJ$

$Hgb + CO \rightarrow HgbCO, \quad \Delta G^\circ = -80kJ$

25℃에서 다음 반응의 평형 상수를 계산하라.

$HgbO_2 + CO \rightarrow HgbCO + O_2$

예제 18.6.4 (Z73)

다음은 25℃에서 균형 반응식과 열역학 자료이다.

$2NO_2(g) \rightleftarrows N_2O_4(g) \quad \Delta G^\circ = -6kJ/mol$

25℃에서 다음의 각 조건에서 이 반응에 대한 ΔG를 계산하고 반응 정도에 따른 자유 에너지(G) 도표에 각 반응계의 위치를 나타내시오.

a. $P_{NO_2} = P_{N_2O_4} = 1.0atm$

b. $P_{NO_2} = 0.21atm, \; P_{N_2O_4} = 0.50atm$

c. $P_{NO_2} = 0.29atm, \; P_{N_2O_4} = 1.6atm$

18.7 ΔG^0와 ΔG_f^0(표준 생성 깁스 자유에너지 변화)

• ΔG_f^0는 표준상태에 있는 가장 안정한 원소로부터 그 물질 1몰을 생성하는 반응에 대한 ΔG^0와 같다.

Substance	Formula	$\Delta G°_f$ (kJ/mol)	Substance	Formula	$\Delta G°_f$ (kJ/mol)
Gases			**Liquids**		
Acetylene	C_2H_2	209.2	Acetic acid	CH_3CO_2H	−390
Ammonia	NH_3	−16.5	Ethanol	C_2H_5OH	−174.9
Carbon dioxide	CO_2	−394.4	Methanol	CH_3OH	−166.4
Carbon monoxide	CO	−137.2	Water	H_2O	−237.2
Ethylene	C_2H_4	68.1	**Solids**		
Hydrogen	H_2	0	Calcium carbonate	$CaCO_3$	−1128.8
Methane	CH_4	−50.8	Calcium oxide	CaO	−604.0
Nitrogen	N_2	0	Diamond	C	2.9
Nitrogen dioxide	NO_2	51.3	Graphite	C	0
Dinitrogen tetroxide	N_2O_4	97.8	Iron(III) oxide	Fe_2O_3	−742.2

• 반응물과 생성물의 ΔG_f^0 값을 이용하여 반응식의 ΔG^0를 구할 수 있다.

반응 깁스 자유에너지 = (생성물의 모든 ΔG_f^0의 합) - (반응물의 모든 ΔG_f^0의 합)

반응물과 생성물의 ΔH_f^0 → 반응식의 ΔH^0

반응물과 생성물의 ΔG_f^0 → 반응식의 ΔG^0

반응물과 생성물의 S^0 → 반응식의 ΔS^0

예제 18.7.1

298K에서 $\triangle G_f^0$ 자료를 이용하여 다음 각 반응에 대한 ΔG^0를 구하고, 298K에서 평형상수(K_p)가 1보다 클지, 작을지 예측하시오.

a. $2H_2(g) + C(s) \rightarrow CH_4(g)$

b. $2H_2(g) + O_2(g) \rightarrow 2H_2O(l)$

c. $C(s) + O_2(g) \rightarrow CO_2(g)$

d. $CH_4(g) + 2O_2(g) \rightarrow CO_2(g) + 2H_2O(l)$

e. $N_2(g) + 2O_2(g) \rightarrow 2NO_2(g)$

18.8 ΔG^0의 온도 의존성 (자발성의 온도 의존성)

1. ΔG^0의 온도 의존성

- ΔG^0는 일정한 온도, 표준 상태에서 자발성의 척도이다.

$$\Delta G^0 = \Delta H^0 - T\Delta S^0$$

>>> y절편: ΔH^0
기울기: $-\Delta S^0$

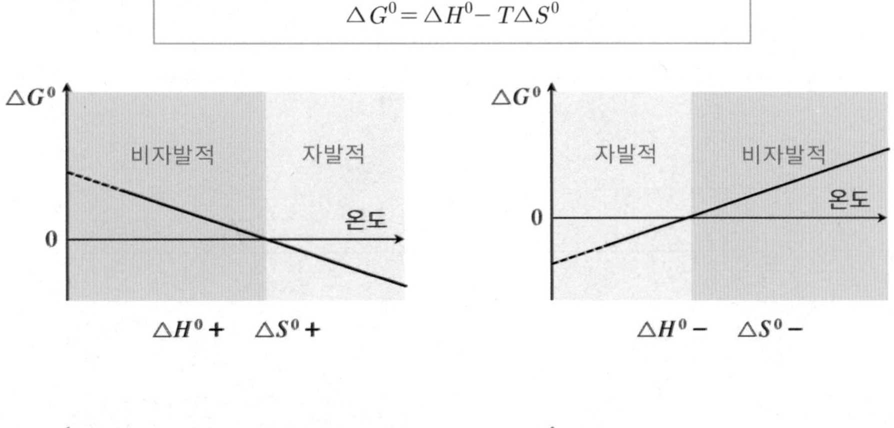

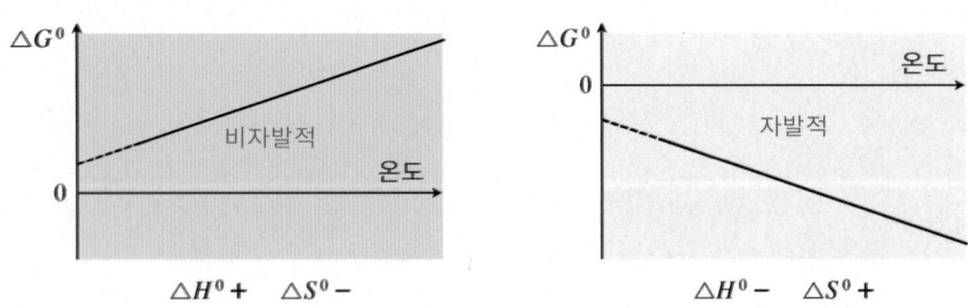

ΔH^0	ΔS^0	온도	ΔG^0	의미 (표준 상태, 정반응)
+	+	높은	−	높은 온도에서 자발적
		낮은	+	낮은 온도에서 비자발적
−	−	높은	+	높은 온도에서 비자발적
		낮은	−	낮은 온도에서 자발적
+	−	높은	+	모든 온도에서 비자발적
		낮은	+	
−	+	높은	−	모든 온도에서 자발적
		낮은	−	

예제 18.8.1 (Z39)

ΔH와 ΔS가 주어졌을 때 다음 변화 중 어느 것이 해당 온도에서 자발적이 될 것인가?

a. $\Delta H = +25\text{kJ}$, $\Delta S = +5.0\text{J/K}$, $T = 300.\text{K}$

b. $\Delta H = +25\text{kJ}$, $\Delta S = +100.\text{J/K}$, $T = 300.\text{K}$

c. $\Delta H = -10.\text{kJ}$, $\Delta S = +5.0\text{J/K}$, $T = 298\text{K}$

d. $\Delta H = -10.\text{kJ}$, $\Delta S = -40.\text{J/K}$, $T = 200.\text{K}$

예제 18.8.2 (Z40)

다음의 각 반응은 어떤 온도에서 자발적이 되는가?

a. $\Delta H = -18\text{kJ}$와 $\Delta S = -60.\text{J/K}$

b. $\Delta H = +18\text{kJ}$와 $\Delta S = +60.\text{J/K}$

c. $\Delta H = +18\text{kJ}$와 $\Delta S = -60.\text{J/K}$

d. $\Delta H = -18\text{kJ}$와 $\Delta S = +60.\text{J/K}$

예제 18.8.3

다음은 물의 증발 과정이다.

$H_2O(l) \rightleftarrows H_2O(g) \quad \Delta H^0 = 40.67\text{kJ},\ \Delta S^0 = 109.1\text{J/K} \cdot \text{mol}$

이 반응은 25℃, 표준 상태에서 자발적으로 진행되는가?

예제 18.8.4 (Z60)

다음은 열화학 반응식이다.

$2NO_2(g) \rightleftarrows N_2O_4(g) \quad \Delta H^\circ = -58.03\text{kJ},\ \Delta S^\circ = -176.6\text{J/K}$

a. 298K에서 ΔG° 값은 얼마인가?

b. ΔH°와 ΔS°가 온도에 의존하지 않는다고 가정하면, 몇 도에서 $\Delta G^\circ = 0$이 되는가?

c. ΔH°와 ΔS°가 온도에 의존하지 않는다고 가정하면, 몇 도에서 $K_p = 1$이 되는가?

d. 이 온도의 아래 또는 위 어디에서 ΔG°가 음수가 되는가?

예제 18.8.5

25℃에서 다음 반응을 고려해 보자.

$PCl_3(g) + Cl_2(g) \rightleftarrows PCl_5(g) \qquad \Delta G^\circ = -92.50\text{kJ}$

이 반응은 발열인가, 흡열인가?

2. 정상 끓는점과 정상 녹는점

- $\Delta G^0 = 0$인 온도는 다음과 같다.

$$T = \frac{\Delta H^0}{\Delta S^0}$$

- 정상 끓는점에서 $\Delta G^0_{증발} = 0$이므로,

$$정상끓는점 = \frac{\Delta H^o_{증발}}{\Delta S^o_{증발}}$$

- 정상 녹는점에서 $\Delta G^0_{용융} - 0$이므로,

$$정상녹는점 = \frac{\Delta H^o_{용융}}{\Delta S^o_{용융}}$$

예제 18.8.6

다음은 물의 증발 과정이다.

$H_2O(l) \rightleftarrows H_2O(g) \quad \Delta H^0 = 40.67\,kJ, \ \Delta S^0 = 109.1\,J/K$

물의 정상 끓는점을 계산하시오.

예제 18.8.7

다음은 물의 용융 과정이다.

$H_2O(s) \rightleftarrows H_2O(l) \quad \Delta H^0 = 6.01\,kJ, \ \Delta S^0 = 22\,J/K$

물의 정상 녹는점을 계산하시오.

예제 18.8.8 (Z43)

암모니아(NH_3)에 대해 용융 엔탈피는 5.65kJ/mol이고 용융 엔트로피는 28.9J/K · mol이다.

a. 암모니아가 200.K에서 자발적으로 용융되는가?

b. 암모니아의 정상 녹는점은 얼마인가?

예제 18.8.9 (Z42)

수은의 증발 엔탈피는 58.51kJ/mol이고 증발 엔트로피는 92.92J/K · mol이다.
수은의 정상 끓는점은 얼마인가?

예제 18.8.10 (O583)

트루톤의 법칙(Trouton's law)에 의하면 대부분의 액체에 대하여 기화 엔트로피는 88 ± 5 J/K · mol이다.
벤젠의 기화 엔탈피가 30.8kJ/mol일 때, 트루톤의 법칙에 따라 벤젠의 정상 끓는점을 예측하라.

18.9 반트호프(Van't Hoff) 식

- 반트호프식을 이용하면 서로 다른 두 온도에서의 평형 상수를 이용하여 반응 엔탈피를 구할 수 있다.

$$\ln K = (-\frac{\Delta H^0}{R})\frac{1}{T} + \frac{\Delta S^0}{R}$$

- $\ln K$와 $\frac{1}{T}$은 기울기가 $-\frac{\Delta H^0}{R}$이고 y절편이 $\frac{\Delta S^0}{R}$인 직선을 이룬다.

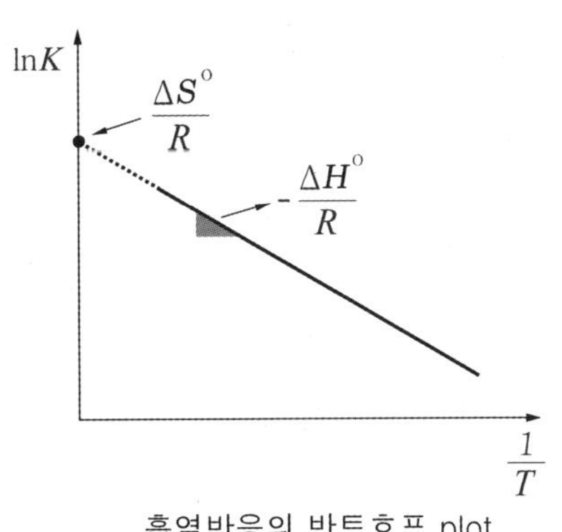

흡열반응의 반트호프 plot

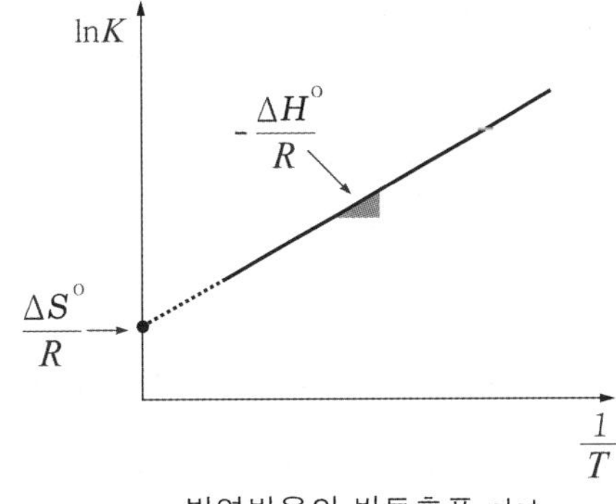

발열반응의 반트호프 plot

- 절대온도 T_1과 T_2에서 평형 상수가 각각 K_1, K_2라면,

$$\Delta H^0 = \frac{T_1 T_2 R \ln(K_2/K_1)}{T_2 - T_1}$$

예제 18.9.1 (Z86)

다음 반응에 대한 평형 상수 K를 온도(K)의 함수로 측정하였다.

$$2Cl(g) \rightleftarrows Cl_2(g)$$

이 반응의 $1/T$에 대한 $\ln K$의 도시는 1.352×10^4K의 기울기와 -14.51의 y절편을 가지는 직선을 나타낸다. 이 반응에 대한 ΔH°와 ΔS°를 계산하라.

예제 18.9.2

다음은 어떤 반응의 온도(K)와 평형상수의 관계를 나타낸 것이다.

온도(K)	평형상수(K_p)
200	1
250	10

이 반응의 ΔH°를 계산하라.

• Clausius-Clapeyron식을 이용하면 서로 다른 두 온도에서의 증기압을 이용하여 증발 엔탈피를 구할 수 있다.

$$\ln P = (-\frac{\Delta H^0_{증발}}{R})\frac{1}{T} + \frac{\Delta S^0_{증발}}{R}$$

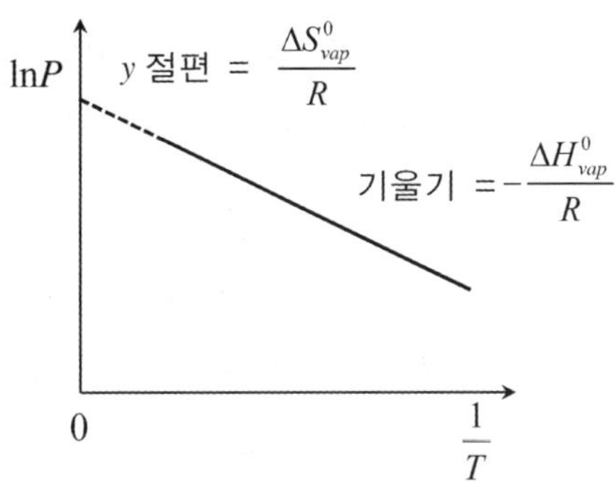

• 절대온도 T_1과 T_2에서 증기압이 각각 P_1, P_2라면,

$$\Delta H^0_{증발} = \frac{T_1 T_2 R \ln(P_2/P_1)}{T_2 - T_1}$$

예제 18.9.3

200K에서 A(l)의 증기압은 0.1atm이고 A(l)의 정상 끓는점은 250K이다.
A(l)의 증발 엔탈피를 계산하시오.

18 개념 확인 문제 (적중 2000제 선별문제)

01. GF106. 열역학 제2 법칙

다음 중 정반응이 자발적인 과정은?

① $\Delta S_{계} = -10J/K$ $\Delta S_{주위} = -20J/K$
② $\Delta S_{계} = +10J/K$ $\Delta S_{주위} = +20J/K$
③ $\Delta S_{계} = +10J/K$ $\Delta S_{주위} = -20J/K$
④ $\Delta S_{계} = -20J/K$ $\Delta S_{주위} = +20J/K$
⑤ $\Delta S_{계} = -100J/K$ $\Delta S_{주위} = +100J/K$

02. GF202. ΔG의 개념이해

다음은 25℃에서 반응 $A(g) \rightleftharpoons B(g)$가 진행되는 반응계 (가)~(다)에서 각 기체의 초기 부분압과 ΔG를 나타낸 것이다. 이에 대한 설명으로 옳지 않은 것은?

	(가)	(나)	(다)
ΔG	$\Delta G = 0$	$\Delta G = x$ kJ/mol	$\Delta G = y$ kJ/mol
A	$A(g)$ 1atm	$A(g)$ 1atm	$A(g)$ 1atm
B	$B(g)$ 4atm	$B(g)$ 0.1atm	$B(g)$ 10atm

① (가)는 평형 상태에 있다.
② 25℃에서 $A(g) \rightleftharpoons B(g)$의 $K_p = 4$이다.
③ (나)에서 정반응이 자발적으로 진행된다.
④ $x < 0$이다.
⑤ $y < 0$이다.

03. GF204. ΔG의 개념 이해

25℃에서 반응 $2NO_2(g) \rightleftharpoons N_2O_4(g)$의 K_p는 10이다. 다음 중 $\Delta G < 0$인 조성은?

① $P_{NO_2} = 0.10atm$, $P_{N_2O_4} = 1.0atm$
② $P_{NO_2} = 1.0atm$, $P_{N_2O_4} = 10.0atm$
③ $P_{NO_2} = 0.20atm$, $P_{N_2O_4} = 2.0atm$
④ $P_{NO_2} = 2.0atm$, $P_{N_2O_4} = 2.0atm$
⑤ $P_{NO_2} = 0.1atm$, $P_{N_2O_4} = 2.0atm$

04. GF207. 표준상태의 개념이해

400K, 표준 상태에서 $2NO(g) + Cl_2(g) \rightleftharpoons 2NOCl(g)$이 진행된다. 이에 대한 설명으로 옳은 것은?

① 모든 반응물과 생성물이 1기압의 부분압으로 혼합되어 있다.
② NO와 Cl_2만 각각 1기압의 부분압으로 혼합되어있다.
③ 기체 혼합물의 전체 압력이 1기압이다.
④ 모든 반응물과 생성물이 1M씩 혼합되어 있다.
⑤ 반응지수 Q_c가 1이다.

05. GF216. $\triangle G^0$의 계산

600K에서 $NH_4Cl(s) \rightleftharpoons NH_3(g) + HCl(g)$가 평형에 도달했을 때, NH_3와 HCl의 부분압은 모두 0.5기압이었다. 600K에서 정반응에 대한 $\triangle G^0$는? (단, 600K에서 RT는 5kJ/mol이다.)

① 0
② $-5\ln4$kJ/mol
③ $-5\ln2$kJ/mol
④ $5\ln4$kJ/mol
⑤ $5\ln2$kJ/mol

06. GF2019. $\triangle G^0$의 계산

다음은 25℃에서의 $\triangle G^0$ 자료이다.

C(s,다이아몬드) + $O_2(g) \rightarrow CO_2(g)$ $\triangle G^0 = -397$kJ
C(s,흑연) + $O_2(g) \rightarrow CO_2(g)$ $\triangle G^0 = -394$kJ

25℃에서 C(s,다이아몬드) → C(s,흑연)의 $\triangle G^0$는?

① 3kJ
② −3kJ
③ 0
④ 6kJ
⑤ −6kJ

07. GF220. $\triangle G^0$의 계산

표는 25℃에서 표준 생성 깁스 자유에너지 변화($\triangle G_f^0$) 자료이다.

물질	$\triangle G_f^0$(kJ/mol)
$CH_3OH(g)$	−160
$CO_2(g)$	−390
$H_2O(g)$	−230

25℃에서 $2CH_3OH(g) + 3O_2(g) \rightarrow 2CO_2(g) + 4H_2O(g)$의 $\triangle G^0$는?

① −1380kJ/mol
② −1370kJ/mol
③ 1380kJ/mol
④ 1390kJ/mol
⑤ 138kJ/mol

08. GF229. 자발성의 온도 의존성

다음 중 낮은 온도에서는 비자발적이고, 높은 온도에서는 자발적인 반응은?

① $CaCO_3(s) \rightleftharpoons CaO(s) + CO_2(g)$ $\triangle H > 0$
② $2SO_2(g) + O_2(g) \rightleftharpoons 2SO_3(g)$ $\triangle H < 0$
③ $H_2O(g) \rightleftharpoons H_2O(l)$
④ $2H_2(g) + O_2(g) \rightarrow 2H_2O(l)$
⑤ $CH_4(g) + 2O_2(g) \rightarrow CO_2(g) + 2H_2O(l)$

09. GF231. 자발성의 온도 의존성

다음은 임의의 물질 X의 정상 끓는점은 200K이고, 증발 엔탈피($\Delta H^0_{증발}$)는 40kJ/mol이다. X의 증발 엔트로피($\Delta S^0_{증발}$)는?

① 40J/K·mol
② 50J/K·mol
③ 80J/K·mol
④ 100J/K·mol
⑤ 200J/K·mol

10. GF233. ΔG^0의 온도 의존성

다음 반응에 대해 $1 < K_p$인 온도는? (단, ΔH^0와 ΔS^0는 온도에 따라 변하지 않는다.)

$$CaCO_3(s) \rightleftharpoons CaO(s) + CO_2(g)$$
$$\Delta H^0 = 170\text{kJ/mol}, \quad \Delta S^0 = 170\text{J/mol}\cdot\text{K}$$

① 300K
② 500K
③ 800K
④ 900K
⑤ 1200K

번호	1	2	3	4	5
정답	②	⑤	④	①	④

번호	6	7	8	9	10
정답	②	①	①	⑤	⑤

MEMO

C H E M I S T R Y

19

이상기체의 열역학

19

이상기체의 열역학

19.1 단원자 이상기체의 열역학적 척도(상전이/ 화학반응 없을 때)

- 이상기체의 내부 에너지는 오직 온도에 의해서만 변한다.

$$\Delta E = \frac{3}{2}nR\Delta T$$

- 내부 에너지는 열 또는 일의 형태로 주위와 교환, 전달된다.

$$\Delta E = q + w$$

- 일정한 압력에서 내부 에너지 변화와 엔탈피 변화는 주위에 한 일만큼 차이난다.

$$\Delta E = \Delta H - P\Delta V$$

- 내부 에너지 변화는 일정 부피에서의 열의 양과 같다.

$$\Delta E = q_v = \frac{3}{2}nR\Delta T$$

- 엔탈피 변화는 일정 압력에서의 열의 양과 같다.

$$\Delta H = q_p = \Delta E + P\Delta V = \frac{5}{2}nR\Delta T$$

- 상전이나 화학 반응이 없는 이상기체의 엔탈피는 압력, 부피와 무관하고 오직 절대 온도에 의해서만 변한다.
  (상전이나 화학 반응이 있는 경우와 구별해야 함)
- 일의 양은 PV곡선 아래의 면적과 같다.

$$w = -\int P_{외부} dV$$

- 일정한 온도에서 $\Delta S_{계}$는 다음과 같다.

$$\Delta S_{계} = \frac{q_{가역}}{T} \text{ (일정 온도)}$$

- 일정한 온도에서 $\Delta S_{주위}$는 다음과 같다.

$$\Delta S_{주위} = \frac{q_{주위}}{T} = \frac{-q_{계}}{T} \text{ (일정 온도)}$$

19.2 이상기체의 등온 가역 팽창

- 가역 과정은 변수의 무한소 변화에 의해서 반대로도 진행될 수 있는 과정이다.
- 모든 가역 과정에서 우주의 엔트로피 변화는 0이다.
- 이상기체가 등온 가역 팽창할 때 기체는 등온 곡선을 따라 팽창한다.

$$\Delta E = 0$$

$$\Delta H = 0$$

$$w = -nRT\ln\frac{V_2}{V_1}$$

$$q = nRT\ln\frac{V_2}{V_1}$$

$$\Delta S = nR\ln\frac{V_2}{V_1}$$

$$\Delta G = -nRT\ln\frac{V_2}{V_1}$$

$$\Delta S_{우주} = 0$$

〈단원자 이상기체 n몰의 등온 가역 팽창 과정에서 열역학적 값의 변화〉

예제 19.2.1

이상기체 n몰이 T K에서 등온 가역적으로 2배의 부피로 팽창하였다.

a. $\triangle E$ 는 얼마인가?

b. $\triangle H$ 는 얼마인가?

c. $\triangle S$ 는 얼마인가?

d. q는 얼마인가?

e. w는 얼마인가?

f. $\triangle G$ 는 얼마인가?

19.3 이상기체의 등온 자유 팽창

- 자유 팽창은 진공 속으로 기체가 퍼지는 과정이다.
- 등온 자유 팽창 과정에서 기체가 하는 일의 양은 0이다.
- 등온 자유 팽창 과정에서 ΔE, ΔH, ΔS, ΔG는 등온 가역 과정에서의 값과 같다. (상태함수)

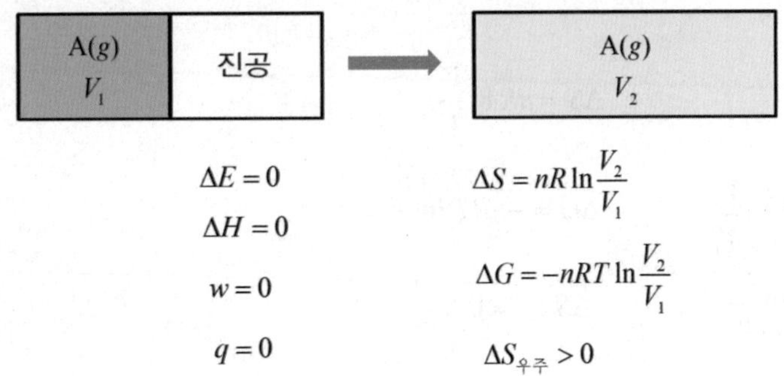

〈이상기체 n몰의 자유 팽창 과정에서 열역학적 값의 변화〉

예제 19.3.1

이상기체 n몰이 T K에서 진공 중으로 자유 팽창하여 2배의 부피가 되었다.

a. ΔE 는 얼마인가?

b. ΔH 는 얼마인가?

c. ΔS 는 얼마인가?

d. q는 얼마인가?

e. w는 얼마인가?

f. ΔG 는 얼마인가?

19.4 이상기체의 등온 비가역 팽창

- 비가역 과정은 변수의 무한소 변화에 의해서 진행 방향을 바꿀 수 없는 과정이다.
- 모든 비가역 과정은 자발적 과정이다.

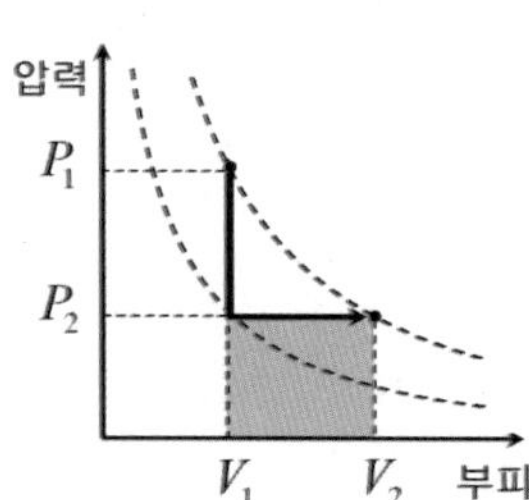

$$\Delta E = 0 \qquad \Delta S = nR\ln\frac{V_2}{V_1}$$

$$\Delta H = 0$$

$$w = -P_2\Delta V \qquad \Delta G = -nRT\ln\frac{V_2}{V_1}$$

$$q = P_2\Delta V \qquad \Delta S_{우주} > 0$$

〈이상기체 n몰의 등온 비가역 팽창 과정에서 열역학적 값의 변화〉

예제 19.4.1

이상기체 n몰이 T K가 유지되면서, 압력 2atm에서 1atm으로 비가역적으로 팽창하였다.

a. $\triangle E$ 는 얼마인가?

b. $\triangle H$ 는 얼마인가?

c. $\triangle S$ 는 얼마인가?

d. q는 얼마인가?

e. w는 얼마인가?

f. $\triangle G$ 는 얼마인가?

예제 19.4.2 (O553)

298K의 일정한 온도에서 5.00mol의 기체가 가역 팽창하여 10.0atm에서 1.00atm으로 되었다. 흡수한 열과 일을 계산하시오.

예제 19.4.3 (O558)

외부압력 1.00atm, 온도 298K로 일정하게 유지되면서, 5.00mol의 이상기체가 비가역적으로 팽창하여 10.0atm에서 1.00atm으로 되었다. 흡수한 열과 일을 계산하시오.

19.5 이상기체의 혼합과정 (일정 온도, 일정 압력)

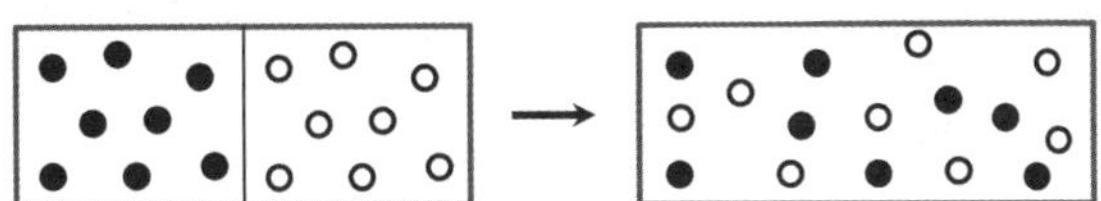

- 이상기체의 혼합 과정에서 기체의 엔트로피는 증가한다.
- 이상기체의 혼합 과정에서 기체의 자유 에너지는 감소한다.
- 이상기체의 혼합 과정에서 전체 $\triangle S$는 각 기체의 $\triangle S$의 합과 같다.
- 이상기체의 혼합 과정에서 전체 $\triangle G$는 각 기체의 $\triangle G$의 합과 같다.
- 일정한 온도에서 이상기체가 혼합될 때 내부 에너지와 엔탈피는 변하지 않는다.

예제 19.5.1

A(g) 1mol과 B(g) 1mol이 콕으로 연결된 동일한 부피의 두 플라스크에 각각 들어있다. 일정한 온도에서 콕을 열어 기체가 혼합되었다.

a. $\triangle E$ 는 얼마인가?

b. $\triangle H$ 는 얼마인가?

c. $\triangle S$ 는 얼마인가?

d. q는 얼마인가?

e. w는 얼마인가?

f. $\triangle G$ 는 얼마인가?

19.6 단열 가역 과정

- 단열 과정은 계와 주위 사이에 열교환 없이 일어나는 과정이다. ($q=0$)
- 단열 팽창 과정에서 기체는 주위에 일을 하며 내부 에너지가 감소하고 온도가 내려간다.
- 단열 팽창 과정에서 기체의 내부 에너지와 엔탈피는 감소한다.
- 단열 가역 과정에서 기체의 엔트로피는 변하지 않는다. (등엔트로피 과정)

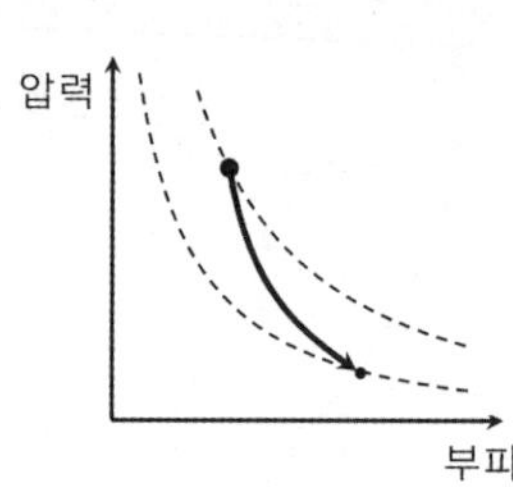

$q=0$

$\Delta S=0$

$\Delta E=\frac{3}{2}nR\Delta T$

$\Delta H=\frac{5}{2}nR\Delta T$

$w=\frac{3}{2}nR\Delta T$

〈단원자 이상기체 n몰의 단열 가역 팽창 과정에서 열역학적 값의 변화〉

예제 19.6.1

이상기체 n몰이 단열 가역 팽창하여 초기 온도 200K에서 최종 온도 100K가 되었다.

a. $\triangle E$ 는 얼마인가?

b. $\triangle H$ 는 얼마인가?

c. $\triangle S$ 는 얼마인가?

d. q는 얼마인가?

e. w는 얼마인가?

19.7 등압 과정

- 등압 과정에서 기체의 압력은 일정하게 유지된다.
- 등압 팽창 과정에서 기체는 주위에 일을 하며 내부 에너지가 증가한다.

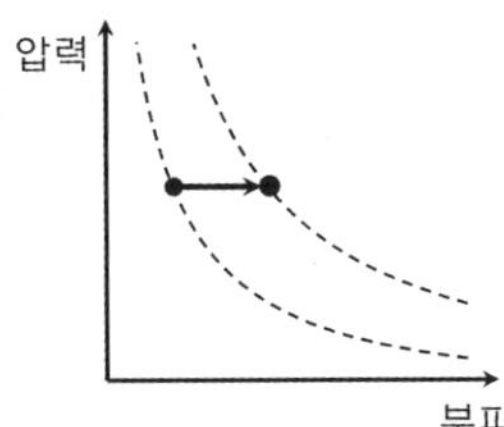

$$\Delta E = \frac{3}{2} nR\Delta T \qquad \Delta S = \frac{5}{2} nR \ln \frac{T_2}{T_1}$$

$$\Delta H = \frac{5}{2} nR\Delta T$$

$$q = \frac{5}{2} nR\Delta T$$

$$w = -P\Delta V = -nR\Delta T$$

〈단원자 이상기체 n몰의 등압 과정에서 열역학적 값의 변화〉

예제 19.7.1

이상기체 n몰이 일정한 압력을 유지하며 초기 온도 100K에서 최종 온도 200K가 되었다.

a. $\triangle E$ 는 얼마인가?

b. $\triangle H$ 는 얼마인가?

c. $\triangle S$ 는 얼마인가?

d. q는 얼마인가?

e. w는 얼마인가?

19.8 등적 과정

- 등적 과정에서 기체의 부피는 일정하게 유지된다.
- 등적 과정에서 기체가 주위에 하는 PV 일의 크기는 0이다.

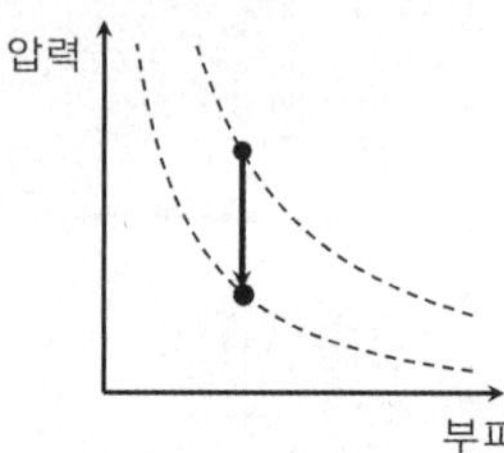

$$\Delta E = \frac{3}{2}nR\Delta T \qquad \Delta S = \frac{3}{2}nR\ln\frac{T_2}{T_1}$$

$$\Delta H = \frac{5}{2}nR\Delta T \qquad q = \frac{3}{2}nR\Delta T$$

$$w = 0$$

〈단원자 이상기체 n몰의 등적 과정에서 열역학적 값의 변화〉

예제 19.8.1

이상기체 n몰이 일정한 부피를 유지하며 초기 온도 200K에서 최종 온도 100K가 되었다.

a. $\triangle E$ 는 얼마인가?

b. $\triangle H$ 는 얼마인가?

c. $\triangle S$ 는 얼마인가?

d. q는 얼마인가?

e. w는 얼마인가?

19 개념 확인 문제 (적중 2000제 선별문제)

01. GFN359-1 상태함수

이상기체 1몰이 경로 (가) 또는 (나)를 따라 상태 A에서 상태 B로 변한다. A와 B에서 온도는 같다.

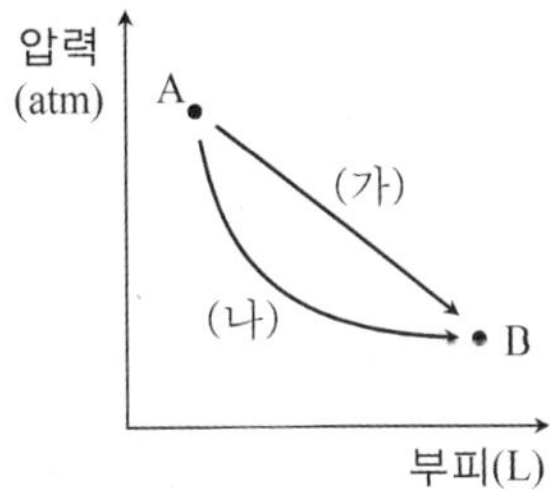

이에 대한 설명으로 옳은 것만을 <보기>에서 있는 대로 고른 것은?

<보 기>

ㄱ. ΔE는 (가) < (나)이다.
ㄴ. 기체가 주위에 한 일의 양은 (나) < (가)이다.
ㄷ. 기체가 주위로부터 받은 열의 양은 (나) < (가)이다.
ㄹ. ΔS는 (나) < (가)이다.

① ㄱ, ㄴ　② ㄴ, ㄷ　③ ㄹ
④ ㄱ, ㄴ, ㄷ　⑤ ㄱ, ㄴ, ㄷ, ㄹ

02. GFN359-2 상태함수

다음은 단원자 이상기체 1몰이 경로 1 (--→)또는 경로 2(⟶)를 따라 A로부터 B로 상태가 변하는 것을 나타낸 것이다.

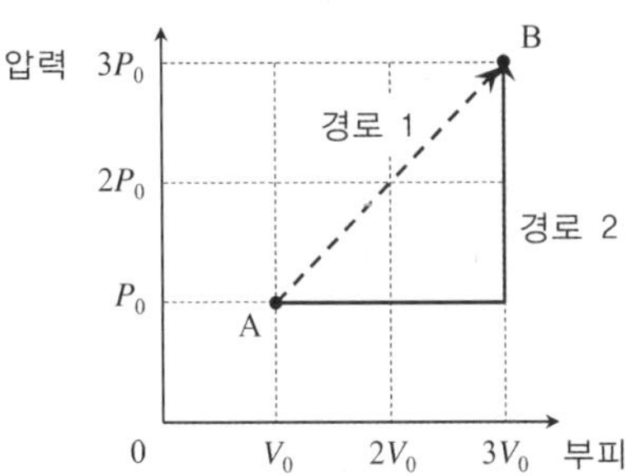

$\dfrac{\text{경로2에서의 열}(q)}{\text{경로1에서의 열}(q)}$은?

① 2　② $\frac{5}{3}$　③ $\frac{3}{2}$　④ $\frac{5}{4}$　⑤ $\frac{7}{8}$

03. GFN360 등온가역팽창

이상 기체 n몰이 절대온도 T에서 가역적으로 상태 A에서 상태 B로 이동한다.

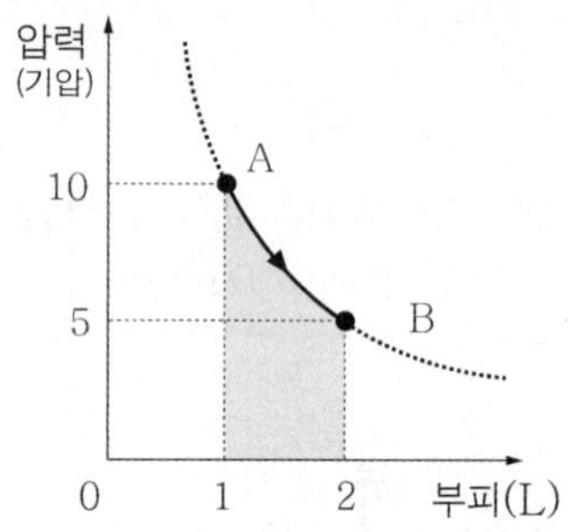

이에 대한 설명으로 옳은 것만을 〈보기〉에서 있는 대로 고른 것은?

〈보 기〉

ㄱ. 기체의 내부 에너지 변화는 0이다. ($\Delta E=0$)
ㄴ. 기체의 엔트로피 변화 ΔS는 $nR\ln 2$이다.
ㄷ. 기체의 자유 에너지 변화 ΔG는 $-nRT\ln 2$이다.
ㄹ. 주위의 엔트로피는 감소한다.

① ㄱ, ㄴ ② ㄴ, ㄷ ③ ㄹ
④ ㄱ, ㄴ, ㄷ ⑤ ㄱ, ㄴ, ㄷ, ㄹ

04. GFN362 자유팽창

그림은 일정 온도에서 이상기체 1몰이 진공 중으로 자유 팽창하여 2배의 부피가 되는 과정을 나타낸 것이다.

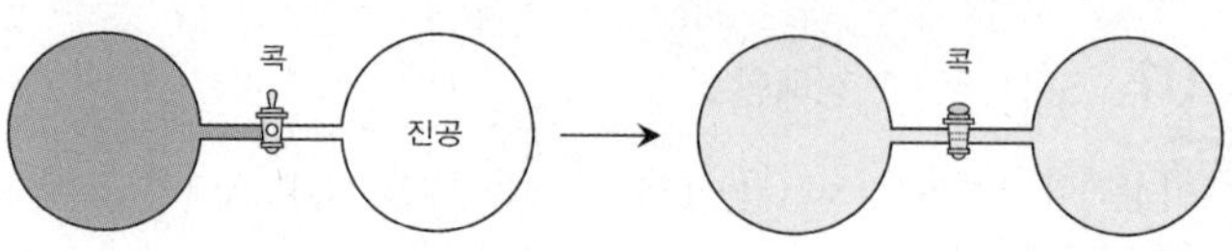

이에 대한 설명으로 옳은 것만을 〈보기〉에서 있는 대로 고른 것은?

〈보 기〉

ㄱ. 엔트로피는 증가한다.
ㄴ. 엔탈피는 증가한다.
ㄷ. 깁스 자유 에너지는 감소한다.
ㄹ. $\Delta S=R\ln 2$이다.

① ㄱ, ㄴ ② ㄱ, ㄷ ③ ㄹ
④ ㄱ, ㄷ, ㄹ ⑤ ㄱ, ㄴ, ㄷ, ㄹ

05. GFN363 가역, 비가역 팽창

이상 기체 n몰이 절대온도 T에서 비가역 과정 (가) 또는 가역 과정 (나)를 거쳐 A에서 B로 이동한다.

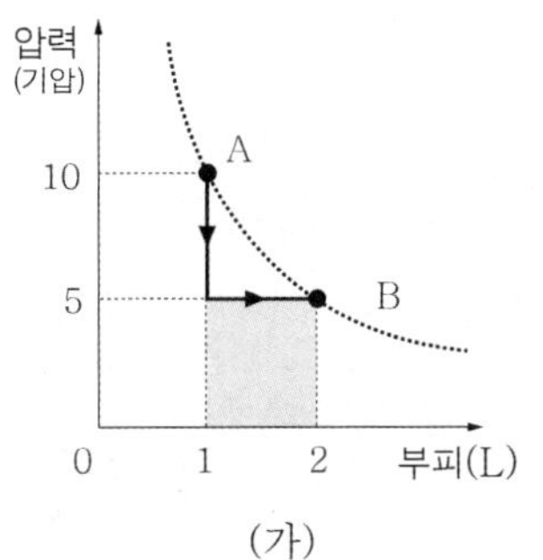

(가)

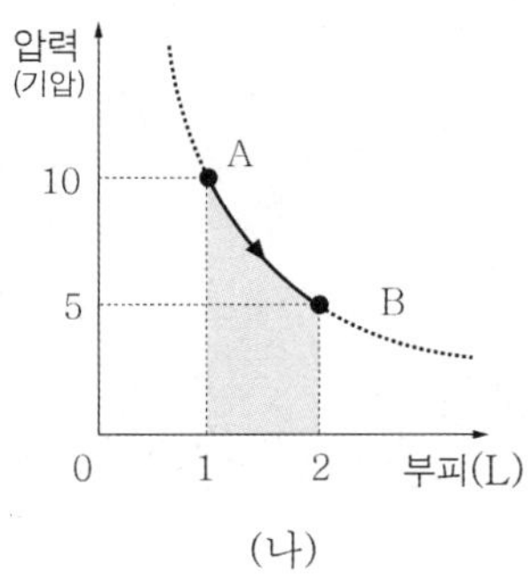

(나)

이에 대한 설명으로 옳은 것만을 〈보기〉에서 있는 대로 고른 것은?

〈보 기〉

ㄱ. 주위로부터 받은 열의 크기는 (가) < (나)이다.
ㄴ. 계의 엔트로피 변화 ΔS는 (가)와 (나)에서 같다.
ㄷ. 주위의 엔트로피 변화 $\Delta S_{주위}$는 (가)와 (나)에서 같다.
ㄹ. 우주의 엔트로피 변화 $\Delta S_{우주}$는 (가)와 (나)에서 같다.

① ㄱ, ㄴ ② ㄴ, ㄷ ③ ㄹ
④ ㄱ, ㄴ, ㄷ ⑤ ㄱ, ㄴ, ㄷ, ㄹ

06. GFN367 등온, 단열팽창

이상기체 1몰이 등온가역과정 (가) 또는 단열가역과정 (나)로 팽창하여 같은 부피에 도달하였다.

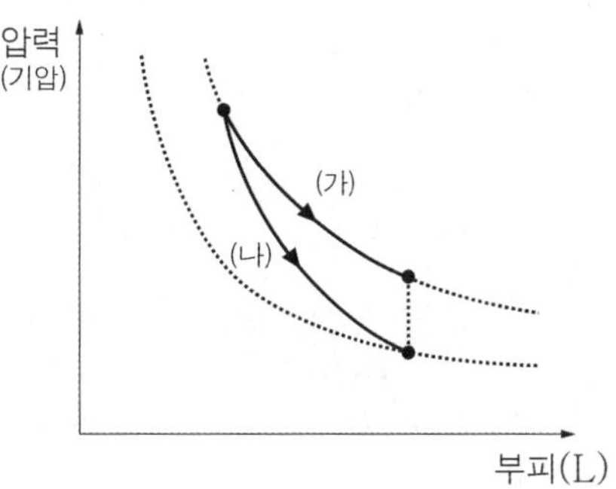

이에 대한 설명으로 옳은 것만을 〈보기〉에서 있는 대로 고른 것은?

〈보 기〉

ㄱ. 기체가 주위에 한 일의 절대값은 (나) < (가)이다.
ㄴ. 기체가 주위로부터 받은 열은 (나) < (가)이다.
ㄷ. (나)에서 내부 에너지는 감소한다.
ㄹ. (나)에서 계의 엔트로피는 증가한다.

① ㄱ, ㄴ ② ㄴ, ㄷ ③ ㄹ
④ ㄱ, ㄴ, ㄷ ⑤ ㄱ, ㄴ, ㄷ, ㄹ

번호	1	2	3	4	5	6
정답	②	⑤	⑤	④	①	④

CHEMISTRY

20

전기 화학

20

전기 화학

20.1 산화-환원 반응

20.2 갈바니 전지

20.3 표준 환원 전위

20.4 산화 환원 반응의 자발성

20.5 비 표준상태에서의 기전력-네른스트 식

20.6 전기 분해 (전해 전지)

20.7 일상의 전기화학

20.1 산화-환원 반응

- 산화 환원 반응은 물질 사이에 전자를 주고 받는 반응이다.
- 산화 환원 반응은 대부분 평형상수가 매우 큰 자발적인 반응이다.
- 산화 환원 반응은 환원 반반응과 산화 반반응의 합으로 이해할 수 있다.

$$Cu^{2+}(aq) + 2e^- \rightarrow Cu(s) \quad : \text{환원 반반응}$$

$$+)\ Zn(s) \rightarrow Zn^{2+}(aq) + 2e^- \quad : \text{산화 반반응}$$

$$Zn(s) + Cu^{2+}(aq) \rightarrow Zn^{2+}(aq) + Cu(s) \quad : \text{산화-환원 반응}$$

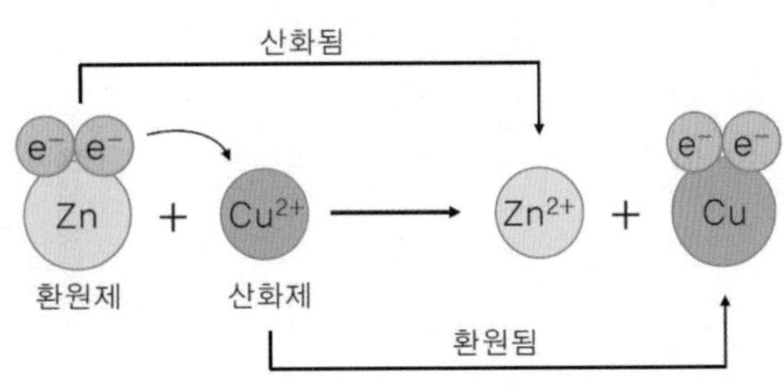

$Zn(s) + Cu^{2+}(aq) \rightarrow Zn^{2+}(aq) + Cu(s)$

▶ 산화-환원 용어정리

Zn $\xrightarrow[\text{전자이동}]{e^-}$ Cu^{2+}	
Zn는 전자를 잃는다.	Cu^{2+}는 전자를 얻는다.
Zn는 산화된다.	Cu^{2+}는 환원된다.
Zn는 환원제이다.	Cu^{2+}는 산화제이다.
Zn는 산화수가 증가한다.	Cu^{2+}는 산화수가 감소한다.

예제 20.1.1 (Z4.90)

다음 산화-환원 반응에서 산화제와 환원제를 지적하라.

a. $CH_4(g) + 2O_2(g) \rightarrow CO_2(g) + 2H_2O(l)$

b. $2AgNO_3(aq) + Cu(s) \rightarrow Cu(NO_3)_2(aq) + 2Ag(s)$

c. $Zn(s) + 2HCl(aq) \rightarrow ZnCl_2(aq) + H_2(g)$

20.2 갈바니 전지 (볼타 전지)

1. 갈바니 전지의 구성

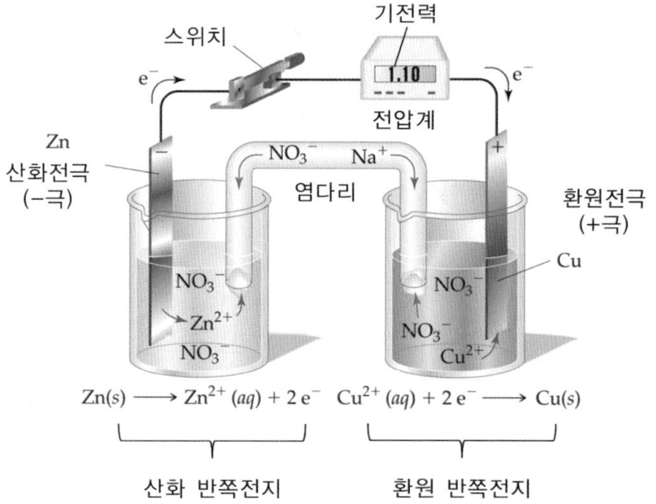

- 갈바니 전지는 화학적 에너지를 전기 에너지로 바꾸는 장치이다.
- 산화 반응이 일어나는 전극은 산화 전극, 환원 반응이 일어나는 전극은 환원 전극이다.
- 갈바니 전지에서 산화 전극은 (-)극, 환원 전극은 (+)극이다.

▶ 전극의 정의

전극	정의
산화 전극	산화 반응이 일어나는 전극
환원 전극	환원 반응이 일어나는 전극
(−)극	전자를 내놓는 전극
(+)극	전자를 받아들이는 전극

- 갈바니 전지에서 측정되는 전압이 기전력(E_{cell})이다.
- 기전력(기호: E, 단위: V)은 전자가 자발적으로 이동하려는 추진력의 척도이다.
- 표준 상태에서의 기전력은 표준 기전력 E^0_{cell} 이다.

예제 20.2.1 (Z37)

다음의 각 반응을 기초로 한 표준 상태의 갈바니 전지를 그려라. 전자가 흐르는 방향과 이온의 이동 방향을 표시하고 환원전극과 산화전극을 지적하라.

a. $Cu^{2+}(aq) + Mg(s) \rightarrow Mg^{2+}(aq) + Cu(s)$

b. $Zn(s) + 2Ag^{+}(aq) \rightarrow Zn^{2+}(aq) + 2Ag(s)$

c. $7H_2O(l) + 2Cr^{3+}(aq) + 3Cl_2(g) \rightarrow Cr_2O_7^{2-}(aq) + 6Cl^{-}(aq) + 14H^{+}(aq)$

2. 전지의 선 표현법

- 갈바니 전지는 선 표현법으로 간단히 나타낼 수 있다.
- 갈바니 전지의 선 표현법에서 염다리 왼쪽에는 산화전극 , 오른쪽에는 환원전극을 표시한다.

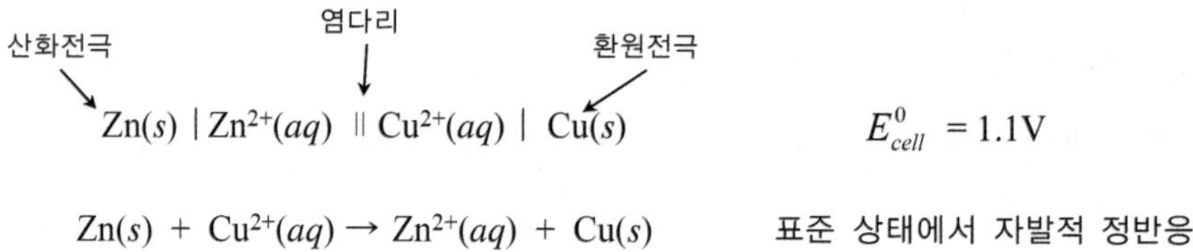

E^0_{cell} = 1.1V

$Zn(s) + Cu^{2+}(aq) \rightarrow Zn^{2+}(aq) + Cu(s)$ 표준 상태에서 자발적 정반응

▶ E^0_{cell} 의 의미

E^0_{cell}	의미
+	표준 상태에서 자발적 정반응
0	표준 상태에서 평형 상태
-	표준 상태에서 자발적 역반응

예제 20.2.2

다음의 각 반응을 기초로 한 표준 상태의 갈바니 전지를 선 표현법으로 나타내시오.

a. $Cu^{2+}(aq) + Mg(s) \rightarrow Mg^{2+}(aq) + Cu(s)$

b. $Zn(s) + 2Ag^{+}(aq) \rightarrow Zn^{2+}(aq) + 2Ag(s)$

c. $7H_2O(l) + 2Cr^{3+}(aq) + 3Cl_2(g) \rightarrow Cr_2O_7^{2-}(aq) + 6Cl^{-}(aq) + 14H^{+}(aq)$

20.3 표준 환원 전위 (E^0_{red})

1. 표준 환원 전위(E°_{red})

- E°_{red}는 표준 상태의 환원 반쪽 반응에 적용되는 개념이다.
- E°_{red}가 큰 양수일수록 그 환원 반쪽 반응의 추진력은 크다.
- E°_{red}는 물질의 산화력과 환원력의 척도이다.

▶ 25℃에서 몇 가지 반쪽 반응의 표준 환원 전위

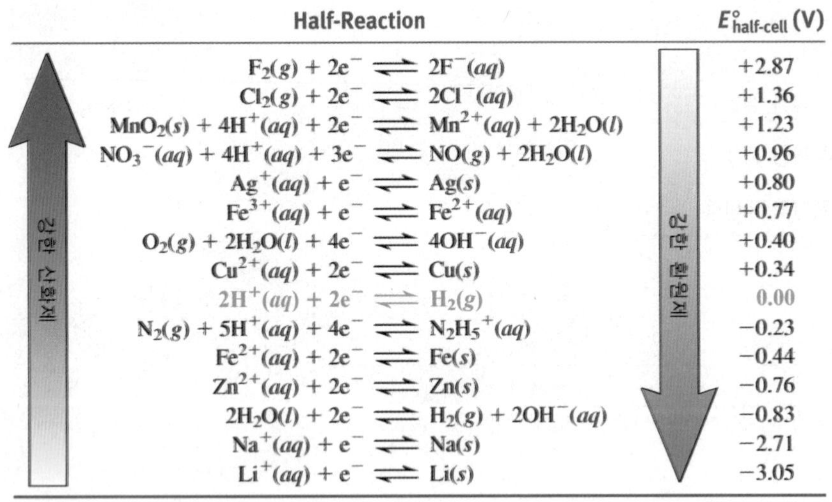

Half-Reaction	$E^\circ_{half-cell}$ (V)
$F_2(g) + 2e^- \rightleftharpoons 2F^-(aq)$	+2.87
$Cl_2(g) + 2e^- \rightleftharpoons 2Cl^-(aq)$	+1.36
$MnO_2(s) + 4H^+(aq) + 2e^- \rightleftharpoons Mn^{2+}(aq) + 2H_2O(l)$	+1.23
$NO_3^-(aq) + 4H^+(aq) + 3e^- \rightleftharpoons NO(g) + 2H_2O(l)$	+0.96
$Ag^+(aq) + e^- \rightleftharpoons Ag(s)$	+0.80
$Fe^{3+}(aq) + e^- \rightleftharpoons Fe^{2+}(aq)$	+0.77
$O_2(g) + 2H_2O(l) + 4e^- \rightleftharpoons 4OH^-(aq)$	+0.40
$Cu^{2+}(aq) + 2e^- \rightleftharpoons Cu(s)$	+0.34
$2H^+(aq) + 2e^- \rightleftharpoons H_2(g)$	0.00
$N_2(g) + 5H^+(aq) + 4e^- \rightleftharpoons N_2H_5^+(aq)$	−0.23
$Fe^{2+}(aq) + 2e^- \rightleftharpoons Fe(s)$	−0.44
$Zn^{2+}(aq) + 2e^- \rightleftharpoons Zn(s)$	−0.76
$2H_2O(l) + 2e^- \rightleftharpoons H_2(g) + 2OH^-(aq)$	−0.83
$Na^+(aq) + e^- \rightleftharpoons Na(s)$	−2.71
$Li^+(aq) + e^- \rightleftharpoons Li(s)$	−3.05

- 25℃에서 표준 수소 전극(SHE)의 표준 환원 전위는 0.00V로 정의 된다. (임의적 정의)

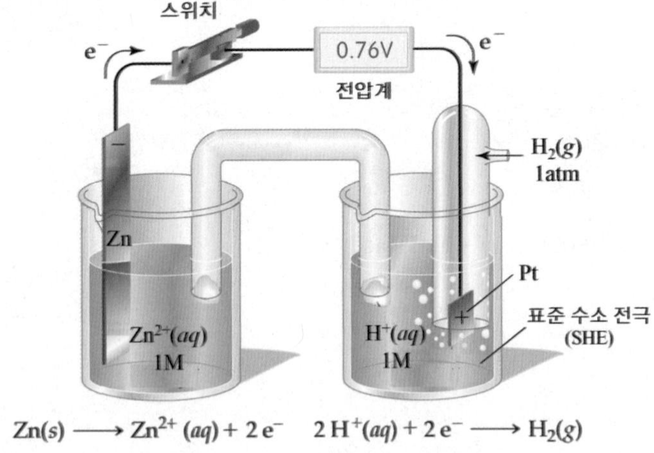

$Zn(s) \longrightarrow Zn^{2+}(aq) + 2e^-$ $\quad 2H^+(aq) + 2e^- \longrightarrow H_2(g)$

▶ 25℃에서 여러 가지 반쪽 반응의 표준 환원 전위

Half-Reaction	$\mathscr{E}°$ (V)	Half-Reaction	$\mathscr{E}°$ (V)
$F_2 + 2e^- \rightarrow 2F^-$	2.87	$O_2 + 2H_2O + 4e^- \rightarrow 4OH^-$	0.40
$Ag^{2+} + e^- \rightarrow Ag^+$	1.99	$Cu^{2+} + 2e^- \rightarrow Cu$	0.34
$Co^{3-} + e^- \rightarrow Co^{2-}$	1.82	$Hg_2Cl_2 + 2e^- \rightarrow 2Hg + 2Cl^-$	0.27
$H_2O_2 + 2H^- + 2e^- \rightarrow 2H_2O$	1.78	$AgCl + e^- \rightarrow Ag + Cl^-$	0.22
$Ce^{4+} + e^- \rightarrow Ce^{3+}$	1.70	$SO_4^{2-} + 4H^+ + 2e^- \rightarrow H_2SO_3 + H_2O$	0.20
$PbO_2 + 4H^+ + SO_4^{2-} + 2e^- \rightarrow PbSO_4 + 2H_2O$	1.69	$Cu^{2+} + e^- \rightarrow Cu^+$	0.16
$MnO_4^- + 4H^+ + 3e^- \rightarrow MnO_2 + 2H_2O$	1.68	$2H^+ + 2e^- \rightarrow H_2$	0.00
$2e^- + 2H^+ + IO_4^- \rightarrow IO_3^- + H_2O$	1.60	$Fe^{3+} + 3e^- \rightarrow Fe$	−0.036
$MnO_4^- + 8H^+ + 5e^- \rightarrow Mn^{2+} + 4H_2O$	1.51	$Pb^{2+} + 2e^- \rightarrow Pb$	−0.13
$Au^{3+} + 3e^- \rightarrow Au$	1.50	$Sn^{2+} + 2e^- \rightarrow Sn$	−0.14
$PbO_2 + 4H^+ + 2e^- \rightarrow Pb^{2+} + 2H_2O$	1.46	$Ni^{2+} + 2e^- \rightarrow Ni$	−0.23
$Cl_2 + 2e^- \rightarrow 2Cl^-$	1.36	$PbSO_4 + 2e^- \rightarrow Pb + SO_4^{2-}$	−0.35
$Cr_2O_7^{2-} + 14H^+ + 6e^- \rightarrow 2Cr^{3+} + 7H_2O$	1.33	$Cd^{2+} + 2e^- \rightarrow Cd$	−0.40
$O_2 + 4H^+ + 4e^- \rightarrow 2H_2O$	1.23	$Fe^{2+} + 2e^- \rightarrow Fe$	−0.44
$MnO_2 + 4H^+ + 2e^- \rightarrow Mn^{2+} + 2H_2O$	1.21	$Cr^{3+} + e^- \rightarrow Cr^{2+}$	−0.50
$IO_3^- + 6H^+ + 5e^- \rightarrow \frac{1}{2}I_2 + 3H_2O$	1.20	$Cr^{3+} + 3e^- \rightarrow Cr$	−0.73
$Br_2 + 2e^- \rightarrow 2Br^-$	1.09	$Zn^{2+} + 2e^- \rightarrow Zn$	−0.76
$VO_2^+ + 2H^+ + e^- \rightarrow VO^{2+} + H_2O$	1.00	$2H_2O + 2e^- \rightarrow H_2 + 2OH^-$	−0.83
$AuCl_4^- + 3e^- \rightarrow Au + 4Cl^-$	0.99	$Mn^{2+} + 2e^- \rightarrow Mn$	−1.18
$NO_3^- + 4H^+ + 3e^- \rightarrow NO + 2H_2O$	0.96	$Al^{3+} + 3e^- \rightarrow Al$	−1.66
$ClO_2 + e^- \rightarrow ClO_2^-$	0.954	$H_2 + 2e^- \rightarrow 2H^-$	−2.23
$2Hg^{2+} + 2e^- \rightarrow Hg_2^{2+}$	0.91	$Mg^{2+} + 2e^- \rightarrow Mg$	−2.37
$Ag^+ + e^- \rightarrow Ag$	0.80	$La^{3+} + 3e^- \rightarrow La$	−2.37
$Hg_2^{2+} + 2e^- \rightarrow 2Hg$	0.80	$Na^+ + e^- \rightarrow Na$	−2.71
$Fe^{3+} + e^- \rightarrow Fe^{2+}$	0.77	$Ca^{2+} + 2e^- \rightarrow Ca$	−2.76
$O_2 + 2H^+ + 2e^- \rightarrow H_2O_2$	0.68	$Ba^{2+} + 2e^- \rightarrow Ba$	−2.90
$MnO_4^- + e^- \rightarrow MnO_4^{2-}$	0.56	$K^+ + e^- \rightarrow K$	−2.92
$I_2 + 2e^- \rightarrow 2I^-$	0.54	$Li^+ + e^- \rightarrow Li$	−3.05
$Cu^+ + e^- \rightarrow Cu$	0.52		

예제 20.3.1

다음 중 25℃, 표준 상태에서 가장 강한 산화제는 무엇인가?

$F_2(g)$, $H^+(aq)$, $Zn^{2+}(aq)$

예제 20.3.2

다음 중 25℃, 표준 상태에서 가장 강한 환원제는 무엇인가?

$F^-(aq)$, $H_2(g)$, $Zn(s)$

예제 20.3.3

표준 환원 전위 자료를 이용하여 25℃, 표준 상태에서 진행되는 다음 각 반응에 대한 질문에 답하라.

a. $H^+(aq)$가 $Zn(s)$를 $Zn^{2+}(aq)$로 산화할 수 있는가?

b. $H^+(aq)$가 $Cu(s)$를 $Cu^{2+}(aq)$로 산화할 수 있는가?

c. $H^+(aq)$가 $Ag(s)$를 $Ag^+(aq)$로 산화할 수 있는가?

예제 20.3.4

표준 환원 전위 자료를 이용하여 25℃, 표준 상태에서 진행되는 다음 각 반응에 대한 질문에 답하라.

a. $Fe^{3+}(aq)$가 $I^-(aq)$를 산화할 수 있는가?

b. $H_2(g)$가 $Ag^+(aq)$를 환원할 수 있는가?

c. $H_2(g)$가 $Ni^{2+}(aq)$를 환원할 수 있는가?

2. 표준 환원 전위로부터 표준 전지 전위 구하기

- 반쪽 반응의 E^0_{red}를 이용하여 전체 반응의 E^0_{cell}을 구할 수 있다.
- 표준 환원 전위로부터 표준 기전력을 구할 때, 전자 수(n)는 고려하지 않는다. (전위차는 세기성질)

$$E^\circ_{\text{cell}} = E^\circ_{red}(\text{환원 전극}) - E^\circ_{red}(\text{산화 전극})$$

예제 20.3.5 (Z41)

다음의 짝지은 두 반쪽 반응에 기초한 갈바니 전지를 선 표현법으로 나타내고 각 전지의 E°를 계산하라.

a. $Cu^{2+} + 2e^- \rightarrow Cu$ $\quad E^\circ = 0.34\,V$

$Zn^{2+} + 2e^- \rightarrow Zn$ $\quad E^\circ = -0.76\,V$

b. $Ag^+ + e^- \rightarrow Ag$ $\quad E^\circ = 0.80\,V$

$Fe^{3+} + e^- \rightarrow Fe^{2+}$ $\quad E^\circ = 0.77\,V$

c. $Cl_2 + 2e^- \rightarrow 2Cl^-$ $\quad E^\circ = 1.36\,V$

$Br_2 + 2e^- \rightarrow 2Br^-$ $\quad E^\circ = 1.09\,V$

d. $MnO_4^- + 8H^+ + 5e^- \rightarrow Mn^{2+} + 4H_2O$ $\quad E^\circ = 1.51\,V$

$IO_4^- + 2H^+ + 2e^- \rightarrow IO_3^- + H_2O$ $\quad E^\circ = 1.60\,V$

예제 20.3.6

표준 환원 전위 자료를 이용하여 다음 각 갈바니 전지의 E° 를 계산하라.

a. $Zn \mid Zn^{2+}(1.0M) \parallel Cu^{2+}(1.0M) \mid Cu$

b. $Pt \mid Fe^{3+}(1.0M), Fe^{2+}(1.0M) \parallel Ag^{+}(1.0M) \mid Ag$

c. $Mg(s) \mid Mg^{2+}(aq) \parallel Ag^{+}(aq) \mid Ag(s)$

예제 20.3.7

표준 환원 전위 자료를 이용하여 다음의 각 반응을 기초로 한 갈바니 전지의 E° 를 계산하라.

a. $Cu^{2+}(aq) + Mg(s) \rightarrow Mg^{2+}(aq) + Cu(s)$

b. $Zn(s) + 2Ag^{+}(aq) \rightarrow Zn^{2+}(aq) + 2Ag(s)$

c. $7H_2O(l) + 2Cr^{3+}(aq) + 3Cl_2(g) \rightarrow Cr_2O_7^{2-}(aq) + 6Cl^{-}(aq) + 14H^{+}(aq)$

20.4 산화 환원 반응의 자발성

1. E_{cell}와 $\triangle G$

- 기전력 E는 일정 온도와 압력에서 자발성의 척도이다.

$$\triangle G = -nFE, \quad \triangle G^0 = -nFE^0$$

>>>
1V = 1J/C

1F = 96500 C/mol

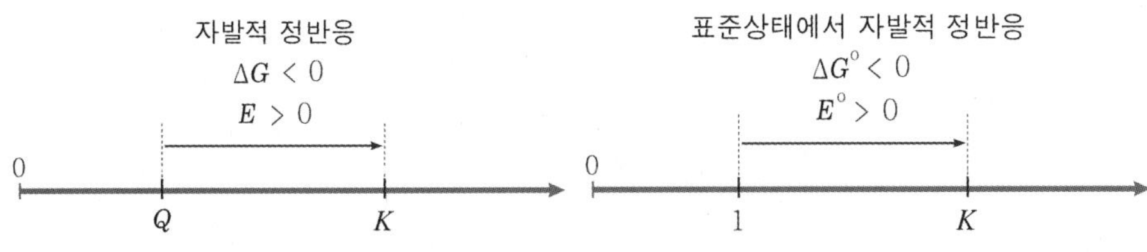

$\triangle G^0$	E^0_{cell}	K, 1	의미
-	+	1 < K	표준 상태에서 자발적 정반응
0	0	1 = K	표준 상태에서 평형 상태
+	-	1 > K	표준 상태에서 자발적 역반응

▶ 반응식의 계수 변화에 따른 각 척도의 변화

A → B	2A → 2B
n	$2n$
E^0	E^0
$\triangle G^0$	$2\triangle G^0$
K	K^2

예제 20.4.1

다음 두 반쪽 반응에 기초한 갈바니 전지가 있다. (온도는 25℃이다.)

$Cu^{2+} + 2e^- \rightarrow Cu$ $E^\circ = 0.34V$

$Zn^{2+} + 2e^- \rightarrow Zn$ $E^\circ = -0.76V$

a. 표준 전지 전위(E^0_{cell})를 계산하라.

b. 전지 반응의 $\triangle G^0$를 계산하라.

c. 전지 반응의 K를 계산하라.

예제 20.4.2

다음 반응에 대한 $\triangle G^0$를 계산하라.

a. $Cu^{2+}(aq) + Zn(s) \rightarrow Zn^{2+}(aq) + Cu(s)$ $E^\circ = 1.10V$

b. $Au(s) + NO_3^-(aq) + 4H^+(aq) \rightarrow Au^{3+}(aq) + NO(g) + 2H_2O(l)$ $E^\circ = -0.54V$

예제 20.4.3 (Z87)

주어진 다음 자료를 써서 황화 철(II)에 대한 K_{sp}를 계산하라.

$FeS(s) + 2e^- \rightarrow Fe(s) + S^{2-}(aq)$ $E^\circ = -1.01V$

$Fe^{2+}(aq) + 2e^- \rightarrow Fe(s)$ $E^\circ = -0.44V$

2. 표준 환원 전위 구하기 (라티머 도표)

- 두 표준 환원 전위를 조합하여 표준 전지 전위를 구할 때, n은 고려하지 않는다.
- 두 표준 환원 전위를 조합하여 새로운 표준 환원 전위를 구할 때, n을 고려해야한다.

E^0_{cell} ← (n 안 고려) — $E^0_{red}(1)$, $E^0_{red}(2)$ — (n 고려) → $E^0_{red}(3)$

$$\triangle G^0(1) + \triangle G^0(2) = \triangle G^0(3)$$

$$n_1FE^0_{red}(1) + n_2FE^0_{red}(2) = n_3FE^0_{red}(3)$$

$$n_1E^0_{red}(1) + n_2E^0_{red}(2) = n_3E^0_{red}(3)$$

반쪽 반응	$\triangle G^o$(J/mol)	E^0_{red}(V)
$Fe^{3+}(aq) + e^- \rightarrow Fe^{2+}(aq)$	$-1 \times F \times 0.77$	0.77
$Fe^{2+}(aq) + 2e^- \rightarrow Fe(s)$	$-2 \times F \times (-0.44)$	-0.44
$Fe^{3+}(aq) + 3e^- \rightarrow Fe(s)$		x

$$1 \times (0.77) + 2 \times (-0.44) = 3 \times x$$

$$x \simeq -0.04$$

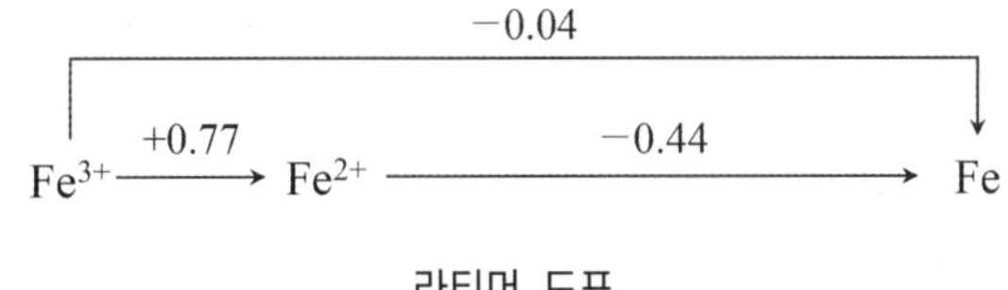

라티머 도표

예제 20.4.4

아래의 두 반쪽 반응 자료를 이용하여,

$Cu^{2+} + e^- \rightarrow Cu^+$ $\quad E^\circ = 0.16V$

$Cu^+ + e^- \rightarrow Cu$ $\quad E^\circ = 0.52V$

다음 반쪽 반응의 표준 환원 전위를 계산하라.

$Cu^{2+} + 2e^- \rightarrow Cu$ $\quad E^\circ = ?\ V$

예제 20.4.5 (Z150)

다음에 주어진 두 표준 환원 전위로부터

$M^{3+} + 3e^- \rightarrow M$ $\quad E^\circ = -0.10V$

$M^{2+} + 2e^- \rightarrow M$ $\quad E^\circ = -0.50V$

아래 반쪽 반응의 표준 환원 전위를 구하라.

$M^{3+} + e^- \rightarrow M^{2+}$

20.5 비 표준상태에서의 기전력-네른스트 식

1. 네른스트 식

- 기전력은 갈바니 전지를 이루는 물질의 농도에 따라 달라진다.
- 기전력의 변화량은 네른스트식으로 계산할 수 있다.

$$\Delta G = \Delta G^\circ + RT\ln Q$$

$$-nFE = -nFE^\circ + RT\ln Q$$

$$E = E^\circ - \frac{RT}{nF}\ln Q$$

$$E = E^\circ - \frac{0.0592}{n}\log Q \ , \quad E^\circ = \frac{0.0592}{n}\log K \quad (25℃)$$

Q, 1	logQ	E_{cell}, E^0_{cell}	의미
Q < 1	-	$E_{cell} > E^0_{cell}$	표준 상태보다 더 큰 기전력
Q = 1	0	$E_{cell} = E^0_{cell}$	표준 상태와 같은 기전력
Q > 1	+	$E_{cell} < E^0_{cell}$	표준 상태보다 작은 기전력

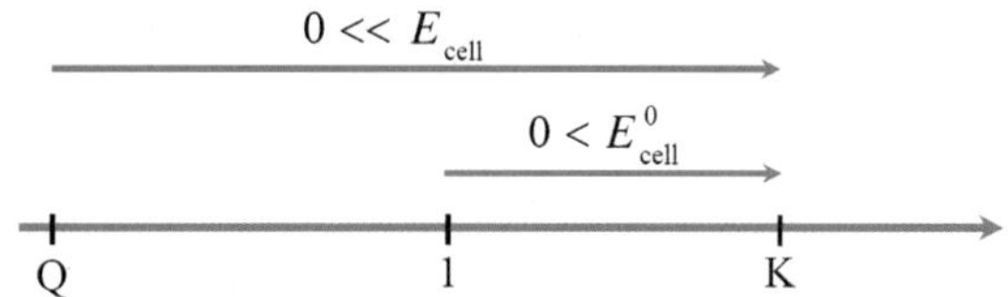

예제 20.5.1

다음 두 반쪽 반응에 기초한 갈바니 전지가 있다.

$Cu^{2+} + 2e^- \rightarrow Cu$ $\qquad E^\circ = 0.34V$

$Zn^{2+} + 2e^- \rightarrow Zn$ $\qquad E^\circ = -0.76V$

다음 경우에서 $E_{전지}$가 $E_{전지}{}^\circ$ 보다 큰지 작은지 또는 같은지 예측하라.

a. $[Cu^{2+}] =$ 1.0M, $[Zn^{2+}] =$ 1.0M

b. $[Cu^{2+}] =$ 2.0M, $[Zn^{2+}] =$ 2.0M

c. $[Cu^{2+}] =$ 1.0M, $[Zn^{2+}] =$ 0.010M

d. $[Cu^{2+}] =$ 0.010M, $[Zn^{2+}] =$ 1.0M

예제 20.5.2

다음 두 반쪽 반응에 기초한 갈바니 전지가 있다.

$Cu^{2+} + 2e^- \rightarrow Cu \qquad E^\circ = 0.34V$

$Zn^{2+} + 2e^- \rightarrow Zn \qquad E^\circ = -0.76V$

다음 조건의 갈바니 전지에서 전지 전위(E)를 계산하라.

a. $[Cu^{2+}] =$ 1.0M, $[Zn^{2+}] =$ 1.0M

b. $[Cu^{2+}] =$ 2.0M, $[Zn^{2+}] =$ 2.0M

c. $[Cu^{2+}] =$ 1.0M, $[Zn^{2+}] =$ 0.010M

d. $[Cu^{2+}] =$ 0.010M, $[Zn^{2+}] =$ 1.0M

예제 20.5.3

다음 반쪽 반응을 기초로 한 갈바니 전지를 고려해 보자.

$Zn^{2+} + 2e^- \rightarrow Zn \quad E^\circ = -0.76V$

$Fe^{2+} + 2e^- \rightarrow Fe \quad E^\circ = -0.44V$

$[Zn^{2+}] = 0.10M$이고 $[Fe^{2+}] = 1.0 \times 10^{-5}M$일 때, $E_{전지}$를 계산하라.

예제 20.5.4 (O28)

다음과 같은 반응을 일으키는 갈바니 전지에서,

$$2\,Ag(s)+Cl_2(g)\ \rightarrow\ 2\,Ag^+(aq)+2\,Cl^-(aq)$$

만약, $Cl_2(g)$의 분압이 1.00 기압이고 $Ag^+(aq)$와 $Cl^-(aq)$의 초기농도가 각각 0.25 M과 0.016 M이라면, 25℃에서 전지의 초기전압은 얼마인지 계산하라.

예제 20.5.5

다음 반쪽 반응에 기초로 한 표준 갈바니 전지를 고려해 보자.

$Cu^{2+}+2e^- \rightarrow Cu \qquad E^\circ = 0.34\,V$

$Ag^+ + e^- \rightarrow Ag \qquad E^\circ = 0.80\,V$

이 전지에서 전극은 Ag(s)와 Cu(s)이다. 다음 변화가 표준 전지에 일어날 때 전지 전위가 증가하는가? 감소하는가? 또는 그대로인가?

a. $CuSO_4(s)$를 구리 반쪽 전지 칸에 첨가할 때(부피 변화는 없다)

b. $NH_3(aq)$를 구리 반쪽 전지 칸에 첨가할 때(힌트: Cu^{2+}는 NH_3과 반응하여 $Cu(NH_3)_4^{2+}(aq)$를 생성한다).

c. NaCl(s)를 은 반쪽 전지 칸에 첨가할 때(힌트; Ag^+는 Cl^-와 반응하여 AgCl(s)를 생성한다)

예제 20.5.6 (Z86)

$[Ag^+] = 1.0M$ 용액에 넣은 은 금속 전극이 다공성 원반에 의해 구리 금속 전극과 분리되어 있는 전기화학 전지가 있다. 만약 구리 전극이 $5.0M$ NH_3, $0.010M$ $Cu(NH_3)_4^{2+}$인 용액에 담겨 있다면, 25℃에서 전지 전위는 얼마인가?

$$Cu^{2+}(aq) + 4NH_3(aq) \rightleftarrows Cu(NH_3)_4^{2+}(aq) \qquad K = 1.0 \times 10^{13}$$

예제 20.5.7(Z149)

다음 반쪽 반응을 기초로 한 갈바니 전지가 있다.

$$Ag^+ + e^- \rightarrow Ag(s) \qquad E^\circ = 0.80V$$

$$Cu^{2+} + 2e^- \rightarrow Cu(s) \qquad E^\circ = 0.34V$$

이 전지에서 은 칸에는 은 전극과 과량의 $AgCl(s)$ $(K_{sp} = 1.6 \times 10^{-10})$이 들어 있고, 구리 칸에는 구리 전극과 $[Cu^{2+}] = 2.0M$이 들어 있다. 25℃에서 이 전지의 전위를 계산하라.

2. 농도차 전지

- 농도전지에서 두 반쪽전지의 구성 성분은 같고 농도가 다르다.
- 농도전지에서는 전자는 두 반쪽전지의 농도가 같아지려는 방향으로 흐른다.

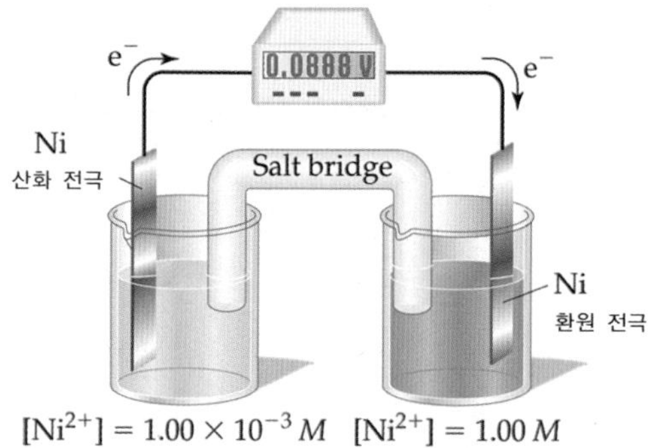

- 금속(M)과 금속 이온(M^{n+})으로 구성된 농도전지의 기전력(25℃)

$$E = \frac{0.0592}{n}\log(\frac{\text{큰 농도}}{\text{작은 농도}})$$

예제 20.5.8 (Z68)

두 전극이 Ni로 되어 있고, 오른쪽 비커의 $[Ni^{2+}] = 1.0M$, 왼쪽 비커의 Ni^{2+} 농도가 다음과 같을 때, 25℃에서 전위 전지를 계산하라. 또, 각 경우에 있어서 산화전극, 환원전극 및 전자가 흐르는 방향을 표시하라.

a. $1.0M$

b. $2.0M$

c. $0.10M$

d. $4.0\times10^{-5}M$

예제 20.5.9

25℃에서 불용성 침전 AgX(s)의 포화 용액과 1.0M의 $AgNO_3$ 용액으로 만든 농도 전지의 기전력이 0.592V였다. 25℃에서 AgX(s)의 K_{sp}는?

예제 20.5.10 (Z148)

구리 전극과 $[Cu^{2+}]=1.0M$(오른쪽), $[Cu^{2+}]=1.0\times10^{-4}M$(왼쪽)인 농도차 전지가 있다.

a. 25℃에서 이 전지의 전위를 계산하라.

b. Cu^{2+}이온은 다음 반응에 따라 NH_3와 반응하여 $Cu(NH_3)_4^{2+}$를 생성한다.

$$Cu^{2+}(aq)+4NH_3(aq) \rightleftarrows Cu(NH_3)_4^{2+}(aq) \qquad K=1.0\times10^{13}$$

왼쪽 칸에 암모니아를 충분히 첨가하여 $[NH_3]=2.0M$이 되었을 때, 새로운 전지의 전위를 계산하라.

3. 비 표준 상태에서의 환원 전위와 기전력

- 비 표준상태의 반쪽 반응에도 네른스트식을 적용할 수 있다.

$$M^{n+} + ne^{-} \rightarrow M$$

$$E_{red} = E_{red}^{0} - \frac{0.0592}{n}\log\frac{1}{[M^{n+}]} \quad (25℃)$$

- 환원전위를 이용하여 비 표준 상태에 있는 전지의 기전력을 구할 수 있다.

$$E_{\text{cell}} = E_{red}(\text{환원전극}) - E_{red}(\text{산화전극})$$

예제 20.5.11

25℃에서 $Ag^{+} + e^{-} \rightarrow Ag$의 $E_{\text{red}}^{0} = 0.80V$이다. 다음의 각 경우에 대하여 환원 전위를 계산하라.

a. $[Ag^{+}] =$ 1.0M

b. $[Ag^{+}] =$ 10.0M

c. $[Ag^{+}] =$ 0.010M

예제 20.5.12

25℃에서 $Zn^{2+} + 2e^{-} \rightarrow Zn$의 $E_{\text{red}}^{0} = -0.76V$이다. 다음의 각 경우에 대하여 환원 전위를 계산하라.

a. $[Zn^{2+}] =$ 1.0M

b. $[Zn^{2+}] =$ 10.0M

c. $[Zn^{2+}] =$ 0.010M

예제 20.5.13

25℃에서 Zn(s) | Zn^{2+}(0.010M) ‖ Ag^{+}(10.0M) | Ag(s)의 기전력(E_{cell})은 몇 V인가?

예제 20.5.14 (O30)

$[I^-]$가 1.5×10^{-6} M인 $I_2(s)|I^-$ 반쪽 전지의 환원 전위를 계산하라.

예제 20.5.15 (O31)

$I_2(s)|I^-(1.00\,M)$ 반쪽 전지가 하이드로늄 이온의 농도를 모르는 $H_3O^+|H_2$(1기압) 반쪽 전지와 연결되었다. 측정된 전지전압은 0.841 V이고, $I_2|I^-$ 반쪽 전지는 환원전극으로 작용했다. $H_3O^+|H_2$ 반쪽 전지의 pH는 얼마인가?

20.6 전기분해 (전해 전지)

1. 갈바니 전지와 전해 전지

- 전해전지는 전기 에너지를 화학적 에너지로 바꾸는 장치이다.
- 전해전지는 외부에서 충분한 전압을 가해 비자발적인 산화·환원 반응을 강제로 일으키는 장치이다.

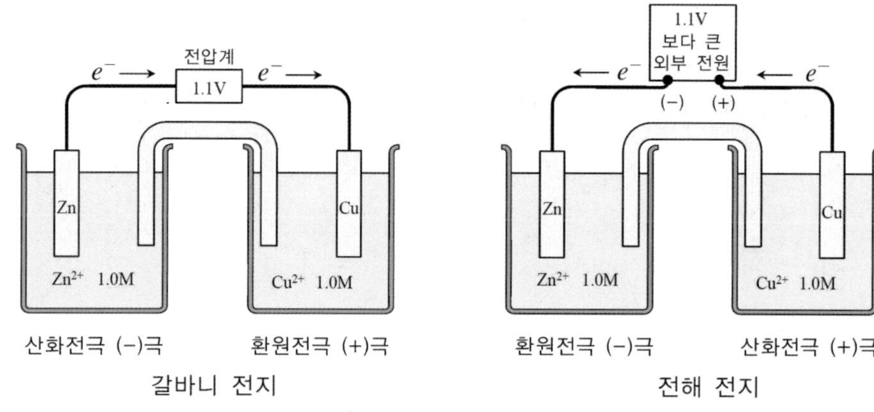

	갈바니 전지	전해 전지
산화 전극	$Zn \rightarrow Zn^{2+} + 2e^-$	$Cu \rightarrow Cu^{2+} + 2e^-$
	(−)극: 산화 전극에서 자발적인 산화 반응이 진행되며 전자를 내놓는다.	(+)극: 외부 전원의 (+)극이 산화 전극으로부터 강제로 전자를 제거하여 산화 반응을 일으킨다.
환원 전극	$Cu^{2+} + 2e^- \rightarrow Cu$	$Zn^{2+} + 2e^- \rightarrow Zn$
	(+)극: 환원 전극에서 자발적인 환원 반응이 진행되며 전자가 들어간다.	(−)극: 외부 전원의 (−)극이 환원 전극으로 강제로 전자를 공급하여 환원 반응을 일으킨다.
전체 반응	$Zn + Cu^{2+} \rightarrow Zn^{2+} + Cu$	$Zn^{2+} + Cu \rightarrow Zn + Cu^{2+}$
	화학적 E를 전기 E로 변환	전기적 E를 이용하여 비자발적 화학 반응 일으킴
E_{cell}	+	−
$\triangle G$	−	+

예제 20.6.1

다음 중 옳은 설명을 모두 골라라.

a. 전해 전지는 화학적 에너지를 이용하여 전기 에너지로 바꾸는 장치이다.

b. 갈바니 전지에서 산화 전극은 (-)극이다.

c. 전해 전지에서 환원 전극은 (-)극이다.

d. 전해 전지에서 산화 전극은 외부 전원의 (+)극에 연결되어 있다.

2. 전기화학 단위

물리량	단위	정의
전하량	C (쿨롬)	전자 6.25×10^{18}개의 전하량
전하량	F (패러데이)	1F = 전자 1mol의 전하량 = 96500C/mol
전류	A (암페어)	1A = 1C/s
전압	V (볼트)	1V = 1J/C

3. 전기 분해의 양론

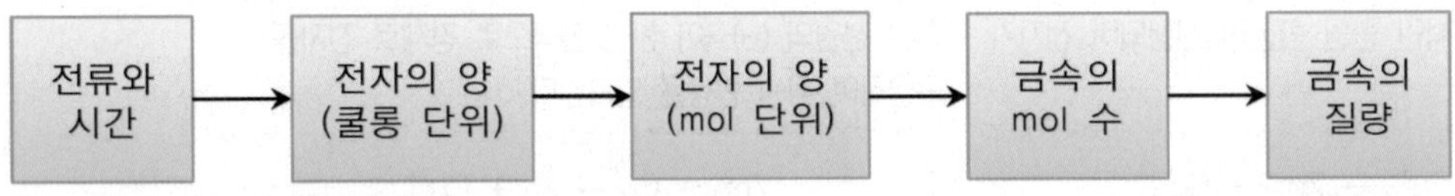

예제 20.6.2 (Z904)

1A의 전류를 Cu^{2+} 수용액에 30.0분간 흘릴 때 석출되는 금속 구리의 질량은?
(Cu의 원자량: 63.5g/mol)

예제 20.6.3 (Z904)

10.5g의 금속 은을 얻기 위해 Ag^+ 용액에 5.00A의 전류를 얼마나 오랫동안 흘려주어야 하는가?
(Ag의 원자량: 108g/mol)

예제 20.6.4 (Z97)

10.0A의 전류로 2.00시간 동안 용융된 KF를 전기분할 때, 다음 질문에 답하시오.

a. 1.00atm, 25℃에서 생성된 F_2 기체의 부피는 얼마인가?

b. 금속 포타슘은 얼마나 생기는가?

c. 각 반응은 어떤 전극에서 발생하는가?

예제 20.6.5 (Z94)

알루미늄은 용융염의 존재하에 Al_2O_3를 전기분해하여 상업적으로 생산한다. 1.00백만 암페어의 전류를 연속적으로 흘려주는 공장에서 2.00 시간 동안 생산할 수 있는 알루미늄의 질량은 얼마인가?
(Al의 원자량: 27)

3. 수용액의 전기 분해

- 전해 전지의 (+)극에서 강한 환원제가 우선적으로 전자를 잃는다. (예외: 과전압 현상)
- 전해 전지의 (-)극에서 강한 산화제가 우선적으로 전자를 받는다. (예외: 과전압 현상)

▶ 수용액의 전기 분해에서 산화되거나 환원되지 않는 화학종

	종류	성질
양이온	Na^+, K^+, Li^+	(-)극에서 전자를 받아 금속으로 석출되지 않는다.
음이온	NO_3^-, SO_4^{2-}	(+)극으로 전자를 잃고 산화되지 않는다.
전극	Pt(s), C(s, 흑연)	산화, 환원 되지 않는다.

- 회로를 따라 이동한 전하량은 시간과 전류의 곱에 비례한다. ($1C = 1A \times 1s$)

▶ 전기화학 단위

물리량	단위	정의
전하량	C (쿨롬)	전자 6.25×10^{18}개의 전하량
전하량	F (패러데이)	1F = 전자 1mol의 전하량 = 96500C/mol
전류	A (암페어)	1A = 1C/s
전압	V (볼트)	1V = 1J/C

- 물이 (-)극에서 환원되면 수소 기체(H_2)와 OH^-이온을 생성한다.

  $2H_2O(l) + 2e^- \rightarrow H_2(g) + 2OH^-(aq)$

- 물이 (+)극에서 산화되면 산소 기체(O_2)와 H^+이온을 생성한다.

  $2H_2O(l) \rightarrow 4e^- + O_2(g) + 4H^+(aq)$

전극	반응		반쪽 반응식	생성 물질 (e^-4mol 당)	
				기체	이온
+	산화 반응	강제로 전자를 잃고 물이 산화된다.	$2H_2O(l) \rightarrow 4e^- + O_2(g) + 4H^+(aq)$	O_2 1mol	H^+ 4mol
-	환원 반응	강제로 전자를 받아 물이 환원 된다.	$2H_2O(l) + 2e^- \rightarrow H_2(g) + 2OH^-(aq)$	H_2 2mol	OH^- 4mol

예제 20.6.6 (Z103)

25℃에서 전해 전지의 환원전극 칸의 용액에는 $1.0M$ Cd^{2+}, $1.0M$ Ag^{+}, $1.0M$ Au^{3+} 및 $1.0M$ Ni^{2+}가 들어 있다. 전압을 점차적으로 올릴 때, 어떤 금속이 도금 석출이 되는지 순서대로 예측하라.

예제 20.6.7 (Z105)

Na_2SO_4의 수용액을 전기분해하면 산화 전극과 환원전극에서 어떤 반응이 일어나는가? (표준 상태를 가정한다).

환원 반쪽 반응	E°
$S_2O_8^{2-} + 2e^- \rightarrow 2SO_4^{2-}$	$2.01V$
$O_2 + 4H^+ + 4e^- \rightarrow 2H_2O$	$1.23V$
$2H_2O + 2e^- \rightarrow H_2 + 2OH^-$	$-0.83V$
$Na^+ + e^- \rightarrow Na$	$-2.71V$

예제 20.6.8 (Z110)

다음의 각 1M 수용액을 수용액을 백금 전극으로 전기분해하면 산화전극과 환원 전극에 어떤 반응이 일어나는가?
(단, 표준 상태로 가정한다.)

a. Na_2SO_4

b. $AgNO_3$

c. $CuSO_4$

d. MgI_2

예제 20.6.9 (Z98)

2.50A 전류로 15.0분 간 물을 전기분해할 때, STP에서 얻는 $H_2(g)$와 $O_2(g)$의 부피는 각각 얼마인가?

4. 용융 전기 분해

- 전기 분해에는 용융 전기 분해와 수용액 상의 전기 분해가 있다.

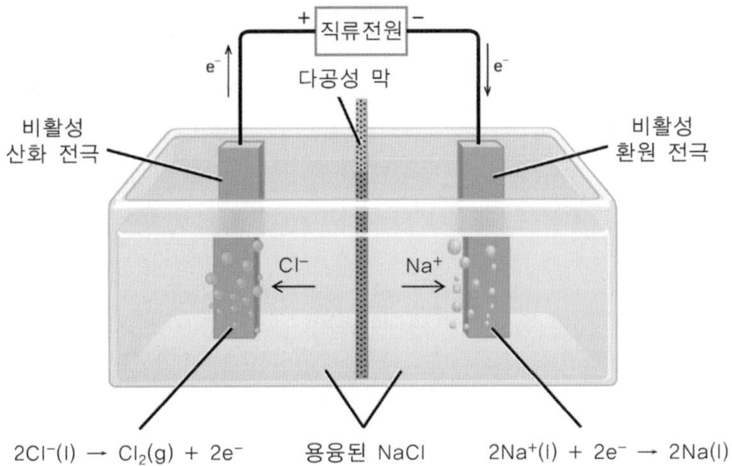

〈NaCl의 용융 전기 분해 장치〉

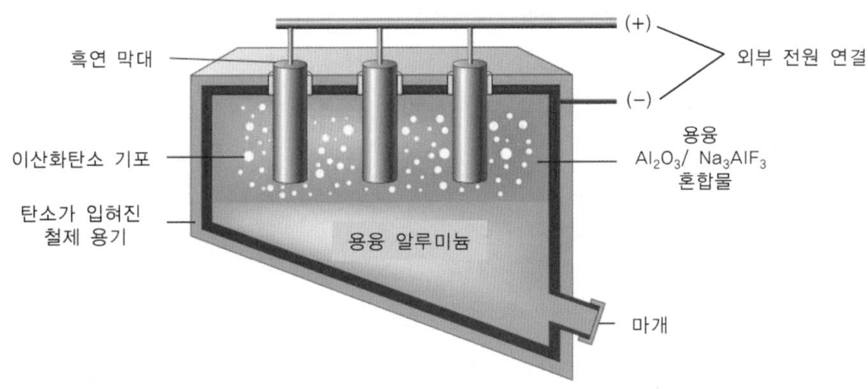

〈알루미늄을 생산하는 용융 전기 분해 장치〉

예제 20.6.10 (Z109)

다음 각각이 전기분해될 때 환원전극과 산화전극에서 어떤 반응이 일어나는가?

a. 용융 $NiBr_2$

b. 용융 AlF_3

c. 용융 MnI_2

예제 20.6.11 (Z110)

표준 조건에서 다음 각각이 전기분해될 때 환원전극과 산화전극에서 어떤 반응이 일어나는가?

a. $1.0M$ $NiBr_2$ 수용액

b. $1.0M$ AlF_3 수용액

c. $1.0M$ MnI_2 수용액

20.7 일상의 전기화학

1. 1차 전지와 2차 전지

- 1차 전지 : 한 번 방전되면 재사용할 수 없는 전지
- 2차 전지 : 반복적으로 충전하여 재사용할 수 있는 전지

2. 건전지

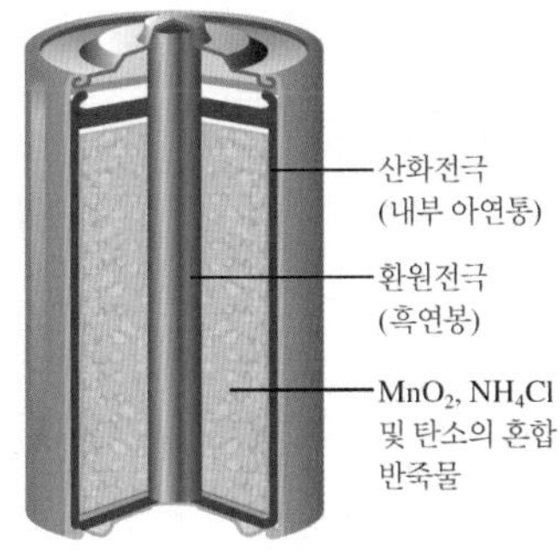

산화 전극: $Zn(s) \rightarrow Zn^{2+}(aq) + 2e^-$

환원 전극: $2MnO_2(s) + 2NH_4^+(aq) + 2e^- \rightarrow Mn_2O_3(s) + 2NH_3(aq) + H_2O(l)$

3. 알칼리 전지

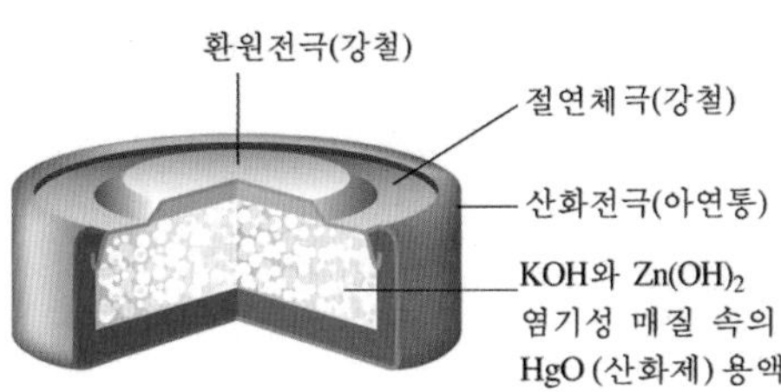

산화 전극: $Zn(s) + 2OH^-(aq) \rightarrow ZnO(s) + H_2O(l) + 2e^-$

환원 전극: $2MnO_2(s) + H_2O(l) + 2e^- \rightarrow Mn_2O_3(s) + 2OH^-(aq)$

4. 납 축전지

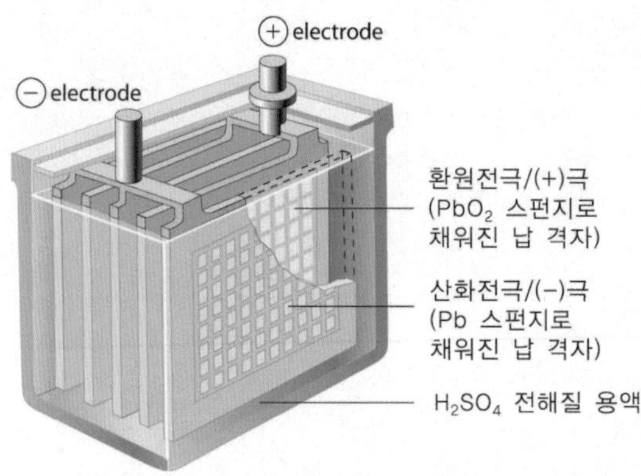

산화 전극:	$Pb(s) + HSO_4^-(aq) \rightarrow PbSO_4(s) + H^+(aq) + 2e^-$	E^0= 0.296V
환원 전극:	$PbO_2(s) + 3H^+(aq) + HSO_4^-(aq) + 2e^- \rightarrow PbSO_4(s) + 2H_2O(l)$	E^0= 1.628V
전체 반응:	$Pb(s) + PbO_2(s) + 2H^+(aq) + 2HSO_4^-(aq) \rightarrow 2PbSO_4(s) + 2H_2O(l)$	E^0= 1.924V

예제 20.7.1 (Z690)

납 축전지의 전체 반응은 다음과 같다.

$$Pb(s) + PbO_2(s) + 2H^+(aq) + 2HSO_4^-(aq) \rightarrow 2PbSO_4(s) + 2H_2O(l)$$

$[H_2SO_4] = 4.5M$, 즉 $[H^+] = [HSO_4^-] = 4.5M$일 때, 25℃에서 전지의 E를 계산하라. 25℃에서 납 축전지의 $E^\circ = 2.04\ V$이다.

5. 연료 전지

연료 전지: 반응물이 연속적으로 공급되는 갈바니 전지

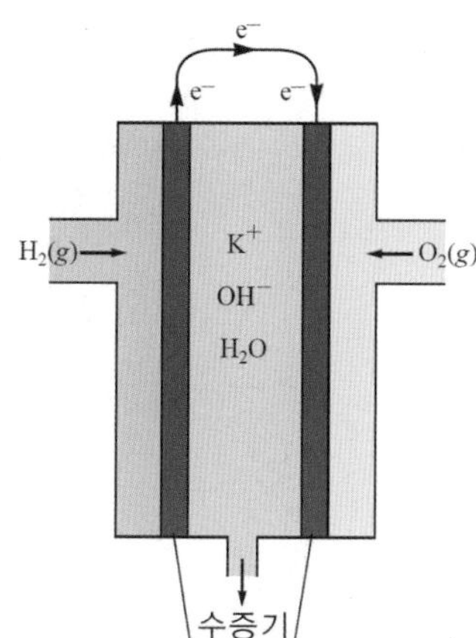

산화 전극: $2H_2(g) + 4OH^-(aq) \rightarrow 4H_2O(l) + 4e^-$

환원 전극: $O_2(g) + 2H_2O(l) + 4e^- \rightarrow 4OH^-(aq)$

전체 반응: $2H_2(g) + O_2(g) \rightarrow 4H_2O(l)$

예제 20.7.2 (Z122)

298K에서 수소-산소 연료 전지의 전체 반응식과 평형 상수값은 다음과 같다.

$$2H_2(g) + O_2(g) \rightarrow 2H_2O(l) \qquad K = 1.28 \times 10^{83}$$

298K에서 연료 전지 반응식의 E°와 ΔG° 값을 계산하라.

6. 부식

- 부식: 금속이 산화되어 산화물이나 황화물이 생기는 것
- 알루미늄(Al)과 크로뮴(Cr)은 더 부식 되는 것을 막는 얇은 보호막이 형성된다.
- 철이 녹슬 때, 표면의 산화 영역에서 생긴 Fe^{2+} 이온은 환원 영역으로 이동해서 공기 중의 O_2와 반응한다.

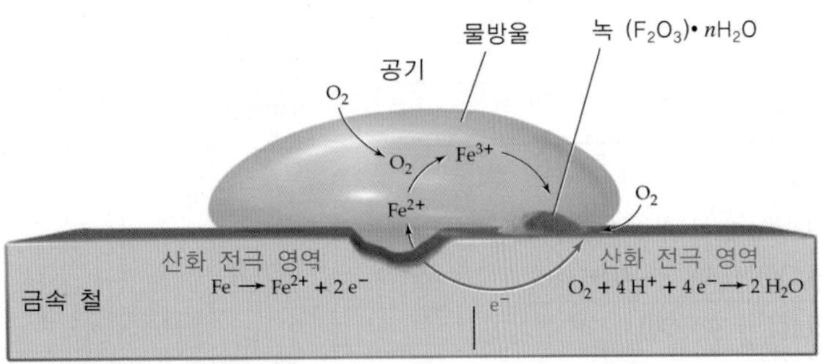

7. 부식의 방지

- 철에 페인트를 칠하거나 크로뮴(Cr), 주석(Sn), 아연(Zn)과 같은 금속 박막을 입혀 부식을 방지할 수 있다.
- 철에 크로뮴, 니켈을 넣어 합금을 만들면 산화막이 형성되어 부식을 방지할 수 있다.
- 음극화 보호(희생 양극, 희생 전극)
  - Zn, Mg과 같은 금속을 도선으로 철에 연결
  - Zn, Mg이 철 대신 산화되며 철을 보호
  - 사용된 희생 전극은 교체

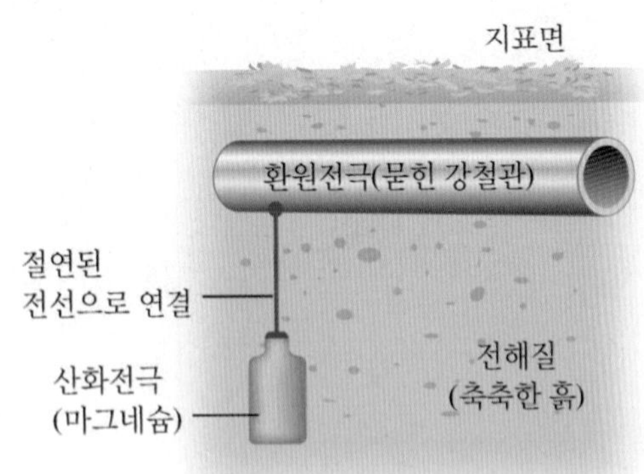

예제 20.7.3 (Z132)

부식과 관련하여 다음 표현 중 어느 것이 옳은가? 그릇된 것은 바르게 고치시오.

a. 부식은 전기 분해 과정의 한 예이다.

b. 철의 부식은 철의 환원과 산소의 산화가 짝지어져 있다.

c. 철은 습도가 높은 지역보다 건조한 지역에서 더 쉽게 녹슨다.

d. 겨울에 도로에 뿌린 염화칼슘은 철의 부식을 막는데 추가로 도움이 된다.

e. 음극화 보호는 철 보다 더 쉽게 산화되는 금속을 보호하고자 하는 철 표면에 전선으로 연결하는 것이다.

예제 20.7.4

다음 중 철을 음극화 보호하는 데 사용할 수 있는 금속을 모두 골라라.

a. Zn

b. Mg

c. Cu

20 개념 확인 문제 (적중 2000제 선별문제)

01. EC203. 갈바니 전지

25℃에서 다음 갈바니 전지의 전지 전위는 1.1V이다. 이에 대한 설명으로 옳지 않은 것은?

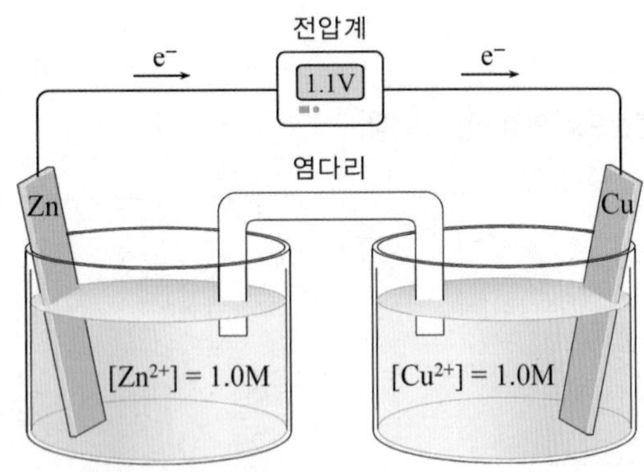

① Zn 전극은 산화 전극이다.
② Zn 전극은 (−)극이다.
③ 염다리의 음이온은 Zn 전극 쪽으로 이동한다.
④ 전지의 표준 전지 전위(E^0_{cell})는 1.1V이다.
⑤ 전기 에너지가 화학적 에너지로 변환된다.

02. EC209. 표준 환원 전위

다음 표준 환원 전위를 이용하여 아래 전지의 표준 기전력을 구한 것으로 옳은 것은?

$Ag^+(aq) + e^- \rightleftarrows Ag(s)$ $\qquad E^0_{red} = 0.80V$

$Fe^{3+}(aq) + e^- \rightleftarrows Fe^{2+}(aq)$ $\qquad E^0_{red} = 0.77V$

$Pt(s) | Fe^{3+}(1.0M),\ Fe^{2+}(1.0M) \parallel Ag^+(1.0M) | Ag(s)$

① 0.03V
② −0.03V
③ 1.57V
④ −1.57V
⑤ 0.0V

03. EC210. 표준 환원 전위

다음 표준 환원 전위를 이용하여 아래 산화 환원 반응의 표준 기전력을 구한 것으로 옳은 것은?

$$Cu^{2+}(aq) + 2e^- \rightleftarrows Cu(s) \qquad E^0_{red} = 0.34V$$

$$Fe^{2+}(aq) + 2e^- \rightleftarrows Fe(s) \qquad E^0_{red} = -0.44V$$

$$Fe(s) + Cu^{2+}(aq) \rightarrow Fe^{2+}(aq) + Cu(s)$$

① −0.10V
② −0.78V
③ 0.78V
④ 0.10V
⑤ −0.34V

04. EC218. 전지 전위와 자유 에너지

다음 반응에 대한 ΔG^0는?

$$Fe(s) + Cu^{2+}(aq) \rightleftarrows Fe^{2+}(aq) + Cu(s) \qquad E^0 = 0.78V$$

① $-(2 \times 96500 \times 0.78)$kJ/mol
② $-(2 \times 96.5 \times 0.78)$kJ/mol
③ $(2 \times 96.5 \times 0.78)$kJ/mol
④ $(2 \times 96500 \times 0.78)$kJ/mol
⑤ $-(2 \times 0.78)$kJ/mol

05. EC219. 전지 전위와 자유 에너지

다음은 25℃에서 반쪽 반응의 표준 환원 전위 자료이다.

$$Ni^{2+}(aq) + 2e^- \rightleftarrows Ni(s) \qquad E^0_{red} = -0.28V$$

$$Ag^+(aq) + e^- \rightleftarrows Ag(s) \qquad E^0_{red} = 0.80V$$

아래 전지 반응의 $\triangle G^0$는?

$$Ni(s) + 2Ag^+(aq) \rightarrow Ni^{2+}(aq) + 2Ag(s)$$

① $(2 \times 96500 \times 1.08)$kJ/mol
② $-(2 \times 96500 \times 1.08)$kJ/mol
③ $-(2 \times 96.5 \times 1.08)$kJ/mol
④ $-(2 \times 96.5 \times 0.52)$kJ/mol
⑤ $(2 \times 96500 \times 0.52)$kJ/mol

06. EC222. 네른스트 식

아래의 표준 환원 전위 자료를 이용하여 다음 전지의 기전력을 구한 것으로 옳은 것은? (단, 온도는 25℃이다.)

$$Zn(s) | Zn^{2+}(0.010M) \| Cu^{2+}(1.0M) | Cu(s)$$

$$Cu^{2+}(aq) + 2e^- \rightleftarrows Cu(s) \qquad E^0_{red} = 0.34V$$

$$Zn^{2+}(aq) + 2e^- \rightleftarrows Zn(s) \qquad E^0_{red} = -0.76V$$

① $(1.1+0.0592)$V
② $(1.1 + \frac{0.0592}{2})$V
③ $(1.1 - \frac{0.0592}{2})$V
④ $(1.1 - \frac{0.0592}{4})$V
⑤ $(1.1-0.0592)$V

07. EC228. 농도 전지

25℃에서 1.0M의 $CuSO_4(aq)$과 0.010M의 $CuSO_4(aq)$에 각각 Cu 전극을 담가서 만든 농도 전지의 기전력은?

① $\frac{0.0592}{2}$V

② 0.0592V

③ 2×0.0592V

④ $\frac{0.0592}{3}$

⑤ 3×0.0592V

08. EC233. 전해 전지

그림은 1M HI(*aq*)를 백금 전극으로 전기 분해하는 장치이다. 이에 대한 설명으로 옳지 않은 것은?

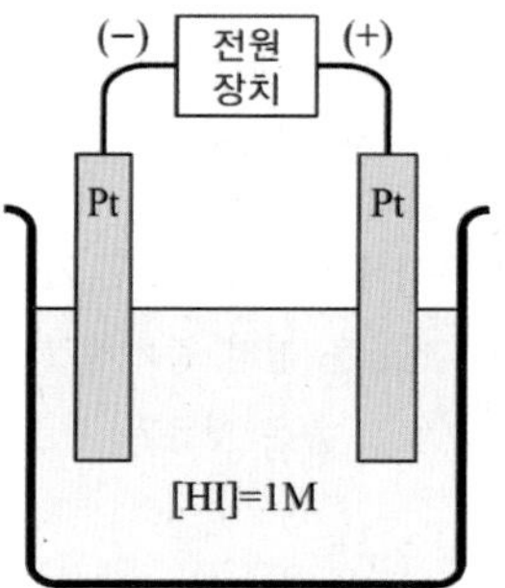

① 산화 전극은 외부 전원의 (+)극에 연결되어 있다.

② (+)극에서 산화 반응이 일어난다.

③ 환원 전극은 외부 전원의 (−)극에 연결되어 있다.

④ (−)극에서 환원 반응이 일어난다.

⑤ 화학적 에너지를 전기적 에너지로 바꾼다.

09. EC234. 전기분해 순서

다음은 25℃에서 금속의 표준 환원 전위 자료이다.

$$Ag^+(aq) + e^- \rightleftarrows Ag(s) \qquad E^0_{red} = 0.80V$$
$$Cu^{2+}(aq) + 2e^- \rightleftarrows Cu(s) \qquad E^0_{red} = 0.34V$$
$$Zn^{2+}(aq) + 2e^- \rightleftarrows Zn(s) \qquad E^0_{red} = -0.76V$$

25℃의 전해 전지 용액에 Cu^{2+}, Ag^+, Zn^{2+} 이온이 0.10M씩 들어 있다. 전해 전지의 전압을 점점 증가시킬 때, 환원 전극에서 금속 이온이 석출되는 순서로 옳은 것은?

① $Ag^+ \rightarrow Cu^{2+} \rightarrow Zn^{2+}$
② $Ag^+ \rightarrow Zn^{2+} \rightarrow Cu^{2+}$
③ $Cu^{2+} \rightarrow Ag^+ \rightarrow Zn^{2+}$
④ $Cu^{2+} \rightarrow Zn^{2+} \rightarrow Ag^+$
⑤ $Zn^{2+} \rightarrow Cu^{2+} \rightarrow Ag^+$

10. EC245. 전기분해의 화학양론

$CuSO_4$ 수용액을 백금 전극으로 전기 분해 하였다. STP 조건에서 산소(O_2) amL가 발생하는 동안 석출되는 Cu의 최대 질량은? (단, Cu의 원자량은 bg/mol이다. STP에서 기체 1몰의 부피는 22.4L이다.)

① $\frac{2ab}{22400}$g
② $\frac{2ab}{22.4}$g
③ $\frac{b}{22.4a}$g
④ $\frac{a}{22.4b}$g
⑤ $\frac{22400}{ab}$g

번호	1	2	3	4	5
정답	⑤	①	③	②	③

번호	6	7	8	9	10
정답	①	②	⑤	①	①

MEMO

C H E M I S T R Y

21

핵화학

21

핵화학

21.1 방사성 붕괴와 핵 안정도
21.2 방사성 붕괴의 속도론
21.3 핵반응 동안의 에너지 변화
21.4 핵 분열과 핵 융합
21.5 방사선의 영향
21.6 방사선의 의학적 이용

21.1 방사성 붕괴와 핵 안정도

1. 핵반응과 특성

- 원자핵은 양성자(proton)와 중성자(neutron)로 이루어져 있다.
- 동위원소끼리는 양성자 수(원자번호)는 같고 중성자 수만 서로 다르다.
- 주어진 동위원소의 핵을 핵종(nuclide)이라 부른다.

  (예): 탄소-12($^{12}_{6}C$), 탄소-13($^{13}_{6}C$) 핵종은 탄소의 동위원소들이다.
- 핵반응은 핵 반응식으로 나타낼 수 있다.
- 핵 반응식에서 질량수와 전하는 반응 전후에 보존되도록 균형을 맞추어야 한다.

$$^{14}_{6}C \longrightarrow {}^{14}_{7}N + {}^{0}_{-1}e$$

질량수 보존	14	=	14	+	0
전하 보존	6	=	7	+	(−1)

>>> 핵자(nucleon): 양성자와 중성자 모두를 일컫는 용어

핵종(nuclide): 원자번호, 질량수 등으로 식별되는 원자핵의 종류

▶ 화학반응과 핵반응의 차이점

화학 반응	핵반응
원자의 종류는 바뀌지 않고 원자가 결합하는 방식만 바뀐다.	원자핵의 종류(핵종)가 바뀐다. 주로 다른 원소가 생성된다.
동위원소끼리는 화학반응에서 동일하게 행동한다.	서로 다른 동위원소는 핵반응에서 다른 행동을 보인다.
화학반응에 수반되는 에너지는 비교적 작다.	핵반응에 수반되는 에너지는 매우 크다. (화학반응에 비해 수백만배 수준)
화학 반응속도는 온도, 압력, 촉매 등의 영향을 받는다.	핵반응은 핵의 자체속성에 따라 1차 속도식으로 진행되며 어떤 다른 요인에도 영향을 받지 않는다.

예제 21.1.1 (Z16)

다음 각 핵반응에서 빠진 입자를 써 넣어라.

a. $^{60}Co \rightarrow {}^{60}Ni + ?$

b. $^{97}Tc + ? \rightarrow {}^{97}Mo$

c. $^{99}Tc \rightarrow {}^{99}Ru + ?$

d. $^{239}Pu \rightarrow {}^{235}U + ?$

2. 방사성 붕괴의 종류

- 어떤 핵들은 자발적으로 더 안정한 핵으로 붕괴한다.(방사성 붕괴)
- 방사성 붕괴 과정에서 방사선의 형태로 한 가지 이상의 입자를 방출한다.
- 알파(α) 방사선: 헬륨의 원자핵($^{4}_{2}He^{2+}$)과 동일한 입자, (두 개의 양성자 + 두 개의 중성자)
- 베타(β) 방사선: 고에너지 전자($^{0}_{-1}e$ 또는 β^{-}) 방출
- 감마(γ) 방사선: 고에너지 빛($^{0}_{0}\gamma$) 방출
- 양전자 방출: 양전자($^{0}_{+1}e$ 또는 β^{+})를 방출
- 전자 포획(electron capture): 원자핵 주변 전자 중 하나를 포획하여 양성자가 중성자로 전환됨

>>>
양전자:
전자와 질량은 같지만 전하가 반대인 입자.
전자와 양전자가 만나면 쌍소멸을 일으키며 에너지로 변한다.

▶ 방사성 붕괴 과정 요약

과정	기호	원자번호 변화	질량수 변화	중성자수 변화	알짜 효과
α 방출	$^{4}_{2}He$ 또는 α	−2	−4	−2	
β 방출	$^{0}_{-1}e$ 또는 β^{-}	+1	0	−1	중성자를 양성자로 바꿈
γ 방출	$^{0}_{0}\gamma$ 또는 γ	0	0	0	
양전자 방출	$^{0}_{+1}e$ 또는 β^{+}	−1	0	+1	양성자를 중성자로 바꿈
전자 포획	E.C.	−1	0	+1	양성자를 중성자로 바꿈

예제 21.1.2 (Z15)

다음 각각의 반응에서 핵종들의 방사성 붕괴를 기술하는 식을 써라.

a. $^{3}_{1}H$(β붕괴)

b. $^{8}_{3}Li$(β붕괴 후 α붕괴)

c. $^{7}_{4}Be$(전자 포획)

d. $^{8}_{5}B$(양전자 방출)

3. 핵 안정성

- 핵종의 안정성은 핵의 중성자/양성자 비와 관련있다.
- 84개 이상의 양성자를 갖고있는 모든 핵종들은 방사성 붕괴와 관련하여 불안정하다.
- 가벼운 핵종들은 중성자/양성자 비가 1일 때 안정하다.
- 무거운 원소에서는 안정도에 필요한 중성자/양성자 비가 1보다 크고, 이것은 양성자 수와 함께 증가한다.
- 방사성 핵은 안정한 핵종이 될 때까지 붕괴 계열(decay series)이 일어난다.

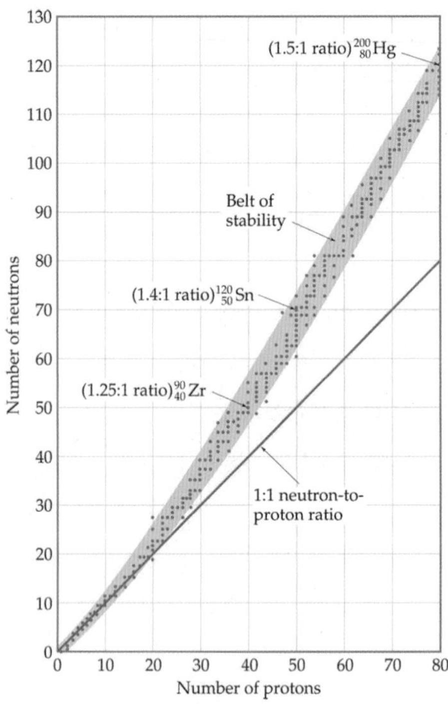

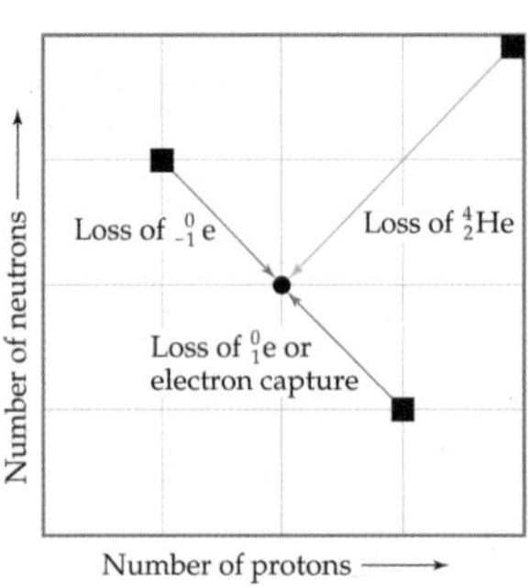

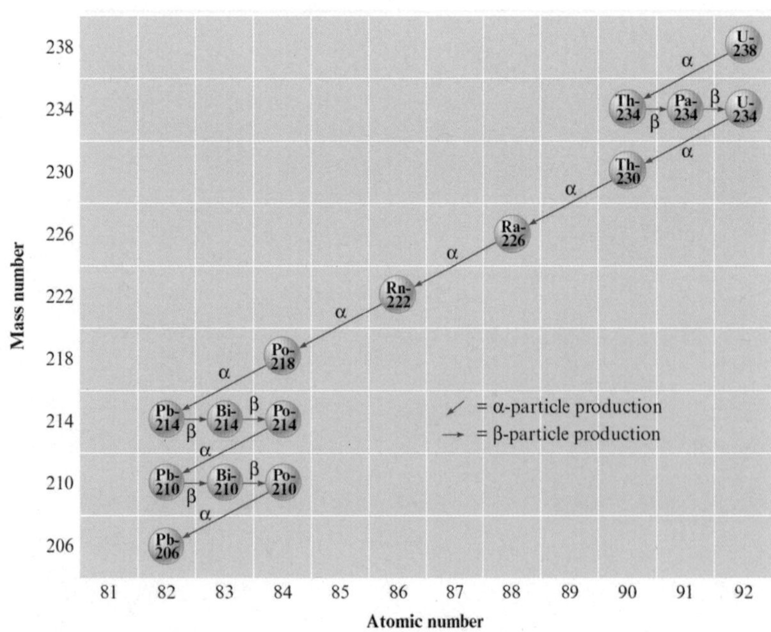

예제 21.1.3 (Z21)

우라늄-235는 일련의 알파 붕괴와 베타 붕괴로 납-207이 최종 생성물로 생성된다. 이 방사능 붕괴 계열에서 얼마나 많은 알파 입자와 베타 입자가 생성되는가?

예제 21.1.4 (Z86)

다음 중 옳은 설명을 모두 골라라.

a. 원자 번호가 큰 핵종은 α-입자를 생성하는 것이 관찰된다.

b. Z값(원자번호)가 증가함에 따라 양성자/중성자의 비가 커져야 안정하게 된다.

c. 가벼운 핵종들은 양성자에 대하여 중성자가 2배 있어야 안정하게 된다.

예제 21.1.5 (Z65)

다음 핵종들 중 어느 것이 방사성적으로 안정 또는 불안정한지를 지적하라, 만일 불안정하다면 그 핵종이 방출하는 방사능의 종류를 표현하라.

a. $^{45}_{19}K$

b. $^{56}_{26}Fe$

c. $^{20}_{11}Na$

d. $^{194}_{81}Tl$

21.2 방사성 붕괴의 속도론

1. 방사성 붕괴의 속도론

- 방사성 붕괴는 1차 과정(first-order process)이다.

$$\text{붕괴 속도} = -\frac{\Delta N}{\Delta t} = kN$$

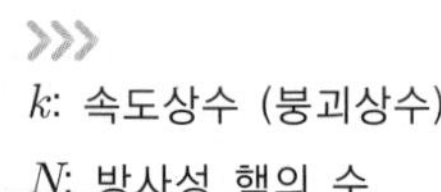

k: 속도상수 (붕괴상수)

N: 방사성 핵의 수

$$\text{붕괴 적분 속도법칙} = \ln\left(\frac{N_t}{N_0}\right) = -kt$$

$$\text{반감기} = t_{1/2} = \frac{\ln 2}{k}$$

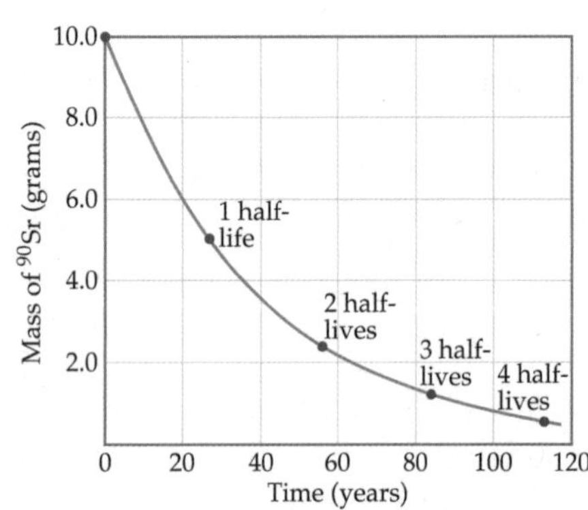

예제 21.2.1 (Z31)

어떤 방사성 핵종의 속도 상수는 $1.0 \times 10^{-3}\text{h}^{-1}$이다. 이 핵종의 반감기는 얼마인가?

예제 21.2.2 (Z34)

크립톤은 다음과 같은 여러 방사능 동위원소로 구성되어 있다.

	반감기
Kr−73	27초
Kr−74	11.5분
Kr−76	14.8시간
Kr−81	2.1×10^5년

a. 이들 동위원소 중 가장 안정한 것은 무엇인가?

b. 가장 방사성이 큰 것은 무엇인가?

c. 각 동위원소의 87.5%가 붕괴하는 데 걸리는 시간은 얼마인가?

예제 21.2.3 (Z38)

아이오딘-131은 갑상선의 치료에 진단에 사용된다. 그것의 반감기는 8.0일이다. 만약 갑상선 질병 환자가 ^{131}I 10μg을 포함하는 $Na^{131}I$ 시료를 치료에 사용하였다면, 원래의 시료에서 ^{131}I가 1/100로 감소하는데 얼마나 오래 걸리겠는가?

2. 방사성 탄소 연대 측정

- 방사성 탄소(^{14}C)는 다음과 같이 자발적으로 β−붕괴를 일으킨다.(반감기 5715년)

$$^{14}_{6}C \rightarrow {}^{14}_{7}N + {}^{0}_{-1}e$$

- 대기권에서 $^{14}C/^{12}C$의 비율은 언제나 $1/10^{12}$로 일정하게 유지된다.
- 살아있는 유기체에서는 $^{14}C/^{12}C$의 비율이 대기권과 같게 유지된다.(환경과의 동적 평형)
- 동식물이 죽으면 ^{14}C는 β−붕괴를 일으키며 $^{14}C/^{12}C$의 비는 서서히 감소한다.

>>>
C-14는 대기에서 고에너지 중성자가 N-14와 충돌할 때 계속적으로 생성된다.
C-14의 생성과 붕괴는 평형 상태를 유지하며 대기 중 C-14의 양은 거의 일정하게 유지된다.

예제 21.2.4 (Z43)

살아있는 식물로부터 탄소-14가 붕괴하는 속도는 탄소 1g에 대하여 분 당 13.6번으로 관측되었다. 15,000년 된 시료에서 측정한 탄소 1g에 대해 분당 붕괴 수는 얼마나 되는가? (^{14}C의 반감기는 5730년이다.)

예제 21.2.5 (Z942)

살아있는 생명체 ^{14}C가 붕괴하는 속도는 탄소 1g에 대하여 분 당 13.6번이라고 가정한다. 동굴에서 발견된 옛날 모닥불의 잔유물 중 탄소 1g에 대하여 분 당 3.1번의 값이 관측되었다면, 이 모닥불 잔유물의 연대는 얼마인가? (^{14}C의 반감기는 5730년이다.)

21.3 핵반응 동안의 에너지 변화

1. 핵반응 동안의 에너지 변화

- 핵반응에 수반되는 에너지 변화는 어떠한 화학 반응에 수반되는 에너지 변화보다 훨씬 더 크다.
- 핵반응에 수반되는 에너지 변화는 질량 결손을 계산하여 측정할 수 있다.

$$\triangle E = \triangle mc^2$$ (아인슈타인 공식)

예제 21.3.1 (Z47)

태양은 매초 3.9×10^{23}J의 에너지를 우주로 보낸다. 태양으로부터 없어지는 질량 손실의 속도는 얼마인가?

예제 21.3.2 (Z74)

양전자와 전자는 충돌할 때 광자를 방출하면서 서로 소멸된다. (쌍소멸)

$${}^{0}_{-1}\mathrm{e} + {}^{0}_{+1}\mathrm{e} \rightarrow 2{}^{0}_{0}\gamma$$

두 감마선이 같은 에너지를 가지고 있다고 가정하고, 생성되는 감마선의 파장을 계산하라.

2. 핵자 당 결합 에너지

- 핵의 질량과 성분 핵자들의 질량 합과의 차이를 이용하여 핵 결합 에너지를 계산할 수 있다.
- 핵자 당 결합 에너지가 클수록 핵은 더 안정하다.

예제 21.3.3 (Z948)

${}^{4}_{2}\mathrm{He}$ 핵에 대한 핵자 당 결합 에너지를 계산하라.

(${}^{4}_{2}\mathrm{He}$=4.0026amu, ${}^{1}_{1}\mathrm{H}$=1.0078amu, 중성자=1.0087amu)

21.4 핵분열과 핵융합

1. 핵분열과 핵융합

- 핵자 당 결합 에너지는 철-56($^{56}_{26}Fe$)에서 최고에 도달한다.
- $^{56}_{26}Fe$보다 가벼운 핵들은 충분히 높은 온도의 열이 가해지면 융합하여 에너지를 방출하고 안정해진다. (핵융합, fussion)
- $^{56}_{26}Fe$보다 무거운 핵들은 조각으로 분해되어 중간 무게 핵으로 되면서 에너지를 방출하고 안정해진다. (핵분열, fission)

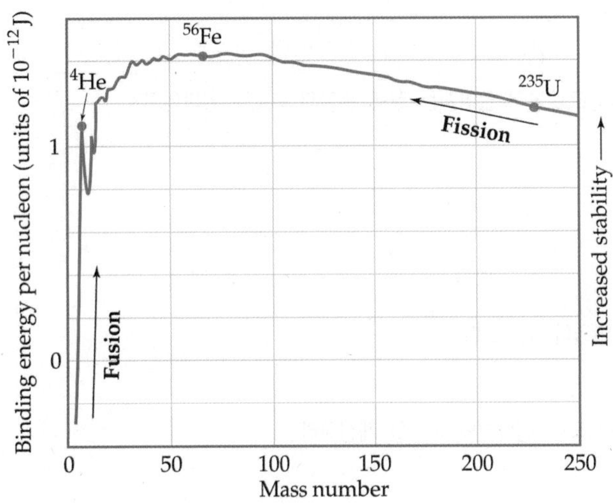

2. 연쇄반응과 임계질량

- ^{235}U의 핵분열 과정에서 방출된 3개의 중성자는 3번의 핵분열을 더 유발하여 9개의 중성자를 생성하고..... 그 과정은 외부에서 중성자 공급을 중지해도 계속 진행되며 연쇄반응이 일어난다.

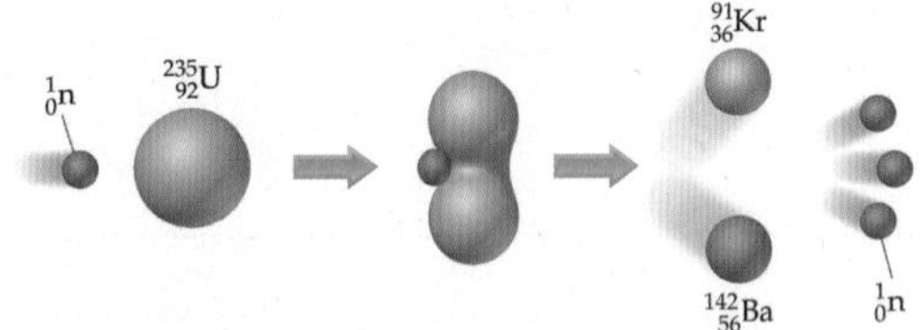

- ^{235}U시료의 크기가 작으면 추가 핵분열을 개시하기 전에 많은 중성자들이 탈출하여 연쇄반응이 곧 중지된다. 하지만 ^{235}U가 충분한 양(임계질량)만큼 존재하면 지속적으로 연쇄반응이 일어난다.
- 핵 분열 폭탄: 임계 이하의 질량을 갖는 덩어리들을 갑자기 결합시켜 초임계 질량을 형성 → 핵폭발

3. 핵 반응로

- 핵 반응로: 원자로에서는 핵분열 속도를 조절하기 위해 감속재와 제어봉을 이용
- 감속재: 우라늄에서 방출된 중성자를 감속시킴, 대부분의 경우 보통 물을 사용(경수형 원자로)
- 제어봉: 중성자를 흡수하여 핵반응을 중지시킴, (^{112}Cd과 ^{10}B를 포함)

예제 21.4.1 (Z75)

한 작은 원자 폭탄은 2만톤의 TNT의 폭발에 해당하는 에너지를 낸다. 1톤의 TNT는 폭발할 때 4×10^{9}J의 에너지를 방출한다. ^{235}U이 핵 분열을 할 때 2×10^{13}J/mol의 에너지를 방출한다. 이 원자 폭탄을 만드는데 필요한 ^{235}U의 양을 계산하라.

21.5 방사선의 영향

1. 방사선이 생물체에 미치는 피해

- 체강 손상: 생명체에 직접적으로 미치는 손상 (병이나 죽음 유발)
- 유전적 손상: 유전 인자에 영향을 주어 그 자손에게 나쁜 영향을 미침

2. 방사선의 측정 단위

▶ 방사선 측정 단위

단위	측정량	설명
베크렐 (Bq)	붕괴 건수	1Bq = 1붕괴/초
큐리 (Ci)	붕괴 건수	1Ci = 3.7×10^{7} 붕괴/초
그레이 (Gy)	조직 kg당 흡수 에너지	1Gy = 1J/kg 조직
래드 (Rad)	조직 kg당 흡수 에너지	1Rad = 0.01 Gy
시버트 (Sv)	조직 손상	1Sv = 1J/kg
렘 (Rem)	조직 손상	1rem = 0.01 Sv

- 시버트: 방사선에 의해 입은 조직 손상량을 측정하는 SI단위
  조직 1kg당 흡수된 에너지뿐만 아니라 다른 방사선 종류에 따른 생물학적 효과도 고려
- rem 수 = rad 수 × RBE (RBE: 생물학적 손상을 일으키는 방사선의 상대적 효과)

3. 방사선의 생물학적 효과에 영향을 주는 요인들

- 방사선의 에너지: 방사선의 에너지 함량이 크면 그 손상도 크다.
- 방사선의 침투 능력: 방사성 입자와 복사선은 생체 조직에 침투하는 능력이 각기 다르다.
  (침투 능력: $\alpha<\beta<\gamma$)
- 방사선의 이온화 능력: 이온화 능력이 클수록 생체 기능에 유해하다.
  (이온화 능력: $\gamma<\alpha$)
- 방사선이 화학적 성질: 인체에 오래 머무를수록 손상을 일으키는 정도가 크다.
  (Ca과 화학적 성질이 비슷한 ${}^{90}_{38}\mathrm{Sr}$는 뼈에 모여서 백혈병과 골수암의 원인이 된다.)

▶ 방사선의 성질

방사선 종류	몸에서 투과 거리
α	0.02 ~ 0.04mm
β	0 ~ 4mm
γ	1 ~ 20cm

▶ 인체에 미치는 방사선의 생물학적 효과

방사량(rem)	생물학적 효과
0 ~ 25	검출 가능한 효과 없음
25 ~ 100	백혈구 세포의 일시적 감소
100 ~ 200	메스꺼움, 구토, 백혈수 세포의 장기간 감소
200 ~ 300	구토, 설사, 식욕감소, 의욕상실
300 ~ 600	구토, 설사, 출혈, 어떤 경우에는 사망
600 이상	거의 모든 경우에 사망

예제 21.5.1 (Z63)

방사성 Xe과 방사성 Sr 중 인체에 더 해로운 물질은 무엇인가? (각 경우 방사능의 양은 같다고 가정한다.)

예제 21.5.2 (Z64)

플루토늄(Pu)은 α-입자를 생성하는 방사성 원소이다. α-입자는 피부에 의해 쉽게 차단됨에도 불구하고 플루토늄은 왜 가장 위험한 물질 중 하나인가? (힌트: Pu는 쉽게 Pu^{4+}로 산화되며, Pu^{4+}는 Fe^{3+}와 화학적 성질이 비슷하다.)

21.6 방사선의 의학적 이용

1. 생체 내 시술

- 방사성 의약품을 환자에게 투여하고, 그것의 흡수, 배설, 희석, 농축 등의 체내 경로를 분석한다.
  (예): 방사성 크로뮴-51로 표지된 정확한 양의 적혈구를 주사하여 전체 혈액의 부피를 측정한다.

2. 치료 시술

- 질병 조직을 죽이는 데 방사선을 이용
  (예): 코발트-60에서 나오는 γ선을 이용하여 암조직 치료
  (예): 방사선 아이오딘-131에서 방출하는 β선을 이용하여 갑상선 질환 치료

3. 영상 기술

- 인체에 들어오는 방사성 동위원소의 분포 양상을 분석하여 인체 기능 진단.
  (예) 방사성 테크네슘-99m을 이용한 골격 정밀 촬영으로 전이된 암의 위치 확인
  (예) PET 촬영: 암환자에게 ^{18}F 표지된 포도당을 주입하여 암세포의 대사 활동량을 측정하고 양성인지 악성인지 판단 (암세포는 정상 세포보다 포도당 신진대사 속도가 훨씬 더 큼)

예제 21.6.1(Z18)

다음에 기술한 각 과정에 대한 균형 맞춘 반응식을 써라.

a. 비장(spleen)을 과녁으로 하는 크로뮴-51은 적혈구 세포의 연구에서 추적자로 사용되는 데, 전자 포획에 의한 붕괴가 일어난다.

b. 활동 과다상태인 갑상선(hyperactive thyroid gland)을 치료하는 데 사용되는 요오드-131은 붕괴하여 β입자를 생성한다.

c. 간에서 축적되는 인-32는 붕괴하여 β입자를 생성한다.

예제 21.6.2 (Z66)

다음 각각의 동위원소들은 의학적 목적으로 사용되어 왔다. 의학적 목적으로 특정 원소들이 선택된 이유를 제시하라.

a. 코발트-57, 인체가 비타민 B_{12}를 사용하는 것에 대한 연구

b. 칼슘-47, 뼈 대사의 연구

c. 철-59, 적혈구 세포 기능의 연구

예제 21.6.3 (O31)

인체 내 포도당 흡수 조사를 위한 양전자 방출 단층 촬영(PET)에 사용하는 ^{11}C, ^{15}O과 ^{18}F의 붕괴에 대한 균형 핵 반응식을 쓰시오.

예제 21.6.4 (Z89)

1mL 마다 분 당 5.0×10^3 계수의 방사능 핵종을 포함하고 있는 용액 $0.10cm^3$을 쥐에 주사하였다. 수 분이 지난 후 쥐의 피 $1.0cm^3$을 취하여 조사한 결과 분 당 48계수를 보여 주었다. 쥐에 있는 피의 부피를 계산하라. (단, 방사능 핵종의 양 변화는 무시한다. 방사능 핵종은 쥐의 혈액에 균일하게 분포한다고 가정한다.)

21 개념 확인 문제 (적중 2000제 선별문제)

01. 핵화학 (NU1.4)

화학 반응과 핵반응을 비교한 것으로 옳지 않은 것은?

① 화학반응에서는 핵 자체가 변하거나 다른 원소가 만들어지지 않는다.
② 핵반응에서는 원자핵 변화가 수반되며 다른 원소로 변할 수 있다.
③ 화학 반응에서 동위원소는 같은 화학적 성질을 가지지만, 핵반응에서 동위원소는 다른 성질을 가진다.
④ 핵반응의 속도는 온도나 촉매의 영향을 받는다.
⑤ 핵반응에 수반되는 에너지 변화는 화학반응에 수반되는 것보다 훨씬 더 크다.

02. 핵화학 (NU2)

다음은 우라늄이 붕괴되어 토륨이 생성되는 핵반응이다. (가)에 해당하는 입자는?

$$^{238}_{92}U \rightarrow ^{234}_{90}Th + (가)$$

① $^{4}_{2}He$
② $^{0}_{-1}e$
③ $^{1}_{0}n$
④ $^{1}_{1}H$
⑤ $^{2}_{1}H$

03. 핵화학 (NU5)

다음 핵반응에 따른 결과가 옳지 않은 것은?

① $^{39}_{17}Cl$에 의한 베타 방출 : $^{39}_{18}Ar$
② $^{22}_{11}Na$에 의한 양전자 방출 : $^{22}_{10}Ne$
③ $^{224}_{88}Ra$에 의한 알파 방출 : $^{220}_{86}Rn$
④ $^{82}_{38}Sr$에 의한 전자포획 : $^{82}_{37}Rb$
⑤ $^{37}_{18}Ar$에 의한 베타 방출: $^{37}_{17}Cl$

04. 핵화학 (NU8)

다음과 같은 핵과정에서 (ㄱ)~(ㄷ)에 대한 설명으로 옳은 것만을 〈보기〉에서 모두 고른 것은?

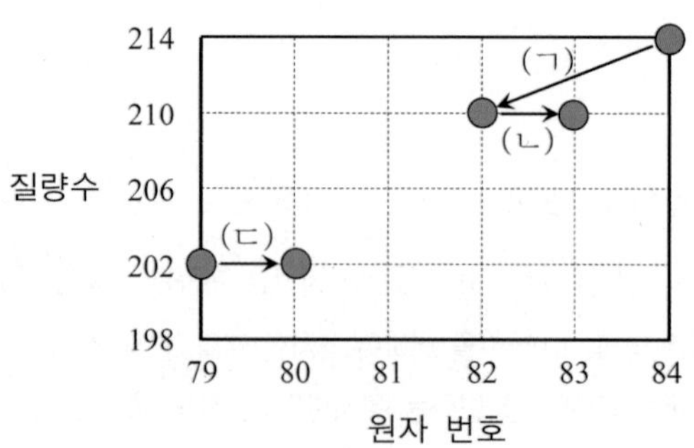

〈보 기〉
ㄱ. 알파 입자 생성
ㄴ. 베타 입자 생성
ㄷ. 감마 입자 생성

① ㄱ
② ㄴ
③ ㄱ, ㄴ
④ ㄴ, ㄷ
⑤ ㄱ, ㄴ, ㄷ

05. 핵화학 (NU14)

$^{11}_{6}C$는 불안정한 핵종이다. 이 핵종은 어떤 입자를 방출하며 방사성 붕괴를 일으킬 것으로 예상되는가?

① 알파 입자 방출
② 양전자 방출
③ 베타 입자 방출
④ 감마선 방출
⑤ 자발적 분열(가벼운 핵종과 중성자 방출)

06. 핵화학 (NU17)

^{14}C는 베타 붕괴를 일으키며 붕괴되며, 이 핵반응의 반감기는 5700년이다. 살아있는 나무의 ^{14}C 함량의 25%를 포함하는 나무 시료는 얼마나 오래되었는가?

① 5700년
② 11400년
③ 17100년
④ 22800년
⑤ 28500년

07. 핵화학 (NU18)

방사성 동위원소인 ^{90}Sr의 반감기는 28년이다. 주어진 ^{90}Sr 시료의 64%가 분해되는데 걸리는 시간은?

① 9년
② 18년
③ 41년
④ 1년
⑤ 50년

08. 화학 (NU27)

자연계에 존재하는 원소 중에서 핵자 당 결합에너지가 가장 큰 것은 어느 것인가?

① H−2
② He−4
③ Co−59
④ Fe−56
⑤ U−235

번호	1	2	3	4	5
정답	④	①	⑤	③	②

번호	6	7	8		
정답	②	③	④		

C H E M I S T R Y

22

배위 화합물

22

배위 화합물

22.1 배위 화합물

1. 착이온과 배위 화합물

- 금속이온이 리간드와 결합되어 착이온(complex ion)을 형성한다.

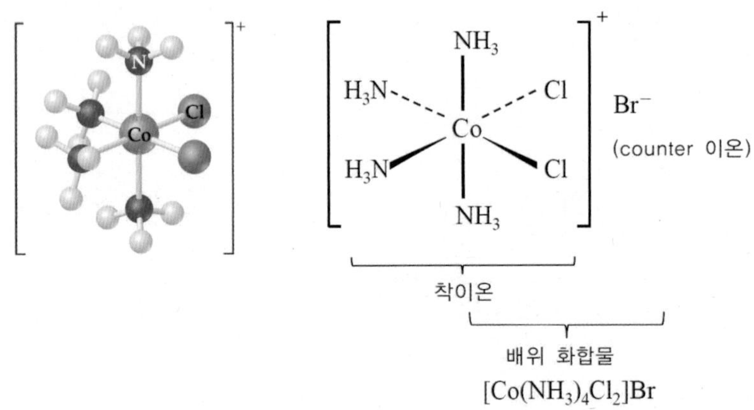

- 리간드는 금속 이온과 배위결합을 할 수 있는 분자나 이온이다.
- 금속이온은 루이스 산, 리간드는 루이스 염기로 작용한다.
- 주개원자(donor atom)는 리간드에서 금속이온과 직접 결합한 원자이다.
- 배위 화합물은 착이온을 포함하는 화합물이다.
- 중심 금속은 리간드와 강하게 결합하여 배위권(coordination sphere)을 이룬다.
- 배위권 밖의 이온(counterion)이나 분자는 수용액 상에서 배위권과 쉽게 분리된다.
- 배위수는 중심 금속 원자에 직접 결합된 원자 수이다. (주로 2, 4, 6)
- 배위수에 따라 착물의 기하구조가 결정된다.

▶ 대표적인 착이온들의 예

배위수	구조	예
2	선형	$[CuCl_2]^-$, $[Ag(NH_3)_2]^+$, $[AuCl_2]^-$
4	평면 사각	$[Ni(CN)_4]^{2-}$, $[PdCl_4]^{2-}$, $[Pt(NH_3)_4]^{2+}$, $[Cu(NH_3)_4]^{2+}$
4	사면체	$[Cu(CN)_4]^{3-}$, $[Zn(NH_3)_4]^{2+}$, $[CdCl_4]^{2-}$, $[MnCl_4]^{2-}$
6	팔면체	$[Ti(H_2O)_6]^{3+}$, $[V(CN)_6]^{4-}$, $[Cr(NH_3)_4Cl_2]^+$, $[Mn(H_2O)_6]^{2+}$, $[FeCl_6]^{3-}$, $[Co(en)_3]^{3+}$

예제 22.1.1 (O23)

다음 화합물 0.010 몰씩을 1.0L의 물에 각각 녹였다.

KNO_3, $[Co(NH_3)_6]Cl_3$, $Na_2[PtCl_6]$, $[Cu(NH_3)_2Cl_2]$.

이 네 가지 용액을 전도도가 작은 것부터 순서대로 배열하라.

2. 금속의 산화수

- 배위 화합물 전체의 전하는 0이다.
- 착화합물의 전하는 중심금속과 리간드의 전하의 합이다.

3. 리간드의 종류

- 한자리 리간드 : 주개원자가 하나인 리간드이다.
- 여러 자리 리간드 :
  - 주개원자가 두 개 이상인 리간드를 킬레이트 리간드라고 한다.
  - 킬레이트 리간드는 한자리 리간드보다 금속이온과 더 강하게 결합한다. (킬레이트 효과)

형태	예
한 자리	H_2O, NH_3, CN^-, NO_2^- (나이트라이트), SCN^- (싸이오사이아네이트), OH^-, X^- (할로젠)
두 자리	옥살산 이온: $(-)\,O-C(=O)-C(=O)-O\,(-)$, 두 O가 M에 배위 에틸렌다이아민 (en): $H_2N-CH_2-CH_2-NH_2$, 두 N이 M에 배위
여러 자리	다이에틸렌트라이아민 (dien): $H_2N-(CH_2)_2-NH-(CH_2)_2-NH_2$ (3개의 배위 원자들) 에틸렌다이아민테트라아세테이트 (EDTA): $[(-)O-C(=O)-H_2C]_2N-(CH_2)_2-N[CH_2-C(=O)-O(-)]_2$ (6개의 배위 원자들)

예제 22.1.2 (Z3)

다음 착이온의 정확한 화학식을 써라.

a. CN^- 리간드를 가진 선형의 Ag^+ 착이온

b. H_2O 리간드를 갖는 사면체 구조의 Cu^+ 착이온

c. 옥살산 리간드를 갖는 사면체 구조의 Mn^{2+} 착이온

d. Cl^- 리간드를 갖는 팔면체 구조의 Co^{2+} 착이온

e. EDTA 리간드를 갖는 팔면체 구조의 Fe^{3+} 착이온

예제 22.1.3 (O27)

다음 화합물들의 전이 금속에 대해 산화수를 적어라.

a. $K_3[Fe(CN)_6]$

b. $[Ag(NH_3)_2]Cl$

c. $[Ni(H_2O)_6]Br_2$

d. $[Cr(H_2O)_4(NO_2)_2]I$

4. 결합 모형(원자가 결합 이론)

- 금속 이온의 비어있는 혼성 오비탈들이 리간드의 비공유 전자쌍을 받아들이며 배위 결합을 형성
- 한계: 착이온의 색깔과 자기성을 설명할 수 없다.
- 착물의 기하구조에 따라 중심 금속의 혼성 오비탈이 결정된다.

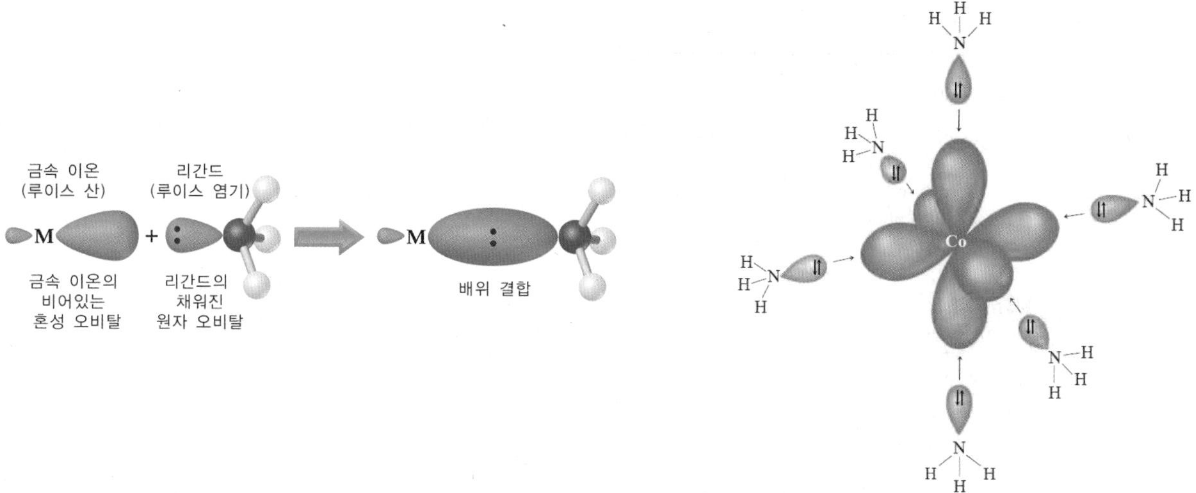

▶ 착물의 기하구조와 혼성 오비탈

배위수	기하구조	혼성오비탈	예
2	선형	sp	$[Ag(NH_3)_2]^+$
4	사면체	sp^3	$[CoCl_4]^{2-}$
4	평면사각	dsp^2	$[Ni(CN)_4]^{2-}$
6	팔면체	d^2sp^3 or sp^3d^2	$[Cr(H_2O)_6]^{3+}$

예제 22.1.4 (M20.109)

다음 각 착물에서 중심 금속의 혼성 오비탈을 나타내시오.

a. $[Ti(H_2O)_6]^{3+}$

b. $[NiBr_4]^{2-}$ (사면체)

c. $[AuCl_4]$ (사각 평면)

d. $[Ag(NH_3)_2]^+$

5. 배위 화합물의 명명법

- 배위 화합물은 체계적으로 명명할 수 있다.

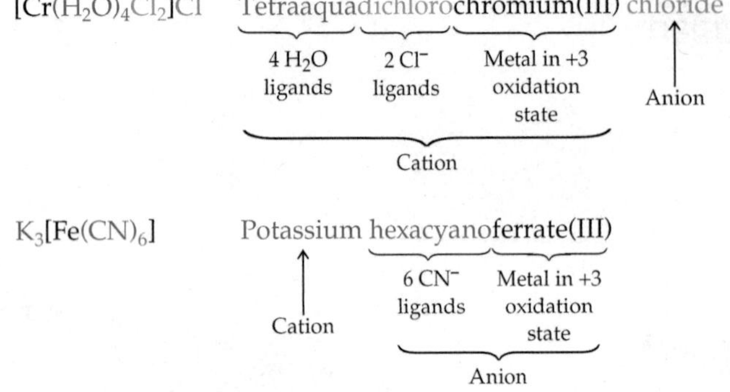

Ligand	Name in Complexes	Ligand	Name in Complexes
Azide, N_3^-	Azido	Oxalate, $C_2O_4^{2-}$	Oxalato
Bromide, Br^-	Bromo	Oxide, O^{2-}	Oxo
Chloride, Cl^-	Chloro	Ammonia, NH_3	Ammine
Cyanide, CN^-	Cyano	Carbon monoxide, CO	Carbonyl
Fluoride, F^-	Fluoro	Ethylenediamine, en	Ethylenediamine
Hydroxide, OH^-	Hydroxo	Pyridine, C_5H_5N	Pyridine
Carbonate, CO_3^{2-}	Carbonato	Water, H_2O	Aqua

예제 22.1.5 (Z37,38)

다음 배위 화합물을 명명하라.

a. $[Co(NH_3)_6]Cl_2$

b. $[Co(H_2O)_6]I_3$

c. $Na_3[Co(CN)_6]$

d. $[Co(NH_3)_3(NO_2)_3]$

e. $[Fe(NH_2CH_2CH_2NH_2)_2(NO_2)_2]Cl$

예제 22.1.6 (Z39)

다음의 화학식을 써라.

a. 테트라클로로코발트(II)산 포타슘 []

b. 브로민화 아쿠아트라이카보닐백금(II)

c. 다이사이아노비스(옥살라토)철(III)산 소듐

d. 아이오딘화 트라이암민클로로에틸렌다이아민크로뮴(III)

예제 22.1.7 (O8-19)

다음 화합물들의 화학식을 써라.

a. 테트라하이드록소아연(II)산 소듐
[sodium tetrahydroxozincate(II)]

b. 질산 다이클로로비스(에틸렌다이아민)코발트(III)
[dichlorobis(ethylenediamine)cobalt(III) nitrate]

c. 염화 트라이아쿠아브로모백금(II)
[triaquabromoplatinum(II) chloride]

d. 브로민화 테트라암민다이나이트로백금(IV)
[tetraamminedinitroplatinum(IV) bromide]

22.2 이성질화 현상

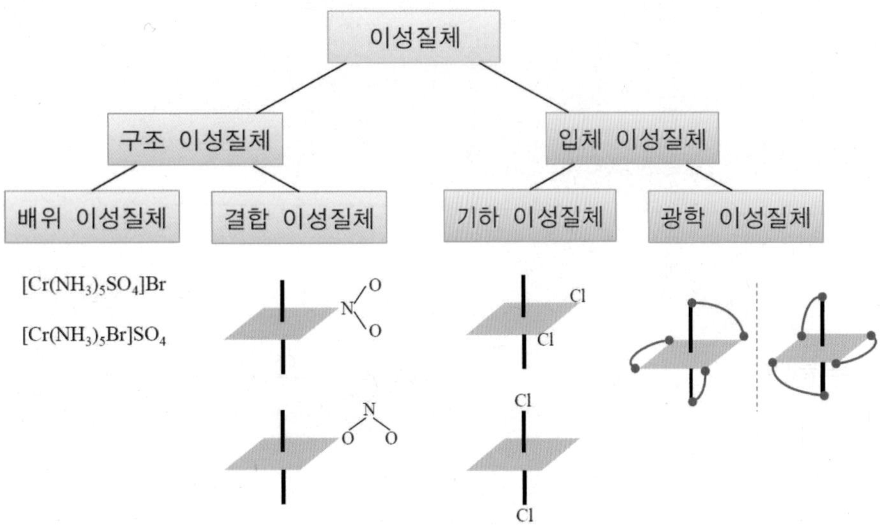

1. 구조 이성질 현상

- 배위 이성질현상: 금속 주위의 리간드 배위 조성이 다르다.

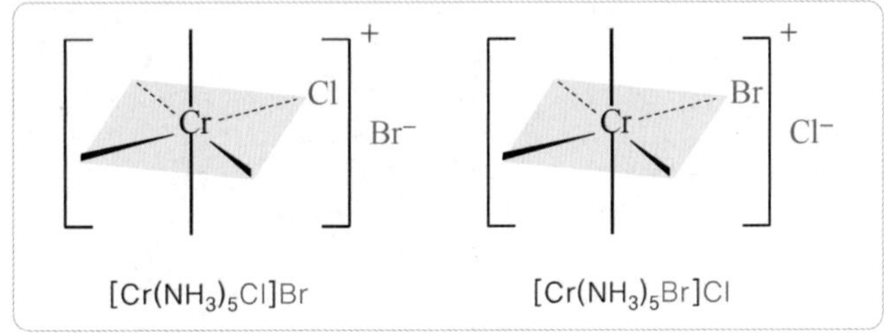

$[Cr(NH_3)_5Cl]Br$ $[Cr(NH_3)_5Br]Cl$

- 결합 이성질현상: 하나 또는 그 이상의 리간드의 결합 원소가 다르다.
- NO_2^-, SCN^-, OCN^- 등은 결합 이성질 현상이 가능하다.

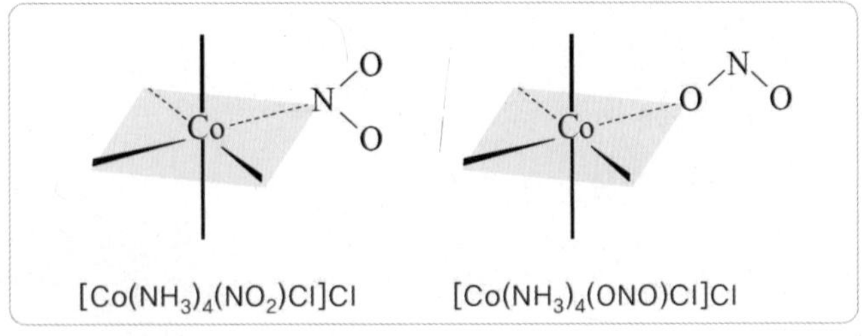

$[Co(NH_3)_4(NO_2)Cl]Cl$ $[Co(NH_3)_4(ONO)Cl]Cl$

2. 기하 이성질 현상

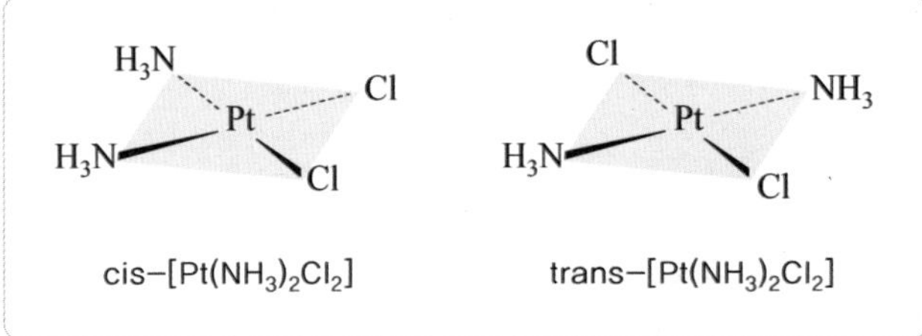

cis–[$Pt(NH_3)_2Cl_2$]　　trans–[$Pt(NH_3)_2Cl_2$]

trans–[$Co(NH_3)_4Cl_2$]　　cis–[$Co(NH_3)_4Cl_2$]

trans–[$Co(en)_2(NH_3)_2]^{3+}$　　cis–[$Co(en)_2(NH_3)_2]^{3+}$

fac–[$Co(NH_3)_3Cl_3$]　　mer–[$Co(NH_3)_3Cl_3$]

3. 광학 이성질 현상

- 대칭면이 없는 분자는 광학 활성이다.
- 거울상 이성질체는 편광면을 각각 반대 방향으로 회전시킨다.

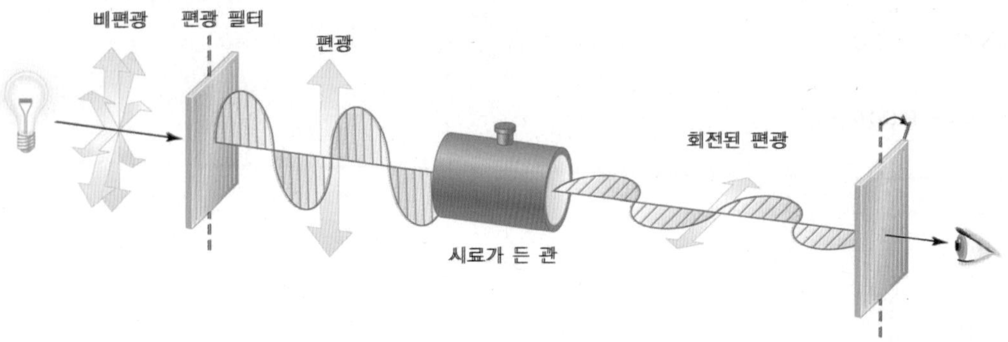

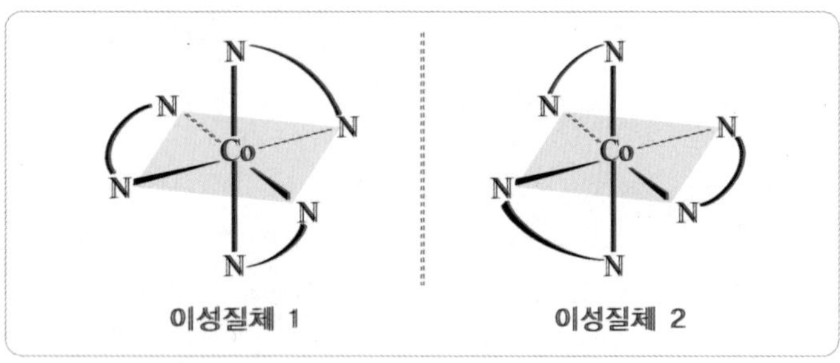

예제 22.2.1 (M100)

다음 착물 중 어느 것이 카이랄성인가?

a. $[Cr(en)_3]^{3+}$

b. cis－$[Co(NH_3)_4Br_2]^+$

c. cis－$[Cr(en)_2(H_2O)_2]^{3+}$

d. $[Cr(C_2O_4)_3]^{3-}$

▶ 여러가지 팔면체착물의 이성질체

착화합물	기하 이성질체의 구조/ 개수 (노란 원표시 구조는 광학 활성인 구조)
(1) MA_4B_2	B B / B B
(2) MA_3B_3	A A A / A A A
(3) MA_3B_2C	B C B / B B C / C B B
(4) MA_4BC	B C / B C
(5) $MA_2B_2C_2$	A B C B C A / B A C A C B / C A B A B C / A B C C B A / A C A C B B
(6) MA_3BCD	B C D / B C D / C B D / B D C
(7) $M(en)_2A_2$	

(8) $M(en)_3$	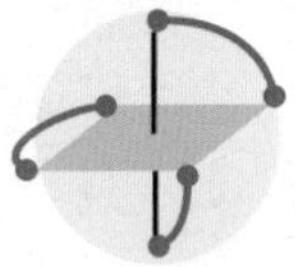
(9) $M(en)A_2B_2$	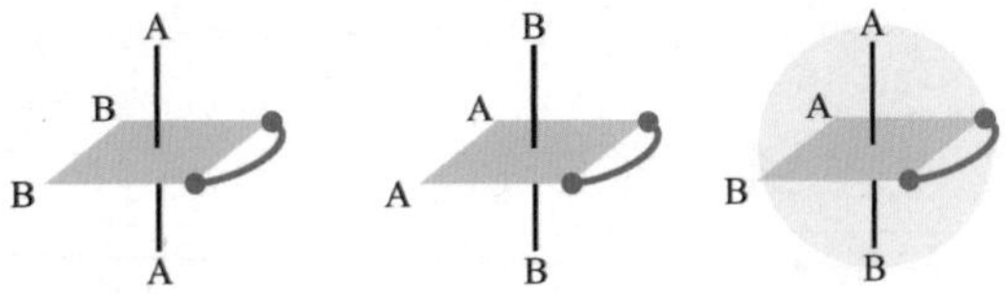
(10) $M(en)A_3B$	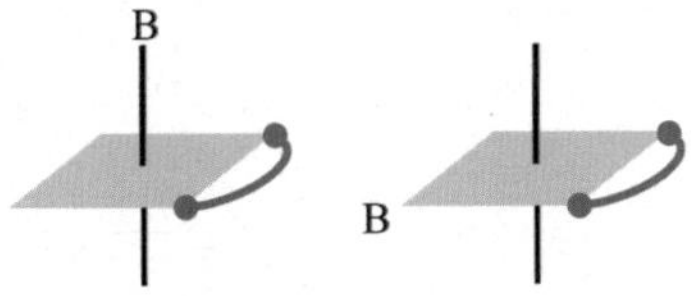
(11) $M(en)_2AB$	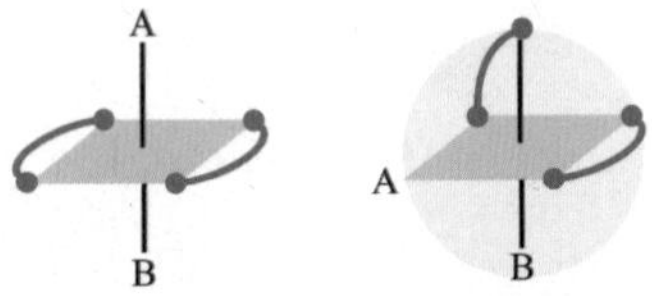
(12) $M(en)(ox)A_2$	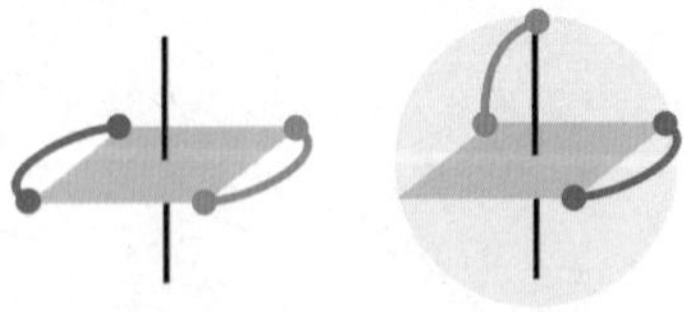
(13) $M(dien)A_3$	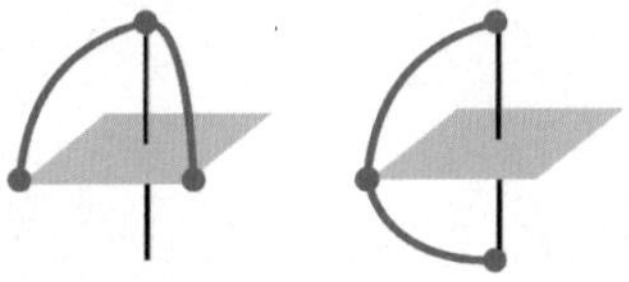
(14) $M(dien)_2$	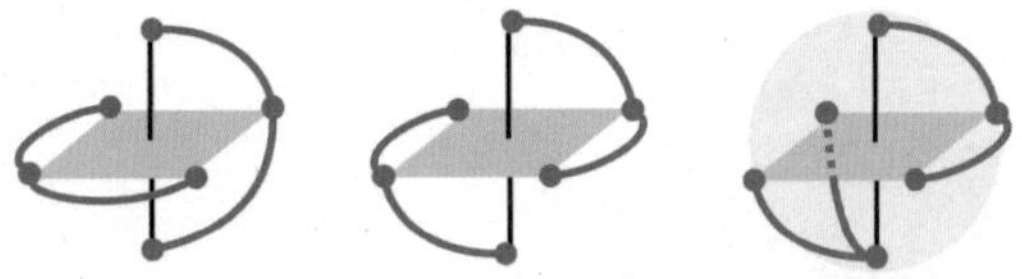
(15) $M(trien)A_2$	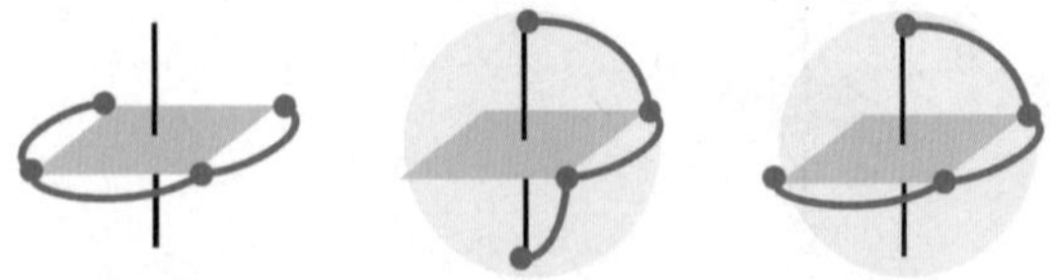
(16) M(edta)	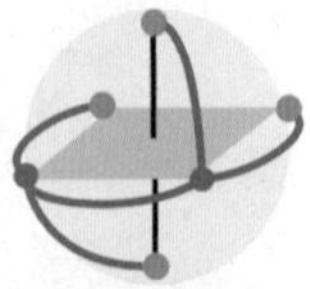

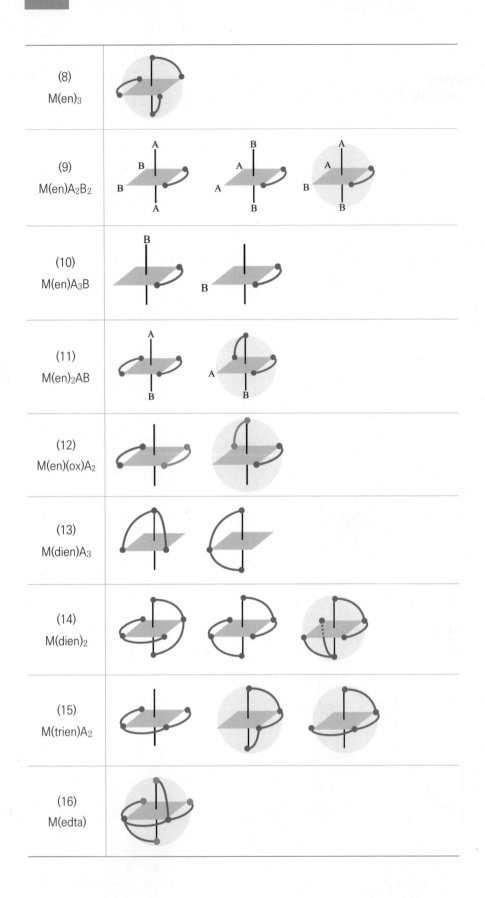

예제 22.2.2 (Z41)

다음 착이온의 입체 이성질체를 모두 그려라.

a. $[Co(C_2O_4)_2(H_2O)_2]^-$

b. $[Pt(NH_3)_4I_2]^{2+}$

c. $[Ir(NH_3)_3Cl_3]$

d. $[Cr(en)(NH_3)_2I_2]^+$

예제 22.2.3 (O25)

다음 착물들의 가능한 입체 이성질체들을 모두 그려라.

a. 다이암민브로모클로로백금(Ⅱ)
(diamminebromochloroplatinum(Ⅱ); 사각평면)

b. 다이아쿠아클로로트라이사이아노코발트(Ⅲ)산 이온
(diaquachlorotricyanocobaltate(Ⅲ) ion; 팔면체)

c. 트라이옥살레이토바나듐(Ⅲ)산 이온
(trioxalatovanadate(Ⅲ) ion; 팔면체)

22.3 결정장 이론 (Crystal field theory)

1. 물질의 색깔

- 전자 전이가 일어날 때, 오비탈의 에너지 간격과 같은 에너지의 광자를 흡수할 수 있다.
- 가시광선을 흡수하는 물질은 색깔을 띨 수 있다.
- 물질이 나타내는 색 = 물질이 흡수하는 빛의 보색

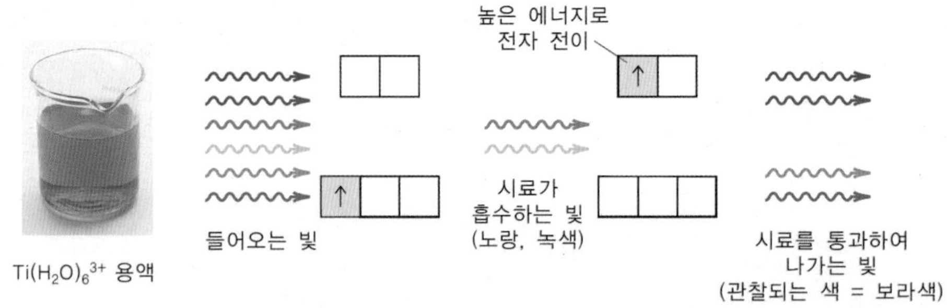

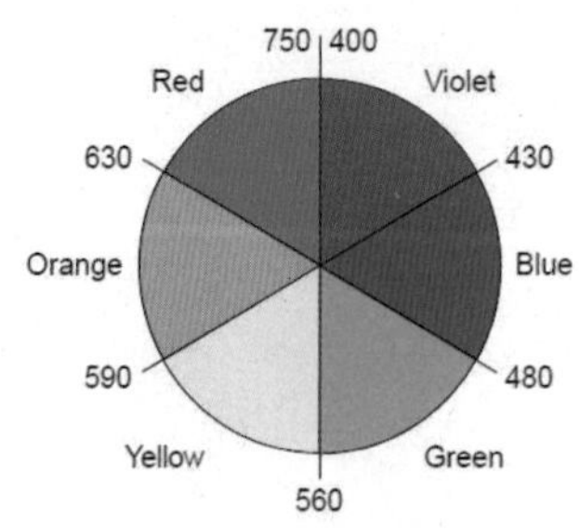

흡수하는 색	관찰되는 색(보색)
빨강	녹색
주황	파랑
노랑	보라
초록	빨강
파랑	주황
보라	노랑

2. 자기적 성질

- 홀전자가 있으면 상자기성이고 자석에 끌린다.
- 홀전자가 없으면 반자기성이고 자석에 약하게 밀린다.

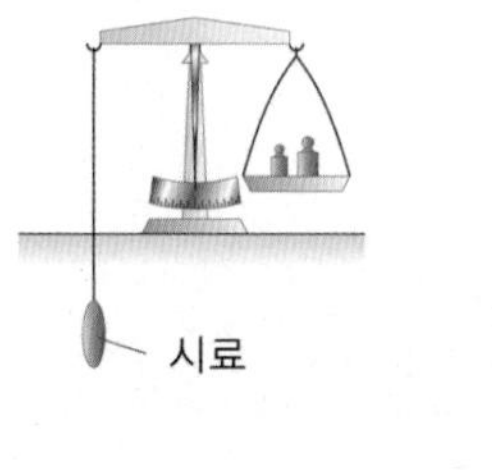

자기장이 없을 때

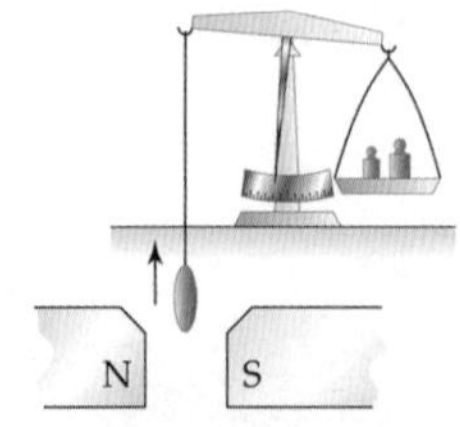

반자기성 : 자석에 약하게 밀림

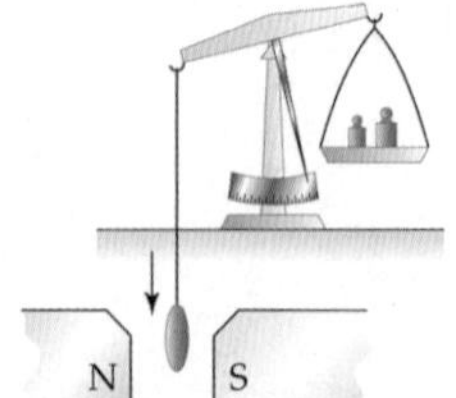

상자기성 : 자석에 끌림

3. 결정장 이론

- 결정장 이론을 이용하여 착물의 색깔과 자기성을 설명하고 예측할 수 있다.
- 중심 금속 이온과 리간드가 결합하여 착물을 형성할 때, 자유 금속 이온의 d 오비탈 에너지 준위는 갈라진다.
- 착물의 기하구조에 따라 d 오비탈의 갈라짐 모양이 다르다.

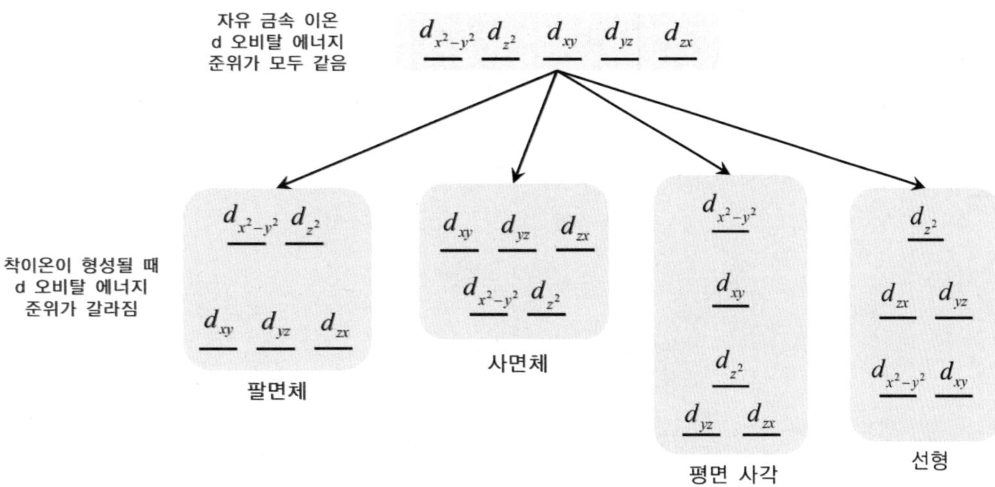

예제 22.3.1

다음 착물의 기하구조에 대해 d 궤도함수 분리 그림을 그려라.

a. 팔면체

b. 사면체

c. 평면 사각

d. 선형

4. 팔면체 착물의 전자배치

- 착이온 형성시 금속의 d오비탈의 에너지는 결정장 갈라짐에너지 △만큼 갈라진다.
- 금속의 종류, 금속 이온의 산화수, 리간드의 종류에 따라 △가 달라진다.

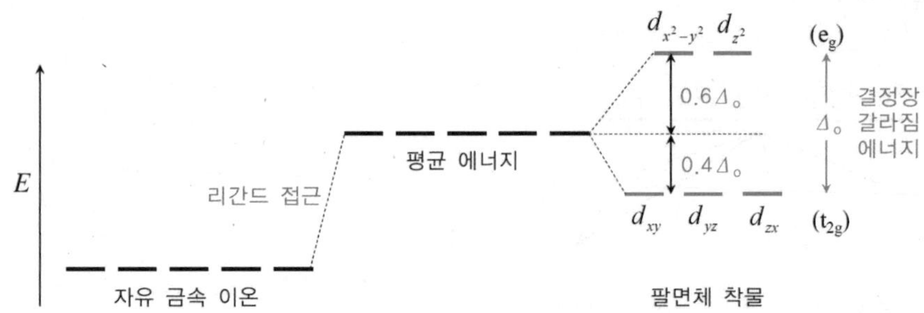

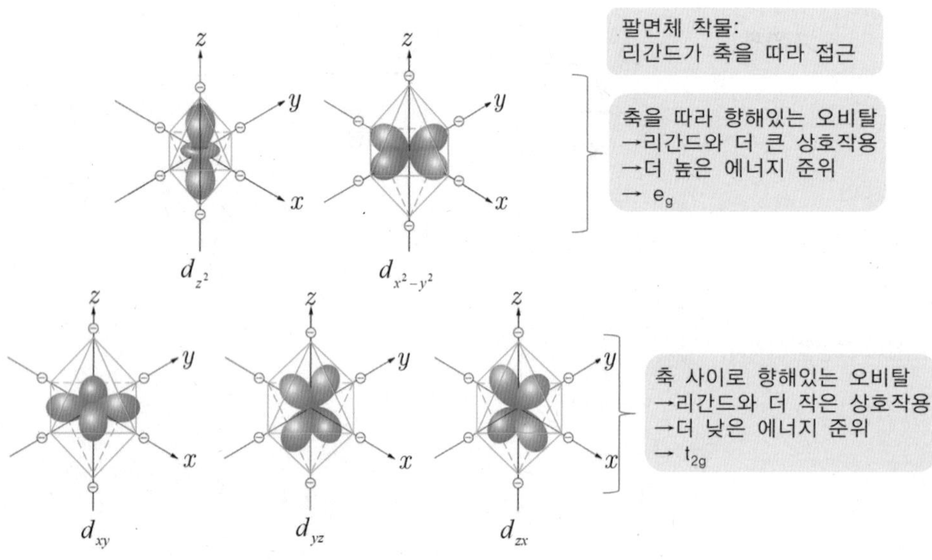

- 같은 종류의 중심 금속인 경우, 산화수가 증가할수록 △도 증가한다.
- △는 리간드의 분광 화학적 계열에 따라 증가한다.

△증가 →

$I^- < Br^- < Cl^- < F^- < OH^- < H_2O < NH_3 <$ en $< NO_2^- < CN^-$, CO

약한장 리간드 ... 강한장 리간드

5. 팔면체 착물의 색깔

- △값이 클수록 짧은 파장의 빛을 흡수한다.

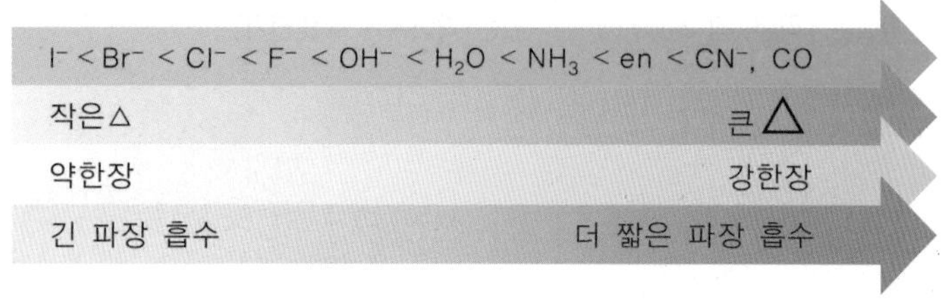

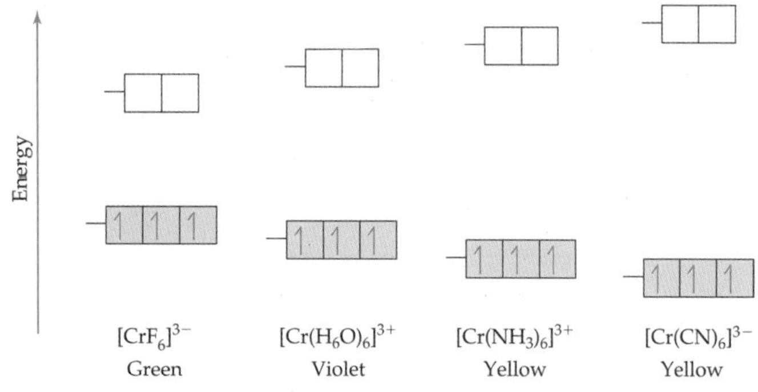

예제 22.3.2

크로뮴(Ⅲ) 이온은 수용액에서 파란색-보라색을 띤다.
배위된 물 대신 사이아노 리간드가 치환된다면 최대 흡수 파장은 증가 하겠는가 혹은 감소하겠는가?

예제 22.3.3 (Z62)

착이온 $Co(NH_3)_6^{3+}$, $Co(CN)_6^{3-}$, CoF_6^{3-}를 고려하자. 이들의 흡수 파장은 770nm, 440nm, 290nm이다. 흡수한 전자파의 파장과 착이온을 짝지어 보라.

예제 22.3.4 (Z62)

세 개의 시험관에 각각 다른 크로뮴 착이온 용액이 들어있다. 용액이 나타내는 색깔은 각각 보라, 노랑, 녹색이다. 만일 착이온이 $Cr(NH_3)_6{}^{3+}$, $Cr(H_2O)_6{}^{3+}$, $Cr(H_2O)_4Cl_2{}^{+}$라면, 각 시험관에 담겨있는 착이온은 무엇인가?

예제 22.3.5 (M118)

Ni(aq)은 초록색이지만, Zn(aq)은 무색이다. 이를 설명하시오.

6. 팔면체 착물의 자기성

- 팔면체 착물에서 금속이온에 배위된 리간드의 종류에 따라 홀전자 수가 변할 수 있다.

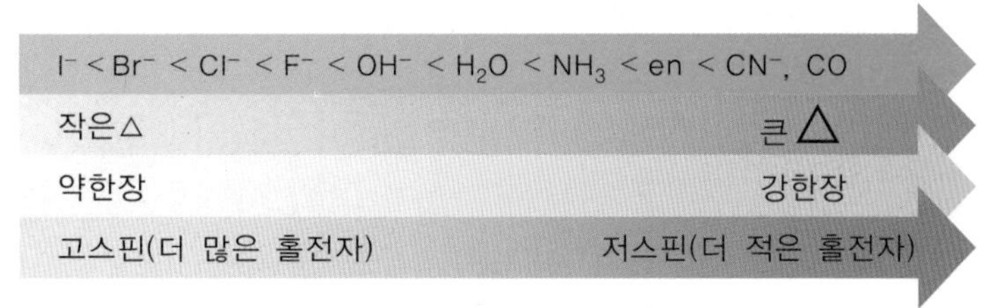

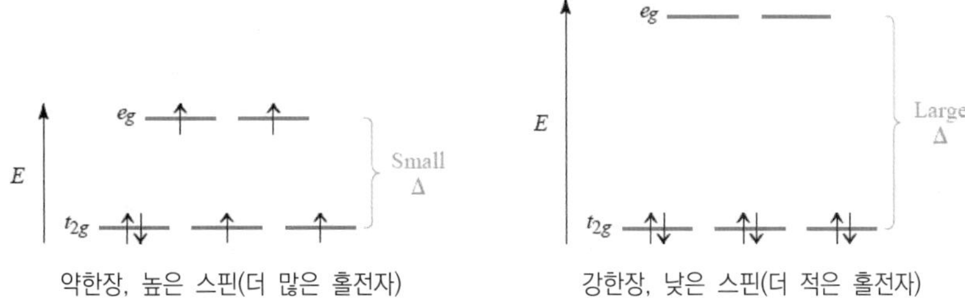

- $d^4 \sim d^7$인 금속 이온만 리간드에 따라 홀전자 수가 변할 수 있다.

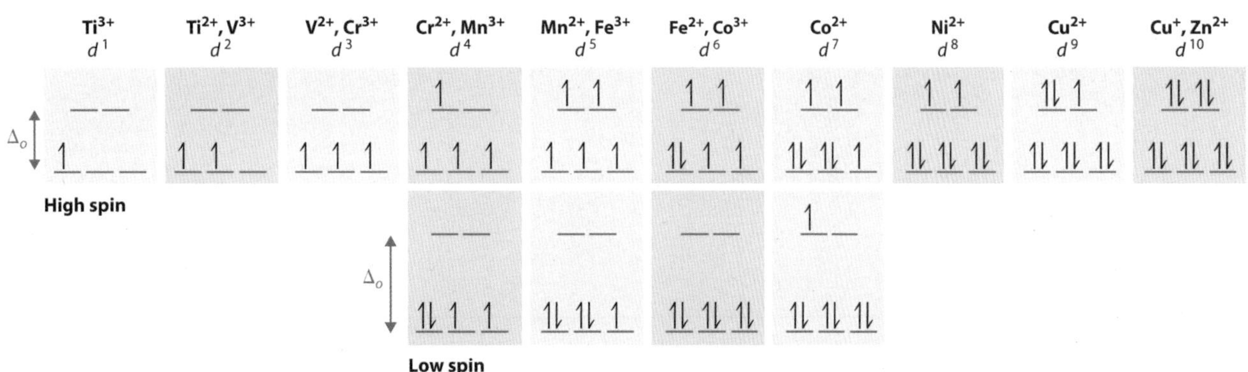

예제 22.3.6

$Fe(CN)_6{}^{4-}$와 $Fe(H_2O)_6{}^{2+}$중 어떤 것이 더 상자기성이기 쉬운가?

예제 22.3.7

다음의 팔면체 착화합물에 대한 d궤도함수 분리 그림을 그려라.

a. Fe^{2+}(고스핀과 저스핀)

b. Fe^{3+}(고스핀)

c. Ni^{2+}

예제 22.3.8

착이온 $[Cr(CN)_6]^{4-}$에 존재하는 홀 전자 수는 몇 개인가?

예제 22.3.9 (08.31)

정팔면체 착이온 $[Fe(CN)_6]^{3-}$은 정팔면체 착이온 $[Fe(H_2O)_6]^{3+}$보다 적은 수의 홀전자를 갖는다.

a. 각 착물들은 몇 개의 홀전자를 갖는가?

b. 각각의 경우 결정장 안정화 에너지(CFSE)를 Δ_0으로 나타내라.

7. 사면체 착물의 전자배치

- 사면체 착물의 예: $[CuCl_4]^{2-}$,$[NiCl_4]^{2-}$,$[Zn(NH_3)_4]^{2+}$,$[Co(NH_3)_4]^{2+}$…
- 사면체 착물의 $\triangle_t$는 팔면체 착물의 $\triangle_0$보다 작다. ($\triangle_{사면체} = \frac{4}{9}\triangle_{팔면체}$)
- 사면체 착물은 항상 높은 스핀 착물이다.

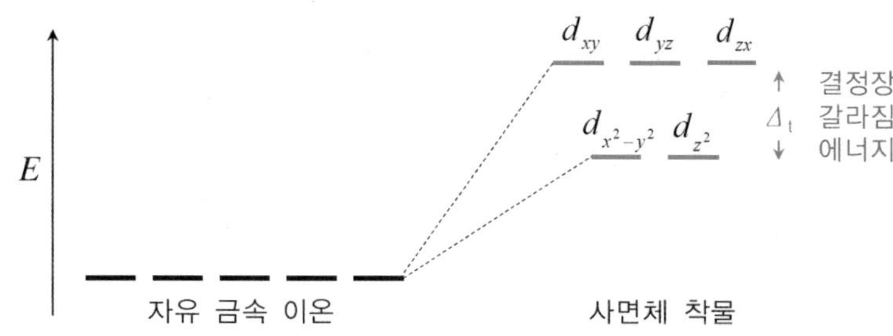

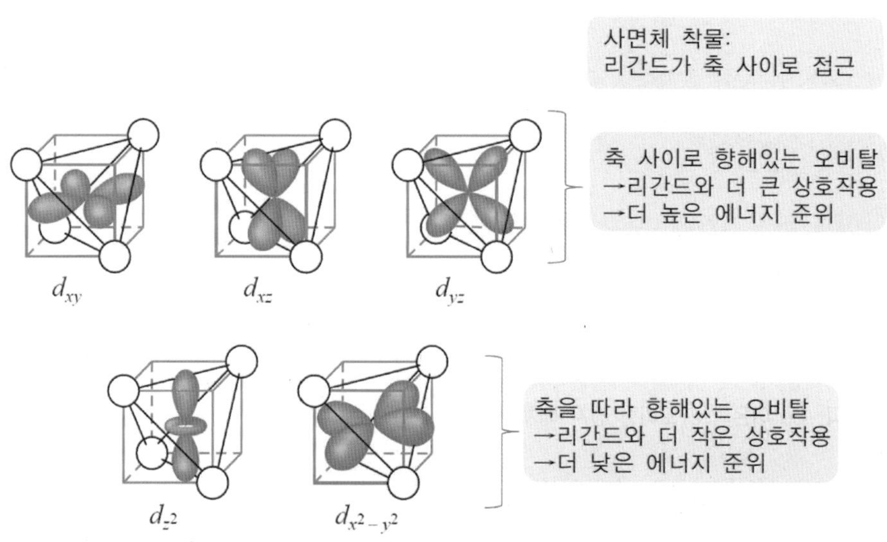

예제 22.3.10

$Co(H_2O)_6{}^{2+}$ 착이온의 붉은 색 용액에 진한 염산을 첨가하면 사면체 착이온인 $CoCl_4{}^{2-}$용액의 색과 같이 푸른빛으로 변한다. 이 변화를 설명하라.

예제 22.3.11

사면체 이온 $FeCl_4{}^-$에는 몇 개의 짝짓지 않은 전자가 존재하는가?

예제 22.3.12

착이온 $CoCl_4^{2-}$는 정사면체 구조를 갖고 있다. Co 이온의 d-오비탈 전자 배치를 나타내라.

8. 평면사각 착물의 전자배치

- 평면 사각 착물 : 주로 d^8금속이온에서 생성(Pd^{2+}, Pt^{2+}, Au^{3+})
  ($[Cu(CN)_4]^{2-}$, $[Ni(CN)_4]^{2-}$, $[PtCl_4]^{2-}$, $[PdCl_4]^{2-}$, $[PtCl_2(NH_3)_2]$)
- 다음 중 2가지 이상의 조건을 만족 시키면 대부분 평면 사각 착물이다.
  - ① 중심 금속이 5주기나 6주기 금속 ($4d$나 $5d$ 전자 배치)
  - ② d^8의 전자 배치
  - ③ 강한장 리간드(CO, CN^-)가 배위된 착물
- 평면사각 착물은 거의 항상 낮은 스핀 착물이다.

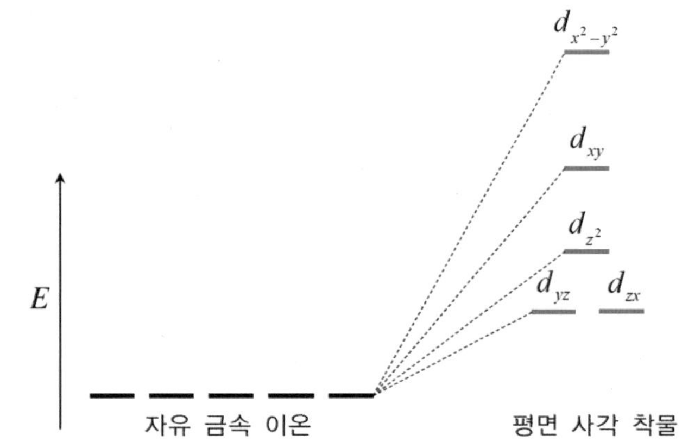

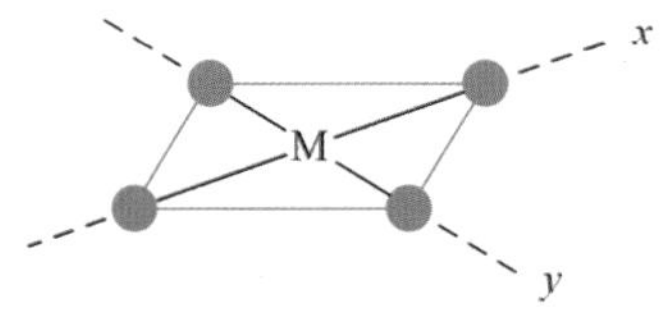

평면 사각 착물:
리간드가 x, y축을 따라 접근

x, y 축을 향해있는 오비탈,
x, y 성분이 많은 오비탈일수록
→리간드와 더 큰 상호작용
→더 높은 에너지 준위

예제 22.3.13

평면사각 착이온 $Ni(CN)_4{}^{2-}$에서 Ni 이온의 d-오비탈 전자 배치를 나타내라.

예제 22.3.14

착이온 $PdCl_4{}^{2-}$는 반자기성이다. $PdCl_4{}^{2-}$의 구조를 제시하라.

예제 22.3.15

$NiCl_4{}^{2-}$는 두 개의 짝짓지 않은 전자를 가진다. $NiCl_4{}^{2-}$의 구조를 예측하라.

9. 선형 착물의 전자배치

- z축 상에 놓인 두 리간드에 의해 z성분이 많을수록 d-오비탈의 에너지는 높아진다.

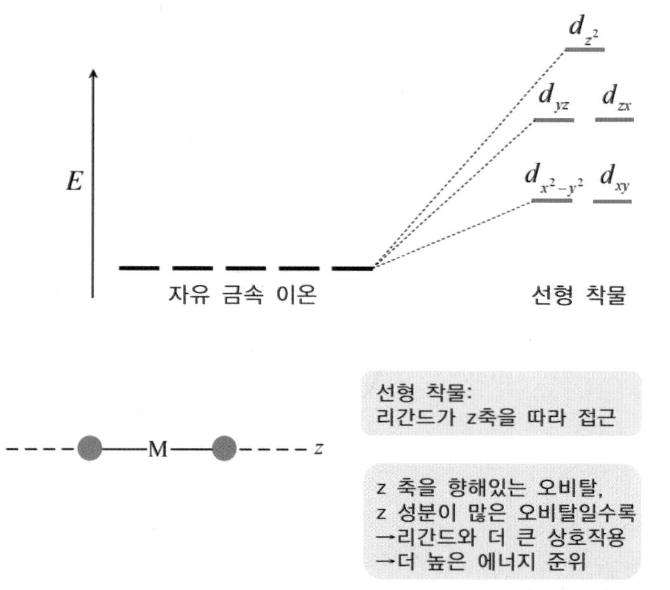

<table>
<tr><th></th><th>팔면체</th><th>사면체</th><th>평면 사각</th></tr>
<tr><td>약한장 리간드</td><td>↑ ↑
↑↓ ↑ ↑
고스핀</td><td rowspan="2">↑ ↑ ↑
↑ ↑↓
거의 항상 고스핀</td><td rowspan="2">—
↑↓
↑↓
↑↓ ↑↓
거의 항상 저스핀</td></tr>
<tr><td>강한장 리간드</td><td>— —
↑↓ ↑↓ ↑↓
저스핀</td></tr>
</table>

예제 22.3.16

$Ag(NH_3)_2^+$에서 Ag 이온의 d-오비탈 전자배치를 나타내라.

22 개념 확인 문제 (적중 2000제 선별문제)

01. CO207. 원자가 결합 이론

다음의 각 착이온에서 중심 원자의 혼성 궤도함수가 대응된 것으로 옳지 않은 것은?

착이온	혼성 오비탈
① $[Zn(NH_3)_4]^{2+}$ (사면체)	sp^3
② $[Ni(CN)_4]^{2-}$ (평면 사각)	dsp^2
③ $[Ag(NH_3)_2]^+$ (선형)	sp
④ $[CoCl_6]^{3-}$ (팔면체)	d^2sp^3
⑤ $[Co(CN)_6]^{3-}$ (팔면체)	sp^3

02. CO208. 금속의 산화수

다음 배위 화합물에서 중심 금속 Ni의 산화수는?

$$K_4[Ni(CN)_6]$$

① +1
② +2
③ +3
④ +4
⑤ +5

03. CO221. 이성질 현상

그림은 화학식이 $[Co(en)_2Br_2]$인 두 배위 화합물 (가)와 (나)의 구조를 나타낸 것이다. 이에 대한 설명으로 옳지 않은 것은?

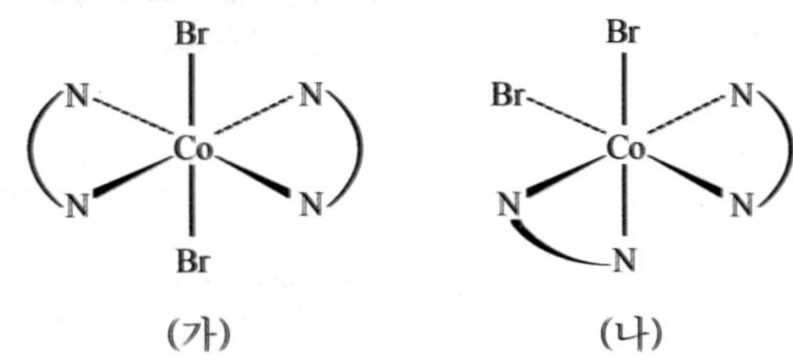

① (가)와 (나)는 기하 이성질체 관계이다.
② (가)는 광학 활성이 없다.
③ (나)는 광학 활성이 있다.
④ (나)는 광학 이성질체를 가진다.
⑤ $[Co(en)_2Br_2]$는 (가)와 (나)를 포함하여 모두 4개의 입체 이성질체를 가진다.

04. CO222. 이성질 현상

다음 중 거울상 이성질체가 존재하지 <u>않는</u> 것은?

① $[Co(en)_2Cl_2]^+$
② $[Co(NH_3)_4(en)]^+$
③ $[Co(NH_3)_2(en)_2]^+$
④ $[Fe(C_2O_4)_3]^{3-}$
⑤ $[Ni(EDTA)]^{2-}$

05. CO225. 결정장 이론

다음 중 결정장 분리의 크기가 가장 큰 리간드는?

① CN^-
② F^-
③ NH_3
④ H_2O
⑤ Cl^-

06. CO227. 결정장 이론

바닥 상태에서 $[Cr(CO)_6]^{2+}$의 홀전자 수는?

① 1개
② 2개
③ 3개
④ 4개
⑤ 5개

07. CO229. 결정장 이론

다음은 사면체와 사각 평면 착물의 중심 금속에서 d 오비탈의 에너지 준위를 나타낸 것이다. (가)와 (나)가 모두 옳은 것은?

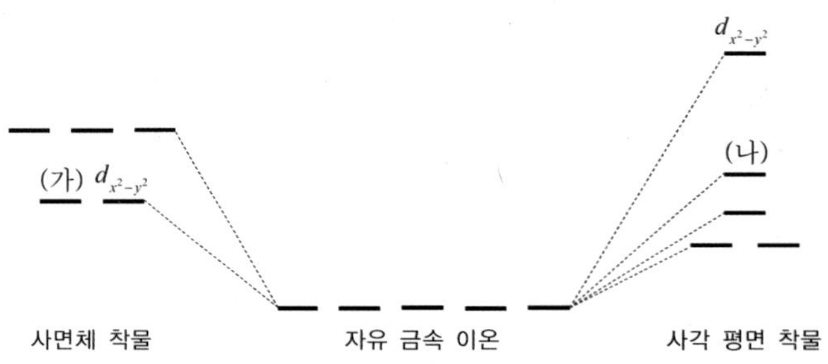

	(가)	(나)
①	d_{z^2}	d_{z^2}
②	d_{z^2}	d_{xy}
③	d_{xy}	d_{z^2}
④	d_{xy}	d_{xy}
⑤	d_{xz}	d_{xz}

08. CO231. 결정장 이론

다음 중 바닥 상태에서 홀전자 수가 가장 많은 것은?

① $[Ni(CN)_4]^{2-}$ (사각 평면)
② $[PtCl_4]^{2-}$ (사각 평면)
③ $[NiCl_4]^{2-}$ (사면체)
④ $[FeCl_4]^{-}$ (사면체)
⑤ $[Fe(CN)_6]^{3-}$ (팔면체)

09. CO233. 결정장 이론

다음 팔면체 착물 중 가장 긴 파장의 빛을 흡수하는 것은?

① $[FeF_6]^{3-}$
② $[Fe(CN)_6]^{3-}$
③ $[Fe(H_2O)_6]^{3+}$
④ $[Fe(Cl)_6]^{3-}$
⑤ $[Fe(NH_3)_6]^{3+}$

10. CO235. 결정장 이론

$Cr(NH_3)_6^{3+}$, $Cr(H_2O)_6^{3+}$, $Cr(H_2O)_4Cl_2^{+}$는 각각 보라, 노랑, 녹색 중 하나의 색을 띤다. 각 착이온의 색이 옳게 대응된 것은?

	$Cr(NH_3)_6^{3+}$	$Cr(H_2O)_6^{3+}$	$Cr(H_2O)_4Cl_2^{+}$
①	보라	노랑	녹색
②	보라	녹색	노랑
③	노랑	보라	녹색
④	노랑	녹색	보라
⑤	녹색	노랑	보라

번호	1	2	3	4	5
정답	⑤	②	⑤	②	①
번호	6	7	8	9	10
정답	②	②	④	④	③

찾아보기

ㅅ

ㅇ

ㅊ

ㅋ

ㅌ

ㅍ

ㅎ

기타

편입 일반화학 **핵심이론 + 1500제**

2025년 1월 30일 3쇄 발행
2023년 2월 23일 초판 발행

저 자 박인규
발 행 인 김은영
발 행 처 오스틴북스
주 소 경기도 고양시 일산동구 백석동 1351번지
전 화 070)4123-5716
팩 스 031)902-5716
등 록 번 호 제396-2010-000009호
e-mail ssung7805@hanmail.net
홈 페 이 지 www.austinbooks.co.kr

ISBN 979-11-88426-65-2(93430)
정 가 48,000원